教育部高等教育司推荐

高等学校文科类专业“十一五”计算机规划教材

根据《高等学校文科类专业大学计算机教学基本要求》组织编写

丛书主编　卢湘鸿

计算机应用教程（第7版）

（Windows 7 与 Office 2007 环境）

卢湘鸿 主编

清华大学出版社

北京

内容简介

本书是根据教育部高等教育司组织编写的《普通高等学校文科类专业大学计算机教学基本要求》最新版本有关计算机公共课的基本要求编写的。

本书的第1版是1996年的《计算机应用教程(A类)》,加上后续的《计算机应用教程(B类)》,以及《计算机应用教程(DOS 6.2/Windows 3x/95/98/2000/XP/Server 2003/7 环境》等版本,所以实际上这是第11版。

全书包括计算机基础知识、中文操作系统 Windows 7、中英文键盘输入法、文字处理软件 Word 2007、电子表格软件 Excel 2007、多媒体应用基础与 PDF 格式文件、图像处理软件 Adobe Photoshop CS4、演示文稿制作软件 PowerPoint 2007、网络基础知识、Internet 的使用、信息检索与利用基础,以及常用工具软件共12章,并配有丰富的例题和大量的习题,以方便教与学。

本书能够满足当前大学文科类计算机公共课教学的基本需要,也可作为其它非计算机专业公共课和考试培训班的教材,还可用于办公自动化人员的自学需要。

图书在版编目(CIP)数据

计算机应用教程:Windows 7 与 Office 2007 环境/卢湘鸿主编.--7版.--北京:清华大学出版社,2011.5

(高等学校文科类专业“十一五”计算机规划教材)

ISBN 978-7-302-24816-3

Ⅰ.①计… Ⅱ.①卢… Ⅲ.①电子计算机—高等学校—教材 Ⅳ.①TP3

中国版本图书馆 CIP 数据核字(2011)第033030号

责任编辑:焦 虹 赵晓宁

责任校对:白 蕾

责任印制:何 芊

出版发行:清华大学出版社

http://www.tup.com.cn

地　　址:北京清华大学学研大厦A座

邮　　编:100084

社 总 机:010-62770175

邮　　购:010-62786544

投稿与读者服务:010-62795954,jsjjc@tup.tsinghua.edu.cn

质 量 反 馈:010-62772015,zhiliang@tup.tsinghua.edu.cn

印 刷 者:北京市世界知识印刷厂

装 订 者:三河市金元印装有限公司

经　　销:全国新华书店

开　　本:185×260　**印　　张**:22.75　**字　　数**:525千字

版　　次:2011年5月第7版　**印　　次**:2011年5月第1次印刷

印　　数:1～3000

定　　价:33.00元

产品编号:041044-01

序

能够满足社会(包括就业需要)与专业本身需求的计算机应用能力已成为合格的大学毕业生必须具备的素质。

文科类专业与信息技术的相互结合、交叉、渗透,是现代科学发展趋势的重要方面,是不可忽视的新学科的一个生长点。加强文科类(包括文史法教类、经济管理类与艺术类)专业的计算机教育,开设具有专业特色的计算机课程是培养能够满足信息化社会对大文科人才要求服务的重要举措,是培养跨学科、复合型、应用型文科通才的重要环节。

为了更好地指导文科类专业的计算机教学工作,教育部高等教育司制订的《高等学校文科类专业大学计算机教学基本要求》(下面简称《基本要求》),把大文科各门类的本科计算机教学,按专业门类分为文史哲法教类、经济管理类与艺术类三个系列。大文科计算机知识体系由计算机软硬件基础、办公信息处理、多媒体技术、计算机网络、数据库技术、程序设计、美术与设计类计算机应用,以及音乐类计算机应用7个知识领域组成。知识领域下分若干知识单元,知识单元下分若干知识点。

文科类专业对计算机知识点的需求是相对稳定、相对有限的。

由属于一个或多个知识领域的知识点构成而满足文科类专业需要的计算机课程则是不稳定、相对活跃、难以穷尽的。文科计算机课程若按教学层次可分为计算机大公共课程(也就是大学计算机公共基础课程)、计算机小公共课程和计算机背景的专业课程三个层次。

第一层次的教学内容是文科各专业学生应知应会的。这些内容可为文科学生在与专业紧密结合的信息技术应用方向上进一步深入学习打下基础。这一层次的教学内容是对文科大学生信息素质培养的基本保证,起着基础性与先导性的作用。

第二层次是在第一层次之上,为满足同一系列某些专业共同需要(包括与专业相结合而不是某个专业所特有的)而开设的计算机课程。其教学内容,或者在深度上超过第一层次的教学内容中某一相应模块,或者是拓展到第一层次中没有涉及的领域。这是满足大文科不同专业对计算机应用需要的课程。这部分教学在更大程度上决定了学生在其专业中应用计算机解决问题的能力与水平。

第三层次,也就是使用计算机工具,以计算机软硬件为背景而开设的为某一专业所特有的课程。其教学内容就是专业课。如果没有计算机为工具的支撑,这门课就开不起来。这部分教学在更大程度上显现了学校开设的特色专业的能力与水平。

清华大学出版社推出的高等学校文科类专业大学计算机规划教材，就是根据《基本要求》编写而成的。它可以满足文科类专业在计算机各层次教学上的基本需要。

对教材中的不足或错误，敬请同行和读者批评指正。

卢湘鸿

于北京中关村科技园

卢湘鸿　北京语言大学信息科学学院计算机科学与技术系教授，原教育部高等学校文科计算机基础教学指导委员会副主任、现教育部高等学校文科计算机基础教学指导委员会秘书长，全国高等院校计算机基础教育研究会常务理事，原全国高等院校计算机基础教育研究会文科专业委员会主任、现全国高等院校计算机基础教育研究会文科专业委员会常务副主任兼秘书长

前 言

进入了多媒体网络时代的计算机，以各种形式出现在生产、生活的各个领域，成了人们经济活动、社会交往和日常生活中不可须臾或缺的工具。使用计算机的意识和基本技能，应用计算机获取、表示、存储、传输、处理、控制和应用信息、协同工作、解决实际问题等方面的能力，已成为衡量一个人文化素质高低的重要标志之一。

虽然目前我国大学文科专业都普遍开设了必修的计算机公共课程，并且随着社会对文科专业学生在计算机知识、技能和应用方面要求的提高而逐步增加了后续课程和学时。但是我国大学文科专业计算机的教学情况，从总体上说，与信息化社会就业方面以及专业本身对计算机方面的要求，都还有着一定的差距。因此，对文科各个专业的学生，进一步加强计算机方面的教育，具有重要的意义。

为了进一步对文科计算机教育按分类指导进行教学，更加完善文科专业计算机教学的目标、要求和基本内容，不断提高文科计算机教学质量，教育部高等教育司组织高等学校文科计算机基础教学指导委员会编写了《大学计算机教学基本要求》[注1]（简称《基本要求》）。

《基本要求》中的主体（知识体系及其内容）就是根据文科本科文史哲法教类、经济管理类和艺术专业三大系列，以及文科计算机大公共课程、计算机小公共课程，以及计算机背景专业课程不同教学层次的不同需要提出来的。

其中计算机大公共课程按知识领域（模块化）形式进行设计。由分属于计算机软硬件基础、办公信息处理、多媒体技术、计算机网络、数据库技术、程序设计等知识领域的知识点组成。这些内容都是文科学生应知应会的。这是培养文科大学生信息素养的基本保证，起着基础性和先导性的作用。

根据社会就业对大学生毕业生以及大学生自身专业对其在计算机应用方面要求，大学各专业今后仍然有在高中信息技术课程标准的要求之上普遍开设计算机公共课的必要。

本书是根据《基本要求》计算机大公共课程的基本要求编写而成的。

全书包括计算机基础知识、中文操作系统 Windows 7、中英文键盘输入法、文字处理软件 Word 2007、电子表格软件 Excel 2007、多媒体应用基础与 PDF 格式文件、图像处理软件 Adobe Photoshop CS4、演示文稿制作软件 PowerPoint 2007、网络基础知识、Internet 的使用、信息检索与利用基础，以及常用工具软件共 12 章，并配有丰富的例题和大量的习题，以方便教与学。

本书可以满足 36—80 学时（其中上机不少于一半学时）的教学需要。分四个层次安排：第一层次，安排 36 学时，以掌握计算机基础知识、中文操作系统 Windows 7、中英文键盘输入法、文字处理软件 Word 2007、演示文稿制作软件 PowerPoint 2007、Internet 的使用为基本内容，重点是掌握文字处理的技能与 Internet 的基本使用（包括信息检索与利用基础）；第二层次，安排 54 学时，除了熟练掌握第一层次规定的那些模块的内容外，还需掌握多媒体应用基础与 PDF 格式文件、图像处理软件 Adobe Photoshop CS4，以及电子表格软件 Excel 2007 的基本使用等内容；第三层次，安排 72 学时，除了第二层次规定的内容外，还需比较全面地掌握电子表格软件 Excel 2007 等内容；第四层次，安排 80 学时，除了第三层次规定的内容外，还需掌握网络基础知识和常用工具软件等内容。

当然，如何安排教学，应从不同专业学生毕业后在社会就业需要与专业本身对计算机最需要的基本要求出发，还要考虑到学时的允许，以及软硬件设备和师资等方面的条件，来决定在教学中对知识模块的取舍。

本书由卢湘鸿组织编写并任主编。提供本书初稿，第 1 章有卢湘鸿，第 2 章有卢卫，第 3 章有卢湘鸿，第 4 章有卢湘鸿、何杰、潘晓南，第 5 章有卢卫、徐娟，第 6 章有卢湘鸿、陈洁，第 7 章有陈洁、何杰，第 8 章有陈洁、徐娟，第 9 章有卢卫，第 10 章有卢卫、卢湘鸿、吴志山、周林志，第 11 章有徐娟，第 12 章有吴志山；参加一些章节部分内容、例题及习题初稿编写的有刘佳、刘娉婷、陈勇军、何伟红、李亚弟、罗赛杰、夏露、喻炜等。全书最后由卢湘鸿审定(注2)。

本书能够满足当前大学文科类计算机公共课教学的基本需要，也可作为其它非计算机专业公共课和考试培训班的教材，还可用于办公自动化人员的自学需要。

由于计算机及其应用的发展日新月异，书中会有不妥之处，敬请同行与读者不吝指正。

编　者

2011 年 2 月于北京

注 1：教育部高等教育司重新组织制订的《高等学校文科类专业大学计算机基本要求》，系教育部高等学校文科计算机基础教学指导委员会编写，由高等教育出版社出版于北京。

注 2：本书前言中编写者排名按姓氏笔画为序。

目　录

第1章　计算机基础知识

1.1　计算机概述

1.1.1　计算机的定义、特点与发展简史

1. 计算机的定义　现代计算机也称为电脑或电子计算机(computer),本书此后简称为计算机。这是一种能够存储程序和数据、自动执行程序、快速而高效地完成对各种数字化信息处理的电子设备。它能部分地代替人的脑力劳动。

2. 计算机的基本特点　运算速度快,计算精确度高,可靠性好,记忆和逻辑判断能力强,存储容量大而且不易损失,具有多媒体以及网络功能等。

3. 计算机发展简史　计算机孕育于英国,诞生于美国,遍布于全世界。在计算机的发展中,最杰出的代表人物是英国的图灵(Alan Mathison Turing,1912—1954)和美籍匈牙利人冯·诺依曼(Johon Von Neumann,1903—1957)。

美国于1946年2月14日正式通过验收名为ENIAC(electronic numerical integrator and calculator)的电子数值积分计算机,宣告了人类第一台电子计算机的诞生。

人类第一台具有内部存储程序功能的电子离散变量自动计算机(electronic eiscrete variable automatic computer,EDVAC)是根据冯·诺依曼的构想制造成功的,并于1952年正式投入运行。EDVAC采用了二进制编码和存储器,其硬件系统由运算器、控制器、存储器、输入设备和输出设备5部分组成。EDVAC把指令存入计算机的存储器,省去了在机外编排程序的麻烦,保证了计算机能按事先存入的程序自动地进行运算。

事实上,实现内存储程序式的世界第一台电子计算机是英国剑桥大学的威尔克斯(M. V. Wilkes)根据冯·诺依曼设计思想领导设计的电子延迟存储自动计算器(electronic delay storage automatic caculator,EDSAC),于1949年5月制成并投入运行。冯·诺依曼提出的内存储程序的思想和规定的计算机硬件的基本结构,沿袭至今。程序内存储工作原理也被称为冯·诺依曼原理。因此常把发展到今天的整个四代计算机习惯地统称为“冯氏计算机”或“冯·诺依曼式计算机”。

计算机的发展,主要是根据计算机所采用的逻辑元件的发展分成4个阶段,习惯上称为四代(两代计算机之间时间上有重叠)。

第一代:电子管计算机时代(1946年至20世纪50年代末期)。采用电子管作为逻辑元件,软件方面确定了程序设计概念,出现了高级语言的雏形。特点是体积大、耗能高、速度慢(一般数千次至数万次每秒)、容量小、价格昂贵。主要用于军事和科学计算。

第二代:晶体管计算机时代(20世纪50年代中期至20世纪60年代末期)。采用晶体管为逻辑元件。软件方面出现了一系列高级程序设计语言,并提出了操作系统的概念。计算机设计出现了系列化思想。应用范围也从军事与尖端技术方面延伸到气象、工程设

计、数据处理以及其它科学研究领域。

第三代：中、小规模集成电路计算机时代(20 世纪 60 年代中期至 20 世纪 70 年代初期)。采用中、小规模集成电路(IC)作为逻辑元件。软件方面出现了操作系统以及结构化、模块化程序设计方法。软硬件都向通用化、系列化、标准化的方向发展。

第四代：大规模和超大规模集成电路计算机时代(20 世纪 70 年代初期至今)。采用超大规模集成电路(very large scale integration，VLSID)和极大规模集成电路(ultra large scale integration，ULSID)、中央处理器(central processing unit，CPU)。高度集成化是这一代计算机的主要特征。

1971 年 Intel 公司制成了第一批微处理 4004，这一芯片集成了 2250 个晶体管组成的电路，其功能相当于 ENIAC，导致个人计算机(personal computer，PC)应运而生并迅猛地发展。而"奔腾"(Pentium)芯片集成了 7.2 亿多个晶体管，Pentium 4 每秒可执行 22 亿条指令，PC 的主存扩展到 1GB 以上。伴随性能的不断提高，计算机体积大大缩小，价格不断下降，使得计算机普及寻常百姓家。

最近 40 多年来计算机出现了超乎人们预想的奇迹般的发展，特别是微机以排山倒海之势形成了当今科技发展的潮流。多媒体、网络都如火如荼地发展着，计算机网络也从 1995 年开始涌进普通家庭。所以今天把计算机的发展称为进入了网络、微机、多媒体时代，或者简单地称为进入了计算机网络时代，似乎更合适一些。

1.1.2 计算机的分类与主要应用领域

1. 计算机的分类 "分代"可以表示计算机的纵向发展，而"分类"可用来说明横向的发展。目前国际上沿用的分类方法，是根据美国电气和电子工程师协会(IEEE)的一个委员会于 1989 年 11 月提出的标准来划分的，即把计算机划分为巨型机、小巨型机、大型主机、小型机、工作站和个人计算机 6 类。

(1) 巨型机(supercomputer) 也称为超级计算机，在所有计算机类型中其占地最大、价格最贵、功能最强、浮点运算速度最快(2010 年达 2 千万亿次每秒)。其研制水平、生产能力及应用程度，已成为衡量一个国家经济实力与科技水平的重要标志。

(2) 大型主机(mainframe) 或称大型计算机或大型通用机(覆盖国内常说的大、中型机)。特点是通用性强、具有很强的综合处理能力，内存可达几个 GB 以上，整机处理速度高达 30 亿次每秒。主要用于大银行、大公司、规模较大的高校和科研院所，所以也被称为"企业级"计算机。

(3) 小巨型机(minisupercomputer) 这是小型超级计算机或称桌上型超级计算机，出现于 20 世纪 80 年代中期。浮点运算速度达每秒 10 亿次，而价格只有巨型机的十分之一，可满足一些用户的需求。

(4) 小型机(minicomputer 或 Minis) 结构简单，可靠性高，成本较低，不需要经长期培训即可维护和使用，这对广大中、小用户具有更大的吸引力。

(5) 工作站(workstation) 这是介于 PC 与小型机之间的一种高档微机，其运算速度比微机快，且有较强的联网功能。主要用于特殊的专业领域，例如图像处理、辅助设计等。它与网络系统中的"工作站"，虽然名称一样，但含义不同。网络上"工作站"这个词常用来泛指联网用户的结点，以区别于网络服务器，常常只是一般的PC。

(6) 微机　即常说的PC。这是20世纪70年代出现的新机种，主流是IBM公司在1981年推出的PC系列及其众多的兼容机。其设计先进(总是率先采用高性能微处理器)、软件丰富、功能齐全、价格便宜等优势而拥有广大的用户，大大推动了计算机的普及应用。PC是无所不在，无所不用，带有更强的多媒体效果和更贴近现实的体验，向着体积更小、重量更轻、携带更方便、运算速度更快、功能更强、更易用、价格更便宜的方向发展。除了台式的，还有膝上型、笔记本、掌上型、手表型等。

2. 计算机的主要应用领域　计算机的主要应用领域：

(1) 科学计算　也称数值运算。指解决科学研究和工程技术中所提出的复杂的数学问题。这是计算机最早最重要的应用领域，其比重虽不足10%，但重要性依然存在。

(2) 数据处理　也称信息处理。指对获取的信息进行记录、整理、加工、存储和传输等。包括管理信息系统和办公自动化等。计算机80%的机时用于各种非数值数据处理。

(3) 自动控制　也称实时控制或过程控制。指对动态过程(如控制配料、温度、阀门的开闭、人造卫星、航天飞机、巡航导弹等)进行控制、指挥和协调。

(4) 人工智能　也称智能模拟。是模仿人类的智力活动。主要应用在机器人、专家系统、模拟识别、智能检索、自然语言处理、机器翻译、定理证明等方面。

(5) 数据库应用　从国民经济信息系统和跨国科技情报网到亲友通信、银行储蓄账户、办公自动化与生产自动化等，均需要数据库支持。

(6) 网络应用　利用计算机网络，使一个地区、一个国家，甚至在世界范围内的计算机与计算机之间实现信息、软硬件资源和数据共享，大大促进地区间、国际间的通信与各种数据的传输与处理，改变了人的时空的概念。计算机的应用已离不开网络。

还有计算机辅助设计和制造、计算机模拟、计算机辅助教学(computer aided instruction，CAI)等。

1.1.3　计算机的发展趋向

计算机的发展表现为两个方面：一是巨(型化)、微(型化)、多(媒体化)、网(络化)和智(能化)5种趋向；二是朝着非冯·诺依曼结构模式发展。

1. 5种趋向

(1) 巨型化　这是指高速、大存储容量和强功能的超大型计算机。美国已研发10 petaflop(1亿亿)次每秒运算速度的超级计算机。

(2) 微型化　不同类型的一体机，把运算器和控制器集成在一起，一直到对存储器、通道处理机、高速运算部件、图形卡、声卡等的集成，进一步将系统的软件固化。嵌入式微机渗透到诸如仪表、家用电器、导弹弹头等中、小型机无法进入的领地。

(3) 多媒体化　多媒体是指“以数字技术为核心的图像、声音与计算机、通信等融为一体的信息环境”。实质是使人们利用计算机以更接近自然的方式交换信息。

(4) 网络化　计算机网络是现代通信技术与计算机技术结合的产物。从单机走向联网，是计算机应用发展的必然结果。它把国家、地区、单位和个人联成一体。

(5) 智能化　让计算机来模拟人的感觉、行为、思维过程的机理，使它具备视觉、听觉、语言、行为、思维、逻辑推理、学习、证明等能力，形成智能型、超智能型计算机，越来越多地代替或超越人类某些方面的脑力劳动。

总的可归纳于三个方向：一是向“高”的方向。性能越来越高，速度越来越快（计算机整体性能提高，主要表现在计算机的主频越来越高）。二是向“广”度方向发展，计算机应用渗透生活的各个方面，无处不在。三是向“深”度方向发展，即向信息的智能化发展。也就是说，新一代计算机与前一代相比，性能提高（速度、可靠性、信息智能化提高），体积更小，寿命更长，能耗、价格进一步下降，应用范围进一步扩大。

2. 发展非冯·诺依曼结构模式 从第一台电子计算机诞生到现在，各种类型计算机都以存储程序原理和二进制编码方式进行工作，仍然属于冯·诺依曼型计算机。

自20世纪60年代开始提出了制造非冯·诺依曼式计算机的想法。从两个大方向努力，一是创建新的程序设计语言，即所谓“非冯·诺依曼语言”；二是从计算机元件方面，比如提出了量子器件等方面的探索。

“非冯·诺依曼语言”主要有LISP、PROLOG、F.P.。

在20世纪80年代初，人们提出了生物芯片构想，着手研究由蛋白质分子或传导化合物元件组成的生物计算机。

光学计算机是用光子代替电子来传递信息。由于光的速度是电子的300多倍。2003年10月，全球首枚嵌入光核心的商用向量光学数字处理器问世，其运算速度是8万亿次每秒，是普通数字信号处理器的1000倍。

但是超导计算机、量子计算机、生物计算机、光学计算机和情感计算机时代的到来尚有时日。

1.2 信息化社会与计算机文化

1.2.1 信息化社会

1. 信息化社会与信息技术 信息化社会也称信息社会，这是指以信息技术为基础，以信息产业为支柱，以信息价值的生产为中心，以信息产品为标志的社会。

信息化社会的基本特征就是“万事万物皆成智力信息”，就连人本身也信息化，如身份证编码、证件编码等。

在人类社会漫长的发展过程中，不同的阶段出现过不同的社会技术。所谓社会技术，一般应具有3个条件，即：

(1) 以某些创新技术为核心与其它新技术相结合，形成具有时代特征的综合技术。

(2) 这些具有时代特征的综合技术普及人类社会的各个角落，并在那里扎根成长。

(3) 其结果是产生了空前的生产力。

所以社会技术是在不同的发展时期能从根本上改变人类社会文明面貌的技术，是指以某种技术为核心的技术群，这种技术群在某一历史时期能给整个社会文明、人类文化带来重大的影响和变革。

人类社会发展至今，已经过狩猎技术、农业技术、工业技术三种社会技术，今天正面临着第四种社会技术——信息技术的发展。

狩猎技术的核心是石器和语言，其本质是人类从被动地适应环境（觅食活动）转变为能动地改造环境（劳动），这是人类进步中巨大的质的变化。

农业技术的核心是以锄为代表的农具和文字。文字的产生，有助于人类智慧的记忆、保存和交流，使得智慧的保存和交流冲破了时间和空间的限制。

工业技术的核心是蒸汽机为象征的动力机械，人以机器生产来代替手工劳动。利用蒸汽机，人类第一次实现了热能到机械能的转换，成为人类征服和改造自然的强大的物质力量。产业革命的实质是能源的利用。

信息技术的核心是计算机、微电子和通信技术的结合。以往，把能源和物质材料看成是人类赖以生存的两大要素。而今组成社会物质文明的要素除了能源和材料，还有信息，且信息技术从生产力变革和智力开发这两个方面推动着社会文明的进步，成了社会发展更为重要的动力源泉。在信息化社会中信息将起主要作用。

2. 人类面临的第五次信息革命 人类在认识世界的过程中，逐步认识到信息、物质材料和能源是构成世界的三大要素。信息交流在人类社会文明发展过程中发挥着重要的作用。人类历史上曾经历了四次信息革命。第一次是语言的使用，第二次是文字的使用，第三次是印刷术的发明，第四次是电话、广播、电视的使用。而从20世纪60年代开始第五次信息革命新产生的信息技术，则是计算机、微电子与通信技术相结合的技术（计算机及其网络的应用）。

以前人类思维只是依靠大脑，而信息化社会计算机作为人脑的延伸，成为支持人脑进行逻辑思维的现代化工具。信息技术影响着人类的思维，影响着记忆与交流。信息技术把受制于键盘和显示器的计算机解放出来，使之成为能够与之交谈、随身相伴的对象，改变了人类学习、工作、娱乐等各个方面。

1.2.2 计算机文化

文化是一个模糊的概念。关于文化，世人莫衷一是，据统计有着200多种定义。在中国，比较多的提法为：文化是人类在社会历史发展中所创造的物质财富和精神财富的总和。文化分为广义文化和狭义文化。广义文化是指人类创造的与自然界相区别的一切，既包括物质和意识的活动及其成果，也包括各种社会现象和意识成果。狭义文化把文化只归结为与意识产生直接有关的意识活动和意识成果。从构成来看，文化可分为物质文化与精神文化，或细分为物质生活、精神文化、政治文化、行为文化等。显然，上层建筑涵盖不了文化，文化也不是经济基础的简单反映。

可以认为，文化离不开语言，所以当技术触动了语言，也就动摇了文化本身。计算机技术已经创造并且还在继续创造出不同于传统自然语言的计算机语言。这种计算机语言已从简单的应用发展到多种复杂的对话，并逐步发展到能像传统自然语言一样表达和传递信息。可以说，计算机技术引起了语言的重构与再生。数据库的诞生使知识和信息的存储在数量上与性质上都发生了质的变化，这引起了人类社会记忆系统的更新。

计算机技术使语言和知识以及语言和知识的相互交流发生了根本性变化，因此引起了思维概念和推理的改变。也就是说，计算机技术冲击着人类创造的基础、思维和信息交流，冲击着人类社会的各个领域，改变着人的观念和社会结构，这就导致了一种全新的文化模式——计算机文化(computer literacy)素养[①](信息时代的文化)的出现，也就是信息时代文化的出现。

计算机具有逻辑思维功能，这样就可以使计算机独立进行加工，产生进一步思维活动，最后产生思维成果。于是也就出现了具有智力的计算机，造就了它战胜过国际象棋大师卡斯帕罗夫的奇迹。可以认为，计算机思维活动是一种物化思维，是人脑思维的一种延伸，克服了人脑思维和自然语言方面的许多局限性，其高速、大容量、长时间自动运行等特性大大提高了人类的思维能力。可以说，现代人类文化创造活动中，越来越离不开计算机的辅助。

计算机已不是单纯的一门科学技术，它是跨国界、进行国际交流、推动全球经济与社会发展的重要手段。虽然计算机也是人脑创造的，但是它具有语言、逻辑思维和判断功能，有着部分人脑的功能，能完成某些人脑才能完成甚至完成不了的任务。这也是计算机文化有别于汽车文化、茶文化、酒文化或别的什么文化的地方。所以计算机文化也被称为人类在书本世界之外的第二文化(the second literacy)。这是信息时代的特征文化，它不是属于某一国家、某一民族的一种地域文化，而是一种时域文化，是人类社会发展到一定阶段的时代文化。

信息社会的文化与以往的文化有着不同的主旋律。农业时代文化的主旋律是人在大自然中谋求生存；工业时代文化的主旋律是人对大自然的开发、改造以谋求发展；信息时代文化的主旋律是人对其自身大脑的开发，以谋求智力的突破和智慧的发展，要求人们面向未来，预见未来，立足长远，而不能在发展中堕落、在科学中愚昧，再失去一片片净土、净水和净空，而在顺应大自然中寻求更广阔的生存空间。

计算机作为当今信息处理的工具，在信息获取、存储、处理、交流传播方面充当着核心的角色。PC的出现，只有40多年[②]，在人类文明发展的历史长河中仅仅是一瞬。但在人类现代文明史中，还没有任何一个产业能够像PC这样在如此短的时间内取得如此辉煌的成就，也没有任何一种产品能够在人们生活和工作中发挥如此重要的作用。随着PC的出现，计算机的应用渗透到人类生活的各个方面。计算机信息技术使人类智慧得以充分发挥，在人类历史"一天"的最后3秒钟里[③]，创造了真正的人间奇迹。

---

① computer literacy一词最初出现在1981年召开的第三次世界计算机教育会议上。

② 被业界普遍认可的世界上第一台个人计算机是Altair 8800，出现于1975年1月。

③ 传播学大师宣韦伯把人类出现在地球的时间定为100万年，并把这100万年压缩成一天，则人类历史"一天"的"1小时"=41 666.67年，"1分钟"=694.44年，"1秒钟"=11.57年。这样人类原始语言在公元前10万年已经存在，相当于"一天"中的晚上9点30分；人类正式有语言约在公元前4万年，相当于晚上的11点；文字大约发明于公元前3500年，相当于晚上11点53分，即午夜前7分钟；公元前200年，字母已经使用，相当于午夜前4分35秒；公元1450年出现现代印刷技术，相当于午夜前46秒；1839年摄影术使用，相当于午夜前12秒；1925年电视首次公开播映，相当于午夜前5秒；1946年、1957年电子计算机和人造卫星的先后问世，则相当于午夜前的最后3秒钟。

这个比喻告诉我们，若把到目前为止的人类历史压缩成"一天"，则前23个小时在人类文化史上几乎是空的，一切重大发展都集中在这一天的最后7分钟里，而最后3秒钟的发展，更是令人咋舌。

1.3 计算机信息的表示、存储单位及其它

1.3.1 信息与数据

信息(information)是人们表示一定意义的符号的集合,即信号。它可以是数字、文字、图形、图像、动画、声音等,是人们用以对客观世界直接进行描述、可以在人们之间进行传递的一些知识。它是观念性的,与载荷信息的物理设备无关。数据(data)指人们看到的形象和听到的事实,是信息的具体表现形式,是各种各样的物理符号及其组合,它反映了信息的内容。数据的形式要随着物理设备的改变而改变,可以在物理介质上记录或传输,并通过外围设备被计算机接收,经过处理而得到结果。数据是信息在计算机内部的表现形式。当然,有时信息本身是数据化了的,而数据本身就是一种信息。例如,信息处理也叫数据处理,情报检索(information retrieval)也叫数据检索,所以信息与数据也可视为同义。

1.3.2 数制和数据的存储单位

1. 数制的定义 用一组固定的数字(数码符号)和一套统一的规则来表示数值的方法叫做数制(number system,也称计数制)。这一定义主要的内涵是:

(1) 数制的种类很多。除了十进制数,还有二十四进制(24 小时为一天)、六十进制(60 分钟为 1 小时,60 秒为 1 分钟)、二进制(手套、筷子等两只为一双)等。

(2) 在一种数制中,只能使用一组固定的数字表示数的大小。数字在一个数中所处的位置称为数位。具体使用多少个数字来表示一个数值的大小,就称为该数制的基数(base)。例如,十进制数(Decimal)的基数是 10,使用 0～9 共 10 个数字,二进制数(Binary)的基数为 2,使用 0,1 两个数字。

在计算机文献中,十进制数是在数的末尾加字母 D 标识,如 2007_D,表示十进制数 2007。一般情况下,2007 就是一个十进制数,不在后面加 D。二进制数是在数的末尾加字母 B 来标识。例如,101_B 表示二进制数的 101,即十进制数的 5。

(3) 在各种数制中,有一套统一的规则。R 进制的规则是逢 R 进 1,或借 1 为 R。

2. 权 或称权位,指数位上的数字乘上一个固定数值。十进制数是逢十进一,所以每一位数可以分别赋以位权 10^0,10^1,10^2……用这样的位权就能够表示十进制的数。

3. 基数 某一基数中的最大数是“基数减 1”,而不是基数本身,如十进制为(10－1＝)9,二进制数中的最大数为(2－1＝)1;最小数均为 0。数位、基数和位权是进位计数制中的 3 个要素。

4. 二进制数 二进制是“逢二进一”的计数方法。用到的是 0 和 1 两个数字。

计算机的机内数据,不论是数值型的(numeric)还是非数值型的(non-numeric),诸如数字、文字、图形、图像、色彩、动画和声音等信息,都是用二进制数表示的。

在计算机中用若干位二进制数表示一个数或者一条指令,前者称为数据字,后者称为指令字。总之,计算机存储器内部存储的所有信息全部是一个二进制数字的世界。

计算机内采用二进制记数法主要是由二进制数在技术操作上的可行性、可靠性、简易性及其逻辑性(通用性)所决定的。

5. 数据的存储单位 数据的存储单位有位、字节和字等。

(1) 位 也称比特,记为 b,是度量信息的最小单位,用 0 或 1 表示的一位二进制信息。

(2) 字节(byte,B) 也称拜特,是数据存储中最常用的基本单位。由 8 个二进制位构成一个字节,从最小的 00000000 到最大的 11111111,即一个字节可有 256 个值。也可以表示由 8 个二进制位构成的其它信息。一个字节可存放一个半角英文字符的编码(ASCII 码)。两个或四个字节可存放一个汉字编码,1 个汉字至少需要两个字节或两个字符表示。这里所说的字符是指 ASCII 码字符,即半角下的英文字母、数字或其它符号。

1B=8b,通常将 2^{10},即 1024 个字节记为 1KB(注意:习惯上也就是普通物理和数学上的 1k=1000,而计算机中的 $1K=1024=2^{10}$),读作千字节。2^{20} 个字节为兆字节,记为 1MB。2^{30} 个字节为 10 亿,又称吉字节,记为 1GB(gigabytes)。2^{40} 个字节为万亿个字节,记为 1TB(terabytes),读作太字节。2^{50} 个字节为千万亿个字节,记为 1PB(petabytes),读作拍字节。2^{60} 个字节,记为 1EB。2^{70} 个字节,记为 1ZB。2^{80} 个字节,记为 1YB。2^{90} 个字节,记为 1NB。2^{100} 个字节,记为 1DB。

(3) 字(Word,W) 是位的组合,是信息交换、加工、存储的基本单元(独立的信息单位)。用二进制代码表示,一个字由一个字节或若干字节构成(通常取字节的整数倍)。它可以代表数据代码、字符代码、操作码和地址码或它们的组合。字又称计算机字,用来表示数据或信息长度,它的含义取决于机器的类型、字长及使用者的要求。常用的固定字长有 32 位(如 386 机、486 机)、64 位(如 Pentium 机系列)等。

(4) 字长 CPU 内每个字所包含的二进制数码的位数(能直接处理参与运算寄存器所含有的二进制数据的位数)或字符的数目叫字长,它代表了机器的精度。机器的设计决定了机器的字长。一般情况下,基本字长越长,容纳的位数越多,内存可配置的容量就越大,运算速度就越快,计算精度也越高,处理能力就越强。所以字长是计算机硬件的一项重要的技术指标。微机的字长有 32 位、64 位的。传统的大、中、小型机的字长为 48 位至 128 位。

1.3.3 指令、指令系统、程序和源程序

1. 指令 计算机所能识别并能执行某种基本操作的命令称为指令。每条指令明确规定了计算机运行时必须完成的一次基本操作,即一条指令对应着一种基本操作。

指令是一系列二进制代码,是对计算机进行程序控制的最小单位。计算机能直接识别并能执行的指令称为机器指令。用机器指令编写的程序称为机器语言程序,所以指令也称为机器语言的语句。

一条指令通常分成操作码(operation code)和地址码(address code)两部分。操作码表示计算机应该执行的某种操作的性质与功能,地址码则指出被操作数据(简称操作数 operand)存放的地址。

指令按其功能,主要分为两类:一为操作类(数据处理)指令;二为控制转移类(程序

控制)指令。

2. 指令系统 一种计算机所能执行的所有指令就是这种计算机的指令系统或指令集合;指令系统集中了计算机的基本功能。不同型号的计算机其指令系统也不同,这是人为规定的。使用某种型号的计算机,就必须使用该型号计算机的指令系统中所包含的指令,否则计算机就不能识别与执行。所以指令必须按照机器的指令系统编写,不能随心所欲。

从计算机系统结构的角度来看,指令系统是软件和硬件的界面。

指令系统的内核是硬件,当一台机器指令系统确定之后,硬件设计师根据指令系统的约束条件,构造硬件结构,由硬件支持指令系统功能得以实现。而软件设计师在指令系统的基础上建立程序系统,扩充和发挥机器的功能。

3. 程序 计算机为完成一个既定任务必须执行的一组指令序列,称为程序(program)。

4. 源程序 用户为解决自己的问题编制的程序,称为源程序(source program)。

1.3.4 速度

1. 主频 也称主时钟频率,是时钟周期的倒数,等于 CPU 在 1 秒钟内能够完成的工作周期数。用兆赫兹(MHz)为单位。主频越高表示 CPU 的运算速度越快。例如 Pentium(奔腾)机系列的主频在 60MHz~4.7GHz,甚至更高。但主频不能直接表示每秒运算次数。

2. 运算速度 这是衡量计算机性能的一项主要指标,它取决于指令的执行时间。运算速度的计算方法有多种,目前常用单位时间执行多少条指令来表示,因此常根据一些典型题目计算中各种指令执行的频度以及每种指令执行的时间折算计算机的运算速度。直接描述运行次数的指标为 MIPS,即百万条指令每秒。某一 Intel Pentium 的速度可达 400MIPS,即表示每秒执行 4 亿条指令以上。

1.3.5 主存储器容量和外存储器容量

1. 主存储器容量 也称内存储器容量,简称主存容量或内存容量,反映计算机内存所能存储信息(字节数)多少的能力,这是标志计算机处理信息能力强弱的一项技术指标,以字节为单位。常用单位是 KB、MB 或 GB。

一般微机的内存容量至少为 640KB。内存容量越大,功能越强。其大小可根据用户应用的需要来配置。微机 Pentium 4 的内存容量一般配置为 512MB,也有 2GB 以上的。

2. 外存储容量 也称外存容量或辅存容量,反映计算机外存所能容纳信息的能力,这是标志计算机处理信息能力强弱的又一项技术指标。微机的外存容量一般指其硬驱的磁盘,也就是常说的硬盘大小。

1.3.6 性能指标

性能指标也称计算机技术指标。以 PC 为例:一是 CPU 的类型、字长;二是速度,诸如主频率(时钟周期的倒数),主频率越高,则 PC 处理数据的速度相对就快;三是内存容量，内存容量越大，则计算机所能处理的任务可越复杂；四是外存等外设配备能力与配置情况，例如硬盘的数量、容量与类型，显示模式与显示器的类型等；五是运行速度，这是由主频率、内存与外存速度的因素所综合决定的；六是机器的兼容性、系统的可靠性、可维护性及性能价格比等。对于 Pentium 4 等微机，还应考虑上网及多媒体诸方面的能力。

1.3.7 ASCII 码和汉字码

1. ASCII 码 计算机中用二进制表示字母、数字、符号及控制符号，目前主要用 ASCII 码（American Standard Code for Information Interchange，美国标准信息交换码）。ASCII 码已被国际标准化组织（ISO）定为国际标准，所以又称为国际 5 号代码。

ASCII 码有 7 位 ASCII 码和 8 位 ASCII 码两种。

（1）7 位 ASCII 码　称为基本 ASCII 码，是国际通用的。这是 7 位二进制字符编码，表示 128 种字符编码，包括 34 种控制字符、52 个英文大小写字母、10 个数字、32 个字符和运算符。用一个字节（8 位二进制位）表示 7 位 ASCII 码时，最高位为 0，它的范围为 00000000B～01111111B。

（2）8 位 ASCII 码　称为扩充 ASCII 码。这是 8 位二进制字符编码，其最高位有些为 0，有些为 1，它的范围为 00000000B～11111111B，因此可以表示 256 种不同的字符。其中 00000000B～01111111B 为基本部分，范围为 0 到 127，计 128 种；10000000B～11111111B 为扩充部分，范围为 128～255，也有 128 种。尽管对扩充部分的 ASCII 码美国国家标准信息协会已给出定义，但在实际中多数国家都将 ASCII 码扩充部分规定为自己国家语言的字符代码，例如中国把扩充 ASCII 码作为汉字的机内码。

2. 汉字输入码 汉字输入码又称外部码，简称外码，指用户从键盘上输入代表汉字的编码。它由拉丁字母（如汉语拼音）、数字或特殊符号（如王码五笔字型的笔画部件）构成，千变万化。各种输入方案，就是以不同的符号系统来代表汉字进行输入的。所以汉字输入码是不统一的，智能 ABC、王码五笔字型码、仓颉码等都是其中的代表。

3. 汉字机内码 汉字机内码又称汉字 ASCII 码、机内码，简称内码，由扩充 ASCII 码组成。指计算机内部存储、处理加工和传输汉字时所用的由 0 和 1 符号组成的代码。输入码被接受后就由汉字操作系统的“输入码转换模块”转换为机内码，与所采用的键盘汉字输入码无关。

机内码是汉字最基本的编码，不管是什么汉字系统和汉字输入方法，输入的汉字外码到机器内部都要转换成机内码，才能被存储和进行各种处理。目前世界各地的汉字系统所使用的汉字机内码还不相同。要制定世界统一的标准化的汉字内码是必需的，但尚需时日。

4. 国标交换码基本集及其扩充 我国汉字目前使用的是单/双/四字节混合编码。

（1）英文与阿拉伯数字等外来符号采用一个字符编码。

（2）1980 年制定的国家标准 GB2312—80《信息交换用汉字编码字符集·基本集》中的 6763 个汉字和中文标点符号的二进制编码采用两个字节 ASCII 码对应一个编码，称为国标交换码（简称国标码）。国标码对应的两个字节的最高位都置 0。这虽然使得汉字与英文字符能够完全兼容，但是当英文与汉字混合存储时，还是会发生冲突或混淆不清，故实际上中国总把汉字国标码每个字节的最高位都置 1 后再作为汉字的内码使用，作为对应汉字的机内码(也称汉字的 ASCII 码或变形的国标码)。这样汉字机内码既兼容英文 ASCII 码,又不与基本 ASCII 码(字节最高位为 0)产生二义性,且国标码与汉字机内码有着一一对应的关系。

(3) 不在国标基本集 6763 汉字之外的汉字,采用四字节编码。这是中国在国标码的基础上,从 2001 年 9 月 1 日开始执行国家标准 GB 18030—2000《信息交换用汉字编码字符集基本集的扩充》(简称 GB 18030),其中收录了 27 484 个汉字,还有藏、蒙、维吾尔等少数民族文字,总编码空间在 150 万个码位以上,从根本上解决了计算机汉字用字问题,以满足信息化社会在中文信息处理方面的需要。

1.4 微型计算机系统结构

1.4.1 计算机系统构成

一个完整的计算机系统是由硬件系统和软件系统两大部分组成的,如图 1.1 所示。硬件(hardware)也称硬设备,是计算机系统的物质基础。软件(software)指所有应用计算机的技术,是些看不见摸不着的程序和数据,但能感到它的存在,它是介于用户和硬件系统之间的界面;它的范围非常广泛,普遍认为是指程序系统,是发挥机器硬件功能的关键。硬件是软件建立和依托的基础,软件是计算机系统的灵魂。没有软件的硬件"裸机"不能供用户直接使用。而没有硬件对软件的物质支持,软件的功能则无从谈起。所以把计算机系统当作一个整体来看,它既含硬件,也包括软件,两者不可分割。硬件和软件相互结合才能充分发挥电子计算机系统的功能。计算机系统组成如图 1.1 所示。

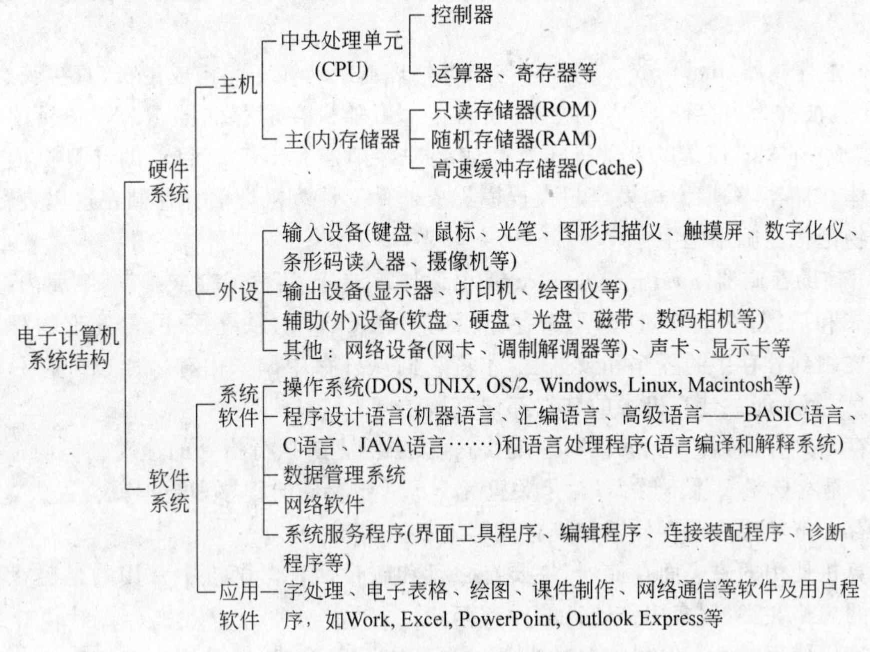

图 1.1 计算机系统的基本组成

以上介绍的是计算机系统的狭义的定义。广义的说法，认为计算机系统是由人员(people)、数据(data)、设备(equipment)、程序(program)和规程(procedure)5部分组成。本书只对狭义的计算机系统予以介绍。

1.4.2 计算机的硬件系统

计算机系统的硬件系统结构如图1.2所示，由5大基本部件组成：

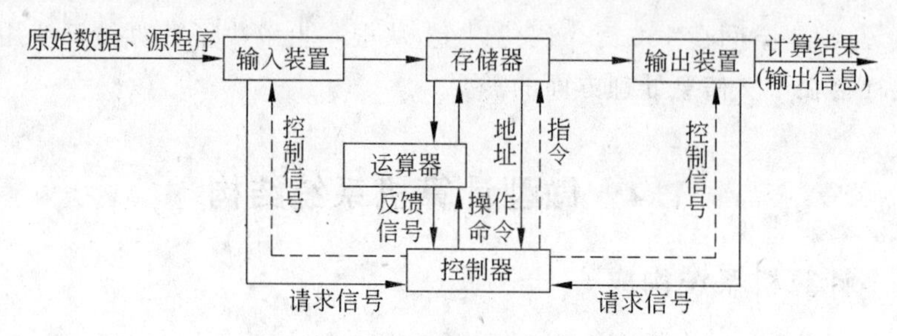

图1.2 计算机硬件系统结构示意图

1. 输入装置(input unit) 将程序和数据的信息转换成相应的电信号，让计算机能接收，这样的装置叫输入装置。例如，键盘、鼠标、触摸屏、光笔、扫描仪、图形板、外存储器、数码相机等。

2. 输出装置(output unit) 能将计算机内部处理后的信息传递出来的设备叫输出设备。例如，显示器、打印机、绘图仪、投影仪、外存储器、数码相机等。

3. 存储器(memory unit) 计算机在处理数据的过程中，或在处理数据之后把程序和数据存储起来的装置叫存储器。这是具有记忆功能的部件，分为主存储器和辅助存储器。

(1) 主存储器(main memory) 它与中央处理器组装在一起构成主机，直接受CPU控制，因此也被称为内存储器，简称主存或内存。由随机存取存储器RAM和只读存储器ROM组成(在386档次以上微机还有高速缓冲存储器Cache)。目前的计算机内存大都是半导体存储器，采用大规模或超大规模集成器件。计算机把信息存储在这里，就好像我们把事物记忆在脑细胞中一样。

(2) 辅助存储器(auxiliary memory) 也称外存储器，简称辅存或外存，隶属内存，是内存的补充和后援，存储容量大，用来存储当前不在CPU的系统软件、待处理的程序和数据。当要用到外存中的程序和数据时，才将它们从外存中调入内存。所以外存只同内存交换信息，而不能被计算机中的其它部件直接访问。

内存与外存储器相比，其读写速度快，直接影响主机执行指令的速度。但内存有两个不足：一是存储量总嫌不够大；二是关机后RAM中存储的程序和数据就会丢失。

外存一般为磁表面存储器和光存储器。

计算机使用的磁表面存储器，主要有磁盘和磁带两种。微机中常用的是磁盘。磁带有不同的规格和类型，多用作硬盘的后备存储。

计算机使用的光存储器主要是光盘(optical disk)。

4. 运算器(arithmetic unit) 它是计算机的核心部件，是对信息或数据进行加工和处理(主要功能是对二进制编码进行算术运算和逻辑运算)的部件。运算器由加法器(adder)和补码器(complement)等组成。算术运算按照算术规则进行运算,例如进行加法时,要把这两个加数送入加法器,在加法器中进行加法运算,从而求出和。逻辑运算一般泛指算术性质的运算。

5. 控制器(control unit) 它是计算机的神经中枢和指挥中心,计算机硬件系统由控制器控制其全部动作。

运算器和控制器一起称为中央处理器(central processing unit,CPU)。内存、运算器和控制器(通常都安放在机箱里)统称为主机。输入装置和输出装置统称为输入输出装置(input/output unit)。通常把输入输出装置和外存一起称为外围设备。外存既是输入设备,又是输出设备。

1.4.3 微型机的硬件构成

常用台式 PC 硬件系统的配置有 14 大基本配件:CPU、主板、内存、硬盘、光驱、显示器、显卡、声卡、音箱、键盘、鼠标、机箱、电源和打印机,还有 U 盘、扫描仪、光笔、绘图仪、投影仪、数码相机、数码摄像机等。

主机箱有卧式和立式两种。机箱内带有电源部件。卧式的主板是水平安装在主机箱的底部;而立式的主板是垂直安装在主机箱的右侧。立式具有更多的优势。

主板是一块多层印刷信号电路,外表两层印刷信号电路,内层印刷电源和地线。来自电源部件的直流(DC)电压和一个电源正常信号一般通过两个 6 线插头送入主板。

主板上插有微处理器(CPU),它是微机的核心部分。还有 6~8 个长条形插槽,用于安插显示卡、声卡、网卡(或内置 modem)等各种选件卡,以及用于插内存条的插槽。

机箱内还装有硬驱和光驱等。

由于微机是一种"开放式"、"积木式"的体系结构,因此各厂家都可以开发微机的各个部件,并可在微机上运行各种产品,包括主板扩展槽内可插的选件卡、外部设备、系统软件和各种应用软件。便于用户利用来自不同厂家的组件和软件来组装自己的计算机。

微机目前多采用总线结构。微机的硬件主要结构图如图 1.3 所示,由主机箱(内中主要有中央处理器、内存、外存)及输入输出设备组成。例如输入设备有键盘、鼠标、外存储器、触摸屏、光笔、扫描仪、图形板、数码相机等。输出设备有显示器、外存储器、打印机、投影仪、绘图仪、数码相机等。此外,用户可以根据需要,通过外设接口与各种外设连接。还可以通过通信接口连接通信线路,进行信息传输。

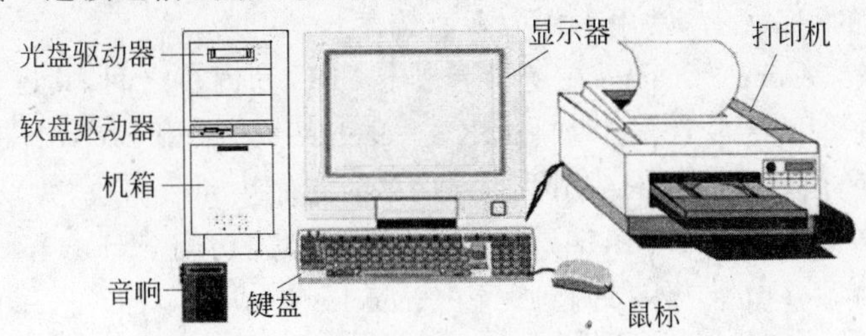

图 1.3 微机硬件体系基本结构示意图

1. CPU CPU在微机中也称微处理器，主要由运算器、控制器、寄存器等组成。运算器按控制器发出的命令来完成各种操作。控制器是规定计算机执行指令的顺序，并根据指令的信息控制计算机各部分协同动作。控制器指挥机器各部分工作，完成计算机的各种操作。

CPU的类型（字长）与主频是PC最主要的性能指标（决定PC的基本性能）。CPU是微机系统的核心部件，但本身不构成独立的微机系统，因而也不能独立地执行程序。

2. 内存 微机的存储器由内存、高速缓存、外存和管理这些存储器的软件组成，以字节为单位。在计算机中，内存相当于人的大脑，外存相当于人用的记事本。

内存是记忆或用来存放执行程序、待处理数据及运算结果的部件。内存根据基本功能分为只读存储器（read only memory，ROM）和随机存储器（random access memory，RAM）两种。广义来说，还有虚拟存储器和“小内存”CMOS存储器，在386以上的微机，还有高速缓冲存储器，简称高速缓存（cache）。

(1) ROM 是一种只能读出不能写入的存储器，其信息通常是厂家制造时在脱机情况或者非正常情况下写入的。ROM最大特点是在电源中断后信息也不会消失或受到破坏，因此常用来存放重要的、经常用到的程序和数据，如监控程序等，只要接通电源，就可调入RAM。

(2) RAM 可随机读出和写入信息，是计算机对信息进行操作的工作区域，就是一般所指的内存。因此总要求其存储容量再大一些，速度再快一些，价格则再低一些。因为RAM空间越大，计算机所能执行的任务就越复杂，相应计算机的功能就越强。其存储容量一般用MB衡量，微机初始内存配置一般为56MB。RAM在工作时用来存放用户的程序和数据，也可以存放临时调用的系统程序。关机后RAM中的内容自动消失，且不可恢复。若需保存信息，则必须在关机前把信息先存储在磁盘或其它外存储介质上。

RAM分双极型（TTL）和单极型（MOS）两种。微机使用的主要是单极型的MOS存储器，它又分静态存储器（SRAM）和动态存储器（DRAM）两种。

动态RAM容量可以扩展。常规内存、扩展内存和扩充内存都属于DRAM。虽然基本内存还是640KB，但CPU可直接存取的内存可达数MB至64GB。通过在主板上的存储器槽口插入内存条，可增加扩展内存，范围从1MB到512MB，甚至数GB。其内存条数量和容量取决于CPU的档次和系统主板的结构。

静态RAM的速度较DRAM快2～3倍，但价格贵，容量少，一般为数K到512K，且只有80386以上的PC才有，常用来作为高速缓存cache。

(3) 高速缓存（cache） cache在逻辑上位于CPU和内存之间，其运算速度高于内存而低于CPU。其容量是数百KB，如512KB。cache一般采用SRAM，也有同时内置于CPU的。cache的内容是当前RAM中使用最多的程序块和数据块，并以接近CPU的速度向CPU提供程序和数据。CPU读写程序和数据时先访问cache，若cache中没有，再访问RAM。cache分内部、外部两种。内部cache集成到CPU芯片内部，称为一级cache，容量较小；外部cache在系统板上，称为二级cache，其容量比内部cache大一个数量级以上，价格也较前者便宜。从Pentium Pro开始，一、二级cache都集成在CPU的芯片中，与 CPU 封装一起，不能随意选择。增加 cache，只是提高 CPU 的读写速度，而不会改变内存的容量。

(4) CMOS 存储器　保存时间比 RAM 长，但又不像 ROM 那样不可修改。用来存放计算机当前配置信息，如日期和时间、硬盘的格式和容量等在调入操作系统前必须知道的信息。

3. 外存　外存既是输入设备，也是输出设备，是内存的后备和补充。

PC 常见的外存一般是指磁盘存储器、光盘存储器、U 盘和移动硬盘等。磁盘主要指硬磁盘。光盘有只读型光盘 CD-ROM、一次写入型光盘 WORM 和可重写型光盘 MO 3 种。

(1) U 盘　也称 USB 闪存盘(flash memory)。这是一种移动存储设备，可像在硬盘上一样地读写。其优越性是：

① 在 Windows Me/2000/XP/2003/Vista/ 7、Mac OS 9. x/Mac OS X、Linux Kernel 2.4 下均不需要驱动程序，无须驱动器和额外电源，只需从其采用的标准 USB 接口总线取电，可直接热拔插，真正即插即用。

② 通用性高、容量大(8MB～128GB)、读写速度快(读 40MB/s，写 30MB/s)。

③ 抗震防潮、耐高低温、带写保护开关(防病毒、安全可靠)，可反复使用 10 年。

④ 体积小(一般只有拇指一样大)、轻巧精致、美观时尚、易于携带。

注意：

① 欲从接口上拔下 U 盘，必须待指示灯停止闪烁，在处于关闭状态时方可进行。

② 写保护的关闭和打开，均需把它从接口上拔下的状态下进行。

(2) 硬盘存储器　简称硬盘(harddisk)，是微机的主要外部存储设备，是内存的主要后备存储器。硬盘系统通常由硬盘机(HDD，又称硬驱)、硬盘控制适配器及连接电缆组成。硬盘从结构上分固定式与可换式两种。固定式硬盘又称为温式(温切斯特，Winchster)硬盘，俗称温盘。这是以一个或多个不可更换的硬磁盘作为存储介质，故又称为固定盘(fixed disk)。还有一种是可更换盘片的硬盘，称为可换式硬盘。硬盘机大部分组件都密封在一个金属体内，制造时都做过精确的调整，用户无须也不应再作任何调整。

PC 硬盘按盘的直径大小分，有 5.25 英寸、3.5 英寸、2.5 英寸及 1.8 英寸等数种。目前台式微机一般配置为 3.5 英寸的 320GB 硬盘。现有高至 2TB 的硬盘。单碟最大容量为 500GB(主流为 320GB)。硬盘的使用寿命为 20 万小时左右(一般达不到这水平)。

目前硬盘流行的转速为 7 200r/min。新款硬盘的转速已达 15 000r/min。

硬盘也带有高速缓存(作用相当于 CPU 中的一、二级高速缓存)。主流 IDE 硬盘一般分为 512KB 和 2MB 两种，现在多采用 8MB，也有达到 16MB 的。

硬盘容量的大小和硬驱的速度也是衡量计算机性能技术指标之一。

硬盘的安全使用：

① 无振动、温度为 5～55℃、净化使用环境(少灰尘，禁吸烟，经验证明烟雾微粒有害硬盘)。湿度为 20%～80%(太干燥易产生静电)、电源稳定。

② 数据和程序文件要经常备份，防止硬盘出现故障(破损、感染病毒等)而必须对硬

盘进行格式化时造成重大损失。

③ 避免频繁开关机器,防止电容充放电时产生的高电压击穿器件。

④ 出了故障,应分清故障性质。若是硬件故障,不能随便拆开,要请专业人员进行维修或者更换。若是软件故障,可进行低级格式化和格式化,以便重新安装。

固态硬盘(Solid State Disk 或 Solid State Drive,SSD),也称作电子硬盘或者固态电子盘。它与传统硬盘相比,主要长处是：存取速度快,抗震性好,工作适应温度强(－40～85℃);主要不足是：价格贵,存储容量比传统硬盘小,使用寿命短,不能中断供电。目前广泛应用于军事、车载、工控、视频监控、网络监控、网络终端、电力、医疗、航空等、导航设备等领域。这也是发展的一个方向。

(3) 光盘存储器　高密度盘(compact disc,CD)。

光盘的主要特点：

① 存储容量大。一般 CD-ROM 盘片直径约 4.72 英寸(120mm),其容量一般为 650MB,也有更大的。CD-ROM 盘片直径也有约 3.15 英寸(80mm)的。

数字影视光盘(Digital Video Disc,DVD)有单面单层、单面双层、双面单层和双面双层 4 种结构。蓝光 DVD(Blu-RayDisc 使用蓝色激光代替红色激光)盘片单面单层盘有 23.3GB、25GB 及 27GB 三种规格盘片,另外单面双层有 46GB、50GB 及 54GB 三种规格盘片。此外,4 层容量为 100GB 的蓝光光盘也已推出。这将成为存储业的主导力量。

② 读取速度快。CD-ROM 光驱的读取速率已达 150KB/s,目前其主流速度是 50 倍速或 52 倍速,即 750KB/s 或 780KB/s。DVD-ROM 是 16 倍速(1 倍速 DVD 光驱的数据读取速度相当于 9 倍速的 VCD-ROM 的光驱速度;总体相当于 80 倍速的 VCD-ROM 的光驱速度)。

CD-RW 可读/可擦/可写,而且存储速度较快,可作为计算机的中间存储器。

③ 可靠性高,信息保留寿命长;位价格低;携带方便。

光盘类型按性能可分 3 个基本类型：只读型、可写一次型和可重写型。

① 只读型光盘　又称 CD-ROM(compact disk read only memory),直径大小约 4.72 英寸(120mm),特点是信息由厂家写入,只能读出不能修改。主要用于视频盘、数字化唱盘和多媒体出版物,目前各种软件亦以此种光盘为介质来提供。

② 可写一次型光盘　又称 WORM(write once read many)或简称 WO 光盘,也称追记只读型光盘(CD-R)。这种光盘买来时为空白盘,可一次或几次写入,写操作采用追加方式,已写入的不可修改而只能读取。常用于资料永久性保存、自制多媒体或光盘复制。

③ 可重写型光盘又称可擦写光盘或可抹型光盘(erasable optical disk 或 CD-RW)。主要有 3 种类型：磁光型、相变型、染料聚合型。目前多使用磁光型可重写光盘(magneto-optic disk,MO;可重复写入 1500 次左右),具有高容量、方便的可换性,以及随机存取等优点。

光盘从使用角度大体分为两类,一是用于存放计算机的数据和程序,二是用于存放音乐和影片。DVD-ROM 与 CD-ROM 相比,由于前者容量大、质量高且具有兼容性(能够读取 VCD-ROM 盘片的内容),目前已逐步成为市场的主流,而 VCD-ROM 正逐渐淡出。

(4) 光盘驱动器与光盘刻录机　目前微机上都预装光盘驱动器。一般的光盘驱动器只能读光盘,而不能进行刻录。只有光盘刻录机(CD-RW)才可对光盘进行读取、写入或复制的操作。

在外观上 CD-RW 与 CD-ROM、DVD-ROM 光驱没有差异。刻录机产品及其配套技术已非常成熟,平均无故障时间都在 10 万小时以上,已成为建立数字化环境的又一重要工具。

CD-RW 写入、改写还不如硬盘方便,这是光盘目前还不如硬盘的主要方面。

光盘及光盘驱动器如图 1.4 所示。

(a) 盘片

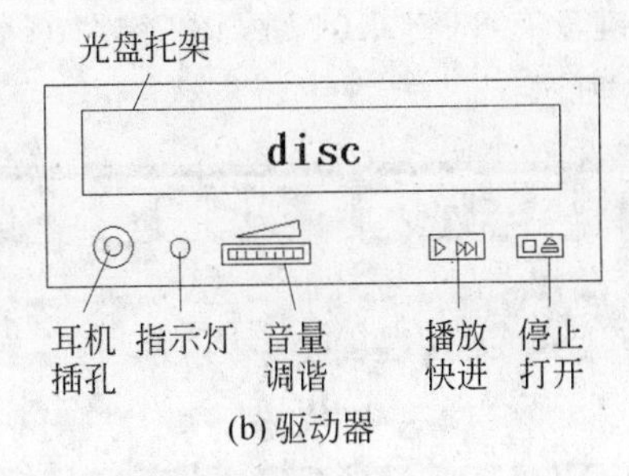

(b) 驱动器

图 1.4　CD-ROM 盘片和光盘驱动器

光盘的安全使用和日常维护:

① 光盘不能受重物挤压,不能用金属等硬物刻画,防高温日晒、强磁、浸水受潮。

光驱最佳工作环境温度为 10～30℃。

② 不用手触摸盘片存储面。手持盘片时,应用食指插入盘孔,拇指抠住盘片外沿。对经常使用的光盘,宜将其内容复制到硬盘。盘片不要久置于光驱,不用就及时取出,以免在光驱内不读盘也在高速旋转。用后要放入盘盒(架),防止尘埃落到入盘面。

③ 光驱是设计用来读取计算机的数据和程序的,其准确性不能有半点差错,因此不宜用计算机的光驱看 VCD 影碟、听音乐或玩游戏,以免影响其精确性。如果需要看影碟等活动,或用 MP3、MP4、MD 播放机等,或将内容复制到硬盘上再播放。

④ 降低光驱的读盘速度可提高其读盘精确性。

(5) 典型的存储层次信息典型的存储层次包括高速缓存(cache)、主存、辅存(auxiliary storage)3 级,如图 1.5 所示。

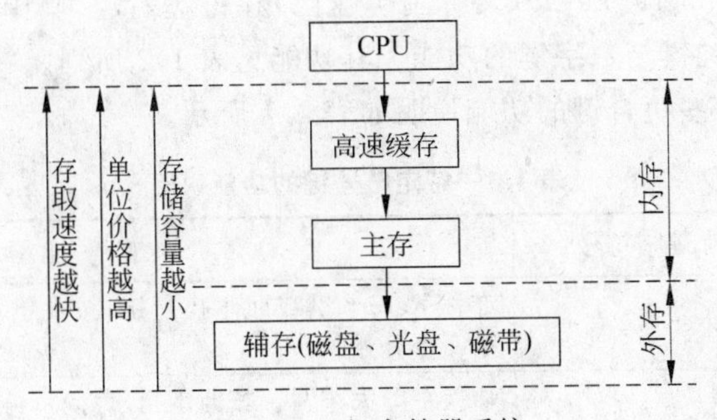

图 1.5　三级存储器系统

高速缓存和主存由集成电路实现,如图 1.5 所示,从上而下,价格不断降低,容量不断增大，速度不断减少。

4. 输入设备之一——键盘 PC 的输入设备，目前最常用的还是键盘和鼠标，其次是触摸屏、光笔与扫描仪。

(1) 键盘分类 键盘按工作原理与按键方式分为机械式、塑料薄膜式、导电橡胶式与电容式四种。电容式键盘的触感好，使用灵活，操作省力。键盘是通过键盘连线插入主板上的键盘接口与主机相连接的。有 AT、PS/2、USB 三种接口。除 USB 接口支持热插拔外，使用其它接口时，都必须在断电下进行。

微机的键盘有 83 键/101 键/102 键/104 键/106 键/108 键的，目前最为普遍的是 104 键，如图 1.6 所示。

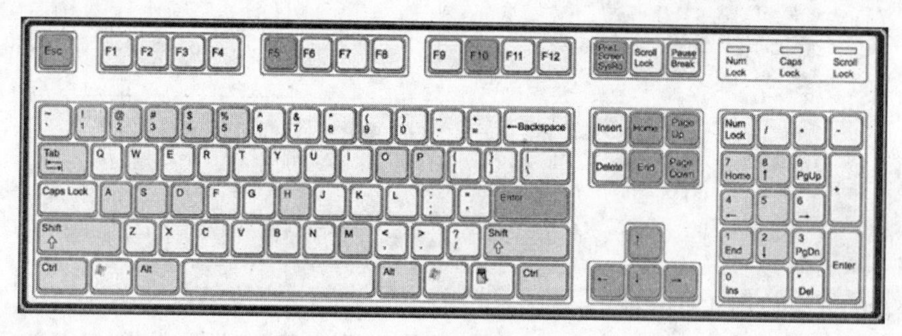

图 1.6 104 键键盘示意图

(2) 键盘的分区配置 标准键盘盘面可分为 4 个区。

① 功能键(function keys) F1—F12 共 12 个，分布在键盘左侧最上一排。在不同的软件系统环境下定义功能键的作用也不同。用户可根据软件的需要自己加以定义。在 108 键 Windows 键盘中增加了 Power(电源开关)、Sleep(转入睡眠)和 WakeUp(睡眠唤醒)三个功能

② 打字机键盘区(又称英文主键盘区、字符键区，typewriter) 盘面分布如图 1.6 左下部分所示。具有标准英文打字机键盘的格式，包括：字母键；数字键；运算符号键；特殊符号键(! @ # $ % ^ & _[]|,.;:"',等)；特定功能符号键。在 104 键 Windows 键盘还增加了两个 Windows 徽标键和一个功能菜单键 3 个功能。

③ 数字键区(numeric keyad，又称副键盘区)在键盘右边，其中 NumLock 键为数字锁定键，用于切换方向键与数字键的功能。其功能见表 1.2 所列。

特定符号键及一些组合键的功能说明如表 1.1 所示。

表 1.1 特定符号键的功能说明

名　称	键帽符号	功　能
回车键	Enter	亦称 Return 键或回车换行键；按此键后结束逻辑行，或使一条命令开始执行
大写锁定键	Caps Lock	切换字母大小写。按此键指示灯亮，再按字母键为大写；反之为小写
上档键	Shift	欲键入大写字母或双符键上方符号，需先按下此键不放

续表

名　称	键帽符号	功　能
制表键	Tab	制表定位键。用来定位移动光标。按一次，光标就跳到右边一位置。系统隐含为 1,8,15,…字符位置。在很多编辑软件中，用户可定义 Tab 位置
退格键	BackSpace	光标回退(左移)1 个字符，且删除光标左边 1 字符
空格键 Spacebar	(无字长键)	每按一下光标右移 1 字符位，原光标所在处变为空格
删除键	Del	删除光标所在处的字符，光标不动
插入键	Ins	开关键。插入状态时可在光标处插入字符，光标右边字符右移；在改写状态，输入的字符将覆盖原有字符
屏幕显示复制键	PrintScreen	把屏幕上当前显示内容复制到 Windows 的剪贴板，然后通过剪贴板可将屏幕画面插入到文档中
活动窗口复制键	PrintScreen	同按 Alt 键，把屏幕上活动窗口内容复制到剪贴板，然后通过剪贴板可将屏幕画面插入到文档中
控制键	Ctrl	与其它键配合使用，组合出大多数的复合键
Windows 徽标键	或	快速启动或关闭 Windows 的“开始”
菜单功能菜单		弹出当前可操作的功能菜单、选项，单击菜单外后退出
交替换档键	Alt	与其它键配合使用，组合出一些复合键
热启动键	Ctrl＋Alt＋Del	结束任务排除困境，或关机，或在加电下系统重新启动

注意：Ctrl、Alt 和 Shift 3 个键不能单独使用，需与其它一些键配合使用(尤以 Ctrl 键用得最多)，完成一些特殊的功能，称为组合键。当 Ctrl 键与别的字母键组合时，一般简记为^。例如，Ctrl＋P 可以简记为^P。

④ 屏幕编辑键和光标移动键区(数字小键盘区和主键盘区中间的 13 个键)

把数字小键盘区的光标移动键、插入和删除键集中于此，便于编辑操作，其功能如表 1.2 所示。

表 1.2　屏幕编辑时数字小键盘区中光标控制键的功能

键帽符号	功　能	键帽符号	功　能
↑	光标上移一行	Home	光标移至所在行左端
↓	光标下移一行	End	光标移至所在行右端
→	光标右移一字符	PgUp	光标不动，屏幕向上滚 13 行
←	光标左移一字符	PgDn	光标不动，屏幕向下滚 13 行

以上所讲的是一般台式 PC 及其兼容机的键盘在 Windows 操作系统环境下所显示的功能。其它类型的键盘，在布局上可能略有不同，每键功能与键帽表示也未必完全相符，故使用键盘前，应根据所用软件规定，先弄清各键的作用。

注意：

① 不同机型的键盘不要随意更换，相互之间不一定匹配。

② 保持键盘清洁。需要拆卸清洗时，均应在断电状态下进行，用柔软的湿布沾上少量中性洗衣粉清洗，再用干净柔软的湿布擦净，但不能使用酒精作为清洗剂。如不小心把液体滴入键盘，应立即把键盘翻过来使液体排出，然后用冷风吹干。

5. 输入设备之二——鼠标 鼠标(mouse)是一种"指点"设备。利用它可快捷、准确、直观地使光标在屏幕上定位，对屏幕上较远距离光标的移动，远比用键盘移动光标方便。鼠标与键盘的功能各有长短，宜混合使用。

现在大多数高分辨率的鼠标都是光电鼠标(optical mouse)。

鼠标也可分为有线与无线两类。无线鼠标以红外线遥控，遥控距离一般限在2m以内。

鼠标的一般使用：

(1) 使用前可通过"开始|控制面板|鼠标|鼠标键、指针、指针选项、轮、硬件"对鼠标加以设置。

(2) 鼠标的外壳都装有按钮，上面一般是两个，外加一或两个转轮，有的在左侧面还有一个按钮。按钮是一种简单的开关，按下表示接通，放开表示断开。初始状态下鼠标左键设为主键，右键设为辅键。本书是按鼠标左键为主键、右键为辅键来叙述的。

(3) 鼠标左键用于大多数的鼠标的操作，右键常用于弹出快捷菜单(列出适于不同场合下的操作命令)。其基本操作是：

① 指向(point) 将鼠标指针移到屏幕的某一位置或对象上，为下一个鼠标的动作做准备。

② 单击(click) 鼠标指针移到目标后，快速按一下鼠标按键(也有拨动转轮的时候，视需要定)。

③ 双击(double-click) 鼠标指针移到目标后，快速连续按两下鼠标左键，启动某项功能，如执行一个程序。

④ 拖动(drag)(鼠标指向目标后)按下左键不放，移动鼠标到目的地(可拖动对象到新位置)。

鼠标指针的形状取决于它所在的位置以及和其它屏幕元素的相互关系。比如，鼠标指针通常是一个指向左上方的箭头，表示等待操作；当把它移近窗口边缘时，它会变成一个双箭头，表示此时可以拖动边界、改变窗口尺寸；等等。

6. 输入设备之三——扫描仪 扫描仪(canner)是常用的图形、图像等输入设备。这是一种纸面输入设备，利用它可以快速地将图形、图像、照片、文本(有些还可以将小型物品)等信息从外部环境输入到计算机中，然后再作编辑加工。一般通过RS-232或USB接口与主机相连。从性能上可分平板式、馈纸式、实物或3D扫描仪等。

扫描仪从工作原理上分两类：CCD扫描仪和PMT扫描仪。

(1) CCD扫描仪 这是由电荷耦合器件(charge-coupled device)阵列组成的电子扫描仪。CCD扫描仪常见的有平板式(台式)扫描仪和手持式扫描仪。若按灰度和彩色来分，有二值化扫描仪、灰度扫描仪和彩色扫描仪等多种。

CCD扫描仪的主要性能指标有：

① 扫描幅面，即对原稿尺寸的要求，台式扫描幅面一般可达14平方英寸(A4)。

② 分辨率,即每英寸扫描的点数(dpi)为 600～2000dpi;用于屏幕显示或打印,只需 300～600dpi 的分辨率;要输出成网片印刷,则要达到 1200dpi 以上。

③ 灰度层次,即灰度扫描仪可达灰度级别,目前有 16、64 及 256 层(位数分别为 4b、6b 和 8b)。

④ 扫描速度,依赖于每行感光的时间,一般在 3～30ms 的范围。

平板式扫描仪比手持式扫描仪价贵、质好,使用普遍。

(2) PMT 扫描仪　这是用光电倍增管(PMT)构成的电子式扫描仪。它比 CCD 扫描仪的动态范围大、线性度好、灵敏度高、扫描质量高,因此扫描的效果更加逼真,常被用于照相、地图等高要求方面的扫描,但价格较高。

(3) 扫描仪的使用　平板式扫描仪(如图 1.7 所示)大多符合 TWAIN 标准(即工业用声音图像接口标准),能在 Windows 2000 及其以上版本系统或应用软件(如 Adobe Photoshop)中使用。

图 1.7　平板式扫描仪

用扫描仪扫描彩色图像时,要设定颜色和分辨率两项参数,颜色位数越多,能扫描到的颜色就越多;而分辨率越高,像素就越多,图像也就越清晰。如果扫描的只是文字或其它的黑白图文信息,则应选择黑白扫描方式,这样能节省时间和存储空间。另外,使用扫描仪之前最好预热一段时间(约 10 分钟),这样扫描出来的图像品质会更好些。

(4) 扫描仪的维护保养

① 扫描仪不要临窗放置,避免阳光直射或靠近热源,远离诸如苏打水、咖啡、茶水等液体,不用时应放在柜子里或用布盖好,防止溅上液体或灰尘落入。

② 应在一个水平的平稳台面上工作,避免振动。有些型号的扫描仪是可以扫描小型立体物品的,在使用这类扫描仪时,放置物品时要一次定位准确,不要随便移动以免刮伤玻璃,更不要在扫描过程中移动物品。

③ 在扫描一个多页装订的原稿时,不要把整个原稿都放在扫描仪的玻璃板上,而是放一页,并用一个相同大小的书压在待扫描一面的上方,使玻璃与要扫描的页面紧密接触,这样可避免扫描的图像出现大片痕迹,保证扫描质量。

④ 不要随意带电插拔数据传输线。不要经常插拔电源线与扫描仪的接头。

⑤ 扫描完毕后不要马上切断电源。必须等扫描仪的镜组完全归位后再切断电源。

⑥ 机械部分的保养。扫描仪使用一段时间后,要拆下盖子,用浸有缝纫机油的棉布擦拭镜组两条轨道上的油垢,擦净后,再将适量的缝纫机油滴在传动齿轮组及皮带两端的轴承上面,最后装机测试。

7. 输出设备之一——显示器　输出设备主要作用是把计算机处理的数据、计算结果等内部信息转换成人们习惯接受的信息形式(如字符、图像、表格、声音等)送出或以其它机器所能接受的形式输出,常见的有显示器、打印机、绘图仪等。

显示器是计算机的窗口,由监视器(monitor)和显示控制适配器(adapter,又称显示卡)两部分组成,常说的显示器是指监视器。目前常用的是指液晶(liquid crystal display,

LCD)显示器,其工作电压低、低能耗、低辐射、无闪烁、体积小、厚度薄、重量轻,具有环保等优点。

8. 输出设备之二——打印机

(1) 打印机的分类　打印机是PC最常用的输出设备。其种类和型号很多,一般按成字方式分为击打式(impact printer)和非击打式(nonimpact printer)两种。

目前常用的是非击打式的激光打印机和喷墨打印机。

(2) 激光印字机(laser printer)　俗称激光打印机。这是一种高速度、高精度、低噪声的页式打印机。它是激光扫描技术与电子照相技术相结合的产物。其打印噪音低、速度快、分辨率高、效果清晰、美观,可以产生高质量的图像及复杂的图形,已广泛应用于办公系统及桌上印刷系统。

(3) 喷墨印字机　俗称喷墨打印机。这是靠墨水通过精细的喷头喷到纸面而产生图像,也是一种非击打式打印机。可输出彩色图案,常用于广告和美术设计。

(4) 打印机的发展前景　彩色打印将成为未来打印技术的主流。将向着低档彩色喷墨打印和高档彩色激光打印发展。

集扫描仪、打印机、传真机、复印机等多功能于一体的产品已具有良好的发展空间。

9. 输出设备之三——绘图仪　绘图仪(plotter)是一种输出图形的硬拷贝设备。绘图仪在绘图软件的支持下绘制出复杂、精确的图形,是各种计算机辅助设计(CAD)不可缺少的工具。

绘图仪有笔式、喷墨式和发光二极管(LED)3类。目前使用最为广泛的是笔式绘图仪。常见的有两种类型:平板型和滚动型。平板型的绘图纸平铺在绘图板上,依靠笔架的二维运动来绘制图形。滚动型是靠笔架的左右移动和滚动带动图纸前后滚动画出图形。

绘图仪的性能指标主要有绘图笔数、图纸尺寸、分辨率、接口形式及绘图语言等。

10. 数码相机和数码摄像机　数码相机和数码摄像机具有即时拍摄、图片数字化存储(即所照即所得)、简便浏览等功能,即将“照片”、动态影像,进行数字化存储,使用户能够直接利用计算机对图像进行浏览、编辑和处理(目前的好多手机也具有这些功能)。

若只通过网络传递基本图像的数码图片,可选择30万像素。如要求稍高,则选择百万像素,或1400万像素级以上的产品。用于军事上的目前已有40亿像素级的相机。相机存储容量的大小,取决于相机存储芯片的大小。

数码相机和数码摄像机也为在全球范围内可以实时在Internet上传输图文信息提供了方便的条件。

1.4.4　计算机的软件系统

软件是具有重复使用和多用户使用价值的程序,泛指能在计算机上运行的各种程序,甚至包括各种有关的资料。没有配置任何软件的计算机称为“裸机”,在裸机上只能运行机器语言源程序,几乎不具备任何功能。软件一般分为系统软件和应用软件两大类。

1. 系统软件　系统软件是生成、准备和执行其它软件所需要的一组程序,通常负责管理、监督和维护计算机各种软硬件资源。其作用是缩短用户准备程序的时间,给用户提供友好的操作界面,扩大计算机处理程序的能力,提高其使用效果,充分发挥计算机各种设备的作用等。常见的系统软件主要有:

(1) 操作系统　操作系统是高级管理程序,是系统软件的核心。如存储管理程序、设备管理程序、信息管理程序、处理器管理程序等。没有操作系统,其它软件很难在计算机上运行(参见 1.4.5 节)。

(2) 程序设计语言　程序设计语言可分为下列 5 种。

① 机器语言　用直接为 CPU 识别的一组由二进制(0 和 1)构成的指令码就称为机器语言(machine language,也称二进制代码语言)。例如机器指令就是机器语言,一条机器指令就是机器语言的一个语句。用机器语言编写的程序执行效率高,但存在着编程费时费力、不便记忆阅读、无通用性等缺点。这是第一代语言。

计算机也只能接受以二进制形式表示的机器语言,这也是唯一让 CPU"一看就懂",不需要任何翻译的语言。机器语言从属于硬件设备。

② 汇编语言　汇编语言(assembler language)是第二代语言,是一种符号化了的机器语言(用助记符表示每一条机器指令),也称为符号语言,20 世纪 50 年代初开始使用。它更接近机器语言而不是人的自然语言,所以仍是一种面向机器的语言。

与高级语言相比,用机器或汇编语言编写的程序节省内存,执行速度快,并且可以直接利用和实现计算机的全部功能,完成一般高级语言难以做到的工作。它常用于编写系统软件、实时控制程序、经常使用的标准子程序、直接控制计算机的外部设备或端口数据输入输出的程序。但编制程序的效率不高,难度较大,维护较困难,属低级语言。

③ 高级语言、算法语言　这是第三代语言,也称过程语言。于 20 世纪 50 年代中期开始使用。它与自然语言和数学语言更为接近,可读性强,编程方便,从根本上摆脱了语言对机器的依附,使之独立于机器,由面向机器改为面向过程,所以也称为面向过程语言。目前世界上有几百种计算机高级语言,常用的和流传较广的有几十种。在我国常用的有:BASIC,PASCAL,LISP,COBOL,FORTRAN,C 等。C 语言特别适用于编写应用软件和系统软件,是当前最流行的程序设计语言之一。

高级语言共同的特点是:

- 完全独立或基本上独立于机器语言,而不必知道相应的机器码;
- 用其编制出来的程序,不需要经过太多的修改就可以在其它机器上运行;
- 一个执行语句通常包含若干条机器指令;
- 所用的一套符号、标记更接近人们的日常习惯,便于理解、掌握和记忆。

④ 非过程化语言　这是第四代语言。使用这种语言,不必关心问题的解法和处理过程的描述,只要说明所要完成的加工和条件,指明输入数据以及输出形式,就能得到所要的结果,而其它工作都由系统来完成。因此它比第三代语言具有更多的优越性。

如果说第三代语言要求人们告诉计算机怎么做,那么第四代语言只要求人们告诉计算机做什么。因此,人们称第四代语言是面向目标(或对象)的语言。如 Visual C++,Java 语言等。Java 语言是面向网络的程序设计语言,具有面向对象、动态交互操作与控制、动画显示、多媒体支持及不受平台限制等特点，以及很强的安全性和可靠性等优势，被称为 Internet 上的世界语和网络开发的最佳语言。

⑤ 智能性语言　这是第五代语言。它具有第四代语言的基本特征，还具有一定的智能和许多新的功能。如 PROLOG 语言(PROgramming in LOGic)，广泛应用于抽象问题求解、数据逻辑、公式处理、自然语言理解、专家系统和人工智能的许多领域。

计算机语言的日益人性化，其结果是使计算机的功能更强，对它的使用更加便捷。

(3) 语言处理程序

- 源程序　用汇编语言或各种高级语言各自规定的符号和语法规则，并按规定的规则编写的程序称为源程序。
- 目标程序　将计算机本身不能直接读懂的源程序翻译成相应的机器语言程序，称为目标程序。

计算机将源程序翻译成机器指令时，有解释方式和编译方式两种。编译方式与解释方式的工作过程如图 1.8 所示。

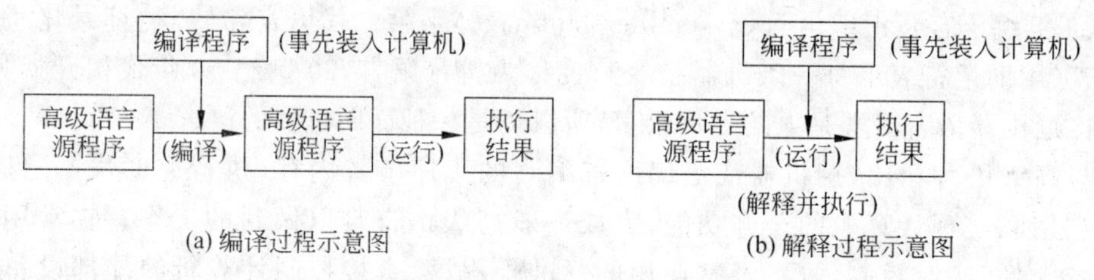

图 1.8　使用高级语言的工作过程

可以看出，编译方式就是把源程序用相应的编译程序翻译成相应的机器语言的目标程序，然后再通过连接装配程序连接成可执行程序，再执行可执行程序而得结果。在编译后形成的程序称为目标程序，连接后形成的程序称为可执行程序，目标程序和可执行程序都是以文件方式存放在磁盘上，再次运行该程序时，只需直接运行可执行程序，不必重新编译和连接。

解释方式就是将源程序输入计算机后，用该种语言的解释程序将其逐条解释，逐条执行，执行完只得结果，而不保存解释后的机器代码，下次运行此程序时还要重新解释执行。

(4) 数据库管理系统　主要由数据库(DB)和数据库管理系统组成。

(5) 网络软件　主要指网络操作系统。

(6) 系统服务程序　或称软件研制开发工具、支持软件、支撑软件、工具软件，主要有编辑程序、调试程序、装配和连接程序、测试程序等。

2. 应用软件　应用软件是用户为了解决某些特定具体问题而开发和研制或外购到的各种程序，这些程序可以用机器语言、汇编语言、C 语言或 Java 语言等编写，它往往涉及应用领域的知识，并在系统软件的支持下运行。如字处理、电子表格、绘图、课件制作、网络通信等软件(如 Word，WPS 系列，Excel，PowerPoint，E-mail 等)，以及用户程序(如工资管理程序、库房管理程序、财务管理程序等)。

本书下面将对 Word 2003、Excel 2003、PowerPoint 2003、Photoshop 8.0 和一些常用工具软件逐一予以介绍。

1.4.5 操作系统基本知识

1. 操作系统概述

(1) 什么是操作系统　操作系统(operation system,OS)是直接控制和管理计算机系统基本资源、方便用户充分而有效地使用这些资源的程序集合(是计算机系统中所有硬件、软件和数据资源的组织者和管理者,是一个大型程序)。它是系统软件的基础或核心,是最基本的系统软件,其它所有软件都是建立在操作系统之上的。计算机系统中的主要部件之间相互配合、协调一致的工作,都是靠操作系统的统一控制才得以实现的。

用户都是先通过操作系统来使用计算机的,所以它又是沟通用户和计算机之间的“桥梁”,是人机交互的界面,也就是用户与计算机硬件之间的接口(见图 1.9)。没有操作系统作为中介,一般用户对计算机就不能使用。

计算机的硬件系统主要指主机(CPU+存储器)和输入、输出设备。汇编程序、解释程序、编译程序、数据库管理系统等属软件系统中的系统软件,文本编辑器等属软件系统中的应用软件。如图 1.9 和图 1.10 所示,操作系统如同一个管理中心,计算机系统的软、硬件和数据资源利用,都必须通过这个中心向用户提供正确利用这些资源的方法和环境。

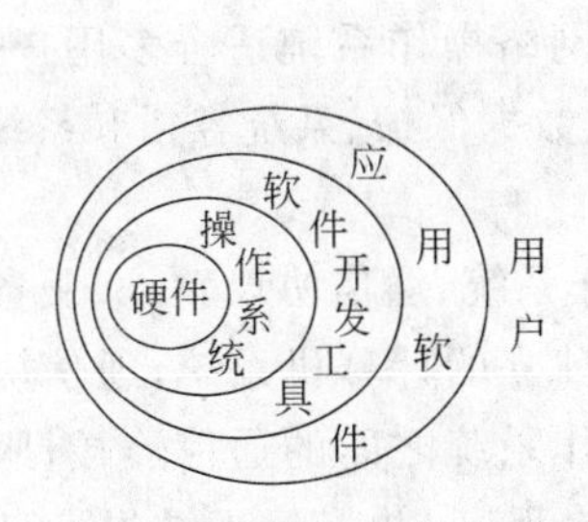

图 1.9　用户与操作系统等关系示意图

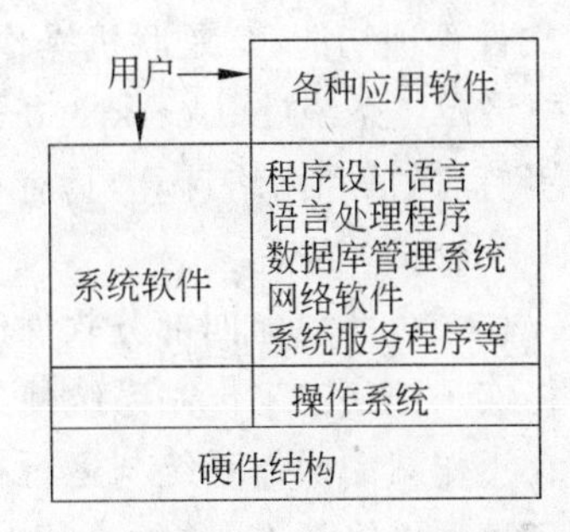

图 1.10　用户与计算机软件、硬件的层次关系

(2) 操作系统主要作用　主要作用有三个:一是提高系统资源的利用;二是提供方便友好用户界面。如果没有操作系统这个接口软件,用户将面对一台只能识别 0、1 组成的机器代码的裸机;三是提供软件开发的运行环境。在开发软件时,需要使用操作系统管理下的计算机系统,调用有关的工具软件及其它软件资源。进行一项开发时,先问在哪种操作系统环境下开发的,当要使用某种保存在磁盘中的软件时,还要考虑在哪种操作系统支持下才能运行。因为任何一种软件并不是在任何一种系统上都可以进行的,所以操作系统也称为软件平台。操作系统的性能在很大程度上决定了计算机系统工作的优劣。具有一定规模的计算机系统,包括中、高档微机系统,都可以配备一个或几个操作系统。

(3) 操作系统的功能　操作系统管理的对象是计算机的软、硬件,传统的主要功能是:CPU 管理、存储器管理、文件管理、设备管理与作业管理 5 个方面。

(4) 操作系统的分类

① 按使用环境分为批处理、分时、实时系统。

② 按用户数目分为单用户(单任务、多任务)、多用户、单机、多机系统;

③ 按硬件结构分为网络、分布式、并行和多媒体操作系统等。

这样的分类仅限于宏观上的。因操作系统具有很强的通用性,具体使用哪一种操作系统,要视硬件环境及用户的需求而定。

(5) 常见操作系统　历代微机系统上常见的操作系统有 CP/M,DOS,UNIX,AIX、OS/2(IBM),Windows,Macintosh OS,Linux,Lindows OS 等。其中 Linux 是一套免费使用和自由传播的类 UNIX 操作系统。

不同类型的微机可以使用相同的操作系统,同一微机也可同时使用几种操作系统。

操作系统的人机交互的界面,有以键盘为工具的字符命令方式,如 DOS 操作系统;也有以文字图形相结合的图形界面方式,如 Windows 操作系统。

2. 个人计算机操作系统和网络操作系统

(1) 个人计算机操作系统(personal computer operating system,PC-OS)　是一种联机交互的单用户操作系统,其提供的功能比较简单,规模较小。分单任务、多任务两种。只支持一个任务,即内存中只有一个程序运行的,称为单任务操作系统,如 DOS 系统等。可支持多个任务,即内存中同时存在多个程序并发运行的,称为多任务操作系统,如 Windows 7 系统等。

个人计算机操作系统的特点:一是单用户个人专用,重视方便友好的用户界面和比较完善的文件管理功能;二是联机操作、人机交互与分时系统类似。

(2) 网络操作系统(network operating system)　网络操作系统适合多用户、多任务环境,支持网间通信和网络计算,具有很强的文件管理、数据保护、系统容错和系统安全保护功能,如 Windows 7 系统。

网络操作系统一般由四部分软件组成:工作站操作系统、通信协议软件、服务器操作系统和网络实用程序。工作站系统使工作站成为一个独立的计算机系统;通信协议软件提供运行在工作站的操作系统与运行在服务器上的操作系统之间的通信连接;服务器操作系统用于处理网络请求,并发运行各工作站上的用户程序,并将运行结果发到工作站上;网络实用程序则为工作站和服务器提供开发工具和各种应用服务。

3. 微机操作系统操作环境的演变与发展　用户使用计算机是通过操作系统提供的用户接口(或称用户界面)进行的。微机上配置的操作系统一般是联机交互式的单用户操作系统。

用户接口决定了用户以什么方式与计算机交互,也就是采用什么手段向计算机发出指令,以实现自己的操作要求。

用户接口大体上分为两种,一是基于字符的界面;二是基于图形界面。

在 20 世纪 80 年代以前,用户接口主要是基于键盘字符界面。

20 世纪 80 年代初,Apple 公司率先将图形用户界面(graphic user interface,GUI)引入个人计算机,以其友好、方便的界面迅速发展成了当今操作系统和应用程序的主流界面。图形界面的引入,彻底改变了计算机的视觉效果和使用方式。使用户能以更直观、更贴近于生活的方式上机操作。

如今图形用户界面层出不穷,其主要的特点是:

(1) 直观明了引人入胜　例如 Windows7 的"开始"按钮的设计充分体现了这一点。"开始"按钮不仅使用户能毫无困难地开启应用程序和文档,还帮助他们了解怎样去完成一项工作。用户在 Windows 7 中学会运行一个程序几十秒钟就可以了。

(2) 文本与图形相结合　在优秀图形界面设计的同时十分重视文字的作用。例如，Microsoft Office 2003 的界面一律都提供 Tool Tips 功能，即一旦鼠标指向某个工具按钮，都会弹出一个“文本泡”告知用户该图标的名称，同时屏幕底端的状态条给出了有关该按钮的功能简介或操作提示。这种图文相结合的界面胜过单独的图形界面或文本界面。

(3) 一致性的操作环境　现在流行的图形界面都提供一致的显示窗口、命令选单、对话框、屏幕帮助信息及联机帮助系统。这种一致性降低了用户使用计算机的难度，节省了学习和掌握软件操作的时间，使用户将注意力集中于任务的实现上而不是适应每一种应用程序带来的界面变化。例如 Microsoft Office 2003 尝试将其本身集成为一致性程序，使它的组件 Word、Excel 和 PowerPoint 等具有类同的界面，并且数据能够共享。

(4) 用户自定义的功能　为了减少图标冗余，许多软件都提供了用户自定义工作环境的功能，即根据用户要求安排屏幕布局，使其上机环境更具个性化。

计算机技术的不断发展推动了用户界面向更为友好的方向改进。未来的用户界面会呈现声音、视频和三维图像——新一代的多媒体用户界面(multi-media user interface，MMUI)。多媒体用户界面中的操作对象不仅是文字图形，还有声音、静态动态图像，使机器呈现出一个色彩缤纷的声光世界。计算机能听懂人的语言，你可用“开机”或“关机”的口语命令替代手动开关计算机电源和显示器按钮开关的动作。MMUI 将给人们带来更多的亲切感。

第 2 章将介绍 Windows7 操作系统，读者可以从中领略图形用户界面的使用方法。

1.4.6　文件的概念、命名、类型及文件夹结构

1. 文件和文件系统的概念

(1) 文件概念　文件(file)是具有名字、存储于外存的一组相关且按某种逻辑方式组织在一起的信息的集合。计算机的所有数据(包括文档、图形、图像、动画或声音等各种媒体信息)和程序都是以文件形式保存在存储介质上。文件具有驻留性和长度的可变性，是操作系统能独立进行存取和管理信息的最小单位。

(2) 文件系统的概念　操作系统中负责管理和存取文件的软件机构称为文件管理系统，简称文件系统。文件系统负责为用户建立文件，存取、修改和转储文件，控制文件的存取，用户可对文件实现“按名存取”。

2. 文件的命名　每个文件必须有也只能有一个标记，称为文件全名，简称文件名。文件全名由盘符名、路径、主文件名(简称文件名)和文件扩展名 4 部分组成。

<文件名>也就是主文件名，在 Windows 7 环境下由不少于 1 个 ASCII 码字符组成，不能省略。文件名可由用户取定，但应尽量做到“见名知义”。扩展名一般由系统自动给出，“见名知类”，由 3 个字符组成；也可省略或由多个字符组成。系统给定的扩展名不能随意改动，否则系统将不能识别。扩展名左侧须用圆点“.”与文件名隔开。文件全名总长度可达 255 个字符(若使用全路径，则可达 260 个字符)。

文件名组成的字符有：26 个英文字母(大写小写同义)，0～9 的数字和一些特殊符号：$ # & @ % ( ) ^ _ — { }! 等。文件名中可有空格和圆点，宜由字母、数字与下划

线组成。汉字也可用作文件名。但禁用\ | / ? * < > : " 这9个字符用作文件名。

注意：同一磁盘同一文件夹下不能有同名文件(文件夹也是文件,文件夹名与文件名结构相同,故同级的文件夹名与文件名不能相同)。用户取的文件名中不能使用系统保留字符串以及DOS的命令动词和系统规定的设备文件名等。

3. 文件名通配符 通配符也称统配符、替代符、"多义符"或"全称文件名符",就是可以表示一组文件名的符号。通配符有两种,即星号"*"和问号"?"。

(1)"*"通配符 也称多位通配符,代表所在位置开始的所有任意字符串。例如,在Windows文件夹或文件名的查找中*.* 表示任意的文件夹名、文件名、文件扩展名;文件名P*.DOC,表示以P开头后面为任意字符而文件扩展名为DOC的文件。

(2)"?"通配符 也称单位通配符,仅代表所在位置上的一个任意字符。例如文件名ADDR?.TXT,表示以ADDR开头后面一个字符为任意字符而文件扩展名为TXT的文件。

4. 文件的类型 文件可分为系统、通用与用户文件三类。前两类常由专门人员装入硬盘,其文件名与扩展名由系统约定好(常用以表明文件性质、类型),用户不可随便改名或删除。用户文件可由用户根据文件命名原则命名。用户建立的文件多为文本文件。

文本文件又称文字文件,是指可在屏幕上显示或打印在纸页上供用户直接阅读的文件。可分为文书文件与非文书文件两种。文书文件(在Word中称文档)包括文章、表格,其扩展名可任选,也可省略。非文书文件(在Word中称纯文本文件)是指用汇编语言或各种高级程序设计语言编写的源程序文件、数据文件及用户编写的批处理文件、系统配置文件等,其扩展名常需按系统约定。对有了约定的扩展名,用户不能另取,否则就不能正确辨认。

常见的扩展名有:

ASC ASCII码文件　AVI 视频文件　BAK 编辑后的备用文件
BMP 位图文件　DBF 数据库文件　DOC Word文档文件
EXE 应用文件　HLP 帮助文件　HTM(.HTML) 主页文件
INI 初始化信息文件　MAP 链接映像文件　MID 音频解霸文件
PRN 列表文件　RAR 压缩文件　SWF Flash动画发布文件
SYS 系统文件　TAB 文本表格文件　TXT 纯文本文件
TMP 临时文件　WAV 音频资源格式文件
%A%(或%B%或.$$$) 临时(暂存)或不正确存储文件等。

5. 文件夹 文件夹是用来存放程序、文档、快捷方式和子文件夹等的地方。

只用来放置子文件夹和文件的文件夹称为标准文件夹。一个标准文件夹对应一块磁盘空间。文件夹的路径是一个地址,它指引操作系统怎样找到该文件夹。例如,许多Windows系统文件都存放在C:\Windows的文件夹中。当打开一个文件夹时,它是以窗口形式呈现在屏幕上,关闭它时,则收缩为任务栏上的一个图标。文件夹以图标的形式显示其中的内容。使用文件夹可访问大部分应用程序和文件,方便实现对对象的复制、移动与删除。

除了标准文件夹,还有一种特殊的文件夹,它可用来放置诸如控制面板、打印机、硬

盘、光盘、U 盘等。这类文件夹不能用来存储子文件夹和文件，实际上是应用程序。

没有特别说明，文件夹都是指标准文件夹。通常并不需要关心这两种文件夹的不同，可以用相同的方式来使用这两种文件夹中的内容。

1.4.7 用户与计算机软件系统和硬件系统的层次关系

归结起来，硬件结构是计算机系统看得见摸得着的功能部件的组合，而软件是计算机系统的各种程序的集合。在软件的组成中，系统软件是人与计算机进行信息交换、通信对话、按人的思想对计算机进行控制和管理的工具。人与计算机软件系统和硬件系统的层次见图 1.10。

当然，在计算机系统中并没有一条明确的硬件与软件的分界线，软、硬件之间的界线是任意的和经常变化的。今天的软件可能就是明天的硬件，反之亦然。这是因为任何一个由软件所完成的操作也可以直接由硬件实现，而任何一条由硬件所执行的命令也能够用软件来完成。从这个意义上说，硬件与软件在逻辑功能上是可以等价的。

1.5 计算机的安全使用知识

正确、安全地使用计算机，加强对计算机的维护保养，才能充分发挥计算机的功能，延长其使用寿命。本节主要介绍计算机的环境要求、使用注意事项、病毒及其防治。

1.5.1 计算机的环境要求

良好的环境是计算机正常运行的基础。

1. 电源 电源应安全接地。在 180～260V 均可正常工作，因此无需外加稳压电源。由于稳压电源在调整过程中将出现高频干扰，反而会造成计算机出错或死机。若所在地区经常断电，可配备不间断电源 UPS，以使机器能不间断地得到供电。使用 UPS 时，应在其标定容量的三分之二负载下运行，绝不能使其在满负荷下运行。

2. 温度 计算机虽和日常使用的家电一样耐用，但是环境温度在 10～30℃为宜。过冷或过热对机器寿命、正常工作均有影响。最好置于装有空调的房间内。

3. 湿度 机房相对湿度在 20％～80％为宜。湿度太大会影响计算机正常工作，甚至对元件造成腐蚀；湿度太小则易发生静电干扰。

4. 防尘 一定要保持清洁的环境，灰尘和污垢会使机器发生故障或者受到损坏。要定期清刷部件尘埃，经常用软布和中性清洗剂(或清水)擦净机器表面。机房内一般应备有除尘设备。禁止在机房内吃东西、喝水和吸烟。

1.5.2 计算机的使用注意事项

1. 开机和关机 由于系统在开机和关机的瞬间会有较大的冲击电流，因此开机时一般要先开显示器(况且显示器也需要预热)，后开主机；打印机可在需要时再开。关机时务必先退出所有运行的程序，然后再关主机，最后关闭外部设备，断开电源。

计算机要经常使用，不要长期闲置。但在使用时必须防止频繁开关机器，禁止刚关机又开机，或刚开机又关机。开机与关机之间，宜相隔10秒以上。

2. 开机后不要搬动 开机加电后主机及相关设备不要随意搬运，不要插拔各种接口卡，不要连接或断开主机和外设之间的电缆。这些操作都应该在断电的情况下进行。

3. 备份数据 磁盘和U盘中的重要信息要注意备份，以防受到突然事故造成破坏。

4. 维修 计算机出现故障时，没有维修能力的用户不要打开箱盖插拔插件，应及时与维修部门联系。厂商的售后服务是用户购买机器时必须谈妥的重要条件。

1.5.3 计算机病毒及其防治

1. 病毒定义 1983年11月美国学者Fred. Cohen第一次从科学角度提出"计算机病毒"(computer virus)的概念。1987年10月美国公开报道了首例造成灾害的计算机病毒。

什么是计算机病毒？根据《中华人民共和国计算机信息系统安全保护条例》第二十八条的规定："计算机病毒是指编制或者在计算机程序中插入的破坏计算机功能或者毁坏数据，影响计算机使用，并能自我复制的一组计算机指令或程序代码"。

因为它就像病毒在生物体内部繁殖导致生物患病一样，所以把这种现象形象地称为"计算机病毒"。不过这类病毒并不影响人体的健康。

2. 病毒特征 最重要的特征是破坏性和传染性。还具有隐蔽性、破坏性、传染性、潜伏性、非授权性(对用户不透明性)、可激活性和不可预见性。此外，还都具有两个特征，缺其一则不成为病毒。

(1) 一种人为特制的程序，不独立以一文件形式存在，且非授权入侵而隐藏、依附于别的程序。当调用该程序时，此病毒则首先运行，并造成计算机系统运行管理机制失常或导致整个系统瘫痪的后果。

(2) 具有自我复制能力，能将自身复制到其它程序中。

3. 病毒症状 全世界病毒以每天成百成千种的速度递增，所以已出现的病毒不计其数。这些病毒按大的类型来分则不到10类。其中操作系统病毒最为常见，危害性也最大。

病毒的一般症状有：

(1) 显示器出现莫名其妙的信息或异常显示(如白斑、小球、雪花、提示语句等)。

(2) 内存空间变小，对磁盘访问或程序装入时间比平时长，运行异常或结果不合理。

(3) 定期发送过期邮件。

(4) 死机现象增多，又在无外界介入下自行启动，系统不承认磁盘，或硬盘不能引导系统，异常要求用户输入口令。

(5) 打印机不能正常打印，汉字库不能正常调用或不能打印汉字。

4. 病毒传播病毒的传播条件

(1) 通过媒体载入计算机，如硬盘、U盘、网络等。

(2) 病毒被激活，随着所依附的程序被执行后才能取得控制权(机器传染上病毒后，未被运行的病毒程序是不会起作用的)。

总之,病毒的传染以操作系统加载机制和存储机制为基础,有的也危及硬件。

5. 病毒危害 从计算机病毒的定义中可以知道,计算机病毒的危害是:

(1) 破坏计算机功能,影响计算机使用。

(2) 毁坏数据。

(3) 成计算机系统运行失常或导致整个系统瘫痪的后果。会彻底毁灭系统软件,甚至是硬件系统。

6. 病毒对策

(1) 病毒预防 阻止病毒的侵入比病毒侵入后再去发现和排除要重要得多,堵塞病毒的传播途径是阻止病毒侵入的最好方法。

① 软件预防 主要使用计算机病毒疫苗程序,监督系统运行并防止某些病毒入侵。比如在机器和网上安装杀毒软件和防火墙,实时监控病毒的入侵和感染。

② 硬件预防 主要有两种方法:一是改变计算机系统结构;二是插入附加固件,如将防毒卡插到主板上,当系统启动后先自动执行,从而取得 CPU 的控制权。

③ 管理预防 这也是最有效的预防措施,主要途径:

制定防治病毒的法律手段。对有关计算机病毒问题进行立法,不允许传播病毒程序。对制造病毒者或有意传播病毒从事破坏者,要追究法律责任。

建立专门机构负责检查发行软件和流入软件有无病毒。为用户无代价消除病毒,不允许销售含有病毒的程序。

宣讲计算机病毒的常识和危害性;尊重知识产权,使用正版软件,不随意复制软件,不运行不知来源的软件。养成定期清除病毒的习惯,杜绝制造病毒的犯罪行为。

(2) 安全管理计算机的措施

① 限制网上可执行代码的交换,控制共享数据,一旦发现病毒,立即断开联网的工作站;不打开来路不明的电子邮件,直接删除;若在单机下可以完成的工作,应在脱网状态下完成。这是最为要紧的。

② 用硬盘来启动机器。凡不需再写入的 U 盘都应作写保护。借给他人的 U 盘都应作写保护(最好只借副本),收回时应先检查有无病毒。

③ 不要把用户数据或程序写到系统盘上,并保护所有系统盘和文件。

④ 对重要的系统数据和用户数据定期进行备份。

7. 病毒清除 一旦发现病毒,应立即清除。一般使用常说的杀病毒软件。反病毒软件使用方便安全,一般不会因清除病毒而破坏系统中的正常数据。

常见国产反病毒软件有:奇虎 360 杀毒软件、瑞星杀毒软件、江民杀毒软件 JM、金山毒霸等。

有关杀毒软件的使用,在常用工具软件一章中将再作介绍。

1.5.4 计算机黑客与网络犯罪

1. 计算机黑客 计算机黑客有两种;一是平常所说的黑客;二是“白帽子”黑客。

(1)“白帽子”黑客 也称红客或“匿名客”(sneaker),专门发现网络或者软件存在的安全问题,不从事恶意攻击,主动提供解决漏洞的方案,有的更成为网络安全工程师。这些人大多是网络安全的维护者，包括美国政府在内的各级机构在解决网络安全问题时，也会请他们参与。

(2) 平常所说的计算机黑客　黑客都是利用计算机、网络作为工具进行犯罪活动，对计算机信息系统、国际互联网安全构成危害。主要手段有：寻找系统漏洞，非法侵入涉及国家机密的计算机信息系统；非法获取口令，偷取特权，侵入他人计算机信息系统，或者窃取他人商业秘密、隐私或者挪用、盗窃公私财产，或者对计算机资料进行删除、修改、增加，或者传播复制黄色作品，或者制作、传播计算机病毒等破坏活动。常以一个节点为根据地，攻击其它节点，如进行电子邮件攻击等。

黑客的非法行为招致行政乃至刑事处罚，必须受到相应法律的制裁。此外，黑客还应该赔偿其侵权行为给国家、集体或他人造成的损失。当然被黑客用作攻击的商业网站也应承担相应的赔偿责任。

2. 网络犯罪计算机黑客犯罪的特点

(1) 知识水平高　单就专业知识水平来讲，可以称得上是专家。

(2) 手段隐蔽　犯罪者可以在千里之外的网上，而不必在现场作案。在一国实施，却可以在他国或多国造成严重后果。

虽然，通过网络进行犯罪有一定的隐蔽性(有时使用一些更隐蔽的手段)，但每一步操作在计算机内都有记录，一些网络安全应用，如防火墙(fire wall)技术等可以反复锁定他的IP地址，轻易地认证他的来源，不难查到操作者的身份。比如在美国，虽然利用网络犯罪的案例较多，而引起政府重视的大案，都无一漏网。

习　题　1

1.1　思考题

1. 计算机的定义与特点是什么？计算机自1946年诞生以来，哪几件事情对它的普及影响最大？为什么？

2. 什么是计算机的主要应用领域？试分别举例说明。

3. 计算机的主要类型有哪些？从1975年到现在的这些年中，PC发生了哪些巨大的变化？试用几句话概括这些变化的特点。

4. 计算机文化知识为什么应该成为当代人们知识结构的重要组成部分？

5. 计算机内部的信息为什么要采用二进制编码来表示？

6. 一个完整的计算机系统由哪些部分构成？各部分之间的关系如何？

7. 微处理器、微机、微机硬件系统、微机软件系统、微机系统相互之间的区别是什么？

8. 存储器为什么要分为内存储器和外存储器？两者各有何特点？

9. 什么是机器语言、汇编语言、高级语言、面向过程语言、非过程语言和智能性语言？

10. 什么是操作系统？它的主要功能是什么？

11. 什么是文件与文件夹？文件的命名原则是什么？文件如何存放较好？

12. 什么是计算机病毒？它具有哪些特征？对计算机病毒应如何预防和对付？

1.2　选择题(1)

若无特别说明，选择题均指单项选择题。

1. 对于计算机下面的描述不正确的是(　　)。

(A) 能自动完成信息处理

(B) 是能按编写的程序对原始输入数据进行加工

(C) 计算器也是一种小型计算机

(D) 虽说功能强大,但并不是万能的

2. 一个完整的计算机系统是由(　　)组成的。

(A) 主机及外部设备　　(B) 主机、键盘、显示器和打印机

(C) 系统软件和应用软件　　(D) 硬件系统和软件系统

3. 指挥、协调计算机工作的设备是(　　)。

(A) 输入设备　　(B) 输出设备　　(C) 存储器　　(D) 控制器

4. 在微机系统中,硬件与软件的关系是(　　)。

(A) 在一定条件下可以相互转化的关系　　(B) 逻辑功能等价关系

(C) 整体与部分的关系　　(D) 固定不变的关系

5. 在计算机内,信息的表示形式是(　　)。

(A) ASCII 码　　(B) 拼音码　　(C) 二进制码　　(D) 汉字内码

6. 基本字符的 ASCII 编码在机器中的表示方法准确的描述应是(　　)。

(A) 使用 8 位二进制码,最右边一位为 1　　(B) 使用 8 位二进制码,最左边一位为 0

(C) 使用 8 位二进制码,最右边一位为 0　　(D) 使用 8 位二进制码,最左边一位为 1

7. 微机的常规内存储器的容量是 640KB,这里的 1KB 为(　　)。

(A) 1024 字节　　(B) 1000 字节　　(C) 1024 二进制位　　(D) 1000 二进制位

8. 微机在工作中,由于断电或突然"死机",重新启动后则计算机(　　)中的信息将全部消失。

(A) ROM 和 RAM　　(B) ROM　　(C) 硬盘　　(D) RAM

9. 计算机能够直接识别和处理的程序是(　　)程序。

(A) 汇编语言　　(B) 源程序　　(C) 机器语言　　(D) 高级语言

10. 把高级语言编写的源程序变为目标程序,要经过(　　)。

(A) 汇编　　(B) 解释　　(C) 编译　　(D) 编辑

11. 计算机软件系统一般包括系统软件和(　　)。

(A) 字处理软件　　(B) 应用软件　　(C) 管理软件　　(D) 科学计算软件

12. 操作系统是一种(　　)。

(A) 系统软件　　(B) 应用软件　　(C) 源程序　　(D) 操作规范

13. 具有多媒体功能的微机系统目前常用 CD-ROM 作外存储器,它是一种(　　)。

(A) 只读存储器　　(B) 光盘　　(C) 硬盘　　(D) U 盘

14. 既能向主机输入数据又能向主机输出数据的设备是(　　)。

(A) CD-ROM　　(B) 显示器　　(C) 硬盘驱动器　　(D) 光笔

15. 光驱的倍速越大,表示(　　)。

(A) 数据传输越快　　(B) 纠错能力越强

(C) 所能读取光盘的容量越大　　(D) 播放 VCD 效果越好

16. 速度快、分辨率高、噪音小的打印机类型是(　　)。

(A) 击打式　　(B) 针式　　(C) 激光式　　(D) 点阵式

17. 同时按下 Ctrl+Alt+Del 键的作用是(　　)。

(A) 停止微机工作

(B) 使用任务管理器关闭不响应的应用程序

(C) 立即热启动微机

(D) 冷启动微机

(E) 检查计算机是否感染部分病毒,清除部分已感染的病毒

1.3 选择题(2)

以下是多项选择题。

1. 计算机的输入设备有( ),输出设备有( )。

(A) 打印机 (B) 绘图仪 (C) 硬盘 (D) 可擦写光盘
(E) 显示器 (F) 扫描仪 (G) 光笔 (H) 键盘

2. 计算机的系统软件有( )。

(A) 操作系统 (B) BASIC源程序 (C) 汇编语言 (D) 监控、诊断程序
(E) FoxPro库文件 (F) 编译程序 (G) 编辑程序

3. 用高级语言编写的程序不能直接运行,需要经过( )。

(A) 汇编 (B) 编译 (C) 解释 (D) 翻译

1.4 填空题

1. 世界上公认的第一台电子计算机于______年在______诞生,它的名字是______。

2. 到目前为止,电子计算机经历了多个发展阶段,发生了很大变化,但都基于同一个基本思想。这个基本思想是由______提出的,其要点是______。

3. 计算机的发展经历了四代。各代的基本组成元件代表分别为______、______、______、______。

4. 第四代计算机开始使用大规模乃至超大规模的______作为它的逻辑元件。

5. 传统计算机的发展趋向是______、______、______、______、______。

6. 一个完整的计算机系统是由______和______两部分组成的。

7. 微机的运算器、控制器和内存三部分的总称是______。

8. 软件系统又分______软件和______软件,磁盘操作系统是属于______软件。

9. 在机器内部,数据的计算和处理是以编码形式表示的,原因是______。

10. 在计算机中,bit中文含义是______;字节是个常用的单位,它的英文名字是______。一个字节包括的二进制位数是______。32位二进制数是______字节。1GB是______字节。

11. 8位二进制无符号定点整数的数值范围是______。

12. 在微机中,应用最普遍的字符编码是______。

13. CPU不能直接访问的存储器是______。

14. 在RAM,ROM,PROM,CD-ROM 4种存储器中,易失性存储器是______。

15. 内存有随机存储器和只读存储器,其英文简称分别为RAM和______。

16. 直接由二进制编码构成的语言是______。

17. 编译语言是对机器语言的改进,以______表示指令。

18. 用某种高级语言编写、人们可以阅读(计算机不一定能直接理解和执行)的程序称为______。

19. 用高级语言编写的源程序,必须由______程序处理翻译成目标程序,才能被计算机执行。

20. 计算机病毒实质上是______。主要特点是具有______、潜伏性、______、激发性和隐蔽性。文件型病毒传染的对象主要是______、______类型文件。

21. 计算机病毒的主要特性是______。

22. 当前微机中最常用的两种输入设备是______和______。

23. 目前常用的VCD光盘盘面的直径是120mm,其存储容量一般是______MB。

24. 使用计算机时，开关机顺序会影响主机寿命，正确的开机顺序是________，正确的关机顺序是________。

25. 在图 1.11 所示的计算机硬件系统结构示意框图中，填写方框 1 至方框 5 所代表的含义。

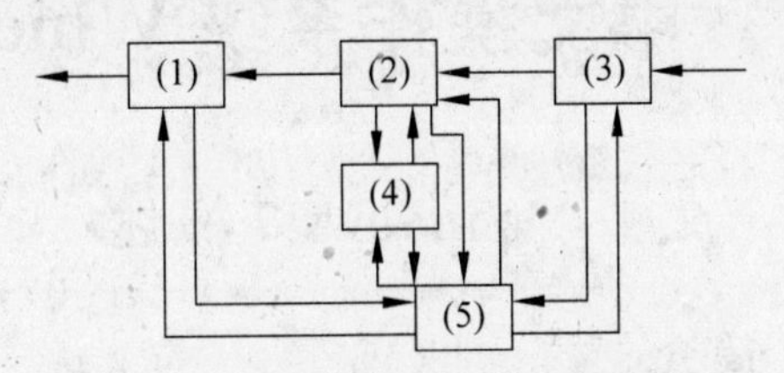

图 1.11 计算机硬件系统结构示意框图

第2章　中文操作系统 Windows 7

2.1　Windows 7 概述

2.1.1　Windows 7 简介

Windows 7 是微软公司(Microsoft)于 2009 年推出的一款操作系统,与此前的 Windows 操作系统版本相比,其界面更友好,功能更强,系统更稳定。

1. Windows 7 的各个版本　微软中国网站发布的 Windows 7 共包括 4 个版本。家庭普通版满足最基本的计算机应用,适用于上网本等低端计算机;家庭高级版拥有针对数字媒体的最佳平台,适宜于家庭用户和游戏玩家;专业版是为企业用户设计的,提供了高级别的扩展性和可靠性;旗舰版拥有 Windows 7 的所有功能,适用于高端用户。

2. Windows 7 的主要功能特点

(1) 提供了玻璃效果(Aero)的图形化用户界面,操作直观、形象、简便;不同应用程序保持操作和界面方面的一致性,为用户带来很大方便。

(2) 提高了用户计算机的使用效率,增加了易用性。

(3) 进一步提高了计算机系统的运行可靠性和易维护性。

(4) 增强了网络功能和多媒体功能。

(5) 解决了操作系统存在的兼容性问题。通过启用(Windows)"XP 模式",用户可以在 Windows 7 的虚拟环境中顺畅地运行(Windows)XP 应用程序。

本章将介绍 Windows 7 旗舰版在文件管理、任务管理和设备管理方面的基本功能和用法。此后提到的 Windows,如果没有特别说明,都是指 Windows 7 旗舰版。

2.1.2　Windows 7 的运行环境、安装和激活

1. 安装的硬件要求　安装 Windows 7 的计算机,主频至少为 1GHz 的 32 位或 64 位 CPU 处理器;容量至少为 1GB 大小(基于 32 位 CPU)或 2GB 大小(基于 64 位 CPU)的内存;容量至少为 16GB 可用空间(基于 32 位 CPU)或 20GB 可用空间(基于 64 位 CPU)的硬盘;带有 WDDM 1.0 或更高版本的驱动程序的 DirectX 9 图形设备;光盘驱动器、彩色显示器、键盘以及 Windows 支持的鼠标或兼容的定点设备等。

若希望 Windows 7 提供更多的功能,则系统配置还有其它的要求。例如,需要在 Windows 下执行打印的用户,需要一台 Windows 支持的打印机;若要声音处理功能,则需要声卡、麦克风、扬声器或耳机。若要进行网络连接,还需要网卡或无线网卡等设备。

2. Windows 7 的安装　在安装前,需确定计算机可安装 32 位还是 64 位的 Windows 7 操作系统。安装时有以下三种安装类型:

(1) 升级安装　将原有操作系统(Windows Vista 或更高版本)的文件、设置和程序

保留在原位置的安装类型。需要说明的是，特定版本的 Windows vista 只能升级到某些版本的 Windows 7。例如，只有商务版的 vista 系统才能升级为专业版的 Windows 7，而任何原有系统都可升级到旗舰版的 Windows 7。这是安装 Windows 7 最简单的方法。

(2) 全新安装　完全删除原有系统，全新安装 Windows 7 系统。此时原系统所在分区的所有数据会被全部删除。方法可参考"多系统安装"类型。

(3) 多系统安装　指保留原有系统的前提下，将 Windows 7 安装在另一个独立的分区中。在安装的过程中，该分区里的内容会被完全删除。因此在执行多系统安装(包括全新安装)前，一定要把该分区中有用的数据备份到 U 盘或移动硬盘中。此时新的系统将与原有系统同机分区存在，互不干扰。安装毕，可允许用户选择启动不同的操作系统。

以下为执行"多系统安装"的步骤，并设原系统为 Windows XP。

① 启动 Windows XP，将 Windows 7 旗舰版的 DVD 安装盘插入光驱。

② 光盘自行运行，出现"安装 Windows"的窗口，如图 2.1 所示，选择"现在安装(I)"项，在随后出现的窗口中，跟着安装程序的引导完成一个个的"下一步"操作：确认接受 Windows 7 的许可协议条款；选择安装的类型为"自定义安装"，随后出现图 2.2 所示的画面。选择安装 Windows 所在的分区，单击"下一步"按钮，便开始整个安装过程。在此过程中，安装程序会重新启动计算机两次。

图 2.1　Windows 7 安装画面之一

③ 重启之后，跟着安装程序的引导完成一个个的"下一步"操作配置 Windows 系统：输入用户名和计算机名称；设置用户密码及密码提示；输入有 25 个字符的产品密钥；选择更新 Windows 的工作方式(可选择"以后询问我"项，以后通过手动方式来更新 Windows)；设置时区、日期和时间；选择当前网络的位置；然后，安装程序将会自动地完成对系统及有关设备的配置，并进入到 Windows 7 桌面。

3. Windows 7 的激活　Windows 7 的激活是为了推广正版软件的需要。其零售产品中包含一项基于软件的产品激活技术，激活限期为 30 天。如果过期未激活，系统将采用"黑色桌面"提醒，同时，Windows 无法完成自动更新功能。Windows 7 的激活策略主

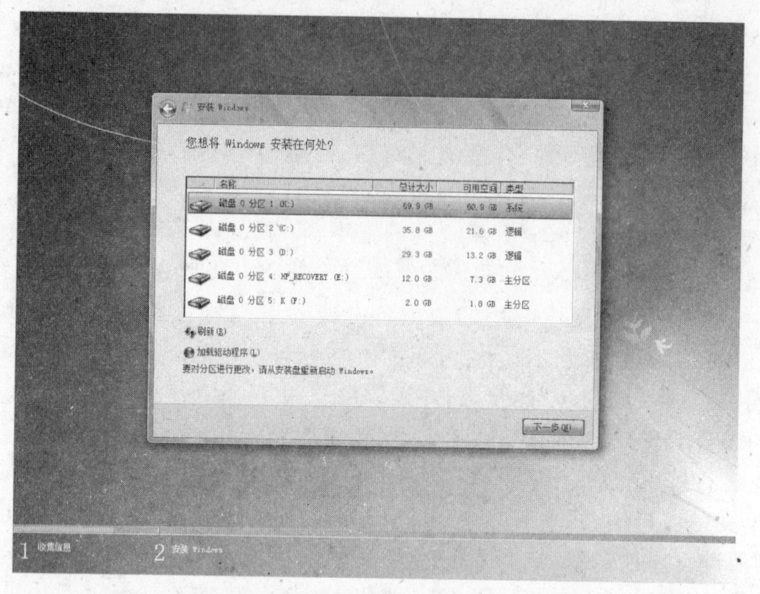

图 2.2　Windows 7 安装画面之二

要有两种：(1)针对个人用户，其采用的是一个产品密钥激活一台机器。(2)针对企业用户，其采用的是一个产品密钥激活多台机器。为激活产品，可以使用激活向导将安装的产品密钥通过 Internet 或电话提供给微软公司。微软公司会对发送过来的产品密钥进行验证，如果验证通过，Windows 会自动完成激活过程。

2.1.3　Windows 7 操作系统的启动与关闭

1. Windows 7 的启动　启动 Windows 7 即启动计算机的一般步骤是：

(1) 依序打开外部设备的电源开关和主机电源开关。

(2) 计算机执行硬件测试，测试无误后即开始系统引导。如果计算机中有 Windows XP 和 Windows 7 双操作系统，将出现如图 2.3 所示的选择提示。

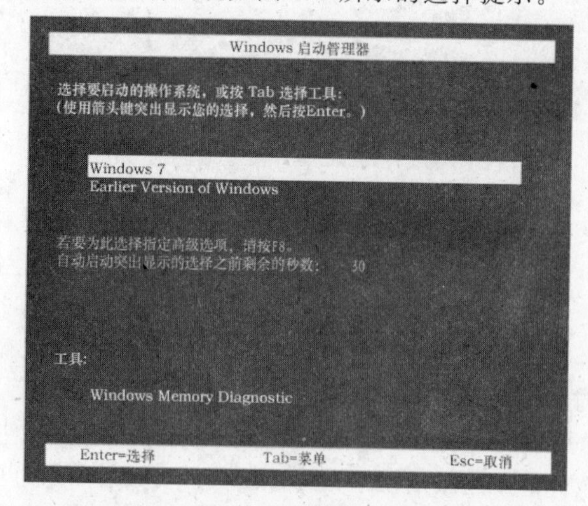

图 2.3　选择要启动的操作系统

(3) 选择 Windows 7 项，并按回车键，启动 Windows 7。若安装 Windows 7 过程中设置了多个用户使用同一台计算机，启动过程将出现如图 2.4 所示的“选择用户名”提示画面，选择用户名并输入密码，选择“确定”按钮后，继续完成启动。

(4) 启动完成后，出现清新简洁的 Windows 7 桌面，如图 2.5 所示。

图 2.4　提示选择用户的画面

图 2.5　启动 Windows 7 后出现的画面

2. 退出 Windows 7 并关闭计算机　退出 Windows 7 并关闭计算机，必须遵照正确的步骤，而不能在 Windows 7 仍在运行时直接关闭计算机的电源。因为 Windows 7 是一个多任务、多线程的操作系统，有时前台运行一个程序，后台还可能运行着多个程序，不遵循正确步骤关闭系统可能造成程序数据和处理信息的丢失，严重时可能会造成系统的损坏。另外，由于 Windows 7 的多任务特性，运行时需要占用大量的磁盘空间以保存临时信息，这些保存在特定文件夹中的临时文件会在正常退出 Windows 7 时会被清除掉，以免资源浪费；而非正常退出，将使系统来不及处理这些临时信息。

正常退出 Windows 7 并关闭计算机的步骤是：

(1) 保存所有应用程序中处理的结果，关闭所有运行着的应用程序。

(2) 单击桌面左下角的“开始”按钮，在弹出菜单的右下角选择“关机”按钮后，即可关闭计算机。当关闭计算机时，如果打开的文件还未来得及保存，系统会弹出如图 2.6 所

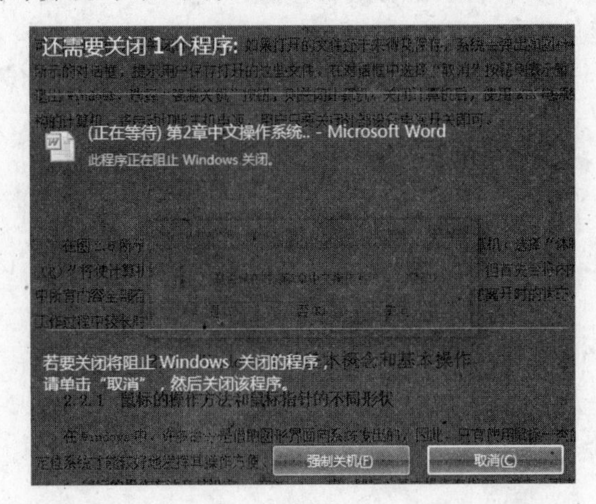

图 2.6　关机前仍打开的文件名和程序名列表

示的界面，提示用户保存打开的这些文件。选择“取消”按钮则表示暂不退出Windows，选择“强制关机”按钮，则关闭计算机。关闭计算机后，使用ATX电源结构的计算机，将自动切断主机电源，用户只要关闭外部设备电源开关即可。

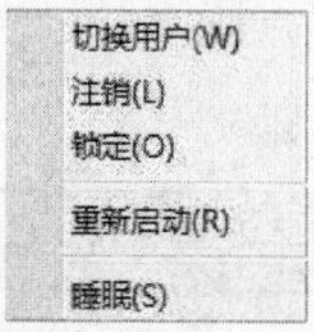

切换用户(W)
注销(L)
锁定(O)
重新启动(R)
睡眠(S)

图2.7 关闭计算机对话框

单击“关机”按钮右侧的▷按钮，可弹出如图2.7所示的快捷菜单，选择“重新启动(R)”项，将重新启动计算机；选择“睡眠(S)”项将使计算机进入休眠状态，在此状态下计算机将关机以节省电能，但首先会将内存中所有内容全部存储在硬盘上，当重新操作计算机时，计算机将精确恢复到您离开时的状态。工作过程中较长时间离开计算机时，应当使用休眠状态节省电能。如果系统中存在多个用户账号，可选择“切换用户(W)”项，这时将会出现类似如图2.4所示的界面，选择其他的用户来登录计算机；选择“注销(L)”项将退出本次登录，重新回到如图2.4所示的界面；当工作过程中需要短时间离开计算时，可选择“锁定(O)”项，使得计算机处于锁定状态。

2.2 Windows 7的基本概念和基本操作

2.2.1 鼠标的操作方法与鼠标指针的不同形状

在Windows 7中，许多命令是借助图形界面向系统发出的，因此，只有使用鼠标一类的定位系统才能较好地发挥其操作方便、直观、高效的特点。

1. 鼠标的操作方法及其设定 在Windows 7中，鼠标的基本操作有指向、单击、双击、三击和拖动等。“指向”只是鼠标其它操作如单击、双击或拖动的先行动作；在系统默认情况下，“单击”用于选定一个具体项；双击用于选择一个项目，如打开一个文件夹，或启动一个程序等；“三击”在Word中可用于在段落中选定整个段落，或在选定区选定整个文档。在Windows中，“选定”是指在一个项目上作标记，以便对这个项目执行随后的操作或命令。

用户也可修改打开项目的方式，其操作是：

(1) 单击文件夹窗口或资源管理器窗口的“组织”按钮，在出现的下拉菜单中选择“文件夹和搜索选项”命令，出现如图2.8所示的对话框。

(2) 在“常规”选项卡中的“打开项目的方式”栏中选择“通过单击打开项目(指向时选定)”。

如没有特殊说明，本书的介绍对“指向”和“单击”仍沿用系统默认设置(即双击打开项目，单击时选定)，而且面向习惯于用右手操作鼠标的用户。因此，一般的单击、双击均指单击、双击鼠标左键；拖动则指按住左键的同时移动鼠标，需要操作鼠标右键时，将会特别点明。

习惯用左手操作鼠标的用户可以利用“控制面板”中的“鼠标”项作相应的设置(见2.5.4节)。

2. 鼠标指针的不同标记 Windows 7中，鼠标指针有各种不同的符号标记，出现的

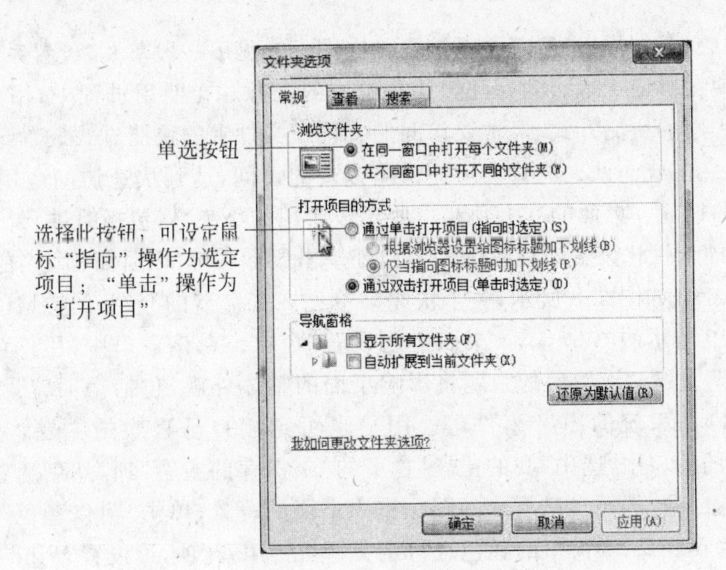

图 2.8 "文件夹选项"对话框的"常规"选项卡

位置和含义也不同，用户应注意区分。表 2.1 列出了 Windows 7 中常见的一些鼠标指针符号。

表 2.1 常见的鼠标指针符号

指针符号	指针名	指针符号	指针名
↖	标准选择指针	⟺	调整水平大小指针
↖?	求助指针	⤡ ⤢	对角线调整指针
↖○	后台操作指针	✥	移动指针
○	忙状态指针	☝	链接指针
I	文字选择指针/I 型光标	↗	选定区指针
⊘	当前操作无效指针	↖+	复制对象指针
⇕	调整垂直大小指针	+	绘制图形指针

2.2.2 桌面有关的概念与桌面的基本操作

1. 桌面 桌面也称为工作桌面或工作台，是指 Windows 所占据的屏幕空间，也可以理解为窗口、图标、对话框等工作项所在的屏幕背景。用户向系统发出的各种操作命令都是直接或间接地通过桌面接收和处理的。

安装成功后 windows 7 的桌面如图 2.5 所示。初始化的 Windows 7 桌面给人清新、明亮、简洁的感觉。此外，为了满足用户个性化的需要，计算机中每个用户都可以分别设置不同的主题(包括桌面的背景、图标和声音等)。桌面的最底端是任务栏，平时打开的程序、文件、文件夹等，在未关闭之前都会出现在任务栏中。桌面的左上角是系统文件夹图标，例如"计算机"，"网络"，"回收站"等。需要注意的是，在系统安装成功之后，桌面上呈现的只有“回收站”图标(设置其它系统文件夹图标参见下一段落)。设置系统文件夹图标的目的是方便用户快速地访问和配置计算机中的资源。在使用过程中,用户可以将自己常用的应用程序的快捷方式、经常要访问的文件或文件夹的快捷方式放置到桌面上,通过对应用程序、文件或文件夹的替身——快捷方式的访问,达到快速访问应用程序、文件或文件夹本身的目的。桌面的右上角是一些比较实用的小工具,包括时钟、天气预报等。

2. 桌面的个性化设置 在桌面的空白处单击鼠标右键(以后简称为“右击”),可弹出桌面的快捷菜单(如图 2.9 所示,关于快捷菜单见 2.2.7 节的介绍),选择“个性化”项,将出现如图 2.10 所示的“Windows 桌面主题设置”窗口。在该窗口中,用户可以选择不同的 Windows 7 主题。设置后的主题将影响桌面的整体外观,包括桌面背景、屏幕保护程序、图标、窗口和系统的声音事件等。用户也可定制自己喜欢的主题,其操作是:在图 2.10 所示的窗口中,选中“我的主题”栏下的“未保存的主题”项,然后通过单击窗口底端的“桌面背景”项,选择自己喜欢的图片作为桌面的背景;单击“窗口颜色”项,选择自己喜欢的颜色为 Windows 窗口的颜色进行定义;单击“声音”项,可设置 Windows 中触发某一事件时发出的声音,如打开文件的声音;单击“屏幕保护程序”项,可为 Windows 选择一种屏幕保护程序并可设置监视器的节能特征。设置完成“桌面背景”、“窗口颜色”、“声音”和“屏幕保护程序”后,单击图 2.10 所示的窗口中新出现的项“保存主题”,并为自定义的主题命名即可保存。

图 2.9 Windows 7 桌面

用户也可设置显示在桌面左上角的系统文件夹图标。单击图 2.10 所示的“更改桌面图标”项,出现如图 2.11 所示的对话框。在“桌面图标”栏中,用户可选择哪些图标出现在桌面的左上角。设置完成之后,单击“确定”或“应用”按钮即可成功设置。单击“确定”按钮和“应用”按钮的区别在于前者激活用户的设置后会关闭当前对话框,而后者仅仅激活用户的设置,不关闭当前对话框。

图 2.10　Windows 7 桌面主题设置

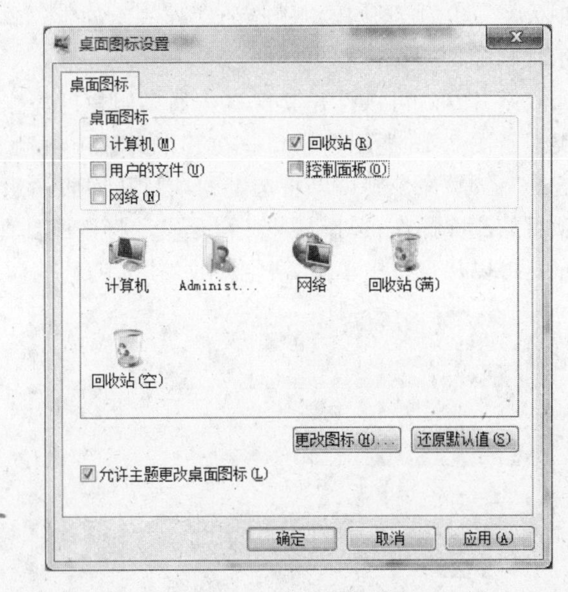

图 2.11　桌面图标设置

3. 桌面小工具　Windows 7 为用户提供了一系列非常实用的小工具，包括时钟、查看 CPU 的使用情况、全国各地的天气、日历、货币的实时汇率等。右击桌面的空白处，在出现的快捷菜单中选择“小工具(G)”，将出现如图 2.12 所示的对话框。双击自己喜欢的小工具，其将出现在桌面的右上角。例如，当双击“时钟”和“天气”这两项之后，桌面的右上角将会出现如图 2.9 所示的界面。

4. 桌面上的“网络”　当用户的计算机连接到网络时，这个文件夹才真正起作用。通

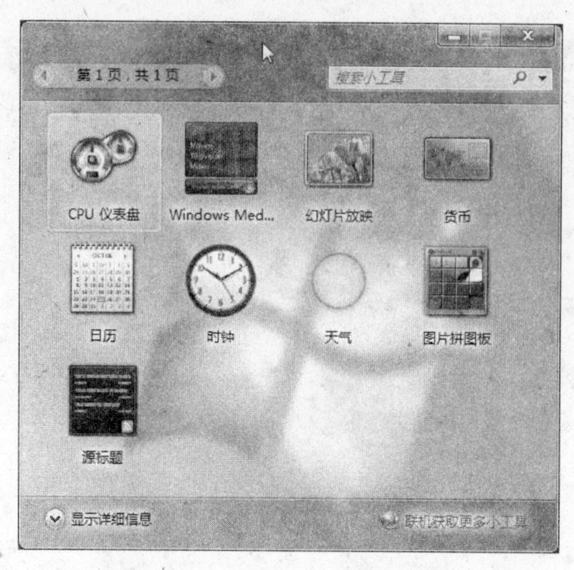

图 2.12　Windows 桌面小工具

过这个文件夹，用户可以访问整个网络或邻近计算机中的共享资源，也可以提供共享资源供邻近的计算机访问。

5. 桌面上的“回收站”　用于存放用户删除的文件或文件夹。将文件或文件夹图标拖放到“回收站”，表示将删除这些文件或文件夹。

双击桌面上的“回收站”图标，可以打开其窗口。如果用户已经删除文件和文件夹到回收站中，则会出现类似于图 2.13 所示的窗口。在其中的某个项目上右击，可以打开图中所示的快捷菜单，选择“还原”命令则可以将选定的项目从回收站送回该项目原来所在的位置，即取消对该项目的删除操作；选择“删除”命令表示将该项目真正删除。如果要删除回收站中的所有项目，可以从窗口中单击“清空回收站”按钮。

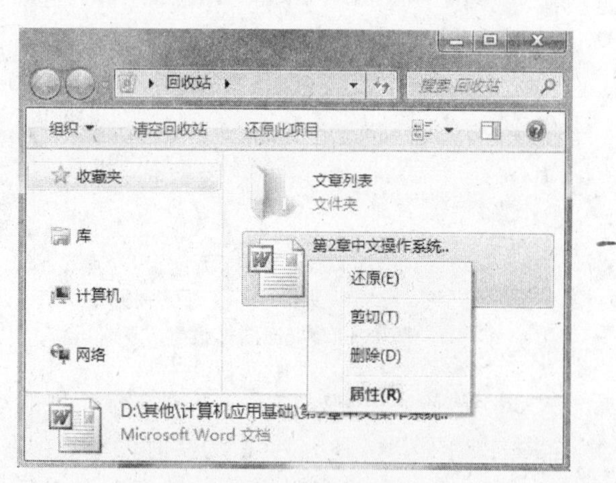

图 2.13　“回收站”窗口

如果拖放一个项目到回收站的同时按住 Shift 键，该项目将直接被删除而不保存到“回收站”中；选定一个项目后，按 Shift+Del 键也将直接删除。

2.2.3 图标与图标的基本操作

1. 图标概念 图标也称为"肖像"，是 Windows 中各种项目的图形标识。图标因标识项目（或称对象）的不同分为文件夹图标、应用程序图标、快捷方式图标、文档图标、驱动器图标等。图标的下面或旁边通常有标识名，被选定的图标，其标识名高亮反显。

从表 2.2 中可以看出，Windows 的图标设计十分形象，但应用程序和它的快捷方式（即它的替身）的图标差别不大，应注意区分。

表 2.2 Windows 中的部分图标

图标	标　识	图标	标　识
	文件夹		隐藏文件夹（显示时颜色较一般文件暗淡）
	应用程序		应用程序快捷方式
	应用程序创建的文档文件		纯文本文件
	其它文件		应用程序扩展文件
	配置设置或安装信息等文件		可移动磁盘（如 U 盘等）
	硬盘驱动器		DVD-驱动器

2. 图标的排序与查看 桌面上图标的排序方式有两种：自动排序和非自动排序。自动排列又分为按名称、按大小、按项目类型、按修改日期的不同排列方式。鼠标右击桌面的空白处，将出现如图 2.14 所示的快捷菜单，从"排序方式"的子菜单中选择一种合适的排列方式。在图 2.14 的快捷菜单中选择"查看"命令时将出现如图 2.15 所示的快捷菜单。当"自动排列图标"不起作用时，用户可以拖动图标按自己的喜好安排它们在桌面上的位置。快捷菜单中的"将图标与网格对齐(I)"命令不会改变图标已有的排列方式，只是使图标按一定间隔对齐而已。选择"显示桌面图标"或"显示桌面小工具"项可显示或隐藏桌面上的图标或小工具。

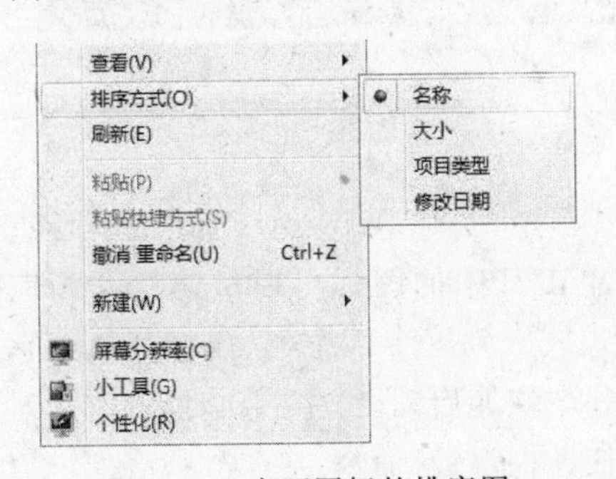

图 2.14 桌面图标的排序图

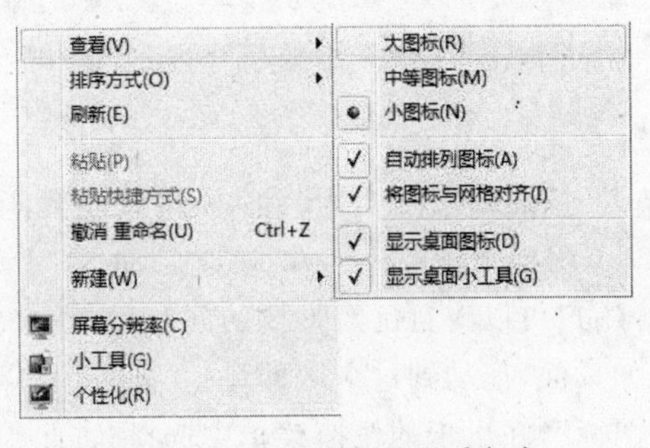

图 2.15 桌面图标的查看方式

3. 图标的基本操作 Windows 中的任务操作有多种方式，如鼠标方式、菜单方式、快捷键方式等，这里仅先介绍鼠标方式。

(1) 移动图标 指向图标，按下左键（不松开），拖动图标到目的位置，松开按键。此操作不仅可以在桌面或某窗口内移动图标，还可将图标从一个文件夹窗口移动到同一磁盘的另一个文件夹中。

(2) 开启图标　鼠标指向并双击应用程序图标或其快捷方式，将启动对应的应用程序；指向并双击文档文件图标，将启动创建文档的应用程序并打开该文档；指向并双击文件夹图标，将打开文件夹窗口。

(3) 复制图标　复制文件或文件夹的图标，将生成与原文件或文件夹占相同空间的文件或文件夹。复制分以下几种情况。

① 在桌面或同一个文件夹窗口内复制图标：移动图标，松开鼠标按键前先按住 Ctrl 键。

② 在同一磁盘的不同文件夹间复制图标：移动图标，松开鼠标按键前先按住 Ctrl 键。

③ 在不同磁盘间复制图标：移动图标到另一磁盘图标中即可。

注意：如果复制的是快捷方式图标，将不会真正复制原文件或文件夹。

(4) 图标更名　右击图标并从其快捷菜单中选择“重命名”命令或选定图标并按 F2 键。

(5) 删除图标　移动图标到回收站图标上，直到回收站图标反显时松手，可将此图标暂放在回收站，打开回收站，对此图标再次执行删除(选定后按 Del)才真正从磁盘中删除；若移动图标到回收站时按住 Shift 键，则一次就将其删除。

(6) 创建图标的快捷方式　右击图标，从其快捷菜单中选择“创建快捷方式”命令。

2.2.4　任务栏

任务栏默认位于桌面的底端(如图 2.5 或图 2.9 所示)，其最左边是“开始”按钮，单击此按钮出现“开始”菜单；从左往右依次是“快速启动区”、“活动任务区”、“语言栏”和“系统区”，如图 2.16 所示。

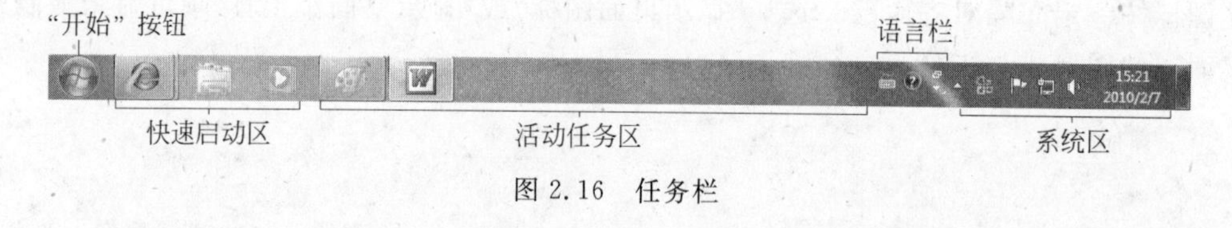

图 2.16　任务栏

1. 快速启动区　Windows 默认设置 Internet Explorer，“Windows 资源管理器”和 Windows Media Player 为“快速启动区”中的项，单击其中的图标可以快速启动相应程序。用户可以将自己经常要访问的程序的快捷方式放入到这个区中(只需将其从其它位置，如桌面，拖动到这个区即可)。如果用户想要删除“快速启动区”中的项时，可右击对应的“图标”，在出现的快捷菜单中选择“将此程序从任务栏解锁”命令。

2. 活动任务区　“活动任务区”显示着当前所有运行中的应用程序和所有打开的文件夹窗口所对应的图标。需要注意的是，如果应用程序或文件夹窗口所对应的图标在“快速启动区”中出现，则其不在“活动任务区”中出现。此外，为了使任务栏能够节省更多的空间，用相同应用程序打开的所有文件只对应一个图标。为了方便用户快速地定位已经打开的目标文件或文件夹，Windows 提供了两个强大的功能：实时预览功能和跳跃菜单(jump list)功能。

(1) 实时预览　使用实时预览功能可以快速地定位已经打开的目标文件或文件夹。移动鼠标指向任务栏中打开程序所对应的图标，可以预览打开文件的多个界面，如图 2.17 所示。单击预览的界面，即可切换到该文件或文件夹。

(2) 跳跃菜单　使用跳跃菜单可以访问经常被指定程序打开的若干个文件。鼠标右击“快速启动区”或“活动任务区”中的图标，出现如图 2.18 所示的快捷菜单。快捷菜单的上半部分(“常用”栏)显示的是用户使用该程序最常打开的文件名列表，单击该文件名，即可访问该文件。使用快捷菜单的中间部分(“任务”栏)，可对该图标所对应的应用程序作一些简单的操作。通常来说，快捷菜单的底端部分包括三个操作。启动新的应用程序：如单击图 2.18 中所示的 Internet Explorer 可启一个新的 Internet Explorer 程序；如果一个图标位于“快速启动区”，则单击“将此程序从任务栏解锁”，可从“快速启动区”删除该图标；单击“关闭窗口”项，则可关闭用该程序打开的所有文件。需要注意的是，不同图标所对应的跳跃菜单会略有不同，但是基本上都具备如上所述的三个部分。

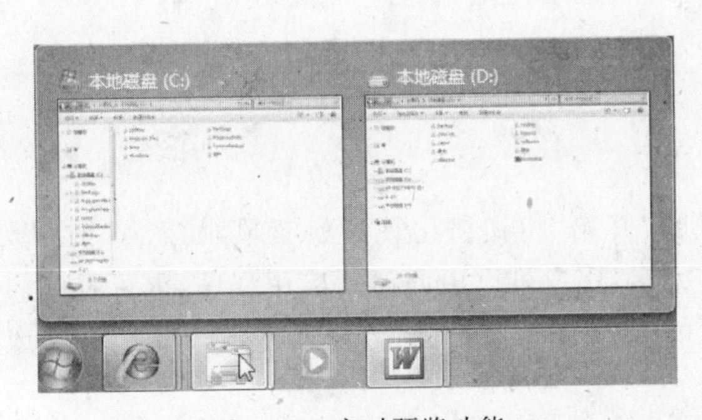

图 2.17　实时预览功能

图 2.18　跳跃菜单

3. 语言栏　“语言栏”主要用于选择汉字输入方法或切换到英文输入状态。在 Windows 7 中，语言栏可以脱离任务栏，也可以执行最小化融入任务栏中。

4. 系统区　系统在开机状态下常驻内存的一些项目，如反病毒实时监控程序、系统时钟显示等，显示在系统区中。单击系统区中的▲图标，会出现常驻内存的项目。双击时钟显示区将出现日期/时间属性窗口，可用以设定系统的日期时间。移动鼠标指向系统区的最右侧，则可预览桌面；单击系统区的最右侧，则可显示桌面。

5. 任务栏的相关设置　任务栏中还可以添加显示其它的工具栏，右击任务栏的空白区，出现如图 2.19 所示的快捷菜单，从工具栏的下一级菜单中选择，可决定任务栏中是否显示地址工具栏、链接工具栏、桌面工具栏或地址栏等。当“锁定任务栏”不起作用时，用户可调整任务栏的高度。

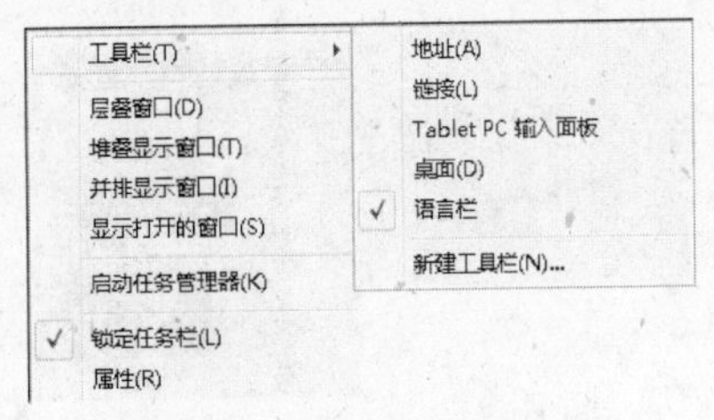

图 2.19　任务栏的快捷菜单

右击任务栏的空白处，从其快捷菜单中选择“属性”命令，出现如图 2.20 所示的对话框。在“任务栏”选项卡中，可设定任务栏的有关属性。例如，选择"自动隐藏任务栏"复选框可隐藏任务栏。若任务栏隐藏起来后,可移动鼠标到任务栏原位置时可使其显示出来。

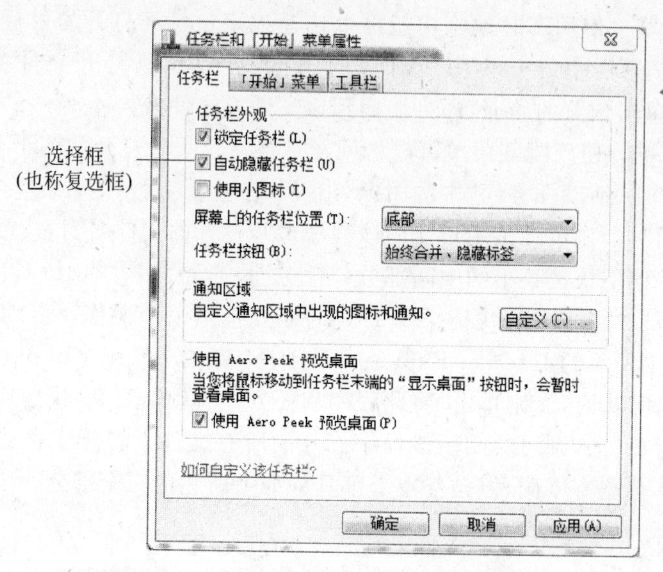

图 2.20 "任务栏和「开始」菜单属性"对话框

2.2.5 开始菜单

1. "开始"菜单概述 单击任务栏的"开始"按钮将出现开始菜单,如图 2.21 所示。开始菜单是 Windows 的一个重要操作元素,用户可以由此启动应用程序,也可由此快速访问"计算机"、"控制面板"、"设备和打印机"等系统文件夹。再一次单击"开始"按钮或在

图 2.21 "开始"菜单

开始菜单外单击，可取消开始菜单。按键盘上的Windows键（在Ctrl键和Alt键之间），也可以用于启动或取消开始菜单。

2. "开始"菜单中的主要项目 Windows 7继承了之前操作系统"开始"菜单的架构。菜单的左侧区域提供了常用程序的快捷方式，如画图、计算器等，用户近期频繁使用的程序的快捷方式会自动加入这个区域中；右侧区域中显示着常用的一些系统文件夹，包括Administrator（当前登录用户名为Administrator）、"计算机"和"控制面板"等。"搜索程序和文件"是Windows 7新增加的一个很重要的功能。输入程序名或文件名，系统可以快速地搜索应用程序、文件等。例如，在"搜索程序和文件"框中输入"小工具"，可出现如图2.22所示的查找结果，包括"桌面小工具库"应用程序和其他相关信息，单击"桌面小工具库"，可出现如图2.12所示的界面。

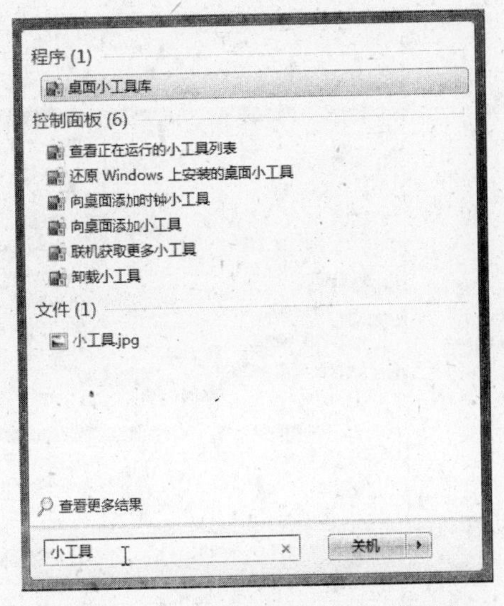

图2.22 "搜索程序和文件"结果列表

开始菜单中的"关机"项在2.1.3节已做了介绍；"控制面板"、"设备和打印机"、"帮助和支持"等将在后续的内容中介绍，另一些重要的项目有：

（1）"所有程序" 单击"所有程序"，其子菜单也内置在"开始菜单中"，子菜单放置的是系统提供的程序和工具以及用户安装的程序的快捷方式，通过单击相关的项可以启动相应的程序。程序菜单项的一级子菜单中有一"启动"项，某程序的快捷方式若放置其中，Windows开机启动后该程序将自动启动投入运行。

（2）Administrator（文件名与当前登录用户账号相同） 对应的是一个方便用户快速存取文件的特殊系统文件夹。Windows完成安装后，为每个使用计算机的用户分别指定一个特定的位置作为该用户对应的系统文件夹，其路径为操作系统所在的盘符\用户\用户名。Windows 7在其中预先生成了几个子文件夹，即"我的图片"、"我的文档"、"我的音乐"（它们的快捷方式也出现在开始菜单中）和"我的视频"等。按住Shift键，右击目标文件或文件夹，可以将其快速地发送到"Administrator"下指定的某个子文件夹中。另外，当用户在Windows提供的应用程序中保存创建的文件时，默认的位置是"我的文档"所对应的文件夹。如果要改变"我的文档"对应的文件夹位置，可以从"我的文档"的快捷菜单中选择"属性"，在出现的对话框中选择"位置"选项卡，在其文本框输入新的路径，或单击"移动"按钮，再选择一个新的目标文件夹位置。单击"位置"选项卡中的"还原默认值"按钮可以使"我的文档"对应的文件夹，恢复为Windows安装完成时所默认的位置。

（3）"计算机" 选择此项，可打开如图2.23所示的"计算机"窗口，其中对应列出计算机系统的全部资源。右击左侧窗口的"计算机"，在出现的快捷菜单中选择"属性"命令，出现如图2.24所示的窗口。该窗口显示的是该计算机的基本信息，包括处理器型号、内存大小、操作系统、计算机名称、计算机所在的工作组等。单击“更改设置”链接，用户可修改计算机的名称。如果系统已经成功激活，则会在该窗口中显示“Windows 已激活”。

“计算机”和“资源管理器”是访问和管理系统资源的两个重要工具，它的操作方法和作用与资源管理器类似(见 2.3.2 节)。

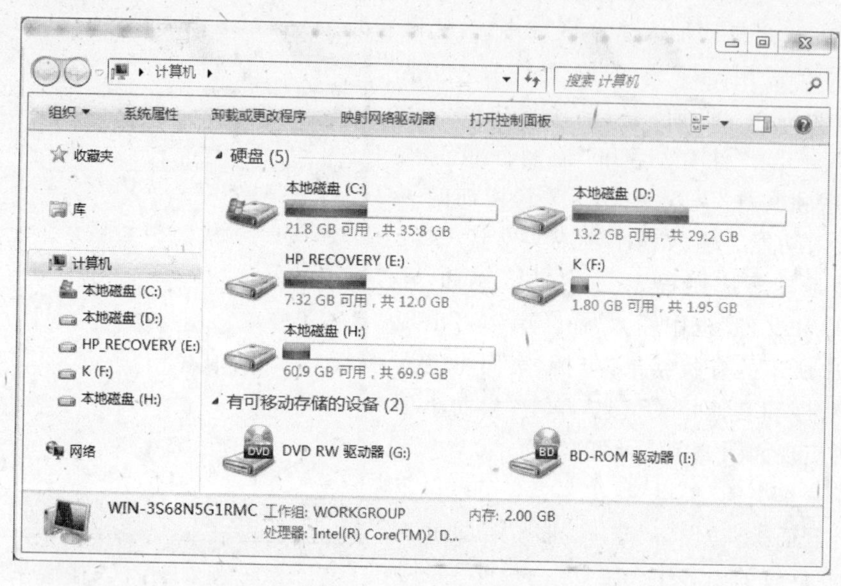

图 2.23 “计算机”窗口

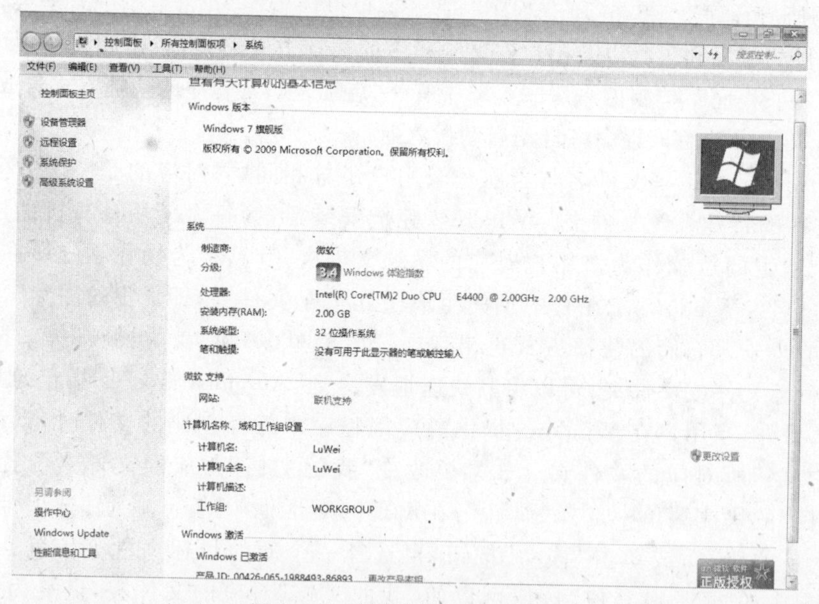

图 2.24 查看计算机基本信息

3. 层阶菜单及其操作 开始菜单中的一些项，如“所有程序”、“入门”、“画图”等，如果其左侧或右侧有一个顶点向右的实心三角符号，表明这些项还有下一层子菜单。当鼠标沿开始菜单上下滑动指向这些项中的某一项时，该项颜色反显。为简化这种层阶菜单

(也称级联菜单)操作的描述,以后多采用以下的表达方法:例如要执行如图 2.25 中的“磁盘清理”命令,需要单击“开始”按钮,单击“所有程序”,单击“附件”,再单击“系统工具”,最后指向并单击“磁盘清理”,表示选择“磁盘清理”命令,即运行磁盘清理程序。该操作可更简单地表述为:选择“开始|所有程序|附件|系统工具|磁盘清理”命令。

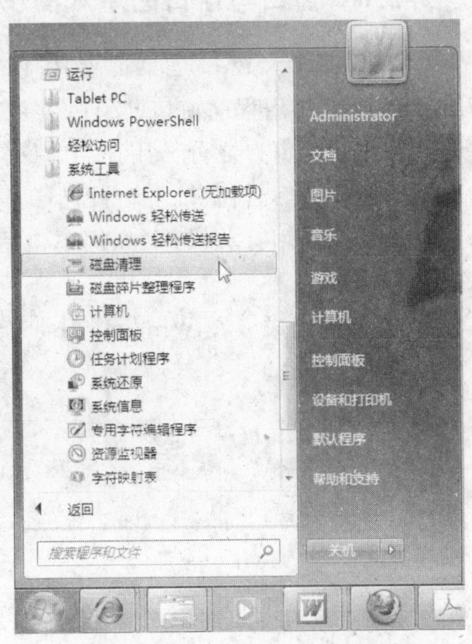

图 2.25　开始菜单中“磁盘清理”项

4. 了解“开始”菜单中项目的属性和重新组织“开始”菜单　右击开始菜单中的特定项目,可出现与之相应的快捷菜单,选择“属性”命令可以了解或设定特定项目(特别是系统文件夹)的属性。组织“开始”菜单中的项目,可以做的工作如下所述。

(1) 从“开始”菜单中删除特定项目　在待删除项目上右击,从弹出的快捷菜单中选择“从列表中删除”或“删除”命令(如果项目的快捷菜单中有此命令的话)。

(2) 增加或删除“开始”菜单中显示程序的数目　右击“开始”按钮,在出现的快捷菜单中选择“属性”,会出现如图 2.26 所示的对话框。为了隐私保护的需要,通过设置“存储并显示最近在开始菜单中打开的程序”和“存储并显示最近在开始菜单和任务栏中打开的项目”,来防止用户最近使用过的程序或文件被别人看到。Windows 允许单击“自定义”按钮,出现“自定义「开始」菜单”对话框,如图 2.27 所示。在这里可以设定“开始”菜单左侧显示的程序数目;用户也可以决定“计算机”等重要项目是否显示或如何显示在开始菜单中。将一个快捷方式直接拖放到“开始”按钮上,也可快速地在开始菜单中添加项目。

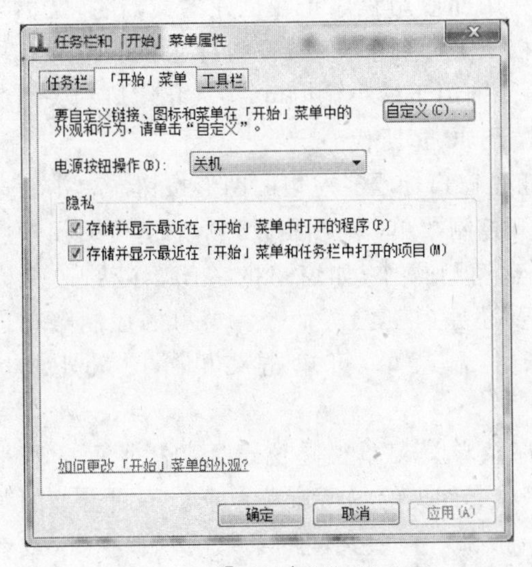

图 2.26　“「开始」菜单”选项卡

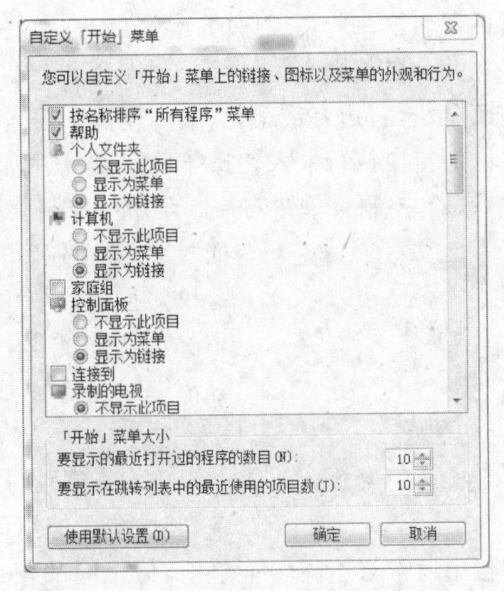

图 2.27　“自定义「开始」菜单”对话框

2.2.6 窗口与窗口的基本操作

1. 窗口概念 窗口是桌面上用于查看应用程序或文档等信息的一块矩形区域。Windows中有应用程序窗口、文件夹窗口、对话框窗口等。在同时打开的几个窗口中，有“前台”和“后台”窗口之分。用户当前操作的窗口，称活动窗口或前台窗口；其它窗口则称为非活动窗口或后台窗口。前台窗口的标题栏颜色和亮度稍显醒目，后台窗口的标题栏呈浅色显示。利用有关操作(如用单击后台窗口的任一部分)可以改变后台窗口为前台窗口。

2. 窗口的组成 在Windows中，大部分窗口的组成元素如图2.28所示。

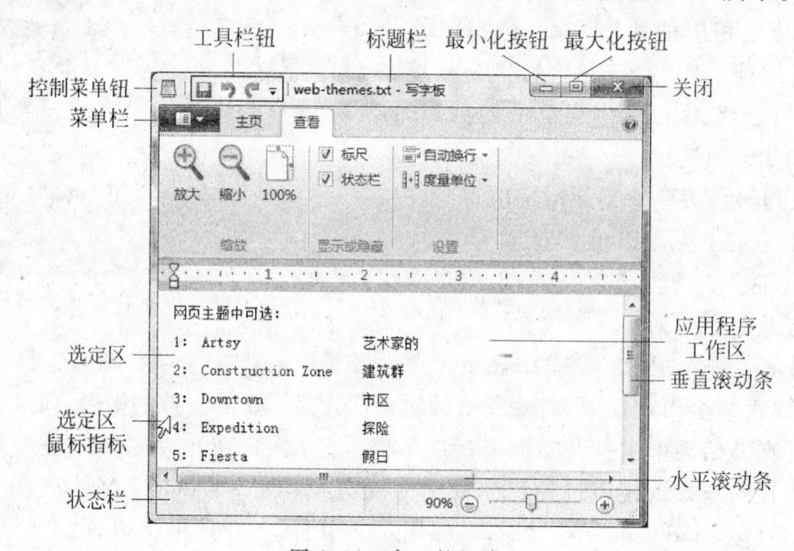

图2.28 窗口的组成

(1) 标题栏 位于窗口最上部。标题栏中的标题也称窗口标题，通常是应用程序名、对话框名等。应用程序的标题栏中常常还有利用此应用程序正在创建的文档名，文档未保存并命名前则有“无标题”、“未命名”或“文档X”等字样。多数窗口标题栏的左边有控制菜单钮，右边有最小化、最大化钮和关闭钮，分别用于最小化窗口、最大化窗口和关闭窗口。对窗口执行最大化操作后，最大化钮将被“还原钮”所代替。

(2) 控制菜单钮与控制菜单 控制菜单钮是窗口标题栏左边的图形按钮。单击窗口的“控制菜单钮”可打开控制菜单(参见图2.29)，双击可关闭对应窗口。控制菜单中包含窗口操作，如窗口的关闭、移动、改变大小、最大化、最小化以及还原(恢复)等命令。窗口的控制菜单内容都基本相同。取消控制菜单，可单击菜单外任意处或按Esc键。

还原(R)
移动(M)
大小(S)
最小化(N)
最大化(X)
关闭(C) Alt+F4

图2.29 控制菜单

(3) 菜单栏与程序菜单 菜单栏是位于标题栏下面的水平条，其中包含应用程序或文件夹等的所有菜单项。不同窗口的菜单栏中通常有不同的菜单项，但不同的窗口一般都有一些共同的菜单项，如“主页”或者

“文件”、“编辑”、“查看”或“视图”、“帮助”等。单击菜单栏中的一个菜单项，便打开其相应的子菜单，列出其包含的各命令选项。

(4) 工具栏　提供了一些执行常用命令的快捷方式，单击工具栏中的一个按钮相当于从菜单中选择某一个命令。在 Windows 应用程序窗口中，常有多种工具栏。

(5) 状态栏　常显示一些与窗口中的操作有关的提示信息。

(6) 滚动条　当窗口的内容不能全部显示时，在窗口的右边或底部出现的条框称为滚动条。各个滚动条通常有两个滚动箭头和一个滚动框(或称滚动块)，滚动框的位置显示出当前可见内容在整个内容中的位置。滚动条的具体操作如下：

① 使窗口内容上滚一行　单击向下滚动箭头。

② 使窗口内容下滚一行　单击向上滚动箭头。

③ 使窗口内容上滚一窗口长　单击滚动框和向下滚动箭头之间的部分。

④ 使窗口内容下滚一窗口长　单击滚动框和向上滚动箭头之间的部分。

⑤ 显示任意位置的内容　可沿滚动条拖动滚动框到任意位置。当拖动滚动框到顶部时，将显示最前面的内容；到底部时将显示最后面的内容。

注意：利用滚动条只能改变窗口中显示内容的位置，而不能改变文本插入点的位置。要改变插入点的位置，可利用滚动条使特定位置显示在窗口中，再将“I 型光标”指向特定位置，单击。

(7) 应用程序工作区，文本区，选定区，文本光标和 I 型光标　窗口中面积最大的部分是应用程序工作区。有的应用程序如写字板、记事本等，利用这个区域创建、编辑文档，则称此区域为文本区。文本区中有一根闪动的小竖线，指示着插入点位置，即各种编辑操作生效的位置，被称为插入点或文本光标。应该注意文本光标和鼠标在文本区的指针符号“I”的区别，后者也被称为“I 型光标”或“I 光标”。另外，在写字板等应用程序文本区的左边还有一个向上下延伸的狭窄区域，称为“选定区”，鼠标指针移入此区时，变为向右倾斜的箭头(参见图 2.28)，可以方便地进行文字块选择。

3. 文件夹窗口和应用程序窗口的基本操作

(1) 窗口的打开　双击文件夹图标或应用程序图标，即可打开它们的窗口。打开应用程序窗口相当于启动一个应用程序。

(2) 窗口的关闭　单击窗口的“关闭”按钮；或双击控制菜单钮；或从窗口的控制菜单中选择“关闭”命令；或按 Alt+F4 键。

(3) 移动整个窗口　将鼠标指针指向标题栏，按下左键，不放开，拖动鼠标到合适位置再松开按键；也可以从控制菜单中选“移动”命令后，按方向键(或称箭头键)，移动窗口到合适位置，按 Enter 键。

(4) 调整窗口大小　移鼠标到窗口边框或窗口角，当指针变成双箭头形状时，按下左键，拖动鼠标至合适处，松开按键；也可以从控制菜单中选“大小”命令后，按方向键，移窗口边框到合适处，按 Enter 键。

(5) 使窗口最小化　单击窗口的“最小化”按钮或从控制菜单中选择“最小化”命令。对应用程序或文件夹窗口执行最小化后，任务栏上仍保留着它们对应的标题栏按钮，左键单击按钮可以重新打开其窗口(说明窗口最小化后应用程序仍处于运行状态)；右击按钮可打开控制菜单,选择其中的“还原”命令,亦可重新打开窗口。

(6) 使窗口最大化　单击窗口的“最大化”按钮或从控制菜单中选择“最大化”命令。

(7) 使最大化的窗口恢复原尺寸　单击窗口的“还原”按钮,或从控制菜单中选择“还原”命令。

4. 窗口的切换操作　Windows 桌面上可打开多个窗口,但活动窗口只有一个,切换窗口就是将非活动窗口切换成活动窗口的操作,方法有多种:

(1) 利用 Alt+Tab 键　按 Alt+Tab 键时,屏幕中间位置会出现一个矩形区域。矩形区域上半部显示着所有打开的应用程序和文件夹的图标(包括处于最小化状态的),按住 Alt 键不动并反复按 Tab 键时,这些图标会轮流突出显示,突出显示的项周围有蓝色矩形框,下面显示其对应的应用程序名或文件夹名,在欲选择的项出现突出显示时,松开 Alt 键,便可以使这个项对应的窗口,出现在最前面,成为活动窗口。按住 Alt+shift 键不动并反复按 Tab 键时,这些图标会反方向轮流突出显示。

(2) 利用任务栏　所有打开的应用程序或文件夹在任务栏中均有对应的按钮,通过单击按钮,也可以使其对应的应用程序或文件夹的窗口成为活动窗口。

(3) 单击非活动窗口的任何部位　可以使非活动窗口成为活动窗口。此法也可实现一个应用程序的不同文档窗口间的切换。不同文档窗口的切换还可以利用 Ctrl+F6 键。

5. 在桌面上平铺或层叠窗口　桌面上可能打开若干个窗口,必要时,可以层叠或平铺这些窗口。为此,可以在任务栏的空白处右击,在出现的快捷菜单(参见图 2.19)中选择“层叠窗口”命令,可使在桌面上打开的若干窗口在桌面上按层叠方式排列,即每个窗口的标题栏和部分区域均可见,最前面的窗口为活动窗口。

从任务栏的快捷菜单中选择“堆叠显示窗口”或“并排显示窗口”,可使在桌面上打开的若干窗口横向或纵向平均分享桌面的空间。

2.2.7　菜单的分类、说明与基本操作

1. 菜单的分类　Windows 中有各类菜单,如开始菜单、控制菜单、文件夹窗口菜单、应用程序菜单、快捷菜单等。“开始菜单”和“控制菜单”前面均已介绍,“快捷菜单”是指右击一个项目或一个区域时弹出的菜单列表。需要注意的是,文件夹窗口菜单在 Windows 7 环境下默认是不显示的。然而,为了方便操作,用户可设置显示文件夹窗口的菜单栏,其操作是:选择“开始|计算机”命令,出现如图 2.23 所示的“计算机”窗口。在窗口中选择“组织”,在弹出的下拉菜单中选择“布局”,选中其子菜单的“菜单栏”项,如图 2.30 所示。操作完成后,此后任何新打开的文件夹窗口都会包含“菜单栏”。

2. 应用程序菜单和文件夹窗口菜单的一些说明　这些菜单均指菜单栏中的各菜单项,如“文件”、“编辑”、“帮助”等。单击一菜单项,可展开其下拉菜单,如图 2.31 所示,展开的是“查看”的下拉菜单,其中列出该菜单的各有关命令。

命令名中,显示暗淡的,表示当前不能选用。

命令名后有符号…的,表示选择该项命令时会弹出对话框,需要用户提供进一步的信息,如图 2.31 所示“查看”菜单中的“选择详细信息...”。

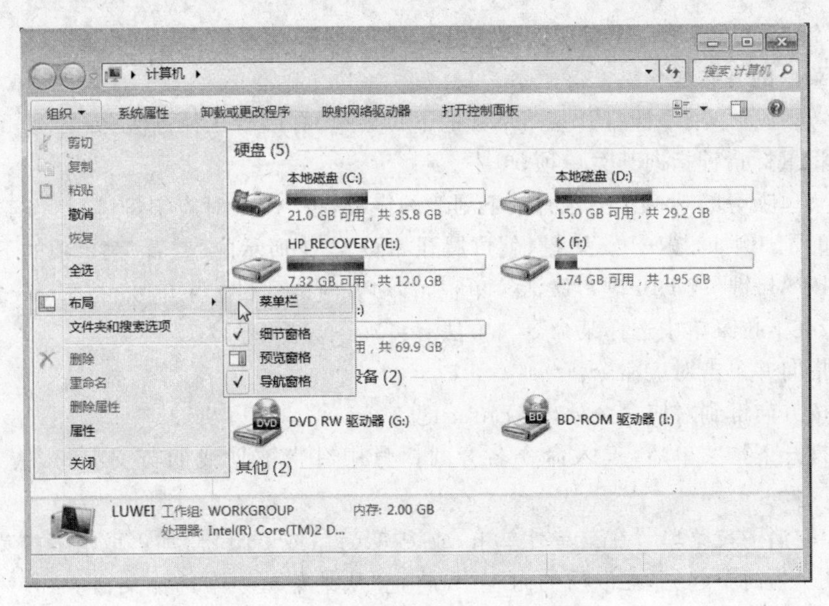

图 2.30　设置文件夹窗口的“菜单栏”

命令名旁有选择标记✓的，表示该项命令正在起作用。如图 2.31 所示“查看”菜单中的“状态栏”，这时，若再次选择此命令，将删去该选择标记，该项命令失效。

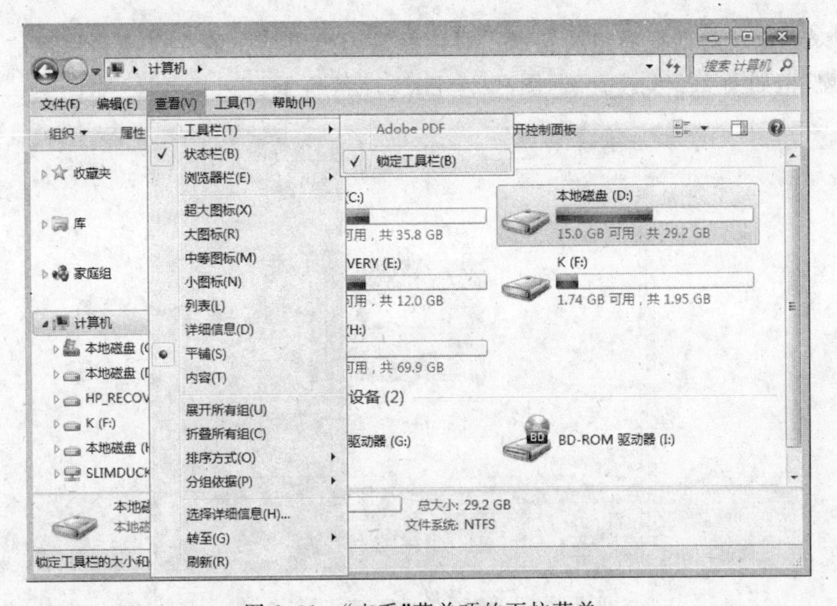

图 2.31　“查看”菜单项的下拉菜单

命令名后有顶点向右的实心三角符号时，表示该项命令有下一级菜单，选定该命令时，则会弹出其子菜单，如图 2.31 所示“查看”菜单中的“工具栏”和“浏览器栏”。

命令名旁有标记•的，表示该命令所在的一组命令中，只能任选一个，有•的为当前选定者，如图 2.31 所示“查看”菜单中的“平铺”。

命令名的右边若还有另一键符或组合键符，则为快捷键，如“编辑”菜单中的“复制”，

Ctrl＋C 键就是执行该命令对应的快捷键。

3. 菜单的基本操作

(1) 选择菜单项　即打开某菜单项的下拉菜单,有以下几种方法:

① 将鼠标指针指向某菜单项,单击。

② 菜单项旁的圆括号中含有带下划线的字母,按 Alt＋对应字母键,相当于用鼠标选择该菜单项。例如,按 Alt＋V 键,就可展开如图 2.31 所示的"查看"菜单项的下拉菜单。

③ 按 Alt 键(或 F10 键),激活菜单栏,移动方向键到目标菜单项,按 Enter 键。

(2) 在下拉菜单中选择某命令　方法有:

① 指向并单击对应命令。

② 按方向键到对应命令处,按 Enter 键。

③ 打开下拉菜单后,键入命令名旁圆括号中有带下划线的英文字母,表示选择该命令。

(3) 取消下拉菜单　在菜单外单击,或按 Alt 键(或 F10 键)均可取消下拉菜单。

说明:为简单起见,在以后的内容中,将把"从某菜单项中选择某命令"表述为"选择'某菜单项|某命令'"。例如,"选择'查看|刷新'"即表示"从'查看'菜单中选择'刷新'命令"。

2.2.8 对话框与对话框的基本操作

1. 对话框及对话框的组成元素　对话框是为提供信息或要求用户提供信息而临时出现的窗口,如图 2.20、图 2.26、图 2.27 和 2.32 等所示。

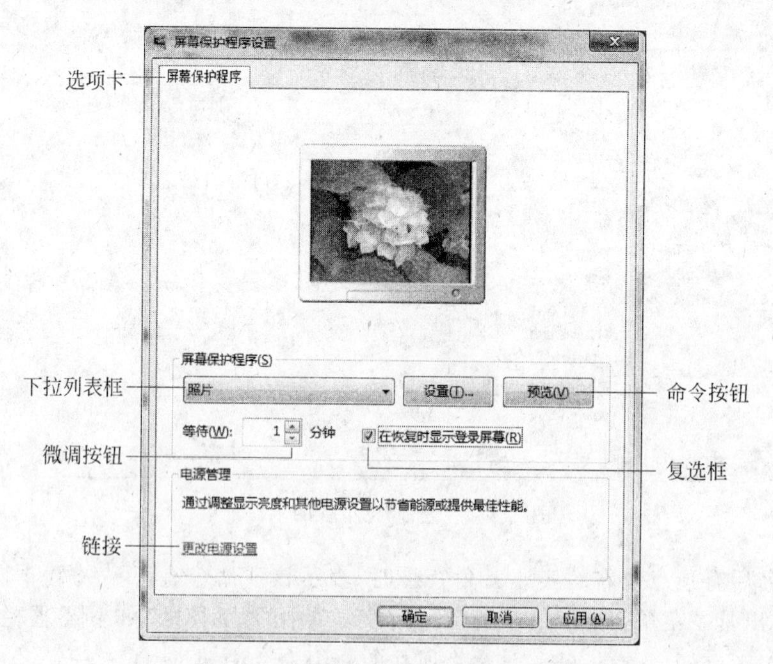

图 2.32　"屏幕保护程序设置"对话框

对话框中通常有不同的选项卡(也称标签),在图 2.8 中,有"常规"、"查看"、"搜索"选项卡。一个选项卡对应一个主题信息,单击不同的选项卡标题,该标题突出显示,对话框窗口便出现不同的主题信息,图 2.8 中的"常规"选项卡突出显示,对话框窗口出现的正是该选项卡的信息。

对话框中选项卡的信息可以由不同的功能部分(也称栏)和各命令按钮组成。在图 2.32 中,有"屏幕保护程序"栏和"电源管理"栏。不同栏中可包含的元素有:文本框、选项按钮(或称单选按钮)、选择框(或称复选框)、列表框、微调按钮、命令按钮等。对话框的某一栏中可能有若干个圆形选项按钮,供单项选择,被选择者,其圆钮中间出现黑点(参见图 2.8)。对话框的某一栏中也可能有若干个复选框,允许选择多项(参见图 2.20)。

文本框是提供给用户输入一定的文字和数值信息的地方,其中可能是空白也可能有系统填入的缺省值。

微调按钮前的文本框,一般要求用户确定或输入一个特定的数值,单击微调按钮也可改变文本框中的数值。

列表框中列出可选择内容,框中内容较多时,会出现滚动条。有的列表框是下拉式的,称为下拉式列表框,平时只列出一个选项,当单击框右边的向下箭头时,可显示其它选项。

2. "对话框"的有关操作

(1) 在对话框的各栏间移动,即选定不同部分:直接单击相应部分;或按 Tab 键移向前一部分,按 Shift+Tab 键移向后一部分。

(2) 文本框的操作:用户可保留文本框中系统提供的缺省值;也可以删除缺省值,再输入新值;若在缺省值基础上进行修改,必须将插入点定位在一定位置,再行修改,按 BackSpace 键可删除插入点左边的字符,按 Del 键可删除插入点右边的字符。

(3) 打开下拉列表框,并从中选项:在列表框右边的箭头处单击,利用滚动条使待选项显示,然后在选项上单击。

(4) 选定某选项按钮:在对应的圆形选项按钮上或在选项按钮后的文字上单击。

(5) 选定或清除选择框:在对应选择框上单击,方框内出现√表示选定,再单击,清除√,中空表示不选定。

(6) 选择一个命令按钮,即执行这个按钮对应的命令:在命令按钮处单击。当某个命令按钮的命令名周围出现黑框时,表示这个按钮处于选定状态,这时按 Enter 键即表示选择这个命令按钮,执行它所对应的命令。命令名后带省略号(...)的命令按钮,被选择后将打开另一个对话框,如图 2.32 中的"设置(C)..."按钮。

(7) 取消对话框:单击"取消"命令按钮或单击窗口关闭钮。按 Esc 键也可取消对话框。

2.2.9 获取系统的帮助信息

Windows 提供了综合的联机帮助系统,借助帮助系统,用户可以方便快捷地找到问题的答案,以便更好地了解和驾驭计算机系统。获取系统帮助信息的途径主要有以下几种:

1. 利用"开始"菜单的"帮助和支持"项 选择此项,将出现如图 2.33 所示的"Windows 帮助和支持中心"窗口。该窗口以 Web 页的形式向用户提供联机帮助,在主页上用户可以方便地选择系统提供的一个帮助主题，请求远程帮助或选择完成一个任务；在窗口的"搜索帮助"文本框框中输入需要求助的内容后，单击右侧的"搜索"图标，可得到相关的帮助信息，其中最有用的结果显示在顶部，单击其中一个结果以阅读主题。单击"浏览帮助"按钮，用户可按帮助主题来浏览项目。

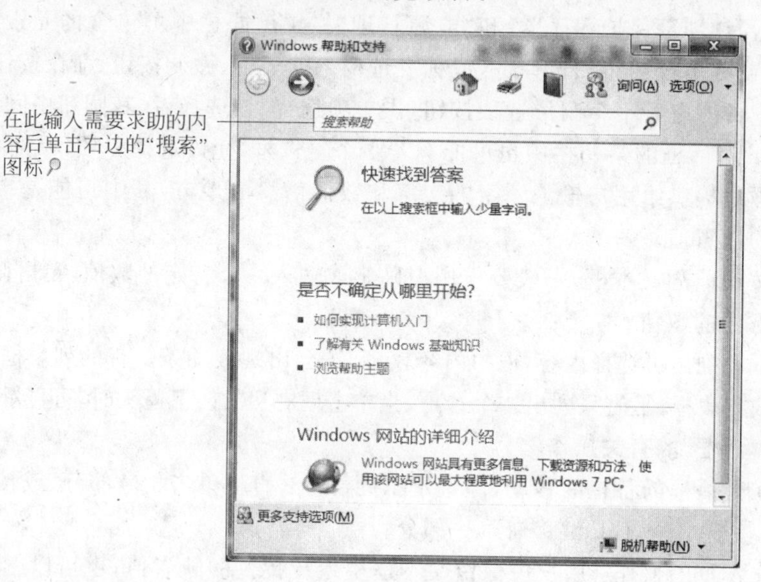

图 2.33　Windows 帮助窗口

2. 其它求助方法

（1）获取对话框中特定项目的帮助信息：可单击对话框标题栏中的问号按钮（如果有），或按 F1 键，便可以得到关于这个项目的帮助信息。

（2）获取工具栏和任务栏的提示信息：任务栏和工具栏上有许多图标按钮，将鼠标指向某个按钮并保持鼠标不动，稍候，将会得到关于这个按钮的简单提示信息。

2.2.10　在 Windows 7 下执行 DOS 命令

在 Windows 7 下执行 DOS 命令，可单击"开始|所有程序|附件"菜单，选择"命令提示符"，可以打开如图 2.34 所示的窗口。在 DOS 状态提示符后，键入需要执行的 DOS 命令。例如输入"ipconfig /all"可以查看计算机的名称。单击窗口的关闭钮，可退出"命令提示符"状态。

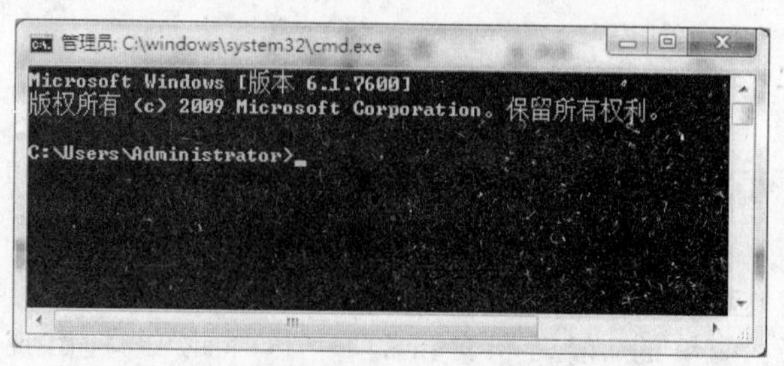

图 2.34　DOS 命令提示符窗口

注意：不是所有的 DOS 命令都可以在 Windows 中执行的，因此，在 Windows 下执行 DOS 命令要慎重，要注意查阅 DOS 和 Windows 手册的有关部分。

2.3 文件、文件夹与磁盘管理

2.3.1 基本概念介绍

1. 文件与文档 前面介绍过，文件指被赋予名字并存储于磁盘上的信息的集合，这种信息可以是文档或应用程序；而文档则通常指使用 Windows 的应用程序创建并可编辑的任何信息，如文章、信函、电子数据报表或图片等。

一个应用程序可以创建无数的文档。文档文件总是与创建它的应用程序保持一种关联。打开一个文档文件时，其所关联的应用程序会自动启动，并将该文档文件的内容由磁盘调入内存展现在窗口中。

在 Windows 中，文件以图标和文件名来标识，每个文件都对应一个图标，删除了文件图标即删除了文件，前面介绍的图标操作实际上已介绍了文件管理的许多方面。一种类型的文件对应一种特定的图标。文档文件和创建它们的应用程序的关系就像孩子们和妈妈的关系一样，因此，文档文件的图标和创建它们的应用程序的图标十分相像。

2. 文件与文件夹 在 Windows 95 以上版本中，文件夹有了更广的含义，它不仅用来存放、组织和管理具有某种关系的文件和文件夹，还用来管理和组织计算机的资源。例如，“设备和打印机”文件夹就是用来管理和组织打印机等设备的；“计算机”则是一个代表用户计算机资源的文件夹。

文件夹中可存放文件和子文件夹；子文件夹中还可以存放子文件夹，这种包含关系使得 Windows 中的所有文件夹形成一种树形结构，如图 2.23 中“计算机”的左侧窗口。例如，单击“计算机”项，相当于展开文件夹树形结构的“根”，根的下面是磁盘的各个分区，每个分区下面是第一级文件夹和文件，依次类推。

在 Windows 中，针对文件、文件夹、磁盘的管理都是直接或间接地通过资源管理器进行的。

2.3.2 资源管理器

Windows 利用资源管理器实现对系统软、硬件资源的管理。在资源管理器中同样可以访问控制面板中各个程序项，对有关的硬件进行设置等，本节主要突出其文件管理的作用。

1. 资源管理器的打开 打开资源管理器的方法有：

(1) 同时按下 Windows+E 键。

(2) 选择“开始|程序|附件|Windows 资源管理器”命令。

(3) 在“开始”按钮上右击，从弹出的快捷菜单中选择“打开 Windows 资源管理器”命令。

打开后的资源管理器如图 2.35 所示。

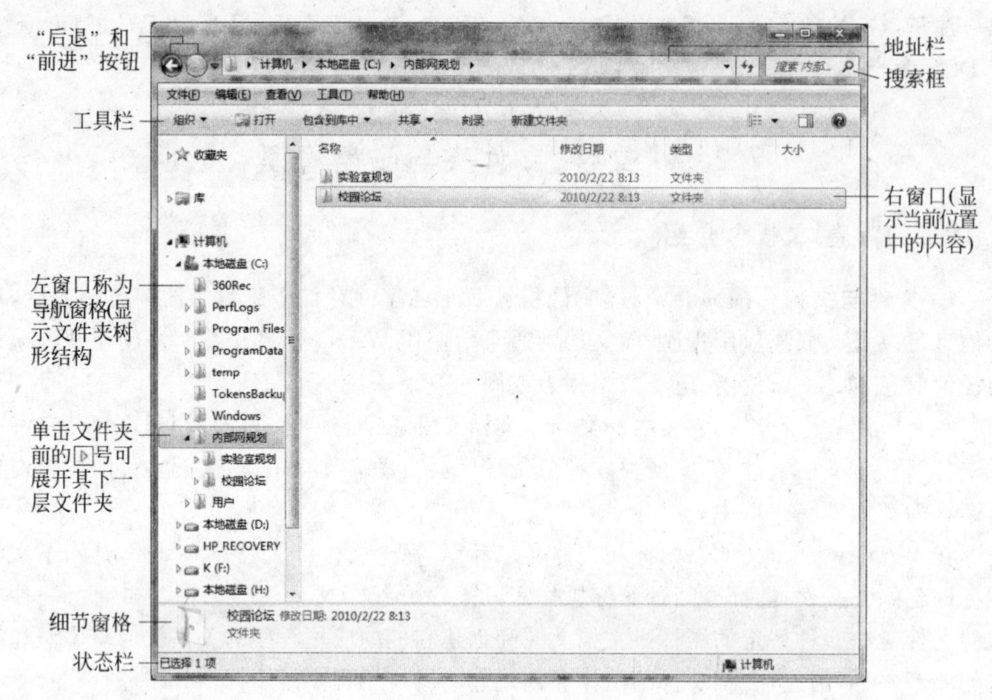

图 2.35 资源管理器窗口

2. 资源管理器窗口组成

(1) 组成概述 前面介绍了一般窗口的组成元素,而资源管理器的窗口更具代表性,也更能体现 Windows 的特点。资源管理器窗口中除了一般窗口的元素,如标题栏、菜单栏、工具栏、状态栏等外,还有地址栏、导航窗格、细节窗格和预览窗格等。资源管理器窗口的各个组成部件如表 2.3 所示。

表 2.3 资源管理器窗口的组成部件及其功能

组成部件	功 能
"后退"和"前进"按钮	单击"后退"按钮可返回前一操作位置,"前进"相对于"后退"而言。
地址栏	显示当前文件或文件夹所在目录的完整路径;使用地址栏可以导航至不同的文件夹或库,或返回上一文件夹或库,也可以直接输入网址来访问因特网上的站点
搜索框	在搜索框中输入文件名或文件中包含的关键字时,即时搜索程序便立即开始搜索满足条件的文件,并高亮显示结果
工具栏	快速地执行一些常见任务,如更改文件和文件夹的显示方式、将文件刻录到光盘中等;需要注意的是,单击系统文件夹、用户文件夹和文件,工具栏显示的按钮会有不同
导航窗格	工作区的左窗口中显示着整个计算机资源的文件夹树形结构,所以其也被称为"文件夹树形结构框"或"文件夹框";使用导航窗格可以快速地访问库、文件夹、保存的搜索结果。使用导航窗格中的"收藏夹",可以快速地访问最近常用的文件夹
右侧窗口	当前文件夹中的内容显示在右窗口中;所以,右窗口也被称为"当前文件夹内容框",或简称文件夹内容框

续表

组成部件	功　能
细节窗格	选中图 2.29 所示窗口的“细节窗格”和“预览窗格”项；资源管理器会显示细节窗格和预览窗格。当选中文件时(例如，文本文件、图片、电子邮件等)，细节窗格会显示其文件属性，包括创建日期、修改日期、文件大小等
预览窗格	使用预览窗格可以查看大多数文件的内容；例如，如果选择电子邮件、文本文件或图片，则无须在程序中打开即可查看其内容；如果看不到预览窗格，可以单击工具栏中的“预览窗格”按钮打开预览窗格
状态栏	显示选中文件或文件夹的一些信息

资源管理器的工作区分成左右两个窗口，左、右窗口之间有分隔条，鼠标指向分隔条呈现双向箭头时，可拖动鼠标改变左右两窗口的大小。

(2) 收藏夹　收藏夹收录了用户可能要经常访问的位置。默认情况下，收藏夹中建立了三个快捷方式：“下载”、“桌面”和“最近访问的位置”。“下载”指向的是从因特网下载时默认存档的位置；“桌面”指向桌面的快捷方式，当用户希望存储文档到桌面时，可通过此快捷方式来找到桌面位置。“最近访问的位置”中记录了用户最近访问过的文件或文件夹所在的位置。当用户拖动一个文件夹到收藏夹中时，表示在收藏夹中建立起快捷方式。

(3) 库　库是 Windows 7 引入的一项新功能，其目的是快速地访问用户重要的资源，其实现方式有点类似于应用程序或文件夹的“快捷方式”。默认情况下，库中存在 4 个子库，分别是“文档库”、“图片库”、“音乐库”和“视频库”，其分别链向当前用户下的“我的文档”、“我的图片”、“我的音乐”和“我的视频”文件夹。当用户在 Windows 提供的应用程序中保存创建的文件时，默认的位置是“文档库”所对应的文件夹。从 Internet 下载的歌曲、视频、网页、图片等也会默认分别存放到相应的这 4 个子库中。用户也可在库中建立“链接”链向磁盘上的文件夹，具体做法是：右击目标文件夹，在弹出的快捷菜单中选择“包含到库中”命令，在其子菜单中选择希望加到哪个子库中即可，如图 2.36 所示。通过访问这个库，用户可以快速地找到其所需的文件或文件夹。

(4) 工具栏　单击用户文件夹、文件和不同的系统文件夹，工具栏显示的按钮会有所不同。选中用户文件夹，工具栏中显示如图 2.35 所示的按钮，包括“组织”、“打开”、“包含到库中”、“共享”、“刻录”和“新建文件夹”。借助“组织”按钮，用户可以对选中的文件或文件夹执行编辑操作、设置文件窗口的布局(如隐藏或显示细节窗格等)、设置文件和文件夹选项等；单击“打开”按钮可以打开选定的文件夹。选中目标文件夹，单击“包含到库中”按钮，可以将其加入到库中；如果计算机连接到网络上，单击“共享”按钮，用户可以设置选中的文件夹为工作组其它计算机所访问；单击“刻录”按钮，可将文件夹刻录到光盘中；单击“新建文件夹”按钮，将在当前文件夹下创建一个新的子文件夹。单击“视图”按钮 可以更改文件和文件夹的显示方式，如图 2.37 所示。选择“显示预览窗格” 和选择“隐藏预览窗格” 可以显示或隐藏文件夹窗口中预览窗格。

选中文件，工具栏中显示的按钮与上述类似，减少了“包含到库中”、“共享”和“新建文件夹”按钮，增加了“打印”按钮。单击“打印”按钮，就会调用打印机程序(安装打印机将在

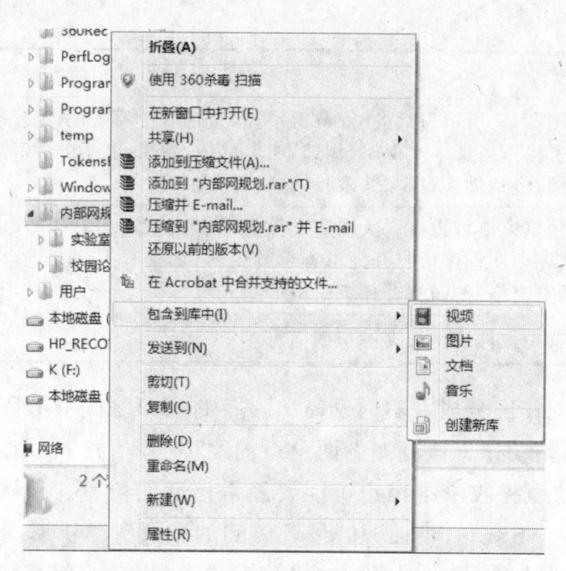

图 2.36　添加用户文件夹到库中

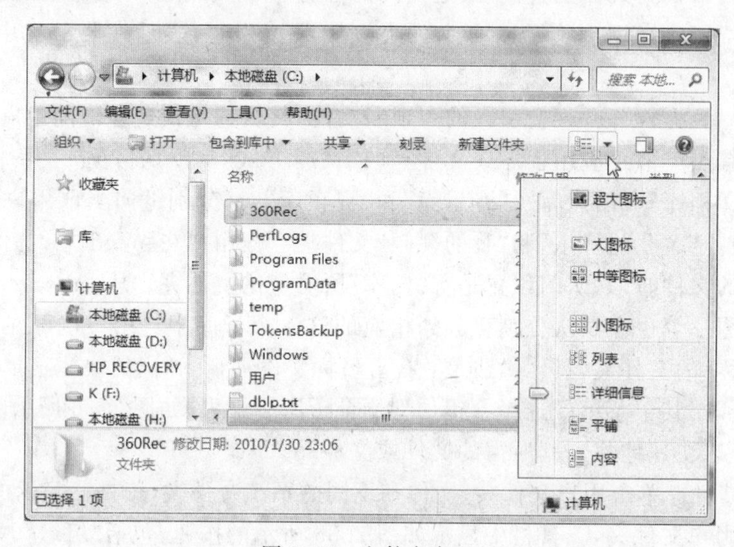

图 2.37　文件夹窗口

2.5.3 节介绍)来打印该文件。

选中不同的系统文件夹,工具栏中显示的按钮会有不同。例如,在导航窗格中选中"计算机",工具栏显示的是"组织"、"系统属性"、"卸载或更改程序"、"映射网络驱动器"和"打开控制面板"。

3. 资源管理器的一些基础操作　资源管理器中的许多操作是针对选定的文件夹或文件进行的,因此首先需要了解"展开文件夹"、"选定文件夹或文件"的操作。

(1) 展开文件夹　在资源管理器的导航窗格中,一个文件夹的左边有 ▷ 符号时,表示它有下一级文件夹,单击其左边的 ▷ 符号,可在导航窗格中展开其下一级文件夹;若单击此文件夹的图标,该文件夹将成为当前文件夹,并展开其下一级文件夹在右窗口中。

(2) 折叠文件夹　在资源管理器的导航窗格中,一个文件夹的左边有◢符号时,表示已在导航窗格中展开其下一级文件夹,单击此◢符号,可令其下一级文件夹折叠起来。

(3) 选定文件夹　选定文件夹也就是使某个文件夹成为"当前文件夹"。单击一个文件夹的图标,便可选定这个文件夹。在导航窗格中选定文件夹,常常是为了在右窗口中展开它所包含的内容;在右窗口中选定文件夹,常常是准备对文件夹作复制、移动等操作。

(4) 选定文件　首先设法使准备选定的目标文件显示在右窗口中,然后单击其图标或标识名即可。要选定几个连续的文件,可借助 Shift 键;要选定几个不连续的文件,可借助 Ctrl 键。

2.3.3　文件与文件夹的管理

1. 新建文件或文件夹

(1) 在桌面或任一文件夹中新建文件或文件夹　在桌面或文件夹的空白位置右击,出现快捷菜单,将鼠标指向其中"新建",出现其下一层菜单,如图 2.38 所示。若要新建一个文件,如 Microsoft Word 文档,则将鼠标指向在"新建"的下一层菜单中的"Microsoft Word 文档",单击,则立即在桌面或文件夹中生成一个"新建 Microsoft Word 文档. doc"的图标,双击该图标可启动 Word,并展开新文档的窗口,进入创建文档内容的过程。若要新建一个文件夹,则将鼠标指向在"新建"的下一层菜单中的"文件夹(F)"命令,单击,则立即在桌面或文件夹中生成一个名为"新建文件夹"的文件夹。

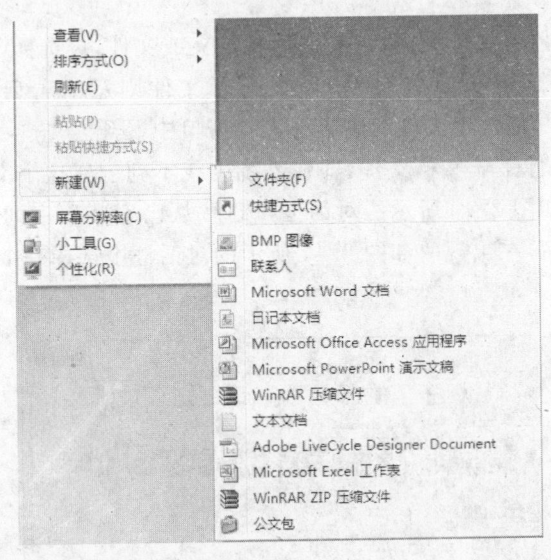

图 2.38　桌面快捷菜单与其中"新建"的下一级菜单

(2) 利用资源管理器在特定文件夹中新建文件或文件夹　在资源管理器的导航窗格中选定该文件夹,在右窗口的空白处中右击,也将出现如图 2.38 所示的快捷菜单,新建文件或文件夹的方法与前面所述相同;也可选择工具栏中的"新建文件夹"命令。

(3) 启动应用程序后新建文件　这是新建文件最常用的方法。启动一个特定应用程序后立即进入创建新文件的过程,或从应用程序的"文件"菜单中选择"新建"命令新建一个文件。

2. 文件夹或文件的打开 打开文件夹或文件的方法有多种：

(1) 鼠标指向文件夹或文件的图标，双击。

(2) 在文件夹或文件图标上右击，出现图 2.39 所示的快捷菜单，选择“打开”命令。

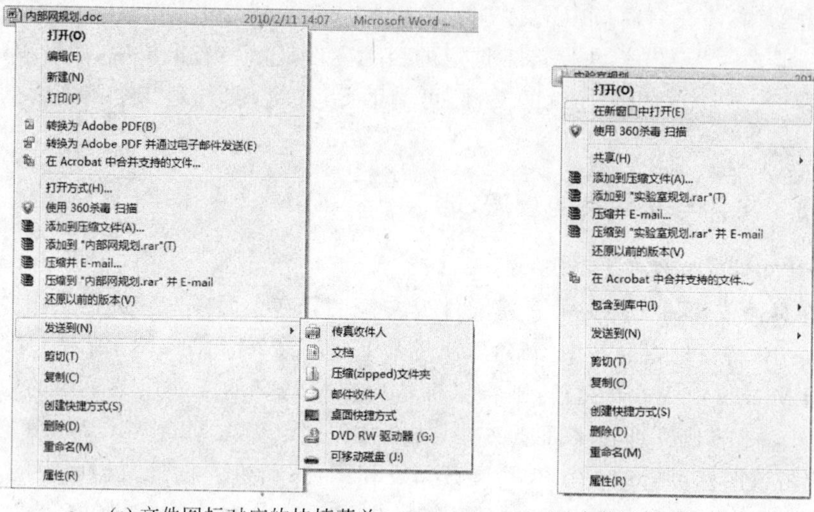

(a) 文件图标对应的快捷菜单　　(b) 文件图标对应的快捷菜单

图 2.39　快捷菜单

(3) 在资源管理器或文件夹窗口中，选定文件夹或文件，再选择“文件|打开”命令。

打开文件夹意味着打开文件夹窗口；而打开文件则意味着启动创建这个文件的 Windows 应用程序，并把这个文件的内容在文档窗口中展开。

如果要打开的文件是非文档文件，即在系统中找不到创建这个文件对应的 Windows 应用程序，则将出现如图 2.40 所示的对话框，选择“从已安装程序列表中选择程序”单选按钮，单击“确定”按钮，在出现的如图 2.41 所示的对话框中选择一个特定的应用程序，完成“打开”任务。

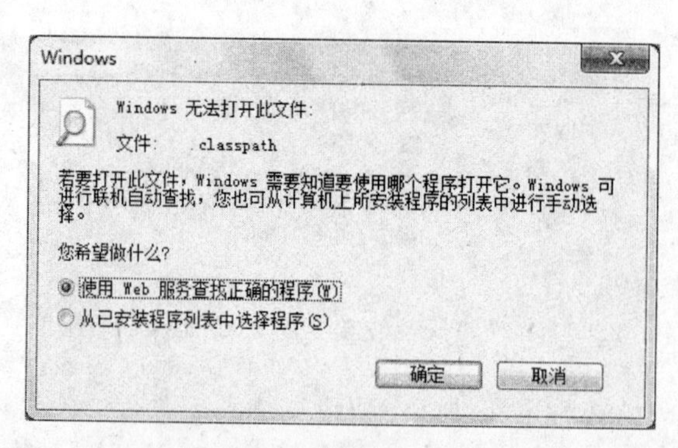

图 2.40　联机或者手动方式

3. 文件或文件夹的更名

(1) 从文件或文件夹的快捷菜单中选择“重命名”命令，文件或文件夹图标对应的标

图 2.41 “打开方式”对话框

识名进入可编辑状态，输入新名后按 Enter 键。

(2) 选定文件或文件夹，按功能键 F2，其标识名也会进入可编辑状态。

4. 文件或文件夹的移动或复制

(1) 文件或文件夹的移动　可用以下任一种方法：

① 利用快捷菜单　鼠标指向文件或文件夹图标并右击，从快捷菜单中选择“剪切”命令(执行剪切命令后，图标将显示暗淡)；定位目的位置；在目的位置的空白处右击，从快捷菜单中选择“粘贴”命令，便可以完成文件或文件夹的移动。

如果在文件夹窗口或资源管理器窗口中，利用“编辑|剪切”命令和“编辑|粘贴”，依照上述方法，同样可以实现项目的移动。

② 利用快捷键　选定文件或文件夹，按 Ctrl＋X 键执行剪切；定位目的位置，按 Ctrl＋V 执行粘贴。

③ 鼠标拖动法　在桌面或资源管理器中均可以利用鼠标的拖动操作，完成文件或文件夹的移动：若在同一驱动器内移动文件或文件夹，则直接拖动选定的文件或文件夹图标，到目的文件夹的图标处，释放鼠标键即可；若移动文件或文件夹到另一驱动器的文件夹中，则拖动过程需按住 Shift 键。这种方法不适宜长距离的移动。

(2) 文件与文件夹的复制　可用以下任一种方法：

① 利用快捷菜单　鼠标指向文件或文件夹图标并右击，从快捷菜单中选择“复制”命令；定位目的位置(可以是别的文件夹或当前文件夹)；在目的位置的空白处右击，从快捷菜单中选择“粘贴”命令，便可以完成文件或文件夹的移动。

在文件夹窗口或资源管理器窗口中，利用“编辑|复制”命令和“编辑|粘贴”，依照上述方法，同样可以实现项目的复制。

② 利用快捷键　选定文件或文件夹，按 Ctrl＋C 键执行复制；定位目的位置，按 Ctrl＋V 键执行粘贴。

③ 鼠标拖动法　在桌面或资源管理器中均可以利用鼠标的拖动操作，完成文件或文件夹的复制：若复制文件或文件夹到另一驱动器的文件夹中，则直接拖动选定的文件或文件夹图标，到目的文件夹的图标处，释放鼠标键即可；若复制文件或文件夹到同一驱动器的不同文件夹中，则拖动过程需按住 Ctrl 键。这种方法不适宜长距离的复制。

④ 若复制文件或文件夹到基于 USB 口的存储设备中(例如 U 盘)，还可以从快捷菜单中选择"发送到"项，再从其下一级菜单中选择"可移动磁盘"命令(参见图 2.39)。

5. 文件或文件夹的搜索　当文件缺乏有效的组织，在经过一段时间后，用户经常会忘记一些重要文件或文件夹存放的位置。为了快速地定位其所在的位置，Windows 提供了强大的搜索功能。用户通过设定查找目录和输入查找内容，系统就会返回满足该查找条件的文件或文件夹信息。

(1) 基本搜索　在资源管理器导航窗格中设定要查找的目录，如 C 盘；在搜索框中输入要查找的内容后，如输入 win，单击其右侧的搜索按钮，搜索结果会显示在资源管理器的右侧窗口，如图 2.42 所示。搜索内容在结果中高亮显示。单击工具栏中的"保存搜索"可保存搜索结果，以便日后寻找使用。

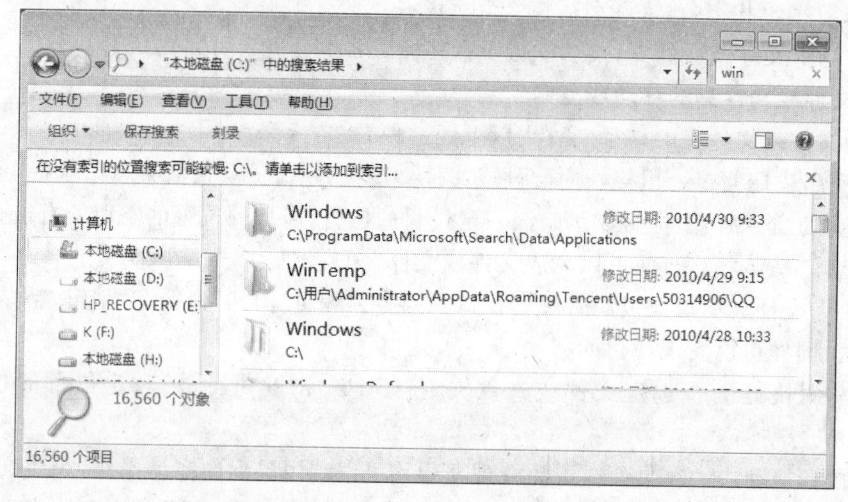

图 2.42　在 C 盘中查找有关 win 的结果

需要注意的是，对于设定目录下的文件或文件夹，如果其名称包含搜索词，则该文件会被包含到搜索结果当中。当搜索的文件和文件夹的数量较庞大时，就需要为搜索内容建立索引。索引应用于很多场合，例如黄页、书本的目录等，其作用就是快速地定位到所要查找内容的位置。在图 2.42 所示工具栏下面的提示信息"在没有索引的位置搜索可能较慢..."，之所以出现这个提示信息，是因为没有为搜索内容建立索引。单击此提示信息，在弹出菜单中选择"添加到索引"命令，即可为该搜索内容建立索引。下次查找该相同内容时，就不会出现该提示内容。

然而，在很多情况下，用户的目的是期望找到其内容包含搜索词的文件集合。正因为此，Windows 提供了基于内容的搜索方法。在"资源管理器"窗口中，选择"组织|文件夹

和搜索选项”，出现“文件夹选项”对话框，切换至“搜索”选项卡，如图 2.43 所示。选择“始终搜索文件名和内容(此过程可能需要几分钟)”单选按钮，单击“确定”按钮后，下次搜索时就会一起检查文件内容是否包含搜索内容。用户也可设置其它的搜索选项。

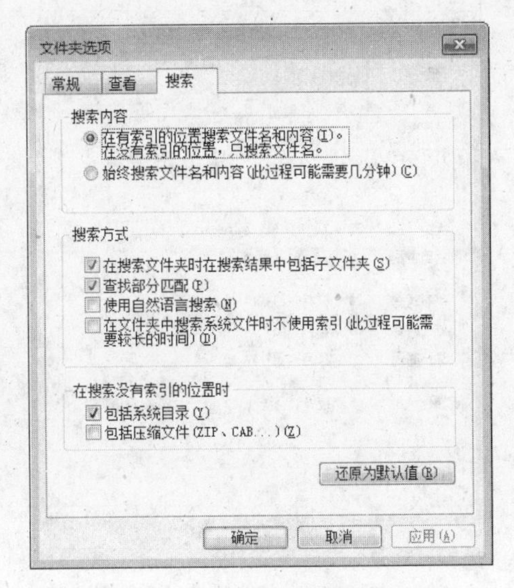

图 2.43 文件夹“搜索”的设置

(2)筛选搜索 用户如果提前知道搜索文件、文件夹的修改日期，或者其文件的大小，则可以设置筛选条件，提高搜索的效率。单击“资源管理器”窗口右上角的搜索框，激活其筛选搜索界面。在“添加搜索筛选器”栏中，提供了“修改日期”和“大小”两项，用户可根据修改日期或大小进行相关搜索条件的设置。

6. 文件或文件夹的删除 删除文件或文件夹的方法有：

① 选定目标后按 Del 键；

② 右击目标后，从其快捷菜单中选择“删除”命令；

③ 选定目标后，在文件夹或资源管理器窗口执行“文件|删除”命令；

④ 直接拖动目标到“回收站”中。

删除后的文件或文件夹将被丢弃到“回收站”中。在“回收站”中再次执行删除操作，才真正将文件或文件夹从计算机的外存中删除。如果在删除的过程中同时按住了 Shift 键，则从计算机中直接删除该项目，而不暂存到“回收站”中。

7. 被删除的文件或文件夹的恢复 可使用的方法有：

① 在文件夹或资源管理器窗口执行“编辑|撤销删除”命令。

② 打开回收站，选定准备恢复的项目，从快捷菜单中选择“还原”命令，将它们恢复到原位。

8. 文件或文件夹属性的查看与设置 要了解或设定文件夹或文件的有关属性，可以从文件夹或文件的快捷菜单中选择“属性”命令，出现图 2.44 或图 2.45 所示的对话框。

从图 2.44 可以看出，文件的常规性质包括文件名，文件类型，文件打开方式，文件存放位置，文件大小及占用空间，创建、修改及访问时间，文件属性等。而文件属性有只读和隐藏两种，其中：

(1) 只读属性 设定此属性后可防止文件被修改。

(2) 隐藏属性 一般情况下，有此属性的文件将不出现在桌面、文件夹或资源管理器中。

利用“常规”选项卡中“属性”栏的选择框，可以设置文件的属性。单击对话框的“更改”按钮，可改变该文件的打开方式。

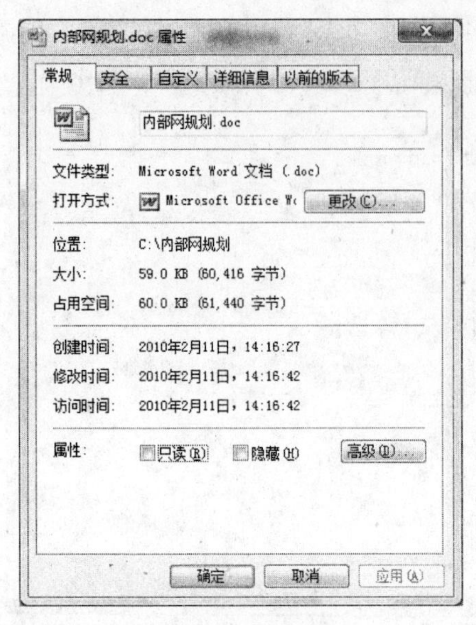

图 2.44 文件属性窗口

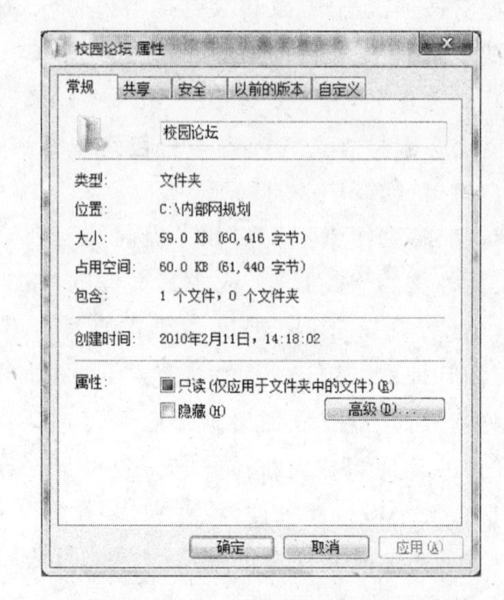

图 2.45 文件夹属性窗口

文件夹属性窗口“常规”选项卡的内容基本与文件相同；“共享”选项卡可以设置该文件夹成为本地或网络上共享的资源；“自定义”选项卡可以更改文件夹的显示图标。

9. 文件或文件夹快捷方式的创建 可以从文件或文件夹的快捷菜单中选择“创建快捷方式”命令。

10. 显示文件的扩展名 在 Windows 中，文件常常仅以图标和主文件名来标识，用图标来区分文件的类型，事实上，区分不同文件类型的关键在于其扩展名。若希望显示文件的扩展名，可单击资源管理器工具栏中的“组织”按钮，在其下拉菜单中选择“文件夹和搜索选项”(参见图 2.43)，在出现的对话框中选择“查看”选项卡，取消对“隐藏已知文件类型的扩展名”复选框的选择。

2.3.4 磁盘管理

在“计算机”或“资源管理器”窗口中，欲了解某磁盘分区的有关信息，可右击目标分区，从其快捷菜单中选择“属性”命令，在出现的磁盘分区属性窗口中选择“常规”选项卡如图 2.46 所示，可以了解磁盘的卷标(可在此修改卷标)、类型、采用的文件系统以及该分区空间使用情况等信息。单击此选项卡中的“磁盘清理”按钮，可以启动磁盘清理程序(见 2.6.1 节)。

磁盘属性窗口的“工具”选项卡，如图 2.47 所示，实际上提供了三个磁盘维护程序。选择“查错”栏中的“开始检查”按钮，相当于启动了“磁盘扫描程序”；选择“备份”栏中的“开始备份”按钮，相当于启动了备份程序，以便对硬盘中的部分数据进行备份；若选择“碎片整理”栏中的“立即进行碎片整理”按钮，相当于启动了“磁盘碎片整理程序”。这些磁盘维护程序的功能和用法将在 2.6.1 节中予以介绍。

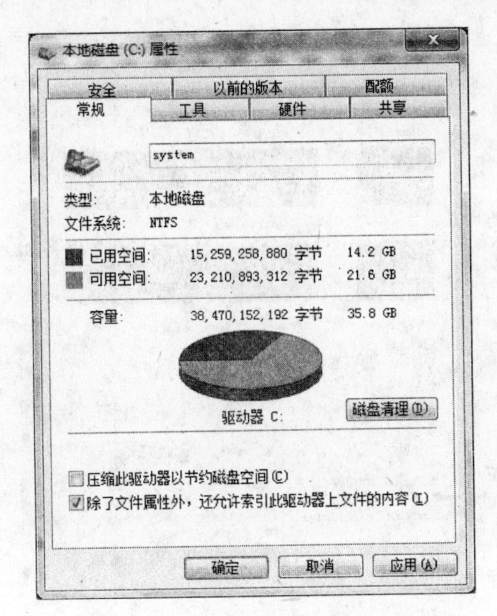

图 2.46　磁盘属性“常规”选项卡

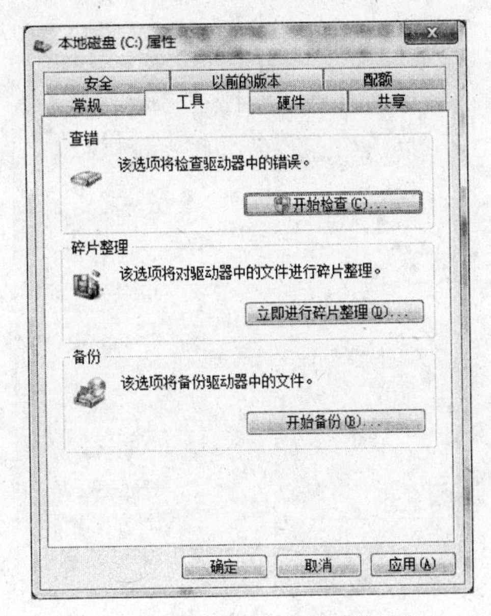

图 2.47　磁盘属性“工具”选项卡

2.4　任务管理

2.4.1　任务管理器简介

1. 任务管理器的作用　任务管理器可以提供正在计算机上运行的程序和进程的相关信息。一般用户主要使用任务管理器来快速查看正在运行的程序的状态，或终止已停止响应的程序，或切换程序，或运行新的任务。利用任务管理器还可以查看 CPU 和内存使用情况的图形和数据等。

2. 任务管理器的打开　方法一，右击任务栏的空白处，从其快捷菜单（参见图 2.19）中选择“启用任务管理器”；方法二，同时按住 Ctrl＋Alt＋Del 键，在出现的界面中选择“启用任务管理器”。

在任务管理器的“应用程序”选项卡（如图 2.48 所示）中，列出了目前正在运行中的应用程序名，选定其中的一个任务，单击“切换至”按钮，可以使该任务对应的应用程序窗口成为活动窗口；当某个应用程序无法响应时，可选定其对应的程序名，单击“结束任务”按钮，结束该程序的运行状态。

任务管理器的“性能”选项卡（如图 2.49 所示）中显示着 CPU 和内存的相关数据和图形。

2.4.2　应用程序的有关操作

这里对应用程序的启动、关闭、程序间的切换、应用程序中菜单和命令的使用等操作进行小结，另介绍一些其它的有关操作。

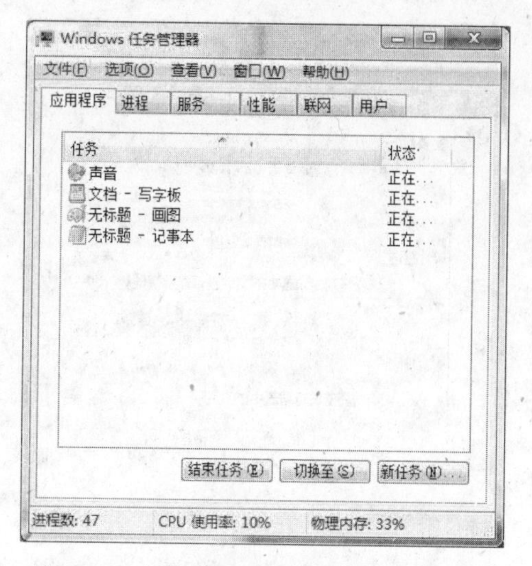

图 2.48 任务管理器的“应用程序”选项卡

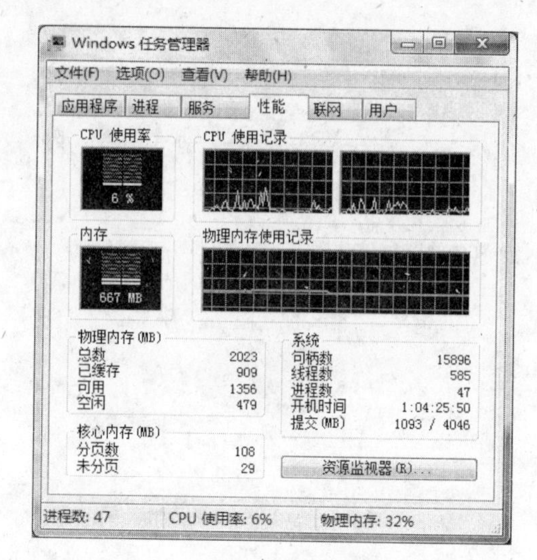

图 2.49 任务管理器的“性能”选项卡

1. 应用程序的启动

(1) 选择“开始”菜单或其层阶菜单中程序对应的快捷方式。

(2) 选择桌面或任务栏(快速启动栏或活动任务区)或文件夹中的应用程序快捷方式,或直接选择应用程序图标。选择方法也有多种,或双击目标;或从目标的快捷菜单中选“打开”或程序名;或选定目标后选择“文件|打开”命令等。

(3) 选择“开始|所有程序|附件|运行”项,出现“运行”对话框后,或在“打开”文本框输入要运行的程序的全名,或利用“浏览”按钮在磁盘中查找定位要运行的程序。

(4) 在“开始”菜单中的“搜索程序和文件”输入框中输入要查找的程序名,在查找的结果中选中要打开的程序。

(5) 在任务管理器的“应用程序”选项卡中单击“新任务”按钮,出现的对话框与选择“开始”菜单的“运行”项后出现的对话框基本相同,之后的操作也相同。

2. 应用程序之间的切换

(1) 利用任务栏活动任务区中的应用程序标题栏按钮。

(2) 利用 Alt+Tab 键或 Alt+Shift+Tab 键。

(3) 在任务管理器的“应用程序”选项卡中选定要切换的程序名,单击“切换至”按钮。

3. 关闭应用程序与结束任务 关闭应用程序是指正常结束一个程序的运行。方法有:

(1) 按 Alt+F4 键。

(2) 单击窗口的关闭钮,或选择“文件|退出”命令。

(3) 双击控制菜单钮,或单击控制菜单钮后选择“关闭”命令。

结束任务的操作通常指结束那些运行不正常的程序的运行。为此,可以在任务管理器的“应用程序”选项卡中选定要结束任务的程序名,然后单击“结束任务”按钮。

4. 安装应用程序

(1) 自动执行安装　目前大多数软件安装光盘中附有 Autorun 功能，将安装光盘放入光驱就自动启动安装程序，用户根据安装程序的导引就可以完成安装任务。

(2) 运行安装文件　打开安装文件所在的目录，双击安装程序的可执行文件即可。通常情况下，其文件名为 setup. exe 或"安装程序. exe"。根据安装程序的导引可完成安装任务。

5. 更改或删除程序

(1) 在"开始"菜单中找到目标程序，通常情况下每个程序都会对应一个"删除程序"，选择"删除程序"，用户根据删除程序的导引就可以完成删除任务。

(2) 选择"开始|计算机"，在出现的"计算机"窗口中(参见 2.23)，选择工具栏中的"卸载或更改程序"按钮，出现如图 2.50 所示的窗口。在该窗口中，列表给出了已安装的程序，右击列表中的某一项，在出现的快捷菜单中选择"更改"或"删除"命令。

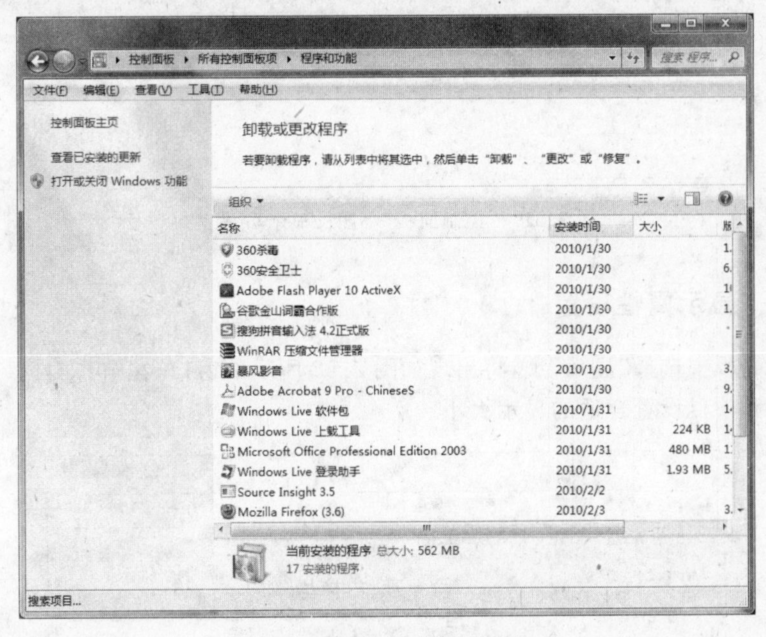

图 2.50　"卸载或更改程序"窗口

2.5　控制面板与环境设置

2.5.1　控制面板简介

控制面板是 Windows 系统工具中的一个重要文件夹，其中包含许多独立的工具或称程序项，如图 2.51 所示，它允许用户查看并操作基本的系统设置和控制，包括添加新硬件、对设备进行设置与管理、管理用户账户、调整系统的环境参数和各种属性等。

打开控制面板的方法有：

(1) 选择"开始|控制面板"命令。

(2) 在“计算机”窗口的工具栏中选择“打开控制面板”项。

(3) 选择“开始|所有程序|附件|系统工具|控制面板”命令。

图 2.51 “控制面板”小图标显示方式窗口

2.5.2 显示属性设置

在控制面板中选择“显示”项,将出现如图 2.52 所示的窗口,在窗口右侧,用户可为屏幕上的文本和项目设置合适的显示大小。

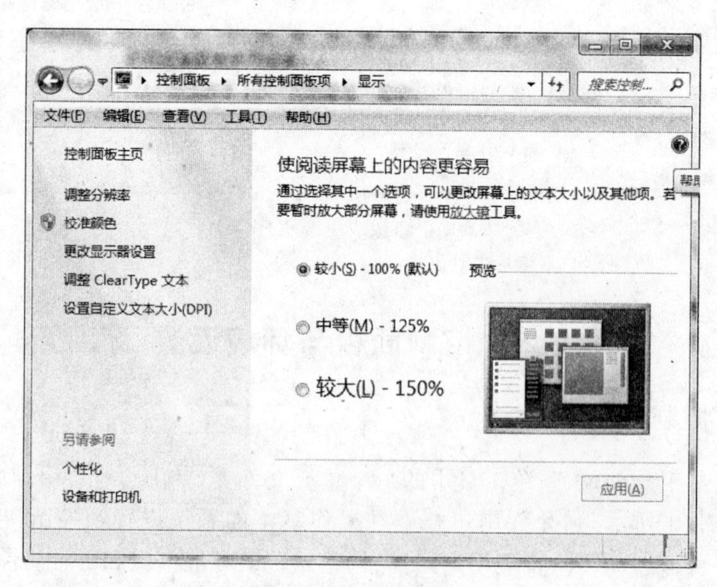

图 2.52 显示属性窗口

窗口左侧显示的是导航链接，单击“调整分辨率”链接，会出现如图2.53所示的窗口，单击“分辨率”下拉列表框右侧的下三角按钮，根据用户需要设定合适的显示器分辨率，分辨率的选定范围由监视器和显示适配器共同决定。

在图2.53中，单击“高级设置”链接，在出现的对话框中可以为监视器设置颜色和“屏幕刷新频率”等。

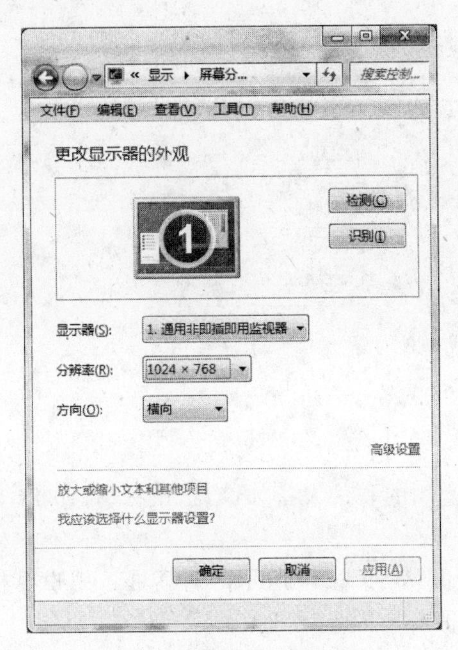

图2.53 更改显示器外观窗口

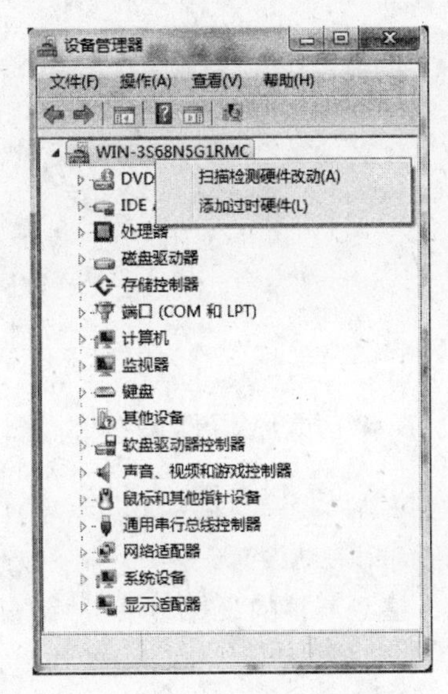

图2.54 设备管理器窗口

2.5.3 添加新的硬件设备

当添加一个新的硬件设备到计算机时，一般应先将新硬件连接到计算机上。Windows会自动尝试安装该设备的驱动程序。驱动程序的作用就像在设备与计算机之间的架起一座桥梁，保证两者之间能够进行正常的通信。

Windows 7对设备的支持有了很大的改进。通常情况下，当连接设备到计算时，Windows会自动完成对驱动程序的安装，这时不需要人工的干预，安装完成后，用户可以正常地使用设备。否则，需要手工安装驱动程序，手工安装驱动程序有两种方式：

(1) 如果硬件设备带安装光盘或可以从网上下载到安装程序，则可根据2.4.2小节介绍的安装应用程序来进行安装。

(2) 如果硬件设备未提供用来安装的可执行文件，但提供了设备的驱动程序(无自动安装程序)，则用户可手动安装驱动程序。其操作步骤是：打开控制面板窗口中“设备管理器”窗口，如图2.54所示。右击计算机名称(例如本机名为WIN-3S68N5G1RMC)，在出现的快捷菜单中选择“添加过时硬件”命令。在出现的“欢迎使用添加硬件向导”对话框中单击“下一步”按钮，出现如图2.55所示的对话框。选择“安装我手动从列表选择的硬件(高级)”，根据向导选择硬件的类型、驱动程序所在的位置后，即可完整安装过程。

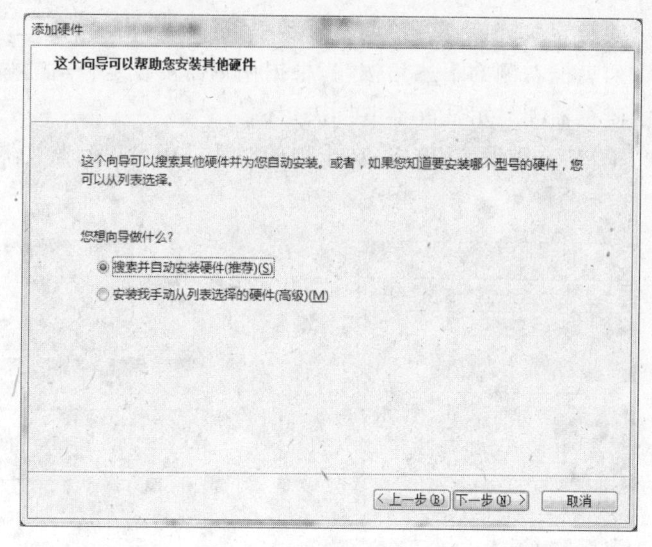

图 2.55　添加硬件向导

2.5.4　常见硬件设备的属性设置

在控制面板窗口中(参见图 2.51)可以对常用的硬件设备如键盘、鼠标、打印机、显示器等进行相关的设置。

1. 键盘属性的设置　单击“键盘”项，会出现如图 2.56 所示的对话框。用户可根据需要，适当调整键盘按键反应的快慢以及文本光标的闪烁频率等。

2. 鼠标属性的设置　单击“鼠标”项，会出现如图 2.57 所示的对话框。用户可将一般用户习惯的鼠标左右键操作方式，改为右左键操作方式(选中“切换主要和次要的按钮”)；可设置鼠标双击的速度和鼠标滑轮一次滚动的行数；设置鼠标指针在屏幕上移动的速度和“是否显示指针的轨迹”；还可以选择不同的鼠标指针方案等。

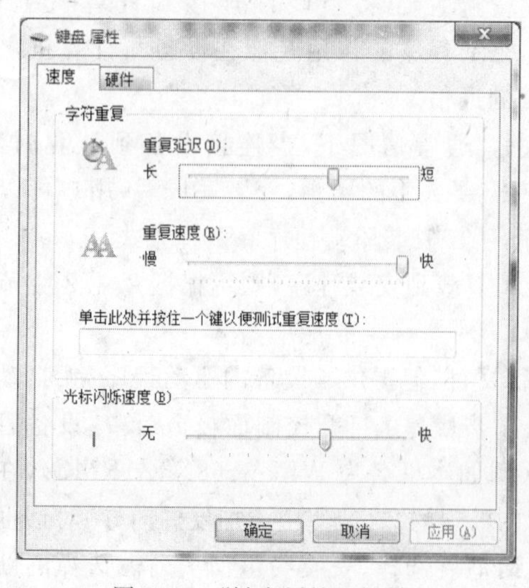

图 2.56　“键盘属性”对话框

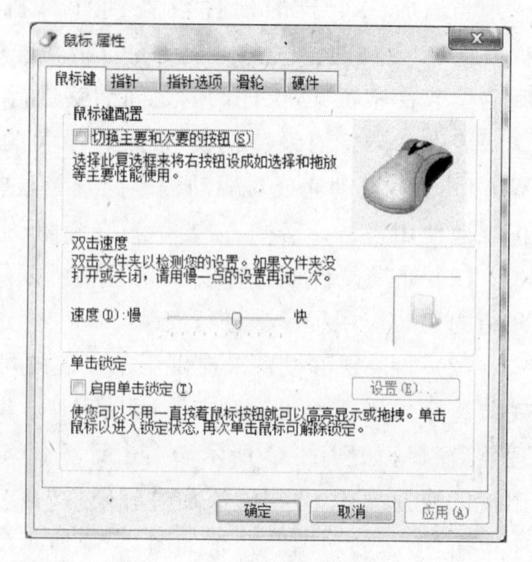

图 2.57　“鼠标属性”对话框

3. 打印机的管理 单击“设备和打印机”项，可出现如图 2.58 所示的窗口（从“开始”菜单中选择“设备和打印机”项，同样可打开此窗口）。在窗口的工具栏中，选择“添加设备”或“添加打印机”，可添加新的设备或打印机到计算机中。右击目标打印机，如图中的 HP Photosmart D7500 series，在其快捷菜单中可以选择并执行与选定的打印机有关的任务。例如，“查看现在正在打印机打印什么”、“设置为默认打印机”、“打印首选项”、“打印机属性”等。选择“打印机属性”命令，可设置打印机为工作组的其它计算机所共享。

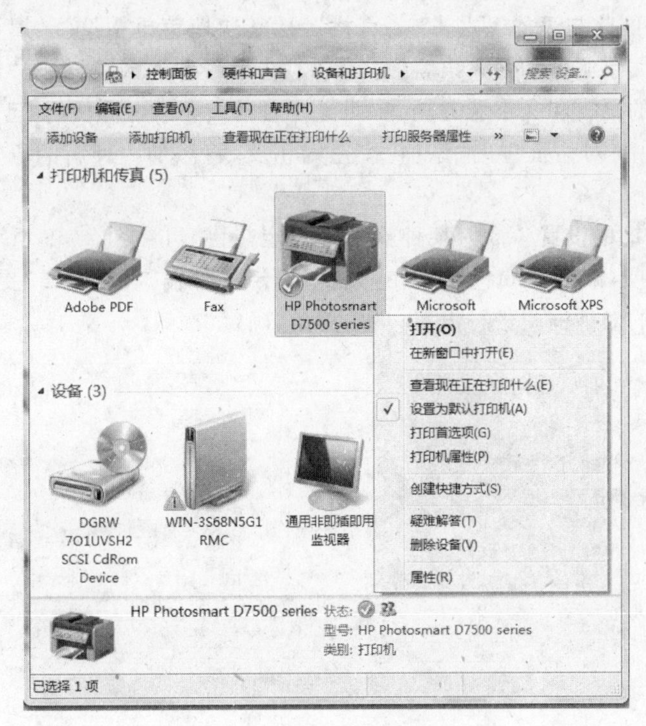

图 2.58 “设备和打印机”窗口

2.5.5 系统日期和时间的设置

在一些情况下，用户需要设置系统的日期/时间，如：

(1) 初次安装 Windows 7 后。

(2) 修正时间误差。

(3) 为某种原因，例如为避开某种病毒的发作时间等。

(4) 携带计算机到其它时区工作时。

在控制面板（参见图 2.51）中双击“日期和时间”项（或者双击“任务栏”右下角的时间图标，在出现的界面中单击“更改日期和时间设置”链接），在打开窗口的“日期和时间”选项卡中可设置正确的年、月、日、时间，也可设置所在的时区。

2.5.6 Windows 中汉字输入法的安装、选择及属性设置

1. 安装新的输入法 可以参考 2.4.2 小节中关于“安装应用程序”的介绍。目前比

较常用的是基于拼音的输入法，包括搜狗拼音输入法、谷歌拼音输入法、拼音加加输入法等。

2. 输入法的选择 单击“语言栏”(参见图 2.16，“语言栏”最小化时位于任务栏中)中的键盘按钮，在弹出的列表中单击选择某种输入法。不同输入法之间的切换也可使用 Ctrl＋Shift 组合键，使用“Ctrl＋空格”组合键可以完成中文输入法与英文输入法之间的切换。

3. 输入法的删除与添加 右击“语言栏”，从其快捷菜单中选择“属性”命令，出现如图 2.59 所示的“文字服务和输入语言”对话框。选中一种输入法，单击“删除”按钮，可删除在列表中选定的语言和文字服务功能，而且在启动或登录计算机时，已删除的选项将不再加载到计算机中；对话框中的“添加”按钮则相反，将添加一种新的语言服务功能到列表中。

4. 输入法热键的设置 欲为某种输入法设定热键，可在图 2.59 所示的对话框中选择“高级键设置”项，如图 2.60 所示，在列表中选定某种输入法，单击“更改按键顺序”按钮，可在图 2.61 的对话框中进行设置，最后单击“确定”按钮。

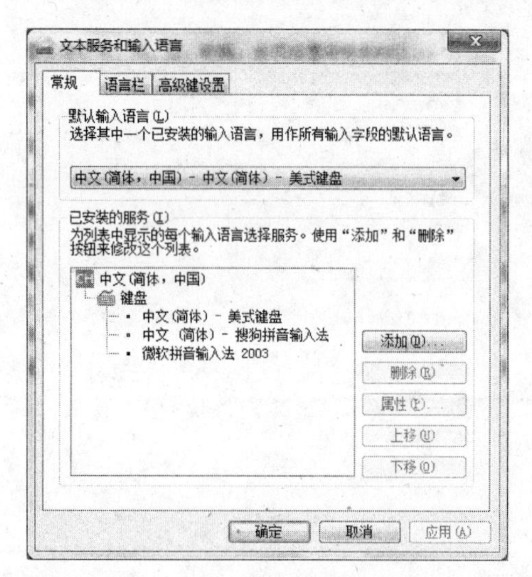

图 2.59 文字服务与输入语言

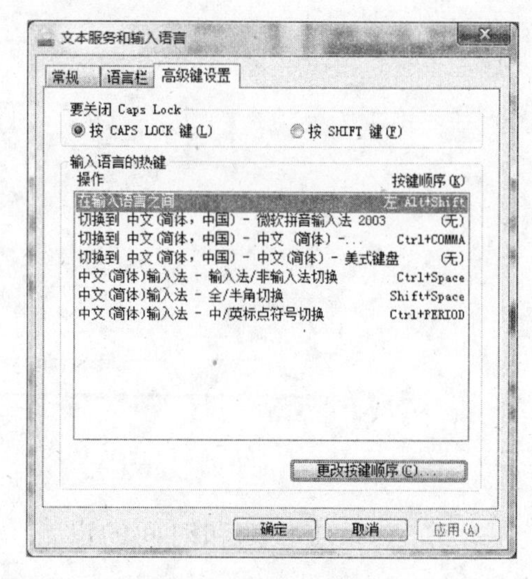

图 2.60 高级键设置

5. 输入法属性设置 在图 2.59 的列表中选定一种输入法，单击“属性”按钮，可弹出如图 2.62 所示的“输入法输入选项”对话框，在这里可以对输入法进行各种有关设置。

2.5.7 个性化环境设置与用户账户管理

Windows 在安装过程中允许设定多个用户使用同一台计算机，每个用户可以有个性化的环境设置，这意味着每个用户可以有不同的桌面，不同的开始菜单，不同的收藏夹，不同的文档目录以放置每个用户收集的图片、音乐和下载的信息等。每个用户还可以拥有对相同资源不同的访问方式。

计算机中的用户有两种类型，一种是计算机管理员账户；另一种是受限制账户。用户账户建立了分配给每个用户的特权，定义了用户可以在 Windows 中执行的操作。

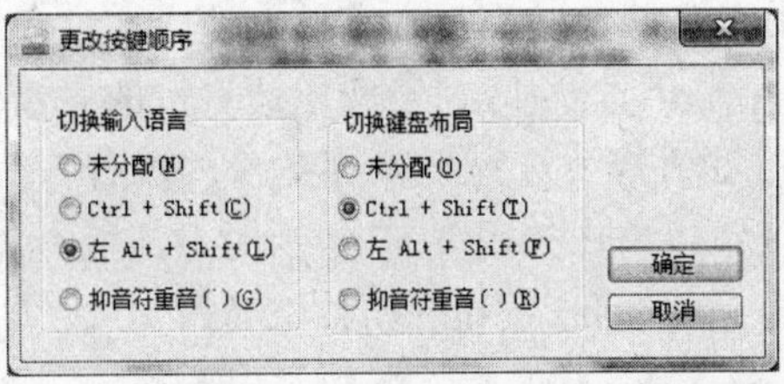

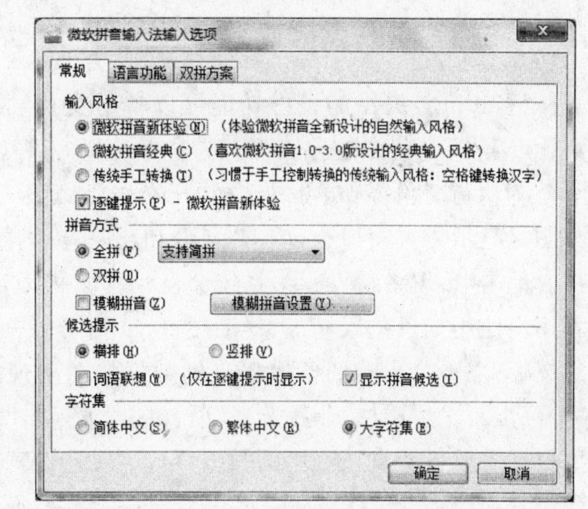

图 2.61　更改按键顺序

图 2.62　输入法属性设置

一台计算机上可以有多个但至少有一个拥有计算机管理员账户的用户。计算机管理员账户是专门为可以对计算机进行全系统更改、安装程序和访问计算机上所有文件的用户而设置的。只有拥有计算机管理员账户的用户才拥有对计算机上其他用户账户的完全访问权，该用户可以创建和删除计算机上的用户账户；可以为计算机上其他用户账户创建账户密码；可以更改其他人的账户名、图片、密码和账户类型等。当计算机中只有一个用户拥有计算机管理员账户时，他不能将自己的账户类型更改为受限制账户类型。

被设定为受限制账户的用户可以访问已经安装在计算机上的程序，但不能更改大多数计算机设置和删除重要文件，不能安装软件或硬件。这一类用户可以更改其账户图片，可创建、更改或删除其密码，但不能更改其账户名或者账户类型。对使用受限制账户的用户来说，某些程序可能无法正确工作，如果发生这种情况，可以由拥有计算机管理员账户的用户将其账户类型临时或者永久地更改为计算机管理员。

在控制面板中选择“用户帐户”项，出现如图 2.63 所示的窗口，从中选择一项任务实现对“用户帐户”的管理和设置。“用户帐户”的管理在 9.4.1 小节中将会有详细的介绍。

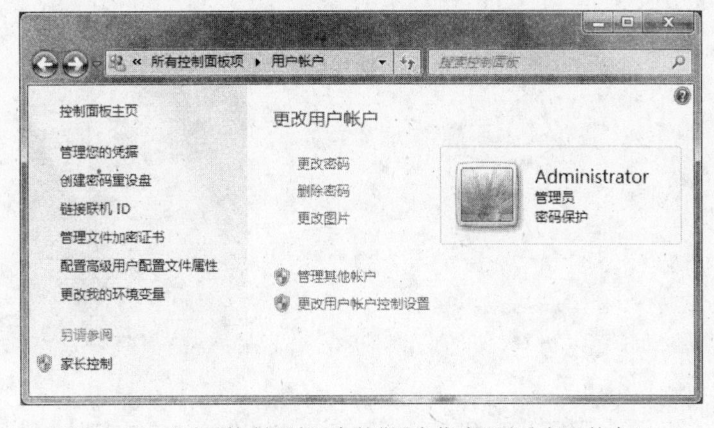

图 2.63　选择“控制面板”中的“用户帐户”项后出现的窗口

2.5.8 备份文件和设置

Windows 提供的备份功能可以备份文件、文件夹以及用户的有关设置(如收藏夹和桌面)等,以避免误删除、病毒破坏、磁盘损坏等原因导致用户重要数据的丢失。

为执行备份操作,可以选择“开始|控制面板”命令,在出现如图 2.51 所示的“控制面板”小图标显示方式窗口中,单击“备份和还原”项,弹出如图 2.64 所示的“备份或还原文件”窗口。单击“设置备份”命令,系统会自动搜索可以用来存储备份数据的存储介质。在这里推荐用户使用如可刻录光盘、移动硬盘、U 盘等外部存储介质,原因在于即使计算机的磁盘发生损坏,也不会影响到备份出来的数据。在出现的对话框中选择要保存备份的位置,单击“下一步”,之后选择“让我选择”项,单击“下一步”按钮将出现如图 2.65 所示的对话框,用户可根据需要备份自己有用的数据,单击“保存设置并运行备份”按钮开始备份操作。

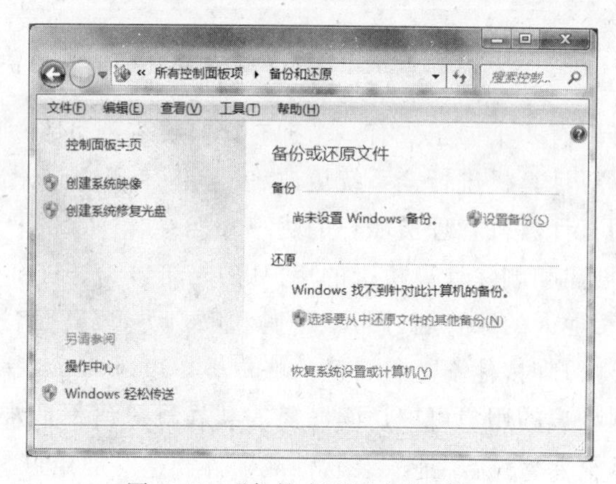

图 2.64 “备份或还原文件”窗口

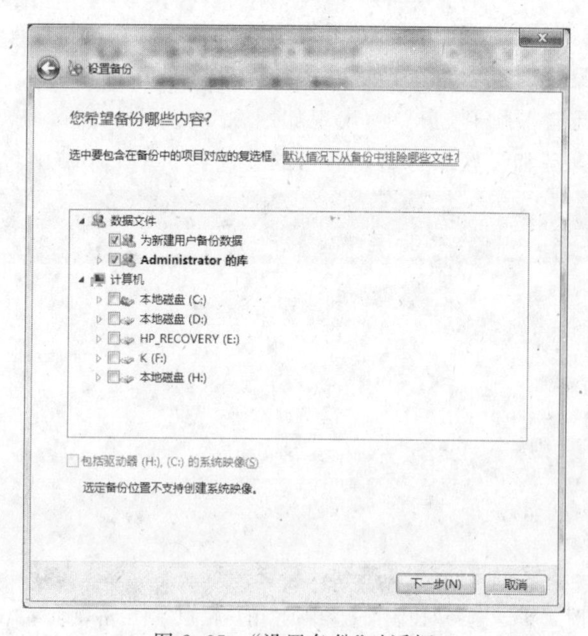

图 2.65 “设置备份”对话框

若要还原备份的文件,可在如图 2.64 所示的窗口中单击“选择要从中还原文件的其他备份”,然后根据还原向导一步步操作。需要注意的是,还原备份的文件之前,必须要有一个正确的备份文件,即由备份操作产生的备份文件。

2.6 Windows 提供的系统维护和其它附件

2.6.1 系统维护工具

安装 Windows 7 后,用户一般都要继续安装许多应用软件,而用户在使用机器过程中的日常操作和一些非正常操作均有可能使系统偏离最佳状态,因此,要经常性地对系统进行维护,以加快程序运行,清理出更多的磁盘自由空间,保证系统处于最佳状态。Windows 7 自身提供了多种系统维护工具,如磁盘碎片整理、磁盘清理工具,还有系统数据备份,系统信息报告等工具。这里介绍几种一般用户常用的维护工具。

1. 磁盘碎片整理程序 用户保存文件时,字节数较大的文件常常被分段存放在磁盘的不同位置。较长时间地执行文件的写入、删除等操作后,许多文件分段分布在磁盘不同位置,自由空间也不连续,就形成了所谓的磁盘“碎片”。碎片的增加,直接影响了大文件的存取速度,也必定影响了机器的整体运行速度。

磁盘碎片整理程序的作用是,重新安排磁盘中的文件和磁盘自由空间,使文件尽可能存储在连续的单元中;使磁盘空闲的自由空间形成连续的块。

启动磁盘碎片整理程序的方法是:选择“开始|所有程序|附件|系统工具|磁盘碎片整理程序”命令。启动此程序后,出现如图 2.66 所示的窗口。

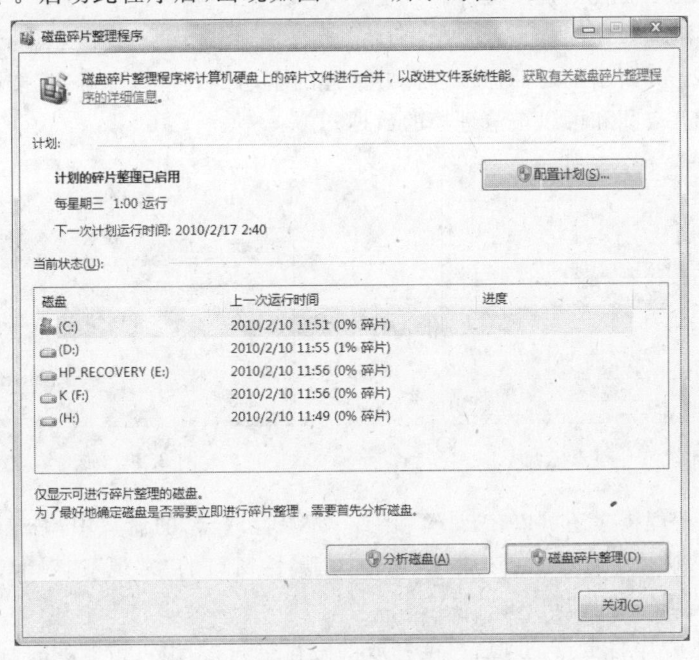

图 2.66 “磁盘碎片整理程序”窗口

在窗口中选择需要进行磁盘碎片整理的驱动器后，可单击“分析磁盘”按钮，由整理程序分析文件系统的碎片程度；单击“磁盘碎片整理”按钮，可开始对选定驱动器进行碎片整理。

启动磁盘碎片整理程序还可以在“计算机”窗口中，右击目标磁盘图标，从快捷菜单中选择“属性”命令，在属性窗口“工具”选项卡的“碎片整理”栏中，单击“立即进行碎片整理”按钮(参见图 2.47)。

2. 磁盘检查程序 Windows 将硬盘的部分空间作为虚拟内存，另外，许多应用程序的临时文件也存放在硬盘中，因此，保持硬盘的正常运转是很重要的。

若用户在系统正常运行过程中或运行某程序、移动文件、删除文件的过程中，非正常关闭计算机的电源，均可能造成磁盘的逻辑错误或物理错误，以至于影响机器的运行速度，或影响文件的正常读写。

磁盘检查程序可以诊断硬盘或 U 盘的错误，分析并修复若干种逻辑错误，查找磁盘上的物理错误，即坏扇区，并标记出其位置，下次再执行文件写操作时就不会写到坏扇区中。磁盘检查需要较长时间，另外，对某磁盘作检查前必须关闭所有文件；运行磁盘检查程序过程中，该磁盘分区也不可用于执行其他任务。

启动磁盘检查程序的一种方法是，在“计算机”或“资源管理器”的窗口中，右击要检查的目标磁盘分区图标，从快捷菜单中选择“属性”命令，在属性窗口“工具”选项卡的“查错”栏中，单击“开始检查”按钮(参见图 2.47)，出现如图 2.67 所示的对话框，在“磁盘检查 本地磁盘”中选择后单击“开始”按钮。

3. 磁盘清理程序 该工具可以辨别硬盘上的一些无用的文件，并征得用户许可后删除这些文件，以便释放一些硬盘空间。所谓“无用文件”指临时文件、Internet 缓存文件和可以安全删除的不需要的程序文件。

启动磁盘清理程序同样是：选择“开始|所有程序|附件|系统工具|磁盘清理”命令项，出现如图 2.68 所示的对话框。选择要清理的驱动器后，单击“确定”按钮，该程序便自动开始检查磁盘空间和可以被清理掉的数据。

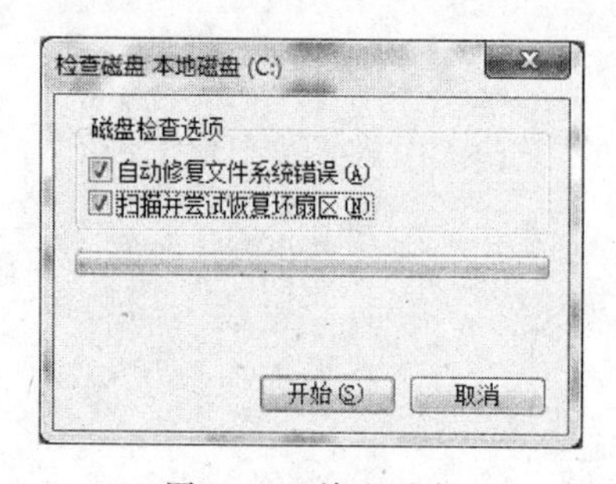

图 2.67 检查磁盘

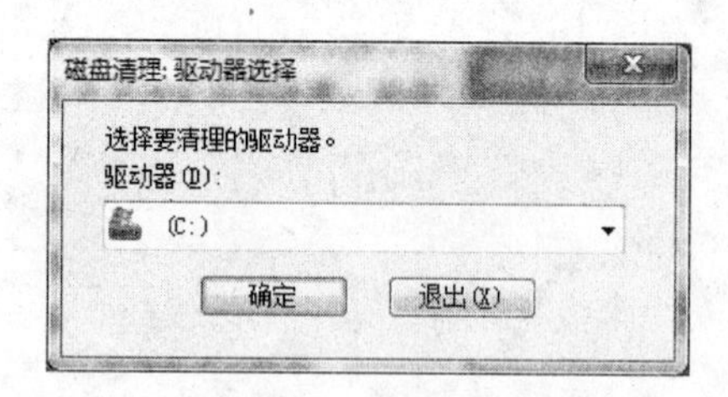

图 2.68 磁盘清理

启动磁盘清理程序还可以在“计算机”或“资源管理器”的窗口中，右击要清理其空间的磁盘图标，从快捷菜单中选择“属性”命令，在属性窗口的“常规”选项卡(参见图 2.47)中单击“磁盘清理”按钮即可。

清理完毕，程序将报告清理后可能释放的磁盘空间，列出可被删除的目标文件类型和每个目标文件类型的说明，用户选定那些确定要删除的文件类型后，单击“确定”按钮。

4. 了解系统信息和初步诊断故障 Windows 提供的“系统信息”工具可收集和显示本地和远程计算机的系统配置信息，包括硬件配置、计算机组件和软件的信息。技术支持人员在解答用户的系统配置问题时，往往需要了解计算机的这些有关信息。使用“系统信息”工具可以选择“开始|所有程序|附件|系统工具|系统信息”命令，出现的“系统信息”窗口提供了“硬件资源”、“组件”、“软件环境”等几组信息。

Windows 的另外一些系统维护工具，因篇幅有限不能一一介绍，读者可以通过 Windows 提供的帮助功能逐步了解并掌握它们的用法。

2.6.2 记事本的功能和用法

1. 记事本的功能 记事本是 Windows 提供用来创建和编辑小型文本文件(以.txt 为扩展名)的应用程序。记事本保存的 TXT 文件不包含特殊格式代码或控制码，可以被 Windows 的大部分应用程序调用。正因为记事本保存的是不含格式的纯文本文件，因此常被用于编辑各种高级语言程序文件，并成为创建网页 HTML 文档的一种较好工具。

记事本窗口打开的文件可以是记事本文件或其它应用程序保存的 TXT 文件。若创建或编辑对格式有一定要求或信息量较大的文件，可使用“写字板”或 Word(见第 4 章)。

记事本可用作一种随记本，记载办公活动中的一些零星琐碎的事情，例如，电话记录、留言、摘要、备忘事项等，打印出来可备随时查看。

2. 记事本的启动和用法 启动“记事本”的方法，一般是选择“开始|所有程序|附件|记事本”命令，打开记事本窗口。

在记事本的文本区输入字符时，每输入一行，系统可以实现自动转行，但一般应选择“格式|自动换行”命令，如图 2.69 所示，使该项命令生效。

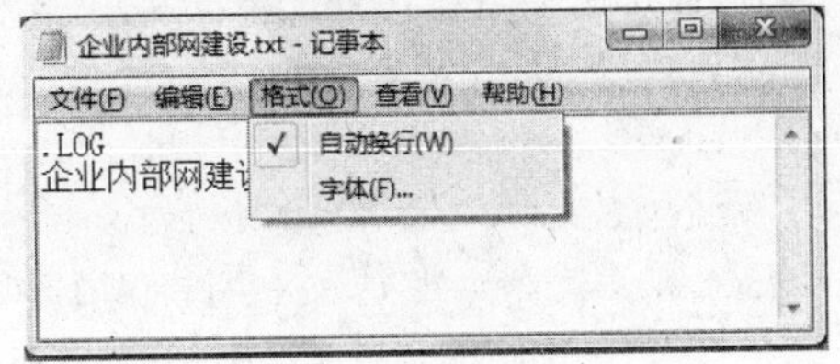

图 2.69 “记事本窗口”及“格式”菜单的各项命令

记事本还有一种特殊用法，即可以建立时间记录文档，用于跟踪用户每次开启该文档时的日期和时间(计算机系统内部计时器的)。具体做法是，在记事本文本区的第一行第一列开始输入大写英文字符.LOG，并按回车键。以后，每次打开这个文件时，系统就会自动在上一次文件结尾的下一行显示当时的系统日期和时间，达到跟踪文件编辑时间的目的。利用“编辑”菜单中的“时间/日期”命令，也可以将系统日期和时间插入文本中。

习 题 2

2.1 思考题

1. 简述 Windows 7 的功能特点和运行环境。
2. 介绍在 Windows 7 中执行一个命令或一般应用程序的各种方法。
3. 如何打开任务管理器？简述任务管理器的作用。
4. 获取系统帮助有哪些方法？在 Windows 7 中如何设定系统日期？

5. 在文本区，鼠标指针的符号与插入点位置的标记有何不同？鼠标移到文本选择区时，其指针符号与鼠标指向菜单时的符号又有何不同？

6. 打开与关闭资源管理器各有哪些方法？简述在资源管理器中，如何选定一个特定的文件夹使之成为当前文件夹？如何在一个特定文件夹下新建一个子文件夹或删除一个子文件夹？

7. 在 Windows 7 中，如何查看隐藏文件、文件夹？

8. 什么是文档文件？在 Windows 7 中如何查找一个文件？

9. 在 Windows 7 中如何复制文件、删除文件或为文件更名？如何恢复被删除的文件？

10. 在 Windows 7 中的菜单有几种？如何打开一个对象的快捷菜单？如何打开窗口的控制菜单？简述控制菜单中各命令的作用。

11. 简述 Windows 7 附件中提供的一些系统维护工具和办公程序的功能和用法。

2.2 选择题

1. 以下关于“开始”菜单的叙述不正确的是(　　)。

(A) 单击开始按钮可以启动开始菜单

(B) 开始菜单包括关机、帮助、所有程序、设置等菜单项

(C) 可在开始菜单中增加项目，但不能删除项目

(D) 用户想做的事情几乎都可以从开始菜单开始

2. 不能将一个选定的文件复制到同一文件夹下的操作是(　　)。

(A) 用右键将该文件拖到同一文件夹下

(B) 执行“编辑”菜单中的“复制|粘贴”命令

(C) 用左键将该文件拖到同一文件夹下

(D) 按住 Ctrl 键，再用左键将该文件拖到同一文件夹下

3. Windows 7 的“任务栏”(　　)。

(A) 只能改变位置不能改变大小　　(B) 只能改变大小不能改变位置

(C) 既不能改变位置也不能改变大小　　(D) 既能改变位置也能改变大小

4. 下列关于“回收站”的叙述中，错误的是(　　)。

(A) “回收站”可以暂时或永久存放硬盘上被删除的信息

(B) 放入“回收站”的信息可以恢复

(C) “回收站”所占据的空间是可以调整的

(D) “回收站”可以存放软盘上被删除的信息

5. 在 Windows 7 中，关于对话框的叙述不正确的是(　　)。

(A) 对话框没有最大化按钮　　(B) 对话框没有最小化按钮

(C) 对话框不能改变形状大小　　(D) 对话框不能移动

6. 不能在“任务栏”内进行的操作是(　　)。

(A) 快捷启动应用程序　　(B) 排列和切换窗口

(C) 排列桌面图标　　(D) 设置系统日期的时间

7. 剪贴板是计算机系统(　　)中一块临时存放交换信息的区域。

(A) RAM　　(B) ROM　　(C) 硬盘　　(D) 应用程序

8. 在资源管理器中，单击文件夹左边的 ▷ 符号，将(　　)。

(A) 在左窗口中展开该文件夹

(B) 在左窗口中显示该文件夹中的子文件夹和文件

(C) 在右窗口中显示该文件夹中的子文件夹

(D) 在右窗口中显示该文件夹中的子文件夹和文件

9. 以下说法中不正确的是(　　)。

(A) 启动应用程序的一种方法是在其图标上右击,再从其快捷菜单上选择“打开”命令

(B) 删除了一个应用程序的快捷方式就删除了相应的应用程序文件

(C) 在中文 Windows 7 中利用“Ctrl＋空格”键可在英文输入方式和选中的汉字输入方式之间切换

(D) 将一个文件图标拖放到另一个驱动器图标上,将移动这个文件到另一个磁盘上

10. 以下说法中不正确的是(　　)。

(A) 在文本区工作时,用鼠标操作滚动条就可以移动“插入点位置”

(B) 所有运行中的应用程序,在任务栏的活动任务区中都有一个对应的按钮

(C) 每个逻辑硬盘上“回收站”的容量可以分别设置

(D) 对用户新建的文档,系统默认的属性为存档属性

2.3　填空题

1. 在操作系统中,文件管理的主要功能是________。

2. 寻求 Windows 7 帮助的方法之一是从开始菜单中选择________;在对话框中获得帮助可利用________。

3. 在 Windows 7 中,可以由用户设置的文件属性为________、________。为了防止他人修改某一文件,应设置该文件属性为________。

4. 在中文 Windows 7 中,为了实现全角与半角状态之间的切换,应按的键是________。

5. 在 Windows 7 中,若一个程序长时间不响应用户要求,为结束该任务,应使用组合键________。

6. 在“资源管理器”右窗口中,若希望显示文件的名称、类型、大小、修改时间等信息,则应该选择“查看”菜单中的________命令。

7. 在资源管理器中,用鼠标法复制右窗口中的一个文件到另一个驱动器中,要________这个文件,然后拖动其图标到________,释放鼠标按键;在同一驱动器中复制文件则拖动过程需按住________键。

8. 在资源管理器中,若对某文件执行了“文件|删除”命令,欲恢复此文件,可以________。

9. 在资源管理器的导航窗格中,某个文件夹的左边的 ▷ 符号表示该文件夹________。

10. 在“资源管理器”右窗口想一次选定多个分散的文件或文件夹,正确的操作是________。

11. 若一个文件夹有子文件夹,那么在“资源管理器”的导航窗格中,单击该文件夹的图标或标识名的作用是________。

12. 在“资源管理器”窗口中,为了使具有系统和隐藏属性的文件或文件夹不显示出来,首先应进行的操作是选择________菜单中的“文件夹选项”。

13. 单击窗口的“关闭”按钮后,对应的程序将________。

14. 关闭一个活动应用程序窗口,可按快捷键________。

15. 在不同的运行着的应用程序间切换,可以利用快捷键________。

16. 在 Windows 7 中,欲整体移动一个窗口,可以利用鼠标________。

17. 可以将当前活动窗口中的全部内容复制到剪贴板中的操作是按下________。

18. Windows 7 中应用程序窗口标题栏中显示的内容有________。

19. 单击在前台运行的应用程序窗口的“最小化”钮,这个应用程序在任务栏仍有________,这个程序________(停止/没有停止)运行。

20. 单击窗口的“控制菜单”钮,其作用是________;双击的作用则是________。

21. Windows 7 中的“OLE 技术”是________技术。

22. 在 Windows 7 的一个应用程序窗口中,展开一个菜单项下拉菜单的方法之一是________,取消下拉菜单的方法是________。

23. 在 Windows 7 的菜单命令中：显示暗淡的命令表示________；命令名后有符号“…”表示________；命令名前有符号✓表示________；命令名后有顶点向右的实心三角符号，表示________；命令名的右边若还有另一组合键，这种组合键称为________，它的作用是________。

24. 菜单栏中含有“编辑(E)”项，则按________键可展开其下拉菜单，在下拉菜单中含有“复制(C)”项，则按________键相当于用鼠标选择该命令。

25. 在 Windows7 中为提供信息或要求用户提供信息而临时出现的窗口称为________。在这个窗口中，选择命令名后带省略号“…”的命令按钮后，将________。

26. 选定文件或文件夹后，不将其放到“回收站”中，而直接删除的操作是________。

27. 运行中的 Windows 7 应用程序名，列在桌面任务栏的________中。

2.4 上机练习题

1. Windows 7 操作系统界面的熟悉与鼠标的使用。

练习目的：

(1) 初步了解 Windows 7 的功能，熟悉 Windows 7 操作系统界面的各种组成。

(2) 掌握鼠标的使用方法。

练习内容：

(1) 使用“帮助和支持”，初步了解 Windows 7 的功能和特点。

操作提示：将鼠标指针指向“开始”按钮并单击，单击“帮助和支持”。

(2) 练习窗口的操作，同时练习鼠标操作。

① 将鼠标指针指向桌面上的“回收站”图标，双击，打开其窗口，单击“最大化”按钮，观察窗口大小的变化，再单击“还原”按钮。

② 将鼠标指针指向窗口上(下)边框，当鼠标指针变为“↕”时，适当拖动鼠标，改变窗口大小；将鼠标指针指向窗口左(右)边框，当鼠标指针变为“↔”时，适当拖动鼠标，改变窗口大小；将鼠标指针指向窗口的任一角，当鼠标指针变为双向箭头时，拖动鼠标，适当调整窗口在对角线方向的大小。

③ 将鼠标指针指向窗口标题栏，拖动“标题栏”，移动整个窗口的位置，使该窗口位于屏幕中心。

④ 单击“关闭”按钮，关闭窗口。

⑤ 桌面上若有其它文件夹图标，可利用其重复以上的①～④练习。

(3) 在桌面上练习“快捷菜单”的调出和使用，同时练习桌面图标的排列。

① 右击桌面空白处，移动鼠标指向桌面快捷菜单中的“查看”命令，观察其下一层菜单中的“自动排列图标”是否在起作用(即观察该命令前是否有✓标记)，若没有，单击使之起作用。

② 拖动桌面上的某一图标到另一位置后，松开鼠标按键，观察“自动排列图标”如何起作用。

③ 右击桌面，再次调出桌面快捷菜单，选择“排序方式”下的“名称”命令，观察桌面上图标排列情况的变化；再分别选择“排列图标”下的“类型”、“大小”、“日期”命令，观察桌面图标排列情况。

④ 取消桌面的“自动排列图标”方式。

操作提示：右击桌面空白处，调出桌面快捷菜单，选择“查看”下的“自动排列图标”命令，使该命令前的✓消失。

⑤ 移动各图标，按自己的意愿摆放桌面上的项目。

(4) 练习在桌面上隐藏或显示系统文件夹图标，包括“控制面板”、“计算机”、“网络”以及当前用户文件夹。

操作提示：右击桌面的空白处，在弹出的快捷菜单中选择“个性化”，单击弹出窗口左侧的“更改桌面图标”，在弹出的“桌面图标设置”对话框中，选中要显示或隐藏的桌面图标，单击“确定”按钮。

(5) 练习在桌面上呈现小工具，如时钟、天气预报等。

(6) 打开“资源管理器”窗口，在其中练习打开菜单，并从菜单中选择命令的方法。

① 右击“开始”按钮，从弹出的快捷菜单中选择“打开 Windows 资源管理器”，打开其窗口。

② 单击工具栏中的“组织”按钮，在弹出的下拉菜单中选择“布局”，选中其子菜单“菜单栏”项。

③ 单击“查看(V)”菜单，再将鼠标下移指向下拉菜单中的“超大图标”命令，单击，观察右窗口中内容显示方式的变化；再分别选择“查看|大图标”、“查看|中等图标”等命令，观察比较右窗口中内容的不同显示方式。

(7) 练习用“常规键”方法，操作菜单和命令。

① 在“资源管理器”窗口中，按 Alt＋V 键，打开“查看”菜单，再按 X 键(即选“超大图标”命令)，观察执行结果。

② 按 Alt＋F 键，打开“文件”菜单，再按 C 键(即选“关闭”命令)，关闭“资源管理器”窗口。

(8) 练习操作“控制菜单”钮和使用“控制菜单”。

① 双击“回收站”图标，打开其窗口。

② 单击“控制菜单”钮(窗口左上角的图标按钮)，从弹出的控制菜单中选“移动”命令，再使用方向键，移动窗口到合适位置，按回车键确定窗口新位置。

③ 单击“控制菜单”钮，选“关闭”命令，关闭窗口。

④ 双击“计算机”图标，打开其窗口，单击“控制菜单”钮，从弹出的控制菜单中选“大小”命令，使用方向键，适当调整窗口大小，按回车键确定窗口的大小。

⑤ 双击“控制菜单”钮，关闭“计算机”窗口。

(9) 使用任务栏和设置任务栏。

① 分别双击“计算机”和“回收站”图标，打开两个窗口。

② 分别选择任务栏快捷菜单中的“层叠窗口”、“堆叠显示窗口”、“并排显示窗口”命令，观察已打开的两个窗口的不同排列方式。

操作提示：右击任务栏的空白处，可调出任务栏的快捷菜单。

③ 从任务栏快捷菜单中选择“属性”命令，出现“任务栏属性和「开始」菜单属性”对话框，从“任务栏”卡中选择“自动隐藏任务栏”等选择框，观察任务栏的变化；再取消对“自动隐藏任务栏”等选择框的选择，观察任务栏的存在方式又有何变化。

(10) 练习从系统中获得帮助信息。

① 单击“开始”按钮，从弹出的开始菜单中选择“帮助和支持”项；

② 在“帮助和支持中心”窗口的“搜索帮助”栏中输入一些需要系统提供帮助信息的“概念”，例如“创建快捷方式”，“任务栏”等，然后单击“搜索帮助”按钮，可得到有关这些概念的帮助信息。

2. Windows 7 一些程序的练习。

练习目的：

掌握 Windows 7 的程序管理。

练习内容：

(1) 程序的启动与运行。

① 利用“开始”菜单启动“记事本”。

操作提示：选择“开始|所有程序|附件|记事本”命令。

② 利用“搜索程序和文件”对话框，启动“画图”。

操作提示：在“开始”菜单中的“搜索程序和文件”中输入 mspaint.exe 后，按回车键。

(2) 程序的切换。

① 利用任务栏活动任务区的对应按钮，在“记事本”和“画图”两个程序之间切换。

② 利用 Alt+Tab 键，在上述两个程序之间切换。

(3) 程序的关闭

尝试利用不同方法，分别关闭“记事本”和“画图”程序。

(4) 创建程序的快捷方式。

① 在桌面上创建程序 calc.exe 的快捷方式，并命名为“计算器”。

操作提示：

- 在桌面的空白处，右击，从快捷菜单中选择“新建|快捷方式”命令；
- 在“创建快捷方式”对话框的命令行中输入 calc.exe（或单击该对话框中的“浏览”按钮，找到 calc.exe 程序，选定并打开之），单击“下一步”按钮；
- 在“选择程序的标题”对话框的“键入快捷方式的名称”栏中输入“计算器”，单击“完成”按钮。

② 在某一个文件夹中，建立程序 mspaint.exe 的快捷方式，并命名为“画图”。

操作提示：

- 打开这个文件夹，在空白处右击，从快捷菜单中选择“新建|快捷方式”命令；
- 以下步骤与在桌面上创建程序的快捷方式的方法相同。

3. 在“资源管理器”进行文件和文件夹的管理练习。

练习目的：

初步掌握利用“资源管理器”进行文件和文件夹的管理。

练习内容：

(1) 新建文件夹，展开下一层文件夹。

① 新建文件夹：在开放硬盘上，创建学生文件夹（一般公用机房的学生文件夹由任课教师指定位置和文件夹名，本练习中设学生文件夹建立在 E 盘，命名为 STUDENT1）。

操作提示：打开资源管理器；在资源管理器的导航窗格中单击 E 盘图标或标识名；在右窗口的空白处右击，从快捷菜单中选择“新建|文件夹”命令；将“新建文件夹”更名为 STUDENT1。

注：*在以后的上机练习内容中提到学生文件夹即指 E:\STUDENT1，不再赘述。*

② 新建子文件夹：在学生文件夹下建立两个子文件夹 MUSIC 和 STUDY，并在 STUDY 文件夹下再建立子文件夹 ENGLISH。

操作提示：在资源管理器的导航窗格中，单击 E 盘左边的 ▷ 符号，展开其下一层文件夹，单击选定 E 盘下的 STUDENT1 图标或标识名；在右窗口的空白处右击，从快捷菜单中选择“新建|文件夹”；将“新建文件夹”更名为 MUSIC。同样，建文件夹 STUDY 和 ENGLISH。

(2) 复制和更名文件夹。

① 复制文件夹：将 ENGLISH 文件夹复制到 MUSIC 文件夹中。

操作提示：在资源管理器的导航窗格中，使 STUDENT1 和 STUDY 文件夹均展开其下一层文件夹，单击选定 STUDY 文件夹，右窗口将有文件夹 ENGLISH 显示；拖动文件夹 ENGLISH 图标放到导航窗格的 MUSIC 文件夹上，按住 Ctrl 键，松开鼠标键（因为是在相同磁盘中复制文件，用鼠标直接拖动法复制 MUSIC 时，必须借助 Ctrl 键）。执行毕，查看选定文件夹下是否仍有 ENGLISH，以确认是“复制”而不是“移动”文件。

② 更名文件夹：将 MUSIC 文件夹中的子文件夹 ENGLISH 的名字改为 EMUSIC。

操作提示：在资源管理器的导航窗格中，单击选定 MUSIC 文件夹，在右窗口中右击文件夹 ENGLISH，从快捷菜单中选择“重命名”命令，输入新名字 EMUSIC 后按回车键。

③ 单击 MUSIC 文件夹左边的 ▷ 符号，展开其下一层文件夹。

(3) 复制和更名文件。

① 在不同文件夹中复制文件：将\WINDOWS\MEDIA 文件夹中的文件 ir_begin. wav 和 ir_end. wav 以及onestop. mid 和 flourish. mid 复制到新建的文件夹 MUSIC 中。

操作提示：在资源管理器的导航窗格中选定\WINDOWS\MEDIA 文件夹，然后在右窗口中选定上述几个文件，执行"复制"命令；在资源管理器的导航窗格中另选定 E:\STUDENT1\MUSIC，执行"粘贴"命令。

② 在同一文件夹中复制文件再更名文件：将 MUSIC 文件夹中的文件 ir_begin. wav 在同一文件夹中复制一份，并更名为 begin. wav。

操作提示：在资源管理器右窗口中选定 ir_begin. wav，相继执行"复制"命令和"粘贴"命令；在右窗口中右击复制出来的新文件，从快捷菜单中选择"重命名"命令，输入新名字后按回车键；

③ 用鼠标直接拖动法复制文件：将 MUSIC 文件夹中的 onestop. mid 复制到 STUDY 文件夹中。

操作提示：在左窗口中选定文件夹 MUSIC，右窗口将有 onestop. mid 文件显示。拖动其放到导航窗格的 STUDY 文件夹上，按住 Ctrl 键，松开鼠标键。执行毕，查看 MUSIC 文件夹下是否仍有该文件，以确认是"复制"而不是"移动"文件。

④ 一次复制多个文件：将 MUSIC 文件夹中的几个. wav 文件同时选中，复制到 STUDY 文件夹中。

操作提示：同时选定若干文件可以借助 Ctrl 键(不连续的文件)或 Shift 键(连续的文件)。

(4) 删除文件，移动文件。

① 删除文件：删除 MUSIC 文件夹中的 recycle. wav 文件，再设法恢复该文件。

操作提示：删除可使用资源管理器工具栏的"删除"按钮；"恢复"可使用工具栏的"撤消"按钮。

② 移动文件：将 MUSIC 文件夹中 recycle. wav 文件移动到 STUDY 文件夹中。

提示：此时 MUSIC 文件夹下有 1 个子文件夹 EMUSIC 和 4 个文件，STUDY 文件夹下有 1 个子文件夹 ENGLISH 和 4 个文件，检查是否正确。

(5) 其它操作。

① 删除文件夹：删除 MUSIC 下的子文件夹 EMUSIC。

② 设置文件或文件夹的属性：设置 STUDY 文件夹中的文件 recycle. wav 的属性为只读，设置其子文件夹 ENGLISH 的属性为隐藏。

操作提示：在资源管理器的左窗口中选定 STUDY 文件夹，再在右窗口中选定准备设置属性的对象，从其快捷菜单中选择"属性"命令。

③ 显示或隐藏文件扩展名：选择"工具|文件夹选项"命令，再选"查看"选项卡，选择"隐藏已知文件类型的扩展名"项，观察资源管理器窗口中文件名的显示方式；同样地，再取消"隐藏已知文件类型的扩展名"项，观察资源管理器窗口中文件名的显示方式。

④ 显示或隐藏具有隐藏属性的文件：选择"工具|文件夹选项"命令，再选"查看"选项卡，选择"不显示隐藏的文件和文件夹"项，观察 STUDY 下子文件夹 ENGLISH 的显示情况；同样地，再选择"显示所有文件和文件夹"项，再观察 STUDY 下子文件夹 ENGLISH 的显示情况。

⑤ 在指定文件夹 STUDY 文件夹中，建立程序 mspaint. exe 的快捷方式，命名为"画图"(参考上机练习二的有关操作提示)。

⑥ 搜索文件或文件夹：在"计算机"中搜索文件 recycle. wav 和文件夹 MUSIC 的位置。

操作提示：单击"开始"，指向"搜索"，再选择"所有文件或文件夹"。在"要搜索的文件或文件夹名为"文本框中输入搜索的对象，在"在这里寻找"框中选择好搜索位置，单击"搜索"按钮。

4. Windows 7 的帮助系统、学会使用网上邻居共享网上资源、了解 Windows 7 的一些设备管理功能、使用 Windows 7 提供的一些办公软件练习。

练习目的：

(1) 初步掌握使用 Windows 7 的帮助系统。

(2) 初步掌握使用网上邻居共享网上资源。

(3) 了解 Windows 7 的一些设备管理功能。

(4) 初步掌握 Windows 7 提供的一些办公软件。

练习内容：

(1) 再次练习从“开始”菜单中获得系统帮助信息。

① 单击“开始”按钮，从弹出的开始菜单中选择“帮助和支持”项。

② 在出现的“帮助”窗口中，在“搜索帮助”栏中，输入你需要系统提供一些帮助信息的内容，单击“搜索帮助”按钮即可。可尝试了解“即插即用”、“计划任务”等概念的含义。

(2) 在控制面板窗口中(单击“开始|控制面板”)，选择“显示”项，在出现的窗口右上角，单击“?”按钮，或按 F1 键，可获得相应帮助信息。

(3) 了解 Windows 7 的一些设备管理功能。

① 打开控制面板。

操作提示：可以使用以下的任一种方法：

- 选择“开始|控制面板”。
- 打开“计算机”窗口，选择“打开控制面板”项。

② 了解控制面板中的一些常用项。

- 选择“日期和时间”项，学会设置日期和时间。
- 选择“鼠标”项、“键盘”项，了解各选项卡中各设置项的含义。
- 选择“设备和打印机”项，了解打印机属性的设置。

(4) 了解和使用 Windows 7 提供的附件。

① 启动“画图”，练习使用各种工具，绘制一图形文件，保存在学生文件夹中，命名为 thlx.bmp。

操作提示：选择“开始|所有程序|附件|画图”命令可启动“画图”，类似可启动“计算器”、“记事本”等。

② 启动“记事本”，输入你入大学后的最深感受，保存在学生文件夹中，命名为 jsblx.txt。

操作提示：内容的输入可在学习第 3 章中英文键盘正确输入法后再进行。

第3章 中英文键盘输入法

3.1 键盘击键技术

给计算机输入文字、数据，通常是通过键盘的输入实现的。英文打字不需学习编码，但需指法熟练才有速度。一般汉字则需先输入编码才能得到，还有重码选择、词语输入等问题，操作时思维活跃、紧张。因此，熟练地掌握键盘击键技术是高效上机的基本功。

3.1.1 打字术和打字姿势

1. 打字术 打字是一种技术。打字时眼睛不能在同一时间里既看稿件又看键盘，否则容易疲劳，会顾此失彼。科学、合理的打字术是触觉打字术，又称为“盲打法”，即打字时两眼不看键盘，视线专注于文稿或屏幕，以获得最高的效率。

2. 打字姿势 正确的姿势是：入座时，坐势要端正，腰背挺直而微前倾，全身放松。上臂自然下垂而靠近身体，两肘轻贴腋边；指、腕不要压着键盘，手指微曲，轻轻按在与各手指相关的基本键位（或称原位键；位于主键盘第三排的 A S D F 及 J K L ;）上；下臂和手腕略微向上倾斜，使与键盘保持相同的斜度。双脚自然平放在地上，可稍呈前后参差状，切勿悬空。座位高度要适度，一般都使用转椅以调节高低，使肘部与台面大致平行。正确的打字姿势有利于打字的准确和速度的提高，也使身体不易疲劳。错误的姿势易使打字出错，速度下降，不利健康，有损风度。

显示器宜放在键盘的正后方，与眼睛相距不小于 50cm。在放置输入原稿前，先将键盘右移 5cm，再把原稿紧靠键盘左侧放置，以便阅读。

3.1.2 打字的基本指法

1. 十指分工，包键到指 击键的指法对于保证击键的准确和速度的提高至关重要。操作时，击键前将左手小指、无名指、中指、食指分别置于 A S D F 键帽上，左拇指自然向掌心弯曲；将右手食指、中指、无名指、小指分别置于 J K L ;键帽上，右拇指轻置于空格键上。各手指的分工如图 3.1 所示。

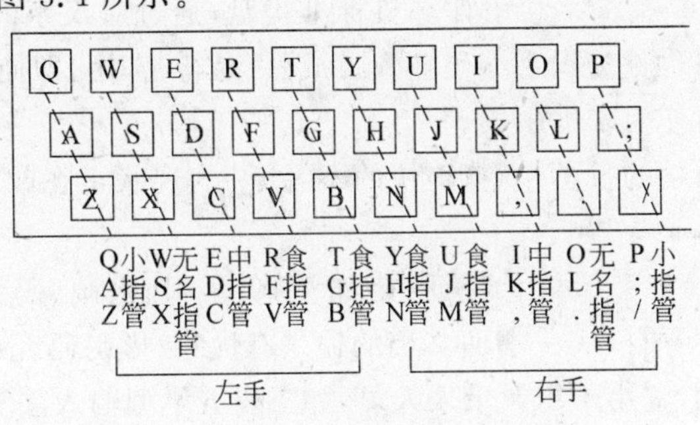

图 3.1 键位按手指分工示意图

注意：

(1) 左食指兼管G键，右食指兼管H键。同时，左手右手还要管基本键的上一排与下一排。每个手指到其它排"执行任务"后，拇指以外的8个手指，只要时间允许都应立即退回基本键位。从基本键位到各键位平均距离短，易实现盲打，利于提高速度，如图3.2所示。

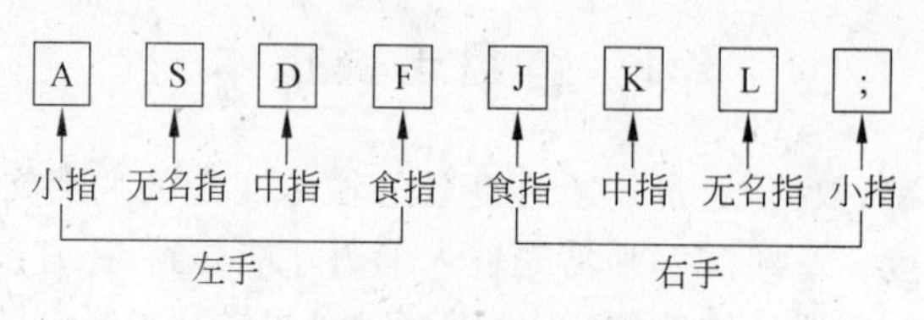

图3.2 基本键位示意图

(2) 不要使用一个手指或视觉击键(用两眼找键位)，这比盲打要慢得多。

2. 用指技巧 平时手指应稍弯曲拱起，轻放在基本键位上。手腕则悬起不要压着键盘。在需要点击其它行键时，伸屈手指，轻而迅速地点击后即返回基本键位。打字主要靠手指的灵活运用，不靠手腕移动去找键位。手指在两排间移动距离不过2厘米，靠手指屈伸动作就可以控制。

应是轻而迅速地点键，有一点点瞬间发力，而不是缓慢按键，点击后手指立即反弹(若在键帽上停留0.7秒，则被认为是连续击键)。击键不能时快时慢、时轻时重，应力度适当、快慢均匀，听起来有节奏感。初学时切忌求快，宁可慢而有节奏，务必强迫自己练习盲打，重视落指正确性，不可越位击键，在正确击键与有节奏的前提下再求速度。

3.2 汉字键盘输入法概述

汉字输入仍然是计算机中文信息处理的瓶颈，进得慢，处理得快。计算机汉字输入法，目前可分为键盘和非键盘输入两大类。

1. 非键盘输入法 主要有扫描识别输入法、手写识别输入法和语音识别输入法。

扫描识别输入法对印刷体汉字识别率高，效果好。手写汉字识别尚要注意一定的书写规范，最多每分钟也不过30个左右汉字，速度不理想。语音识别是通过人说汉语来实现输入，未到可普及的实用阶段。非键盘输入还要有适当装置。

2. 键盘输入法 是指汉字利用计算机标准键盘，通过对汉字的编码，再通过键入这种输入码来实现，所以也称为汉字编码输入。成熟、易行、常用，即使语音输入已经达到实用程度，键盘输入仍可作为辅助手段。

汉字编码方案"易学的打不快，打得快的不易学"的现状正在改变。按编码规则一般分为四类：

(1) 形码 采用汉字字形信息特征(诸如整字、字根、笔画、码元等)，按一定规则编码，无须拼音知识，对"看打"——书面文稿的输入有优势。形码码元编码输入法的输入速度较快，初学时有难度，宜用于专业录入人员，如王码五笔型输入法等。

(2) 音码 输入汉字的拼音或拼音代码(如双拼码)。对"听打"输入有着优势。缺点是重码多，影响速度。遇到不会读音或读音不准时，输入也有困难，如智能 ABC 等。

(3) 音形码或形音码　这两种方法吸收了音码和形码之长，重码率低，也较易学习。

搜狗输入法就是很好的一种输入法。

目前出现的火星文输入法，不但可输入简化字，还可输入繁体字、生僻字、古文字、火星字以及各类符号。

汉字键盘输入法国家虽尚未颁布统一标准，但输入技术日趋成熟。计算机、网络的大面积普及，导致对汉字输入技术市场的多层次需求。汉字输入技术应向系统化、智能化、机助化、标准化的方向发展。但编码的统一应是相对的，即在目前一些编码的基础上相对集中为几种，允许汉字编码以几种流派、几种层次服务于如此众多的国内外汉字用户。

在中文 Windows 7 系统内预装有智能 ABC 等输入法。系统中没有的王码五笔型输入法，但可方便地安装。

各种汉字键盘输入系统也称汉字平台。下面将对智能 ABC 这种汉字键盘输入方法加以介绍。

3.3　微软拼音 ABC 汉字输入风格

微软拼音 ABC 输入风格相似于通常所说的智能 ABC 汉字输入法，这是以拼音为主的智能化键盘输入法。字、词输入一般按全拼、简拼、混拼形式输入，而不需要切换输入方式。此外，还提供动态词汇库系统。既有基本词库，还具有自动筛选能力的动态词库，用户自定义词汇，设置词频调整等操作，具有智能特色，不断适应用户的需要。

3.3.1　ABC 的进入和退出

1. ABC 的进入　启动 Windows 7 成功后，单击屏幕底边右侧下角输入法图标，弹出输入法的列表，选出中“中文(简体)——微软拼音 ABC 输入风格”后即显示：

表示进入微软 ABC 输入风格。

2. ABC 的退出　在 ABC“中”状态下，用鼠标点击“中”，即可退出 ABC 输入法而切换为英文输入状态；此时，按“Ctrl＋空格”键，也可在 ABC 与英文输入法之间切换。

3.3.2　ABC 单字、词语的输入

1. 基本规则　一般按全拼、简拼、混拼，或笔形元素，或拼音与笔形的各种组合形式直接输入，无须切换输入方式。

(1) 拼音时需使用两个特殊符号：

隔音符号“'”　如：xian(先)，xi'an(西安)等；

ü(发音“鱼”，u 上方有两点)的代替键 V　如：“女”的拼音 nü＝nv。

(2) 全拼输入　和书写汉语拼音一样，按词连写，词与词之间用空格或标点隔开。可继续输入，超过系统允许的个数，则响铃警告。

(3) 简拼输入　按各个音节的第一个字母输入，对于包含 zh、ch、sh(知、吃、诗)的音节，也可取前两个字母。例如：

	全拼		简拼
计算机	jisuanji	→	jsj
长城	changcheng	→	cc,cch,chc,chch
中华	zhonghua	→	zh 不正确，因为它是复合声母"知"，应当为 z'h 或者 zhh
愕然	eran	→	e'r(er 错误，因它是"而"等字的全拼)

(4) 混拼输入　输入时有的音节全拼，有的音节简拼。例如：

	全拼		混拼
金沙江	jinshajiang	→	jinsj
历年	linian	→	li'n 或 lnian(lin 错误，因它是"林"的全拼)

注意：

(1) 只有在小写状态，或按 Shift 键得到大写字母时，才能输入汉字。按大写锁定键 Caps Lock，Caps Lock 指示灯亮，键入得到的大写字母，不能用于输入汉字。

(2) 按空格键 Space Bar 或按"\"键(与"|"同键帽)结束输入，且实现按字或词语实现由拼音到汉字的变换。

(3) 按取消键 Esc。在各种输入方式下，取消输入过程或变换结果。

(4) 按退格键←(即 Back Space)。由右向左逐个删除输入信息或变换结果。若输入结束(键入拼音并按下空格键或按"\"键后)，未选用显示结果时，按下退格键可删去空格键，起恢复输入现场作用。

(5) ABC 输入法在输入结束后在重码字词选择区每页能给出 9 个词组或 9 个单字(如果有的话)供用户选择。单击▲或按"]"或"＋"键往下翻页，单击▼或按"["或"－"键，则往上返回翻页，根据需要选定相应的数码。

2. 高频单字(含单音节词)的输入　用"简拼＋空格键"输入可得：

Q＝去　W＝我　E＝饿　R＝人　T＝他　Y＝有　I＝一　O＝哦　P＝批

A＝啊　S＝是　D＝的　F＝发　G＝个　H＝和　J＝就　K＝可　L＝了

Z＝在　X＝小　C＝才　B＝不　N＝年　M＝没

ZH＝这　SH＝上　CH＝出

除了"饿"、"哦"和"啊"外的 24 个字使用极其频繁，应当记住。

3. 词和词语的输入　汉字应尽量按词、词组、短语输入，特别要多用双音节词输入。

(1) 双音节词输入

① 最常用的词可以简拼输入，这些词有 500 多个。如：

bj→北京，比较，ds→但是，xd→许多，wt→问题，jj→经济，r'a→热爱……

② 一般常用词可采取混拼输入，如：

jinj→紧急，仅仅(混拼)　x8s →吸收，显示(简拼＋1 个笔形)

其中笔形代码按 1 横(提笔)、2 竖、3 撇、4 捺(点)、5 折(竖左弯钩)、6 弯(右弯钩)、7 叉(十)、8 方口的形式来定义。

③ 普通词应采取全拼输入。如：

mangmang→茫茫(全拼)　maimiao→麦苗(全拼)

(2) 三音节或三音节以上词语的输入，可用简拼或混拼输入。

① 常用词语宜用简拼输入。如：

jsj→计算机，bjd→不见得，alpkydh→奥林匹克运动会……

② 一般词语，对其中的一个音节用全拼，以减少同音词。

yjs→研究所，研究生，研究室，眼镜蛇，意见书，药制师，有机酸(简拼，有 12 个同音词)

yjis→药制师，有机酸，延吉市，英吉沙(中间音节全拼，只有 4 个同音词)

(3) 专有名词输入　如输入地名时，将字母大写可降低重码率。例如欲得"陕西"，若输入 sx，则需翻很多页才能得到；若输入 Sx 或 SX，则不翻页就能得到。注意，大写字母需用按下 Shift(而不是 CapsLock)键得到。

3.3.3　ABC 数量词和中文标点符号的输入方法

1. 中文数量词的简化输入　规定 i 为输入小写中文数字标记，I 为输入大写中文数字标记，系统还规定数量词输入中字母所表示量的含义，它们是：

G[个]　S[十,拾]　B[百,佰]　Q[千,仟]　W[万]　E[亿]　Z[兆]　D[第]　N[年]

Y[月]　R[日]　H[时]　A[秒]　T[吨]　J[斤]　P[磅]　K[克]　$[元]

F[分]　C[厘]　L[里]　M[米]　I[毫]　U[微]　O[度]

例如：i2010nsy3s1r　→　二〇一〇年十月三十一日

I2010nsy3s1r　→　贰零壹零年拾月叁拾壹日

i3b7s2k　→　三百七十二克　　I3b7s2k　→　叁佰柒拾贰克

i8q6b2s$　→　八千六百二十元　　I8q6b2s$　→　捌仟陆佰贰拾圆

注意：$ 前不需有数字，只要 i 或 I 开头即可。

2. 中文标点等符号的输入　在"中"状态下可直接在键盘上键入，其中顿号"、"是用"\"得到(与"|"同键帽)得到。在"中"状态下，可用"Ctrl ＋(相应标点符号)"键得到。键帽上没有的中文标点可在 Word 2003 的"插入|符号|符号|子集|CJK 符号和标点"中得到。与的切换可用鼠标点击来得到。

3. 不常用汉字的输入　可在"中"状态下，在 Word 2003 的"插入|符号|符号|子集|CJK 统一汉字"中得到。

习　题　3

3.1　思考题

1. 中文打字键盘的基本键位是哪几个键？打字时击键后的手指应安放在什么位置？

2. 计算机汉字输入大体上分为几种方式？目前最常用的是哪一种方式？

3. 你是使用哪种键盘输入法输入汉字的？在学习书中对相关输入法的介绍后，你体会到你使用的输入法中有哪些输入技巧？

3.2 选择题

1. 计算机汉字输入的方法很多,但目前最常使用还是通过(　　)输入实现。

(A) 扫描仪　(B) 语音识别　(C) 手写板笔写　(D) 键盘

2. 键盘打字要达到高速度,同打字术有关。打字术最好的方式是(　　)。

(A) 单指击键　(B) 两指击键

(C) 既看键盘又看稿子击键　(D) 触觉打字(盲打法)

3. 手指击键后,只要时间允许都应立即退回基本键位。基本键位是指(　　)。

(A) T R E W Q 和 Y U I O P　(B) G F D S A 和 H J K L ;

(C) B V C X Z 和 N M , . /　(D) 主键盘区的最下行

3.3 填空题

1. 进入 Windows 7 系统后,要进入智能 ABC 汉字输入方式应按下________键。

2. 汉字键盘输入法中,从一种汉字输入法切换至另一种输入法,一般使用组合键________;要暂时退出汉字输入方式返回英文输入状态应按下________键。

3. 在智能 ABC 标准汉字输入状态下,要输入一个单字的规则是输入________,输入一双字词的规则是输入________,输入三字词或三字以上多字词的规则是输入________。

3.4 上机练习题

1. 打字基本技术训练

实验目的:熟悉键盘布局,掌握正确的键盘击键方法。

实验内容:对于汉字打字,主要训练敏捷准确的即时编码能力(见汉字立即给出输入编码的思维反应能力)。基础是熟练掌握英文键盘的击键技巧。训练要法:

(1) 步进式练习。例如先练基本键位的 S,D,F 及 J,K,L,做一批练习;再加入 A,;和 E,I 做一批练习;补齐基本键位排各键做练习;中指上、中、下三排的练习;加入食指后的练习,等等。

(2) 重复式练习。可选择一些英、汉文语句或短文,每个反复打二三十遍,并记录观察自己完成的时间。

(3) 集中练习法。集中一段时间练习打字,取得显著效果后再细水长流地练习。

(4) 坚持训练盲打。不偷看键盘,开始时绝对不要贪求速度。

2. 英文打字基本技术训练

实验目的:比较熟练地掌握键盘击键的正确方法。

实验内容:英文打字练习,主要选择字母键的练习,而略去其它符号、数码。

(1) F,D,S,J,K,L 键的练习　把以下内容各打 10 遍:

① fff jjj ddd kkk sss lll　② fds jkl fds jkl fds jkl

③ dkdk fjfj dkdk fjfj dkdk fjfj　④ fjdksl fjdksl fjdksl fjdksl

(2) 加入 A,;两键练习 把以下内容各打 10 遍:

① aaa ;;; aaa ;;; aaa ;;;　② asdf ;lkj asdf ;lkj asdf ;lkj

③ as;l as;l as;l as;l as;l as;l　④ aksj aksj aksj aksj

(3)加入 E,I 两键练习 把以下内容各打 10 遍:

① ded kik ded kik ded kik　② fed ill fed ill fed ill

③ sail kill file desk　④ laks less like sell deal leaf

⑤ all a like like a leaf a lad said a faded leaf a fad fell sell a desk

(4) 加入 G,H 两键练习 把以下内容各打 10 遍:

① ghgh ghgh ghgh ghgh ghgh ghgh　② shsg shsg shsg shsg shsg shsg

③ gah; gah; gah; gah; gah; gah;

(5) 再加入 R,T,U,Y 各键练习 把以下内容各打 10 遍：

① fgf jhj had glad high glass gas half edge shall sih

② juj ftf jyj used sure yart tried

③ a great hurry a great deal half a year

he lells us a great deal
let us all start early
tell us the street
this is the street
read the letter
a rather hard day
has age she leg head hall
gale fish hill ledg shelf high hill
later this year; rather late
get the right result
there is just a little left
at a future date
use the regular retrace
suggest further tests
the usual results; straight ahead; at least a year

(6) 加入 W,Q,O,P 各键练习 把以下内容各打 10 遍：

will hold pass quit look park pull
swell equal told quat world
follow the path as far as it goes
it is quite short
you are aware

(7) 加入 V,B,M,N 各键练习 把以下内容各打 10 遍：

land save mark bond bank milk
moves gives build send mail
a kind man ; above the door; a big demand between games;
made a mistake; both hand; in the meantime; every line
we believe that the measures we have taken are important
between you and me, the situation seems to be very good
let us know whether this sample meets your requirements
a letter may not arrive in time. better send a telegram.

(8) 加入 C,X,Z,? 各键练习,把以下内容各打 10 遍：

car six size cold fox zoo next
exit seize ; one dozen ; example
much too cold ; above zero;
how old ? Fox ? tax expert;
It is Alex I have brought you a prize
make it a practice always to save part of your income

目前有许多键盘击键指法练习软件,可引起初学者的兴趣,而不易产生疲劳。

注意：明确手指分工,坚持正确的打字姿势,坚持正确的击键指法(不看键盘——盲打)。

第4章　文字处理软件 Word 2007

4.1　基 本 知 识

4.1.1　Microsoft Office 2007 和 Word 2007 简介

1. Microsoft Office 2007 简介　办公集成软件 Microsoft Office 2007 是微软公司 2006 年 11 月正式推出的产品之一，其主要包括 Word 2007、Excel 2007、PowerPoint 2007、Outlook 2007、Access 2007、InfoPath 2007，以及 Publisher 2007 等应用程序（或称组件）。这些软件具有直观的图形操作界面和方便的联机帮助功能，提供实用的模板，支持对象连接与嵌入（OLE）技术等易学易用、操作方便的共同特点。

Microsoft Office 2007 组件介绍：

(1) Word 2007　是一种强大的文字处理软件，主要用于日常办公文字处理，如编辑信函、公文、简报、报告、文理科学术论文、个人简历、商业合同等。用户可以通过其强大的文字、图片编辑功能，编排出精美的文档，编辑和发送电子邮件，编辑和处理网页；还可以通过丰富的审阅、批注和比较功能，快速收集和管理同事的反馈信息。

(2) Excel 2007　是一种性能优越的电子表格和数据处理软件，广泛应用于财务、统计、销售、库存管理、银行部门的贷款分析等领域。它具有强大的数据统计、分析、管理和共享功能。可以轻松地实现表格制作和编辑，数据输入和公式计算、数据统计、报表分析、统计图表制作等任务。

(3) PowerPoint 2007　是一种专业的演示文稿制作和播放软件，主要用于专家报告、教师授课、产品演示、广告宣传等方面。它有丰富的主题和模板，优美的背景颜色，方便的制作工具，生动的动画演示，能够把作者所要表达的信息组织在一组图文并茂的画面中，制作集文字、图形、图像、声音以及视频剪辑等多媒体元素于一体的演示文稿。PowerPoint 不仅可以在本地计算机上播放演示文稿，还可以通过网络发布功能实现在线播放。

(4) Outlook 2007　是一种桌面信息管理软件，可以用来收发电子邮件、管理联系人信息、安排日程、分配任务、记日记等，也可以用于跟踪活动、打开和查看文档及共享信息，还可以通过电子邮件、小组日程安排、公用文件夹等实现信息共享。

(5) Access 2007　是一种小型桌面关系数据库系统。它提供了比较完整的数据库对象和操作规范，为建立功能完善的数据库管理系统提供了方便，也使得普通用户不必编写代码，就可以完成大部分数据管理的任务。

(6) InfoPath 2007　是一种企业级电子表单设计和信息收集工具，可以创建和部署电子表单解决方案，可靠高效地收集信息。InfoPath 2007 完全基于 XML 格式，客户端只要有 IE 或其它浏览器，就可以直接填写和提交表单，并且能够紧密地与数据库系统、企业业务系统、Web 服务等集成，为企业开发表单搜集系统提供了极大的方便。

(7) Publisher 2007　是一种简单易用的企业出版软件。企业可以通过其内部向导轻松地创建、发布、共享各种出版物和营销材料；销售人员可以通过它实现一些构思和运作市场的流程。

在 Office 2007 的组件中，Word 2007、Excel 2007、PowerPoint 2007 是目前最常用的三种办公软件，本书主要介绍这三种软件的使用。

2. Word 2007 功能概述　Word 是目前应用最广泛的专业文字处理软件。Word 2007 提供了直观的操作界面，丰富的工具，方便用户快速地查找和使用所需的功能，制作出具有专业水准的电子文档。其主要功能可以概括为以下几点：

(1) 多媒体混排　可以编辑文字图形、图像、声音、动画，还可以插入其它软件制作的信息，也可以用其提供的绘图工具进行图形制作，编辑艺术字，数学公式。

(2) 制表功能　提供了强大的制表功能，不仅可以自动制表，也可以手动制表。表格线能够自动保护，表格中的数据可以自动计算，还可以对表格进行各种修饰，

(3) 模板与向导功能　提供了大量且丰富的模板，使用户在编辑某一类文档时，能很快建立相应的格式，而且允许用户自己定义模板，为用户建立特殊需要的文档提供了高效而快捷的方法。

(4) 自动功能　提供了拼写和语法自动检查功能，提高了英文编辑的正确性，如果发现语法错误或拼写错误，还提供修正的建议。可以帮助用户自动编写摘要，为用户节省了大量的时间，自动更正功能为用户输入同样的字符。用户可以自己定义字符的输入，当用户要输入同样的若干字符时，可以定义一个字母代替，尤其在汉字输入时，该功能使用户的输入速度大大提高。

(5) 帮助功能　帮助功能详细而丰富，使得用户遇到问题时，能够找到解决问题的方法，也为用户自学提供了方便。

(6) 网络支持　可以快捷而方便地制作出网页，编辑电子邮件，还可以迅速地打开、查找或浏览网络上共享的 Word 文档和网页。

(7) 格式兼容　Word 2007 不仅兼容早期版本的 Word 文件格式，还可以支持许多其它文件格式，也可以将 Word 编辑的文档以其它格式的文件存盘，这为 Word 软件和其它软件的信息交换提供了极大的方便。

(8) 打印功能　提供了打印预览功能，具有打印机参数配置功能。

3. 利用 Office 的帮助功能　利用联机帮助功能，可以通过自主学习，更深入、全面地了解 Office。获得“帮助”的方法有：

(1) 选择各应用程序功能区右端的“帮助”按钮或按 F1 功能键，将弹出帮助窗口，利用帮助目录或搜索获得相关帮助信息。

通过目录获得帮助　选择帮助窗口工具栏的“目录”按钮，在窗口左侧的帮助目录中查找到相关项目，单击展开该项目，选择相关的子项，即可在右侧的帮助窗口中获得相关帮助信息，如图 4.1 所示。

通过搜索获得帮助　在搜索栏中输入求助关键词，单击“搜索”按钮，选择“搜索结果”中相关的条目，即可获得所需要的帮助信息(参见图 4.2)。

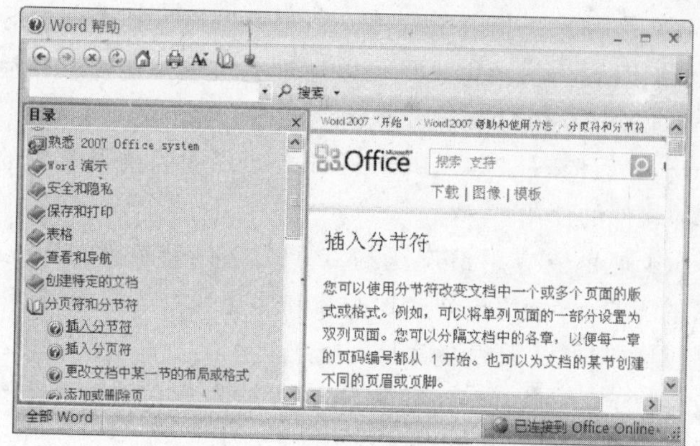

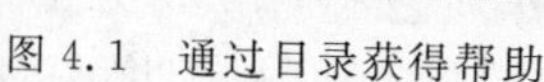
图 4.1　通过目录获得帮助

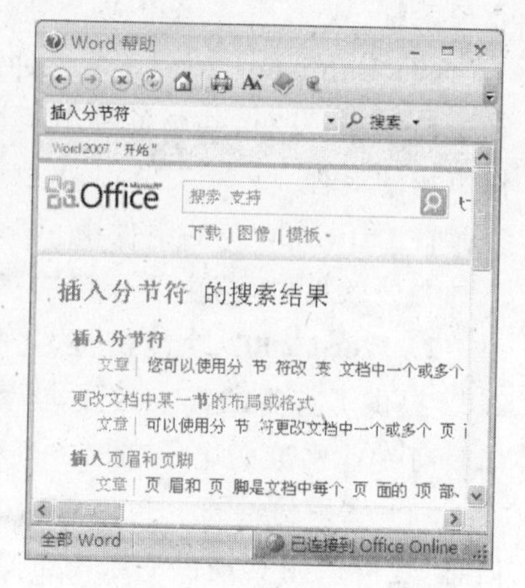

图 4.2　通过搜索获得帮助

（2）利用对话框的“帮助”按钮　对话框右上角一般都有“帮助钮?”，单击此钮，将出现带问号的求助指针，用这种指针单击对话框中的某一项，就可以得到关于这一项的帮助信息。

（3）利用工具栏按钮的提示功能　当鼠标指针指向工具栏的某个按钮并稍作停留时，会出现这个按钮的名称提示框，而且其名称往往是其功能的简单提示。

4.1.2　Word 2007 的启动和退出

此后的叙述中，若不特别说明，Word 均指 Microsoft Office 2007 中的 Word 2007。

1. Word 的启动　启动 Word 与其它 Windows 应用程序一样，有多种方法，如：

（1）选择“开始|所有程序|Microsoft Office|Microsoft Office Word 2007”命令。

（2）选择“开始|运行”命令，出现“运行”对话框，在该对话框的文本框中输入 WinWord 命令。

（3）直接打开（即运行）Microsoft Word 应用程序本身。

（4）单击任务栏“快速启动工具栏”中或桌面上的 Word 快捷方式图标。

（5）双击打开某一个 Word 文档，也可以启动 Word 并显示文档内容在其窗口。

2. Word 的退出　退出 Word 和其它 Windows 应用程序一样，有多种方法，如：

（1）单击 Word 窗口右上角的关闭按钮。

（2）单击 Office 按钮，选择“退出 Word”命令

（3）双击 Word 窗口左上角的“Office 按钮”。

（4）按 Alt+F4 键。

退出 Word 时，若用户对当前文档曾作过改动，且尚未执行保存这些改动操作，则系统将出现如图 4.3 所示的提示框，询问用户是否保存对文档的修改。若保存，则单击“是”按钮，若此文档已命名（保存）过，选择“是”按钮后，系统再次保存该文档后即退出 Word；若此文档从未执行过保存命

图 4.3　关闭 Word 窗口时，提示用户是否保存对文档的修改

令，系统将进一步询问保存文档的有关信息(详见 4.3.3 节)。

若用户不想保存对当前文档的修改，则单击“否”按钮，即刻退出 Word；若用户此时不想退出 Word，则单击“取消”按钮，将重新返回文档的编辑状态。

4.1.3 Word 工作窗口的组成元素

Word 工作窗口中有标题栏、状态栏、功能区和工作区等，如图 4.4 所示。功能区包含若干个围绕特定方案或对象进行组织的选项卡，并且根据执行的任务类型不同会出现不同的选项卡。

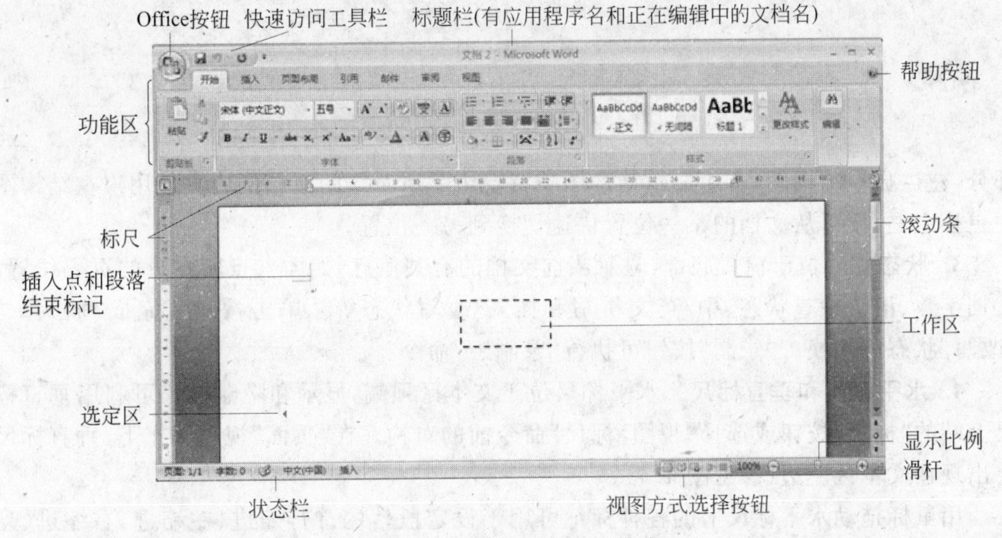

图 4.4　Word 窗口各组成部分

以下仅对部分屏幕元素进行说明。

1. 工作区　当 Word 文档窗口处于最大化时，工作区成文本编辑区，是进行输入和编辑的区域。注意文本区左边的向上、下延伸的狭窄区域，称“选定区”，专门用于快捷选定文本块，鼠标指针移入此区时，将成为向右倾斜的空心箭头。

2. 视图方式按钮　在文本区右下方或单击“视图选项卡”可以选择“页面视图”、“阅读版式视图”、“Web 版式视图”、“大纲视图”和“普通视图”。

“页面”视图具有“所见即所得”的显示效果，即显示效果与打印效果相同。这种视图下，可作正常编辑，查看文档的最后外观。

“阅读版式”视图考虑到自然阅读习惯，隐藏了不必要的工具栏等元素，将 Word 窗口分割成尽可能大的两个页面显示优化后便于阅读的文档，文字放大，行长度缩短，如图 4.5 所示。单击右上方的“关闭”按钮可以退出阅读模式。

“Web 版式”视图是将文档显示为在 Web 浏览器中的形式。

“大纲”视图简化了文本格式的设置，有利将精力集中在文档结构及其调整上。

“普通”视图为系统默认的视图方式，用虚线表示分页，有利于快速键入和编辑。

在各种视图方式下，都可再选择“视图|文档结构图”命令，使文档窗口分成左右两个

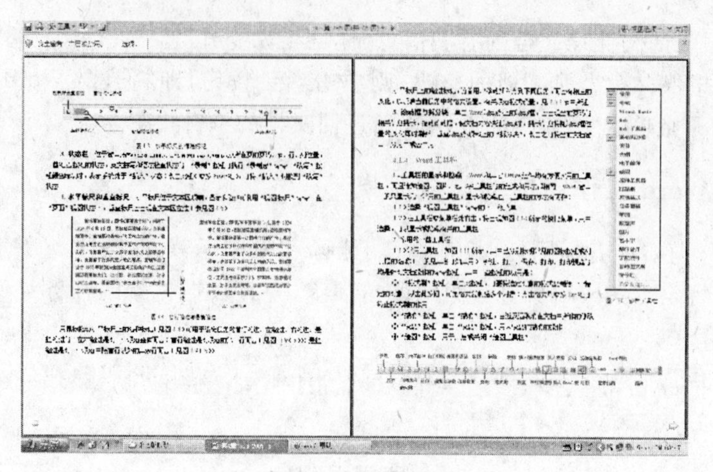

图 4.5 “阅读版式”视图方式

部分，左边显示结构图，右边显示结构图中特定主题所对应的文档的内容。用户在结构图中更换主题，便可从文档的某一位置快速切换到另一位置。

3. 状态栏 位于窗口底部，显示当前文档的有关信息，如插入点所在页的页码位置、文档字数、语法检查状态、中/英文拼写和插入/改写状态等。单击按钮可完成“插入”与“改写”状态的切换。“录制”按钮可执行“录制宏”命令。

4. 水平标尺和垂直标尺 水平标尺位于文本区顶端，显示和隐藏标尺可利用垂直标尺上端的“标尺”按钮或选择“视图|标尺”命令前的对钩。在“页面”视图状态下，垂直标尺会出现在文本区左边(参见图 4.4)。

用鼠标拖动水平标尺上的各种标记可用于设定段落的首行缩进、左缩进、右缩进、悬挂缩进等，如图 4.6 所示。左右缩进是对一个段落整体而言的；首行缩进是对段落的第一行而言的，如图 4.7(a)所示；悬挂缩进是对一个段落中除首行以外的其余行而言的，如图 4.7(b)所示。

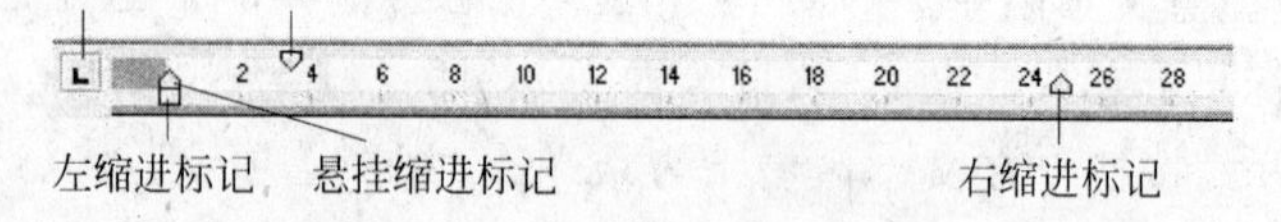

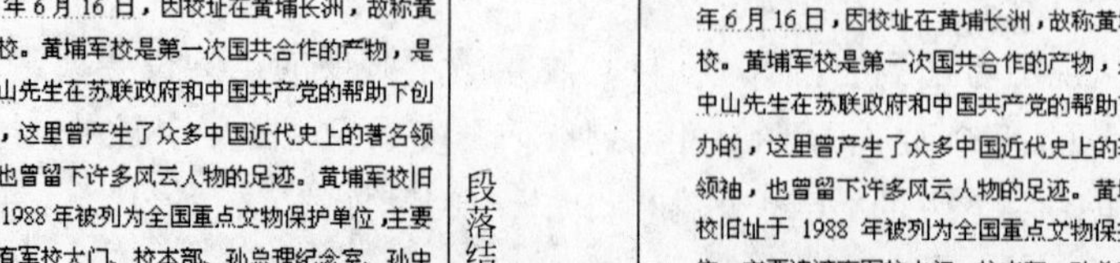

图 4.6 水平标尺的缩进标记

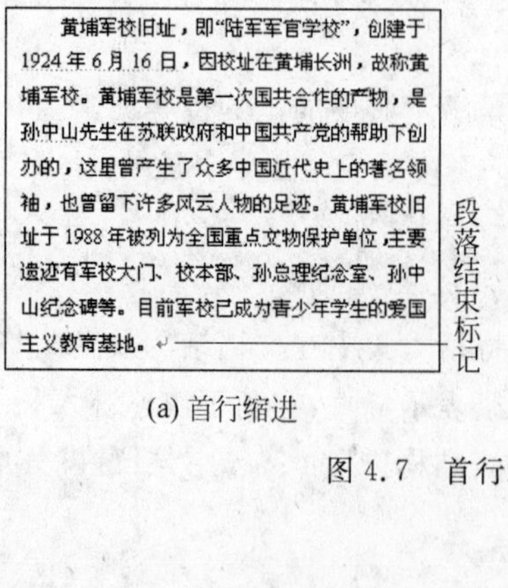

黄埔军校旧址，即“陆军军官学校”，创建于1924年6月16日，因校址在黄埔长洲，故称黄埔军校。黄埔军校是第一次国共合作的产物，是孙中山先生在苏联政府和中国共产党的帮助下创办的，这里曾产生了众多中国近代史上的著名领袖，也曾留下许多风云人物的足迹。黄埔军校旧址于1988年被列为全国重点文物保护单位，主要遗迹有军校大门、校本部、孙总理纪念室、孙中山纪念碑等。目前军校已成为青少年学生的爱国主义教育基地。↵

段落结束标记

(a) 首行缩进

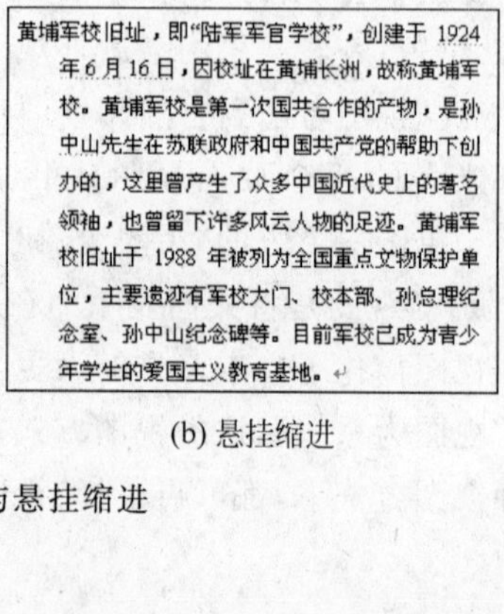

黄埔军校旧址，即“陆军军官学校”，创建于 1924 年6月16日，因校址在黄埔长洲，故称黄埔军校。黄埔军校是第一次国共合作的产物，是孙中山先生在苏联政府和中国共产党的帮助下创办的，这里曾产生了众多中国近代史上的著名领袖，也曾留下许多风云人物的足迹。黄埔军校旧址于 1988 年被列为全国重点文物保护单位，主要遗迹有军校大门、校本部、孙总理纪念室、孙中山纪念碑等。目前军校已成为青少年学生的爱国主义教育基地。↵

(b) 悬挂缩进

图 4.7 首行缩进与悬挂缩进

水平标尺上的缩进标记,随着用户移动插入点到不同段落,而会有相应的变化,以反映当前段落中的格式设置。有关段落格式的设置,见 4.5.3 节中所述。

5. 滚动框与拆分块 单击 Word 滚动条上的滚动框,会出现当前页码等相关信息提示,拖动滚动框,使文档内容快速滚动时,提示信息将随滚动框位置的变化即时刷新。垂直滚动条顶部上的“拆分块”,双击之可将当前文档窗口一分为二或合二为一。

4.1.4 Word 功能区

1. 功能区 功能区是 Word 的重要组成部分之一,为了便于浏览,功能区包含若干个围绕特定方案或对象进行组织的选项卡。而且,每个选项卡的控件又细化为几个组,如图 4.8 所示。在通常的情况下,Word 的功能区包含了“开始”、“插入”、“页面布局”、“引用”、“邮件”、“审阅”、“视图”和“开发工具”8 个选项卡。

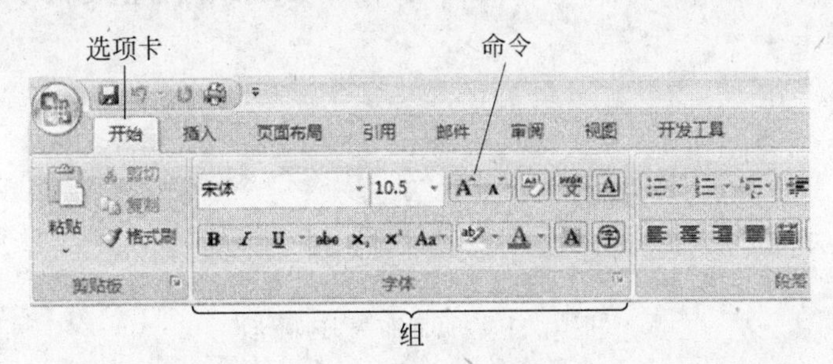

图 4.8 Word 功能区

Word 和其它 Office 组件均有方便实用且组成与用法都相近的功能区。在功能区中一般只显示几个常用的选项卡,最常用的命令置于最前面,这样,在完成常见任务时不必在程序的各个部分寻找需要的命令。除了标准选项卡集,还有另外两种选项卡,但这两种选项卡仅在对您目前正在执行的任务类型有所帮助的时候才会出现在界面中。

(1) 上下文工具 上下文工具能够操作在页面上选择的对象,如表、图片或绘图。单击对象时,相关的上下文选项卡集以强调文字颜色出现在标准选项卡的旁边。

(2)“程序”选项卡 当切换到某些创作模式或视图(包括打印预览)时,程序选项卡会替换标准选项卡集。

2. 常用的一些选项卡

(1)“开始”选项卡 如图 4.9 所示,只要将鼠标停留在图标按钮或列表框上几秒,即会显示图标按钮或列表框的名称(一般见其名可知其用)。它包括“剪贴板”、“字体”、“段落”、“样式”和“编辑”5 个工具组,其中包含的均是针对文档操作的命令按钮。

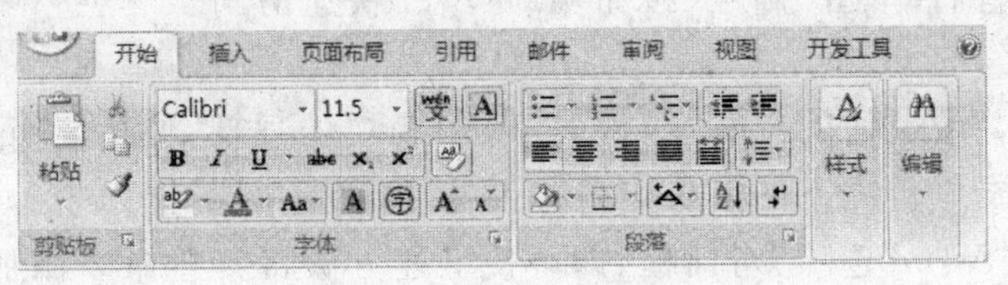

图 4.9 “开始”选项卡

(2)“插入”选项卡　此选项卡(如图4.10所示)包括“页”、“表格”、“插图”、“链接”、“页眉和页脚”、“文本”、“符号”和“特殊符号”8个工具组,分别用于插入相应的内容,是Word操作中经常使用的一个选项卡。

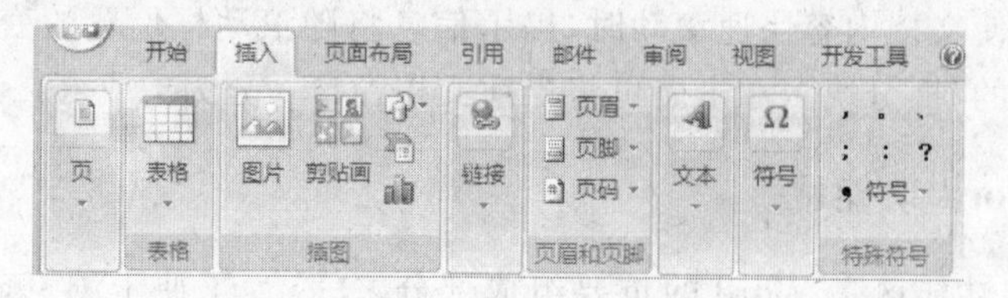

图4.10　“插入”选项卡

(3)“页面布局”选项卡　此选项卡(如图4.11所示)包括“主题”、“页面设置”、“稿纸”、“页面背景”、“段落”和“排列”6个工具组,提供页面布局的主要命令,是文档排版设计中常用的选项卡。

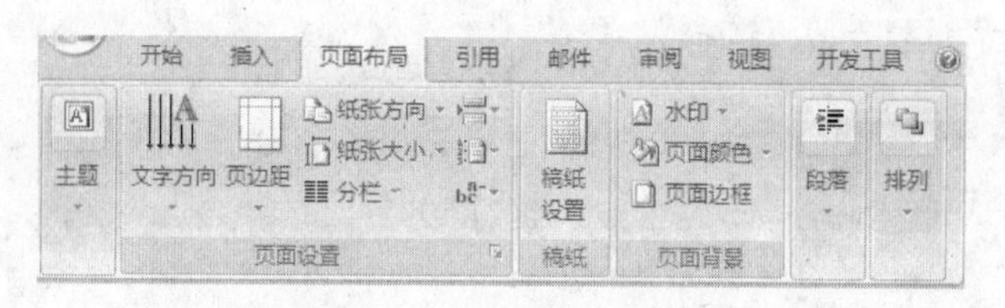

图4.11　“页面布局”选项卡

3. Office按钮和快速访问工具栏　除了选项卡、组和命令之外,Word还使用其它元素提供完成任务的多种途径,如位于Word的左上角的“Office按钮”和“快速访问工具栏”,其中也包含着一些常用的命令。

单击“Office按钮”会出现如图4.12所示的下拉列表,从中可以选择“新建”、“打开”、“转换”、“保存”、“另存为”、“打印”等多种命令,“最近使用的文档”列表中会显示新近使用的文档,若要对这些文档进行编辑可以直接选择。“最近使用的文档”列表会随着操作文档的增多进行替换,可以根据需要点击右侧文档名右侧的图钉按钮将该文档固定在“最近使用的文档”中。

单击“Word选项”按钮可以调出“Word选项”对话框,通过对话框可以完成许多命令按钮显示位置的编辑和设计,还可以将命令添加到“快速访问工具栏”。

方法为:在“Word选项”对话框左侧的列表中,单击“自定义”;在“从下列位置选择命令”下拉列表框中,单击“所有命令”项;在“自定义快速访问工具栏”框中选择“用于所有文档(默认)”或某个特定文档;单击要添加的命令,然后单击“添加”按钮;对要添加的每个命令重复上述操作;单击“上移”和“下移”箭头按钮,按照希望这些命令在快速访问工具栏上出现的顺序排列它们;单击“确定”按钮。即可在“快速访问工具栏”中添加需要的命令按钮。

默认情况下,“快速访问工具栏”位于Word窗口的顶部,使用它可以快速访问频繁使用的工具。单击右侧向下的箭头出现如图4.13所示的下拉列表。单击“其他命令”按钮也可以调出“Word选项”对话框,即可按上述方法将其它命令添加到“快速访问工具栏”。

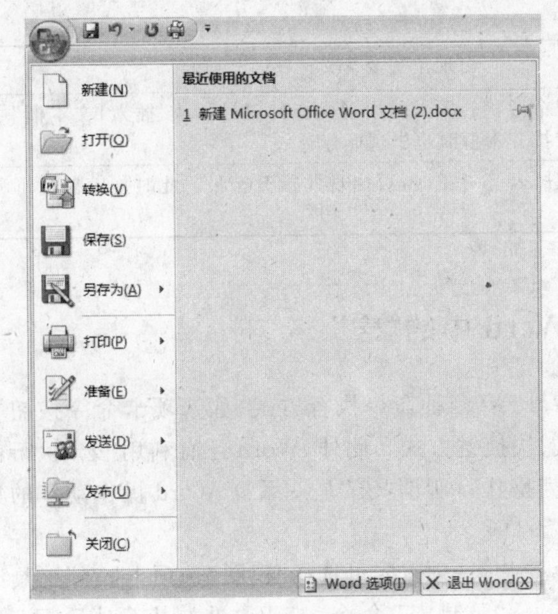

图 4.12　Office 按钮

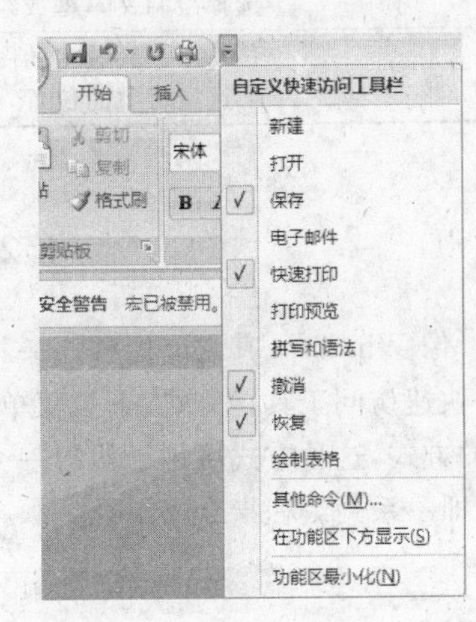

图 4.13　自定义快速访问工具栏

4.1.5　Word 工作窗口不同鼠标指针符号的含义

在 Windows 和 Office 不同的应用程序下，形状相同的鼠标指针符号有着相同的含义。所以 Word 中的鼠标指针多在操作系统 Windows 一章中作了介绍，未提及的如表 4.1 所示。

表 4.1　部分 Word 指针含义

指针符号	出现位置及含义
	利用拖放功能，移动选定的文本块时出现此鼠标指针符号。箭头前的虚点竖线，指明文本块移动后将插入的位置
	利用拖放功能，复制选定的文本块时出现此鼠标指针符号。箭头前的虚点竖线，指明文本块复制后将插入的位置
	鼠标在表格上方，移近并指向表格的某一列时出现此指针符号。此时单击可选择该列，拖动鼠标可选多列
	鼠标指向水平标尺的表格列标记或垂直标尺的表格行标记时出现此指针符号。此时按住鼠标键，拖动列或行标记，可改变表格的列宽或行高。
	鼠标指向表格的列边框/行边框时出现此指针符号。此时用鼠标拖动列边框/行边框可改变列宽度/行高度
	鼠标指向拆分块，或选择“视图|拆分”命令时出现此指针符号。此时双击拆分块或拖动鼠标均可拆分窗口
	选定一图片时，单击格式选项卡的裁剪按钮出现此指针符号。此时将鼠标指向图片周围一控点，拖动鼠标可剪裁图片
	单击某个对象或选定某文本块后，再单击开始选项卡的“格式刷”按钮，将出现此指针符号。利用其可以实现格式的复制

续表

指针符号	出现位置及含义
+	选择插入选项卡进行的几个形状的插入时出现此指针符号。从“插入|文本框”中选择绘制文本框或绘制竖排文本框时也出现此标记
	移动鼠标到选定的图片或图表等对象时，可出现此指针符号。此时拖动鼠标可移动选定对象的位置

4.2 Word 中的“宏”

像 Windows 其它应用程序一样，Word 有多种命令执行方式，如选项卡命令按钮方式、快速访问工具栏方式、下拉菜单方式、快捷键方式。此外，Word 还有利用“宏”执行命令的方式，这种方式可用于执行一个系列操作。所谓“宏”是一系列 Word 操作动作的集合，即一系列编程指令的组合。

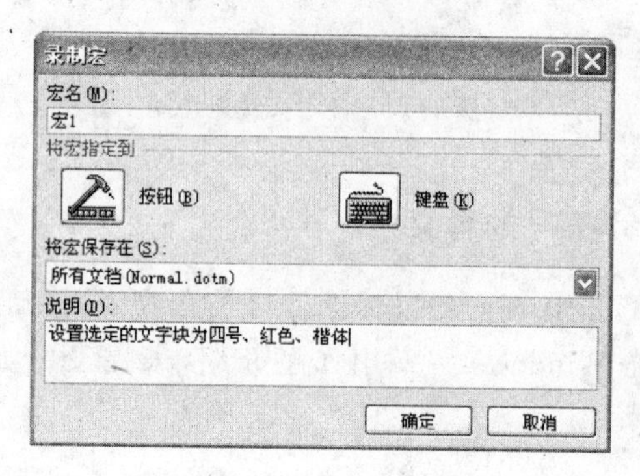

图 4.14 “录制宏”对话框

创建宏可选择“视图”选项卡“宏”工具组“录制宏”命令，打开“录制宏”对话框，如图 4.14 所示，在“宏名”文本框中为要创建的宏命名，宏名中可以使用字母和数字，但必须以字母(或汉字)开头，宏名中不能有空格和符号；为将要录制的“宏”填写说明(其中输入的文字以后将作为对应按钮的提示信息出现)；可以将宏指定到一个对应的快速访问工具栏按钮或快捷键。单击“录制宏”对话框的“确定”按钮后，系统便开始记录一系列动作，直至单击“停止录制”按钮，Word 就自动创建了一个宏。以后要执行同样系列动作时，使用这个宏就可以了。

利用“视图|宏|查看宏”命令或“录制宏”前指定的对应按钮或快捷键可以使用录制好的宏。

4.3 文档创建、保存和基本的编辑操作

4.3.1 新建文档与模板概念

1. 新建文档 可能有以下几种情况：

(1) 启动 Word 后，即开始创建新的 Word 空白文档(见图 4.4)，标题栏的临时文件名为“文档 1”。空白文档是 Word 的常用模板之一，模板提供了不含任何内容和格式的空白文本区，允许自由输入文字，插入各种对象，设计文档的格式。

(2) 选择快速访问工具栏的“新建”按钮直接产生一个新的 Word 空白文档窗口。

(3) 按 Ctrl+N 键。

(4) 单击“Office 按钮”选择“新建”命令，相当于快速访问工具栏的“新建”按钮；若选择“已安装的模板”项（如图 4.15 所示），则出现如图 4.16 所示的对话框，有“新博客文章”、“平衡传真”、“平衡信件”等模板。例如，选择“新博客文章”，预览框中将显示这种模板的基本格式，单击“创建”按钮，便可以进入一篇新博客文章的创建过程。

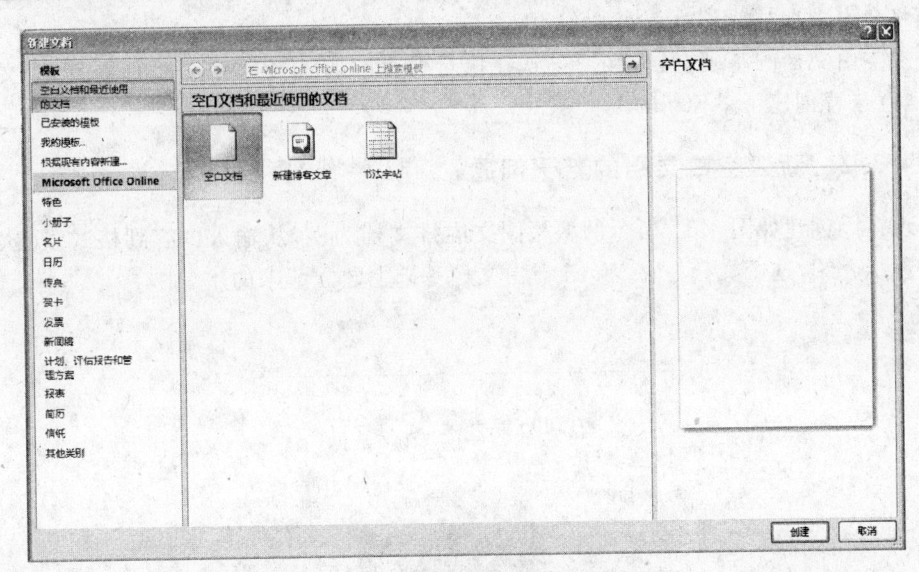

图 4.15 “新建文档”任务窗口

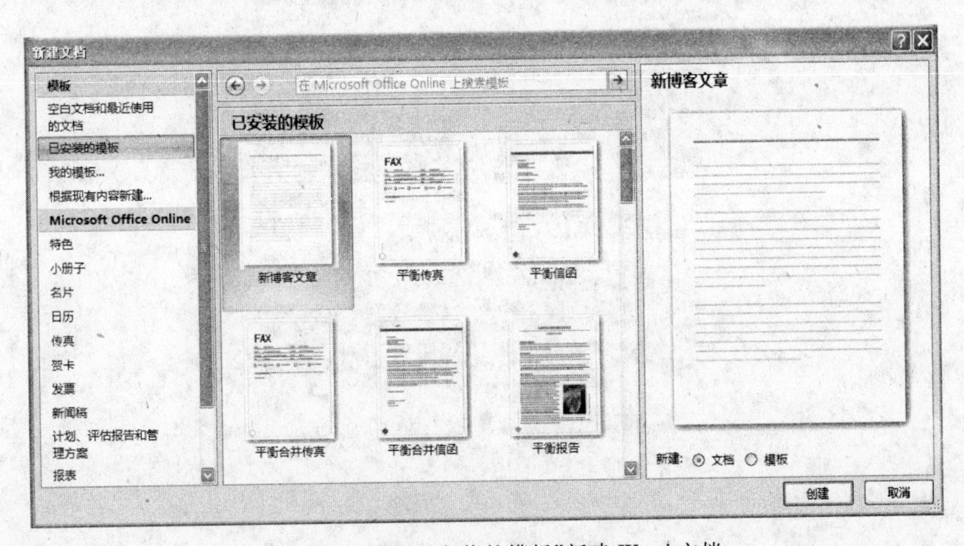

图 4.16 利用“已安装的模板”新建 Word 文档

2. 模板概念 Word 模板通常指扩展名为.dotx 的文件。一个模板文件中包含了一类文档的共同信息，即这类文档中的共同文字、图形和共同的样式，甚至预先设置了版面、打印方式等。Word 提供的模板有报告、出版物、信函和传真等。

当用户选择了一种特定模板新建一个文档时，得到的是这个文档模板的复制品，即模板可以无限多次地被使用，而且用户必须注意保存这个新建的文件。

3. 用户模板的创建 Word 允许用户在系统提供的模板的基础上结合自己的工作需要创建新的模板。为此,可以在如图 4.16 所示的对话框“新建”栏中选择“已安装的模板”项,再选择一种具体模板类型,单击“创建”按钮后,进入新模板的创建,保存并为这个新模板命名后,输入的内容如文字、图形,以及文字、段落的格式等都将保存起来,以后这个新模板将会出现在“模板”对话框中,供用户选择。

在空白文档的基础上创建的文档,在执行保存时若选择保存文件的类型为“文档模板”也意味着创建了一种新的模板。

4.3.2 新建空白文档的若干问题

现在以创建如图 4.17 所示的多栏图文混排文档为例,从输入内容到格式设置、版面编排逐步介绍,这个文档是在 Word 空白文档基础上建立起来的。

《Internet 讲座》(一) 第1页

Internet改变世界

Internet 通常译为国际互联网或因特网,也称网际网。它是由各种不同的计算机网络按照某种协议连接起来的大网络,是一个使世界上不同类型的计算机能交换各类数据的通信媒介。Internet 的形成早于“信息高速公路[①]”概念的提出。目前,Internet 显然还不是人们期望中的信息高速公路,即高速信息通道,但 Internet 庞大的用户群、高速的主干通道以及世界性的覆盖范围使其事实上具有信息高速公路的某些功能,因此,Internet 普遍被看成是信息高速公路的基础。

Internet 最初开始于美国国防部的 DARPA(Defense Advanced Research Project Agency)的网络计划,该计划试图将各种不同的网络连接起来,以进行数据传输。1983 年,该计划完成的高级研究项目机构网 ARPA net 即现在 Internet 的雏形。1986 年,美国国家科学基金会 NSF(National Science Foundation)使用 TCP/IP(Transmission Control Protocol/Internet Protocol)通信协议建立了 NSFnet 网络。该网络的层次性网络结构(区域网络⇨校际网络⇨地区性网络)构成现在著名的 US Internet 网络。以 US Internet 网络为基础再连接全世界各地区性网络,便形成世界性的 Internet 网络。

Internet 的层次性网络结构连接起各种各样的计算机,大到巨型机,小到 PC 机,联系起世界各地的计算机用户。一个用户加入 Internet 后,可以到访世界范围内的不同主机系统,可以与连接到 Internet 上的所有用户交换电子邮件和各类信息;可以共享网络上的各种资料和有关资源;可以下载免费的共用软件;可以与近在咫尺的老朋友在网上聊天,也可以与远在天边的素不相识的网友在网上对弈;教师可以利用 Internet 进行教学;商人可以利用 Internet 进行商业服务……。总之,Internet 正在深刻地改变着我们的世界。

[①] 使世界各地的计算机能互通信息的高速通道

图 4.17 多栏图文混排文档

1. 新建空白文档的页面的设置 新建空白文档时,Word 默认的页面设置是:输出纸张为 A4 纸(21cm×29.7cm),左右页边距 3.17cm,上下页边距 2.54cm,每页 44 行。

用户可以取系统的这些默认设置,也可以根据论文、报告等特定文档的要求,先进行页面设置(参见 4.5.1 节),再输入内容。

2. 文字的输入、字间距与行间距等

(1) 输入内容到达右边界时 Word 会自动换行,需要开始新的段落时才按回车键,产

生一个段落结束标记。两个回车键之间的内容被视为一个自然段。段落结束符不显示时，可单击“开始|段落|显示/隐藏编辑标记”按钮或按 Ctrl＋＊键。

(2) 字符间距调节时单击“开始|字体”右下角的“对话框启动器”按钮(即字体工作组右下角的小箭头)，显示“字体”对话框，用“字体|字符间距”命令设置“标准/加宽/紧缩”。

(3) 单击“开始|段落”组右下角的“对话框启动器”调出用“段落”对话框，再通过“段落|间距”命令设置段落之间或行之间的间距，而不是用按回车键的方式来加大。

3. 符号的输入

(1) 汉字标点符号的输入　选择一种汉字输入方式后，在语言栏和输入法状态条中都提供了一个中英文标点符号切换按钮。处于汉字标点符号输入状态时，可直接利用键盘按键输入汉字标点符号；借助汉字输入方式提供的软键盘，也可输入汉字标点符号。

(2) 各种符号的输入　可利用“插入|符号|其他符号”命令。选择这个命令后将出现如图 4.18 所示的对话框。在“字体”栏选择特定的符号集，再选择要插入的字符，单击“插入”按钮，便可将选定的字符插入到插入点所在位置。利用“特殊字符”选项卡，还可以输入商标、版权所有等特殊符号。

图 4.18　“符号”对话框

4.3.3 新建文档的保存

1. 新建文档的保存　建议在开始创建新文档时就执行保存文档命令，编辑过程中要经常(如每隔 10～15 分钟)执行保存操作，避免断电或其它故障造成信息丢失。

文档的保存可选择快速工具栏的保存命令或单击“Office 按钮|保存”或按 Ctrl＋S 键。新文档第一次执行保存命令时，屏幕将出现如图 4.19 所示的“另存为”对话框。

保存一个新文档(即单击图 4.19 中的“保存”按钮前)通常要做以下三项工作：

(1) 指定保存文档的位置　单击如图 4.19 所示对话框中“保存位置”列表框的向下箭头按钮，选择保存文件的具体位置(特定磁盘或文件夹)，一定要使特定磁盘或文件夹出现在“保存位置”框中方可。

(2) 指定保存文档的类型　Word 默认保存的文件类型为“Word 文档”，扩展名为

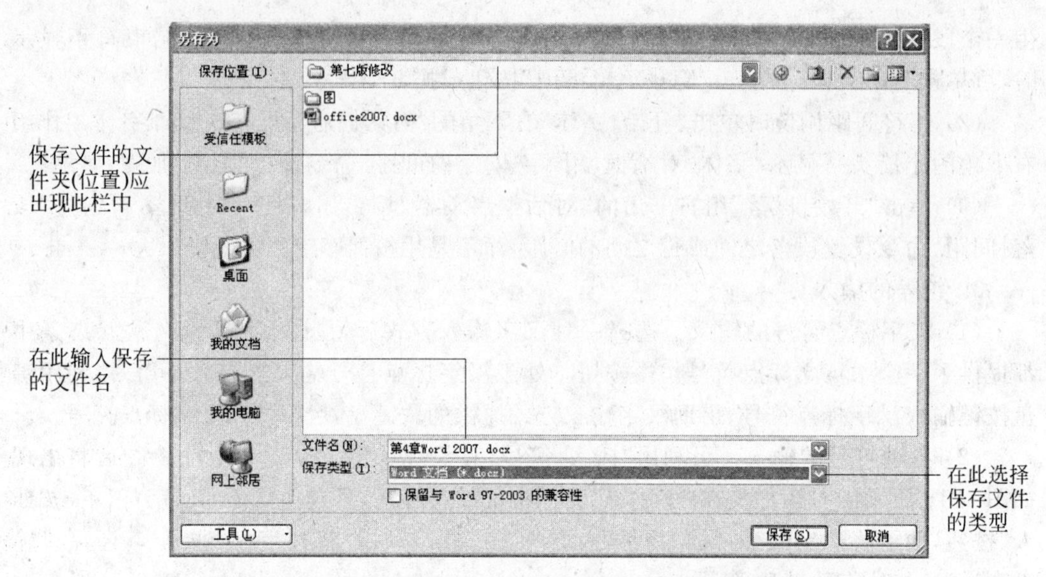

图 4.19　文档第一次执行"保存"命令时出现的对话框

.docx。若要将文档保存成其它文件类型,可单击"保存类型"栏右侧向下箭头,选择其它类型。

(3) 指定保存文件的文件名　按照文档内容或其它需要为文档命名。新文档执行保存后,继续内容的输入和编辑,当对该文档再次执行"保存"操作时,将不会再出现如图 4.19 所示的对话框。

2. 文档的自动保存　选择"Office 按钮|另存为|工具|保存"按钮,先后出现图 4.19 及图 4.20 所示的对话框,选中"保存自动回复时间间隔"复选框,并设定一个时间间隔(一般取 10 分钟),以后 Word 将按照指定的时间间隔自动执行保存文档的操作。

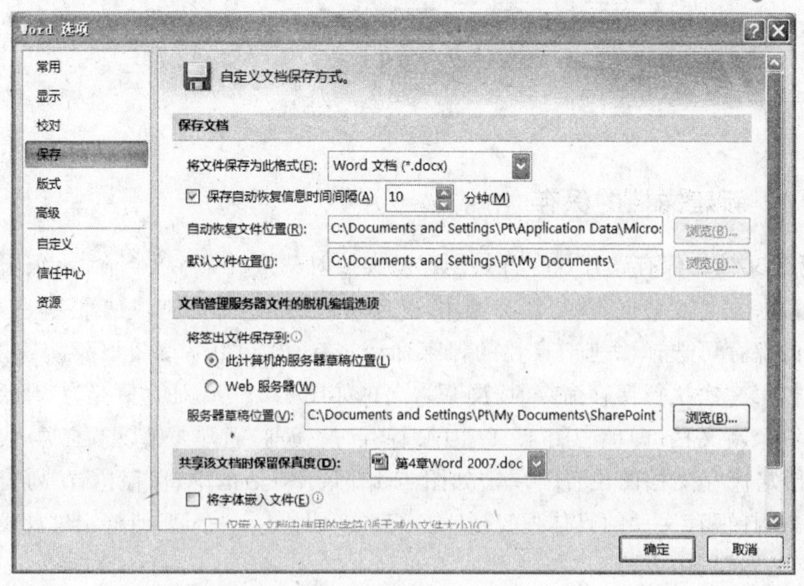

图 4.20　"保存"选项卡

3. 文档密码的设定　选择“Office 选项|Word 选项|信任中心”命令，将出现如图 4.21 所示的对话框，可在“信任中心”选项卡中对个人信息进行设置。

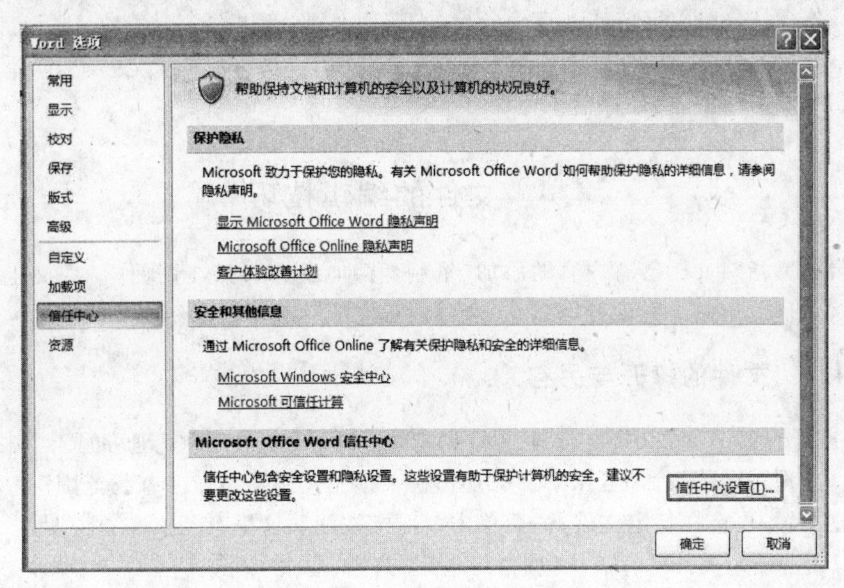

图 4.21　“信任中心”选项卡

4.3.4　基本的编辑操作

1. 插入点的移动　插入点位置指示着将要插入的文字或图形的位置以及各种编辑修改命令将生效的位置。移动插入点的操作是各种编辑操作的前提。常用方法有：

(1) 利用鼠标移动插入点　用鼠标将“I 光标”移到指定位置，单击即可。

(2) 利用按键移动插入点　相应的内容如表 4.2 所示。

表 4.2　光标移动键的功能

按　键	插入点的移动
↑ ↓ ← →	可移到上一行、下一行、左一个字符、右一个字符
Home/End	回到一行开始/结尾
PgUp/PgDn	可转到上一窗/下一窗的开始处
Ctrl+Home/Ctrl+End	回到文档开始/结尾
Ctrl+↑	可将插入点移到上一个段落
Ctrl+↓	可将插入点移到下一个段落

2. 字符的插入、删除、修改

(1) 插入字符　将插入点定位到待插位置，在“插入”状态下输入内容。

(2) 删除字符　按 BackSpace 键删除光标左边字符；按 Del 键删除光标右边字符。

(3) 修改字符　一般先删除错误字符，再插入正确的字符。

3. 行的一些基本操作

(1) 行的删除　选定行，按 Del 键或 BackSpace 退格键。

(2) 插入空行　在某两个段落之间插入若干空行(以便插入某种对象时),可将插入点移动到前一行的段落结束标记处,按回车键若干次即可。

(3) 分行且分段　定位插入点到分行处,按回车键,产生两个自然段。

(4) 分行不分段　定位插入点到分行处,按 Shift＋Enter 键,产生一个向下箭头,产生两逻辑行,仍属同一物理段落。

4.4　文件的编辑技巧

编辑通常指对文档已有内容的添加、复制、移动、删除、修改等操作。广义上说,编辑还包括对文件输出效果的设置,而后一部分内容在下一节中再介绍。

4.4.1　文件的打开与另存

1. 打开一个 Word 文档　选择“Office 按钮|打开”命令或“快速访问工具栏”的“打开”按钮,出现“打开”对话框,在“文件类型”栏中指明文件类型;在“查找范围”栏中确定文件的存放位置;再选择特定文件;最后单击“打开”按钮。这里有几点需要说明:

(1) 无法确定文件的存放位置时,可选用“开始|搜索”命令。

(2) Word 中可以同时打开多个文档。

(3) Word“Office 按钮”菜单右侧记录了最近处理过的一些文档名,单击其中之一,可快速打开对应文档。

2. 打开一个非 Word 文档　要打开其它类型的文件,如 Web 页、纯文本文件、RTF 格式文件等,应在“打开”对话框的“文件类型”栏中选择相应类型或“所有文件”,才有可能使目标文件显示在文件列表框中。

3. 编辑后的文档的保存　打开文档表示 Word 将文档内容从所在磁盘复制到内存中,并显示在屏幕窗口上。编辑修改的只是窗口中的文档备份,为了适时保存编辑修改的成果,必须执行“Office 按钮|保存”或“Office 按钮|另存为”命令,前者意味着把编辑后的文档内容保存到磁盘原文件中;后者意味着要将编辑后的文档内容保存到另外一个文件中,而且另存后,赋予新名的文档成为当前文档。

若要改变正在编辑的文件的文件类型,也应执行“Office 按钮|另存为”命令。

4.4.2　查找和替换

在“开始|编辑”工具组中的查找命令一般只起搜索对象的作用,替换命令则既可以查找对象,又可以用指定的内容去替代查找到的对象。

1. 字符串的查找　选择“开始|编辑|查找”命令,在“查找内容”栏中输入要查找的字符。若要设定查找范围,或对查找对象作一定的限制时,可单击“更多”按钮,对话框则如图 4.22 所示,在其中可设置搜索范围,选择“区分大小写”等。

单击“查找下一处”按钮,Word 开始查找,并定位到查找到的第一个目标处,用户可以对查找到的目标进行修改,再单击“查找下一处”按钮可继续查找。

若要查找特定的格式或特殊字符,如“手动换行符”等,可单击“更多”按钮,选择对话

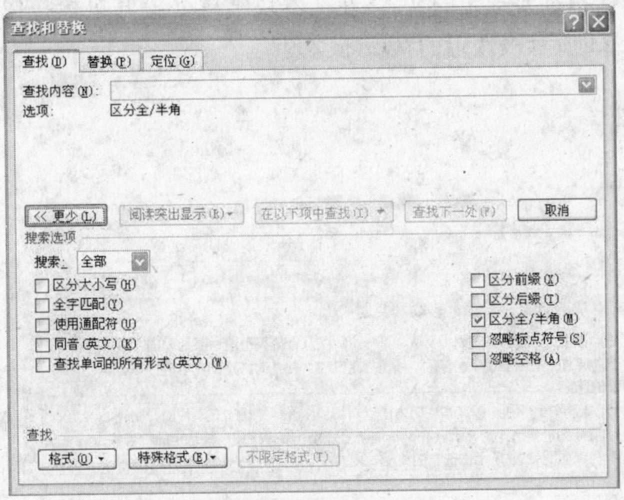

图 4.22 “查找和替换”对话框的“查找”选项卡

框底部的“格式”或“特殊字符”按钮(参见图 4.22)。

2. 字符串的替换 选择“开始|编辑|替换”命令,出现如图 4.25 所示的对话框。在“查找内容”栏中键入要查找的字符,在“替换为”栏中键入要替换的文本。如果要从文档中删除查找到的内容,则将“替换为”这一栏清空。

单击“替换”按钮,可确定对查找到的某目标字符进行替换;单击“全部替换”按钮,Word 将自动替换搜索范围中所有查找到的文本。系统默认查找替换的范围为整个文档,且区分全角和半角。

如果需要设定替换范围,而且要对替换后的对象做一定格式上的设置,如改变字形、字体、颜色等,在图 4.23 中,可单击“替换”选项卡的“更多”按钮,然后选择“高级”命令,将插入点定位在“替换为”文本框中,再单击“格式”按钮选择有关的设置命令。

图 4.23 “查找和替换”对话框的“替换”选项卡

4.4.3 文本块的选定、删除、移动和复制

Word 的文本块可以是文档中的某几个字、某一行、某几行或某一段、某几段的内容,也可能是整个文档或图、文兼有的部分内容。所谓选定文本块就是对特定的内容进行标记。

1. 文本块的选定

(1) 利用鼠标选定小范围一般文本块的方法 可将“I 光标”指向文本块的开始处,

按住左键，拖动鼠标扫过要选定的文本，在文本块结尾处松开鼠标按钮，被选定的内容将突出显示，如图 4.24 所示被选定的“Office 2007”。

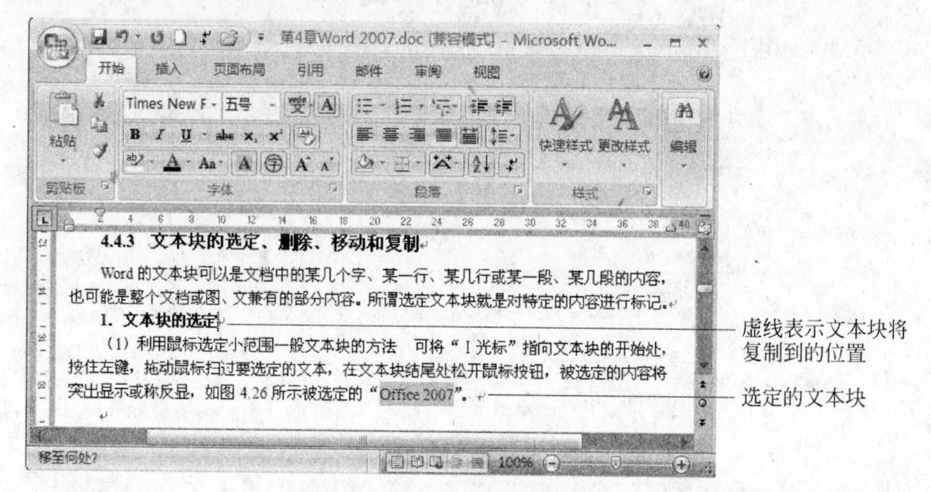

图 4.24 选定和复制文本块

选定文本块还可以利用以下操作技巧：选定一个英文单词或几个连续汉字，可双击该单词或汉字串；选定一个自然段落，可在该自然段中的任一位置三击。

(2) 鼠标和按键配合选定文本 选定一个句子：按住 Ctrl 键并单击此句子中的任一字符。选定矩形文本块：先按住 Alt 键，从矩形文本块的一角向另一角拖动鼠标。选定大块连续文本，可借助 Shift 键；选定不连续的文本块，可借助 Ctrl 键。

选定插入点到文首间的文本：定位插入点后按 Ctrl+Shift+Home 键。选定插入点到文尾间的文本：定位插入点后按 Ctrl+Shift+End 键。

(3) 利用“选定区”选定文本 选定一行：鼠标指针指向并单击特定的行。选定一个段落：鼠标指针指向特定的段落后双击。选定整个文档：在选定区三击。选定若干行：单击选定一行后，向上或向下拖动鼠标。选择跨度较大的连续文本行可借助 Shift 键。

(4) 利用按键选定文本 按住 Shift 键，配合键盘上的 4 个光标移动键，可在插入点上、下、左、右选定文本。按 Ctrl+A 键可以选定整个文档。

2. 取消文本块的选定 在选定的文本块内或块外单击即可。

3. 替换选定的文本块 选定文本块，输入新的内容即可。

4. 删除选定的文本块 按 Del 键或 BackSpace 键或空格键，也可选择“开始|剪贴板|剪切”命令。

5. 复制选定的文本块 选定文本块后，单击鼠标右键选择“复制”命令(或按 Ctrl+C 键)，定位插入点到目的位置，单击鼠标右键选择“粘贴”命令(或按 Ctrl+V 键)。

6. 移动选定的文本块 可用以下任一种方法。

(1) 利用“剪切”和“粘贴”命令 选定文本块后，单击鼠标右键选择“剪切”命令(或按 Ctrl+X 键)，定位插入点到目的位置，单击鼠标右键选择“粘贴”命令(或按 Ctrl+V 键)。

(2) 利用系统的拖放功能 将鼠标指针移入被选定的文本区，按下左键，出现鼠标指针符号 时，直接拖动文本块到需要位置松开左键即可。此法宜用于近距离移动。

4.5 文件的版面设计

Word 文档的外观和感染力通常取决于使用者对文档进行的版面设计。所谓版面设计,包括文档输出页面设置、字符、段落格式和多栏输出设置等。

4.5.1 输出页面设置

页面设置常在“页面布局|页面设置”下进行,可直接选择工具组中的命令按钮对页面进行设置。如需要更为详细准确的设置,可单击“页面设置”组右下角的对话框启动器,将出现“页面设置”对话框,如图 4.25 所示。该对话框包含 4 个选项卡:页边距、纸张、版式和文档网格。建议在对字符、段落等格式设置前,先进行页面设置,以便在编辑、排版过程中随时根据页面视图调整版面。

1. “纸张”选项卡 用于设置打印所使用的纸型、纸张来源等(参见图 4.25)。单击“纸张大小”列表框的向下箭头,可出现纸张大小列表供用户选择,如果用户要自己定义打印纸张的大小,可以在列表中选择“自定义大小”,给出具体的宽度和高度值。单击“打印选项”可以对更新域、背景和图像等有关项目进行设置。

Word 一般是根据用户对纸张大小的设置对文档进行自动分页。当然,Word 也允许进行强制分页,用户可以将插入点定位在认为有必要进行分页的位置,按 Ctrl+Enter 键(或选择“插入|页|分页”命令)。取消强制分页可删除分页符,删除方法与删除一般字符相同。

2. “文档网格”选项卡 纸张大小和页边距设定后,系统对每行的字符数和每页的行数有一个默认值,此选项卡可用于改变这些默认值,如图 4.26 所示。

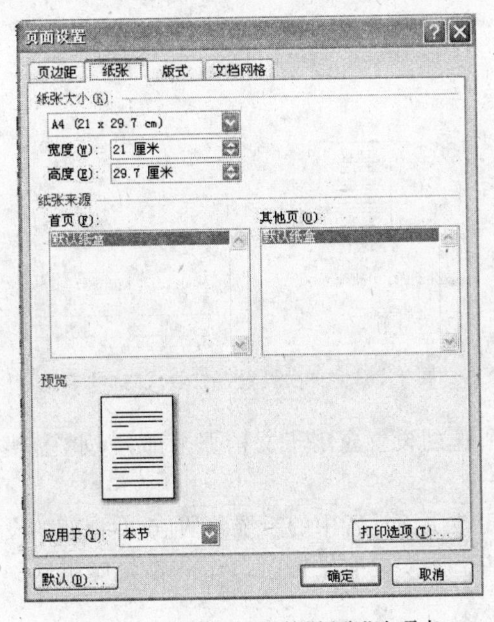

图 4.25 “页面设置”的“纸张”选项卡

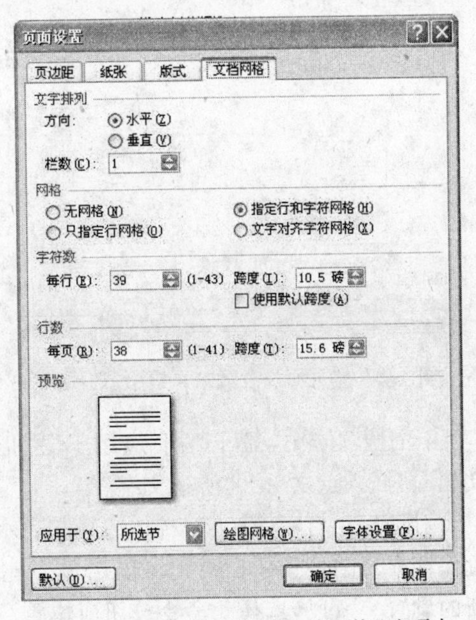

图 4.26 “页面设置”的“文档网格”选项卡

3.“页边距”选项卡　用于设置上、下、左、右的页边距，装订线位置。利用微调按钮用户可以调整系统默认值，也可以在相应的框内直接输入数值，如图 4.27 所示。

使用 A4 纸，页边距上下采用 4.35 厘米，左右采用 3.25 厘米，网格每行采用 39 个汉字符，每页采用 38 行，即可设计出符合一般论文或出版需求的 16 开本页面。

在把设置的值应用到文档之前，可以从“预览”栏中浏览设置的效果。

“方向”栏可设置打印输出页面为“纵向”或“横向”，“纵向”改“横向”后，上、下页边距值将自动转成左、右页边距的值。

4.“版式”选项卡　其中有以下一些选项(如图 4.28 所示)：

(1)“页眉和页脚”选项　可选“奇偶页不同”复选框，表示要在奇数页与偶数页上设置不同的页眉或页脚，而且这一选项将影响整个文档；选“首页不同”复选框可使节或文档首页的页眉或页脚与其它页的页眉或页脚不同。页眉和页脚中数值分别为页眉和页脚距边界的距离。

(2)“垂直对齐方式”选项　可以设定内容在页面垂直方向上的对齐方式。

(3)“行号”按钮　为文档的部分内容或全部内容添加行号，还可以设定每隔多少行加一个行号等。此选项也可以用于取消行号的设置。

(4)“边框”按钮　为选定的文字或段落加边框或底纹，还可设置“页面边框”。

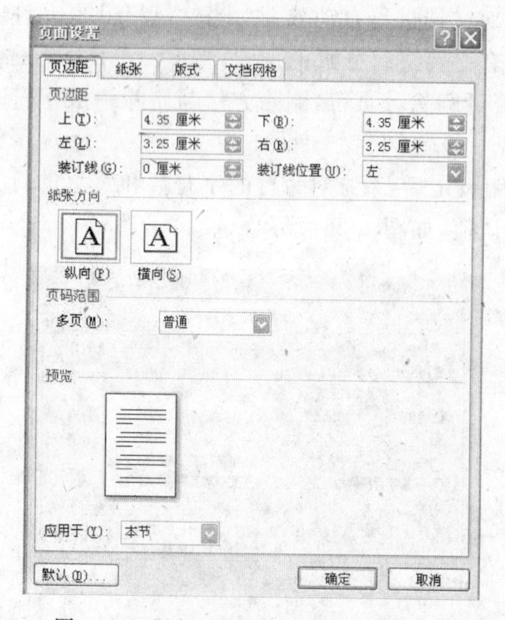

图 4.27　“页面设置”的“页边距”选项卡

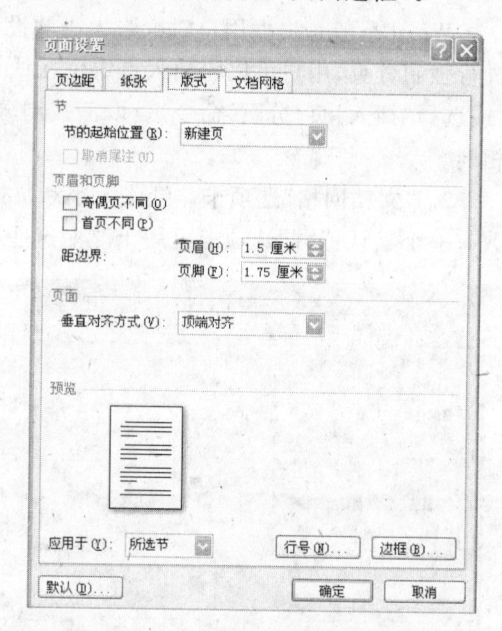

图 4.28　“页面设置”的“版式”选项卡

4 个选项卡中，都可利用“应用于”栏指定所作的设置应用于文档那个部分，如“整篇文档”、“插入点之后”、“所选文字”等。

对话框中有一“默认”按钮，选择它表示要更改页面设置中的系统默认值，并把新的设置保存在当前使用的模板中。以后每当建立基于该模板的文档时，Word 都将应用这一新的设置。所以，选择此命令按钮应慎重。

4.5.2 字符格式设置

1. 字符格式设置的含义 字符指作为文本输入的文字、标点、数字和各种符号。字符格式设置是指对字符的屏幕显示和打印输出形式的设定，通常包括字符的字体和字号；字符的字形，即加粗、倾斜等；字符颜色、下划线、着重号等；字符的阴影、空心、上标或下标等特殊效果；字符间距；为文字加各种动态效果等。

在新建文档中输入内容时，默认为五号字，汉字为宋体，英文字符为 Times New Roman 字体。用户若要改变将输入的字符的格式，只需重新设定字体、字号即可；若要改变文档中已有的一部分文本的字符格式，必须先选定文本，再进行字体、字号等的设定。

当选定的文本中含有两种以上字体时，格式工具栏的字体框中将呈现空白，如图 4.29 所示。其它框出现空白时，情况类似。

Word 中使用的可缩放字体(TrueType 字体)技术，可确保屏幕上所见到的就是在打印纸上所得到的，即所谓的“所见即所得”。

2. 字符格式设置的具体实现

(1) 利用“字体”工具组。

① 改变字体或字号大小，单击“字体”工具组(如图 4.29 所示)的“字体框”或“字号框”的向下箭头，再从下拉列表中进行选择。

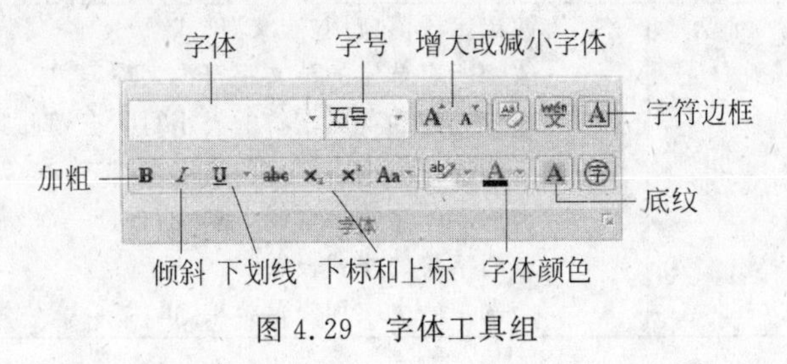

图 4.29 字体工具组

② 设定或撤消字符的加粗、倾斜或下划线格式，可单击“加粗”、“倾斜”或“下划线”按钮。单击“下划线”按钮右边的向下箭头，可以选择不同的下划线。

③ 设定或撤消字符的边框、底纹或缩放字体，可单击“字符边框”、“字符底纹”、“增大字体”或“缩小字体”按钮。

④ 设定字符的颜色，可以利用“字体颜色”按钮。

(2) 单击“字体”工具组右下角的对话框启动器，显示的“字体”对话框有两个选项卡：

① “字体”选项卡，如图 4.30 所示。利用其中的选项，可以对字符格式进行多样化的设置，效果显示在“预览”窗口中，满意则可单击“确定”按钮。

② “字符间距”卡(如图 4.31 所示)。间距默认值为“标准”，欲加宽或紧缩字符间距可输入需要的数值或利用磅(point)值的微调按钮，在这里，1 磅为 1/72 英寸。

“位置”栏用于设置字符的垂直位置，可选“标准”、“提升”或“降低”。提升或降低是相对于 Word 基准线(一条假设的恰好在文字之下的线)把文字升高或降低，默认值均为 3 磅。“位置”栏的提升或降低与“字体”选项卡中的上标和下标的概念不同。提升或降低只改变字符的垂直位置不改变字号大小。

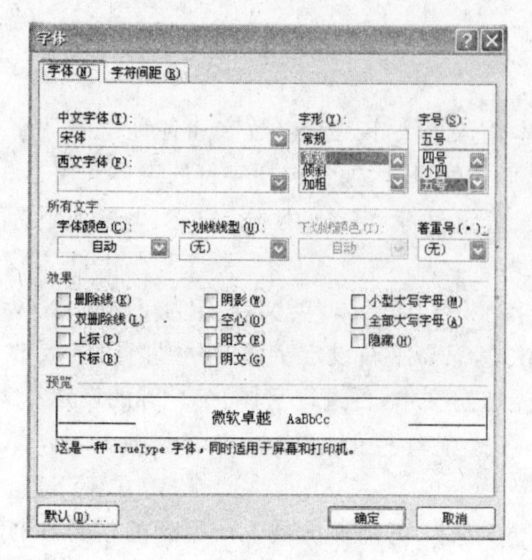

图 4.30 “字体”选项卡

图 4.31 “字符间距”选项卡

(3) 利用快捷键　可利用的快捷键及其功能如表 4.3 所示。

表 4.3　字符格式设置快捷键功能

按　键	功　能
Ctrl+Shift+N	使选定段落应用“正文”样式
Ctrl+Shift+A	改变所有选定的英文字符为大写，再按一次恢复原样
Shift+F3	改变选定的英文字符的大小写状态，直到符合要求
Ctrl+]或 Ctrl+[	连续放大或缩小选定的文字，每按一次，改变 1 磅
Ctrl+Shift+W	为选定的文字加单线下划线，再按一次恢复原样
Ctrl+Shift+Z	取消字符的格式设置
Ctrl+Shift+H	为选定的文字加隐藏效果，再按一次，恢复正常

4.5.3　段落格式设置

1. 段落及段落格式设置的含义　段落指文字、符号或其它项目与最后的那个段落结束标记的集合。段落结束标记标识一个段落的结束，还存储着这一段落的格式设置信息。

移动或复制段落时，注意选定的文字块应包括其段落结束标记，以便在移动或复制段落后仍保持其原来的格式。

段落格式设置通常包括：对齐方式，行间距，段间距，缩进方式，制表位设置等。

段落格式设置一般是针对插入点所在段落或选定的几个段落而言。

了解一个特定段落的格式设置，可按 Shift+F1 键或从任务窗格中选择“显示格式”，任务窗格中将显示这一段落文字和段落格式的有关信息。

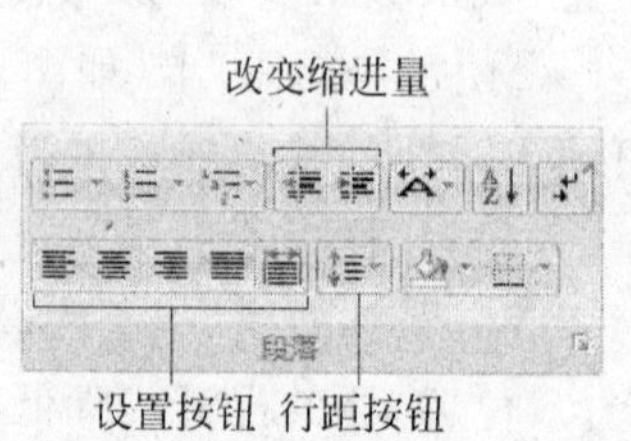

图 4.32　段落工具组

2. 段落格式设置的方法

(1) 利用“段落”工具组的某些按钮，如图 4.32 所示。

① 从左至右的 5 个设置按钮　用于设置段落两端对

齐、居中、右对齐、分散对齐和两端对齐。

② 行距按钮　用于设置段落的行间距。

③ 改变缩进量按钮　用于增加或减少段落的左缩进量。

(2) 利用标尺上的制表符设置按钮，如图 4.33 所示。

① 为特定段落设置各种制表位。

Word 默认从左页边距起每隔两个字符有一个制表位，制表位是按 Tab 键后插入点停留的位置。在标尺上可设置不同类型的制表符，以利于文本某些段落中的字符对齐和小数点位置对齐。Word 中有如图 4.34 所示的几种制表符。选择制表符类型的方法是：不断单击水平标尺最左边的“制表符选择”按钮，变换其中的制表符图标，当要选择的制表符类型出现时，单击标尺特定位置，便可以出现一个相应的制表符标记。用鼠标可拖动制表符标记到一个新位置；拖出标尺即可删除某个制表符。新的制表符设置后，按 Tab 键，插入点将停留在新的制表符处，也就是说，新制表符左边的默认制表位将不对 Tab 键起作用了。

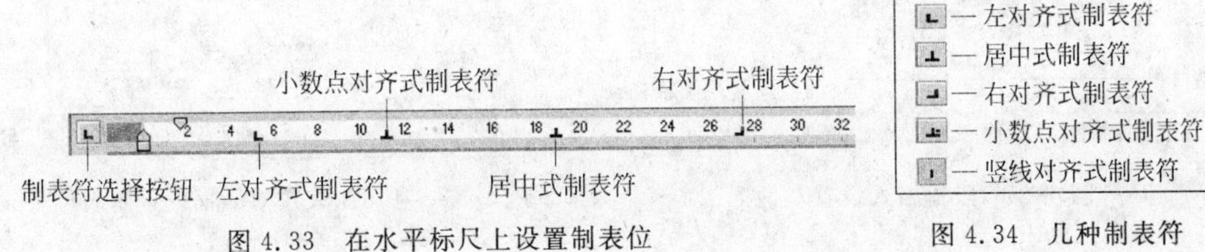

图 4.33　在水平标尺上设置制表位

图 4.34　几种制表符

② 利用标尺上的首行缩进、悬挂缩进、左缩进和右缩进按钮(参见图 4.6)可设置段落的各种缩进，设置准确的缩进量应使用“段落”对话框中的相应命令。

(3) 利用“段落”对话框　单击“段落”工具组右下角的对话框启动器调出“段落”对话框，如图 4.35 所示，有 3 个选项卡。图 4.35 处于“缩进和间距”选项卡，该选项卡“常规”栏中的“对齐方式”用于设置段落的对齐方式；“缩进”栏中的“左”、“右”用于设置整个段落的左缩进、右缩进，“特殊格式”用于设置段落的首行缩进或悬挂缩进；“间距”栏中的“段前”、“段后”用于设置段落的前面或后面要空出多少距离，“行距”用于设置段落中行之间的间距。

单击图 4.35 左下角的“制表位”按钮，弹出如图 4.36 所示的对话框，可对制表位进行准确的设置：在“制表位位置”栏的文本框中，输入一个制表位的位置值，在“对齐方式”栏中选择某一对齐选项按钮，单击“设置”按钮，便可以设置一个制表位。

(4) 利用快捷键　可利用的快捷键及其功能如表 4.4 所示。

表 4.4　段落格式设置快捷键功能

按　键	功　能	按　键	功　能
Ctrl+L	使选定段落左对齐	Ctrl+T	增加首行缩进
Ctrl+R	使选定段落右对齐	Ctrl+Shift+T	减少首行缩减
Ctrl+E	使选定段落居中对齐	Ctrl+M	增加左缩进
Ctrl+J	使选定段落两端对齐	Ctrl+Shift+M	减少左缩减

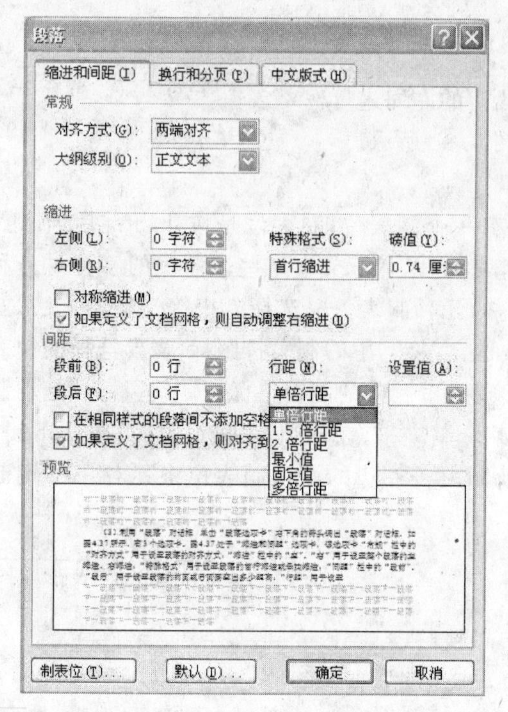

图 4.35 段落格式设置对话框

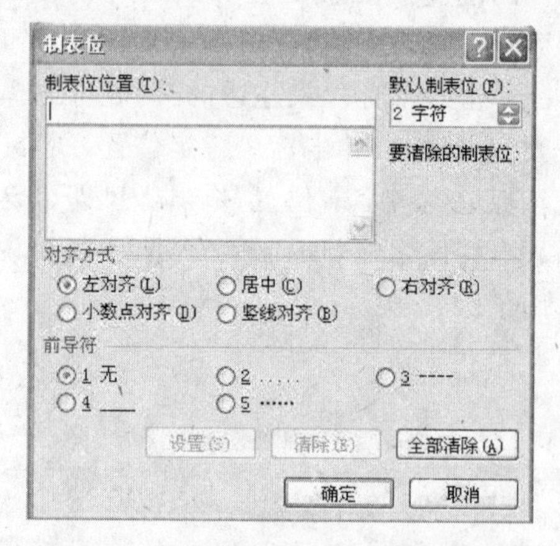

图 4.36 利用制表位对话框设置制表位

【例 4.1】 输入如图 4.37 所示的文字内容，对内容中的字符和段落作格式设置，如图 4.38 所示。

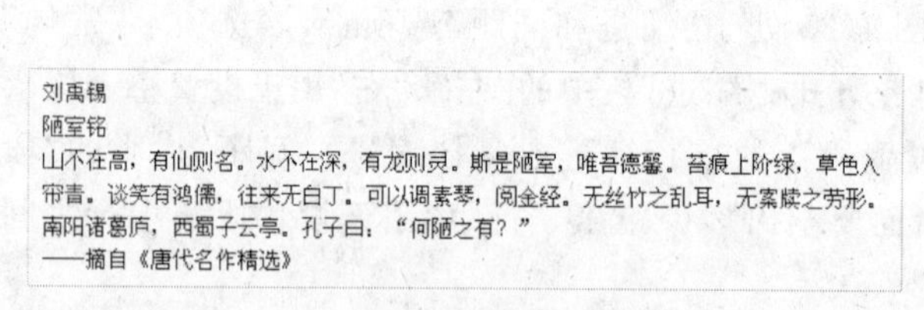

刘禹锡
陋室铭
山不在高，有仙则名。水不在深，有龙则灵。斯是陋室，唯吾德馨。苔痕上阶绿，草色入帘青。谈笑有鸿儒，往来无白丁。可以调素琴，阅金经。无丝竹之乱耳，无案牍之劳形。南阳诸葛庐，西蜀子云亭。孔子曰："何陋之有？"
——摘自《唐代名作精选》

图 4.37 字符、段落格式设置前

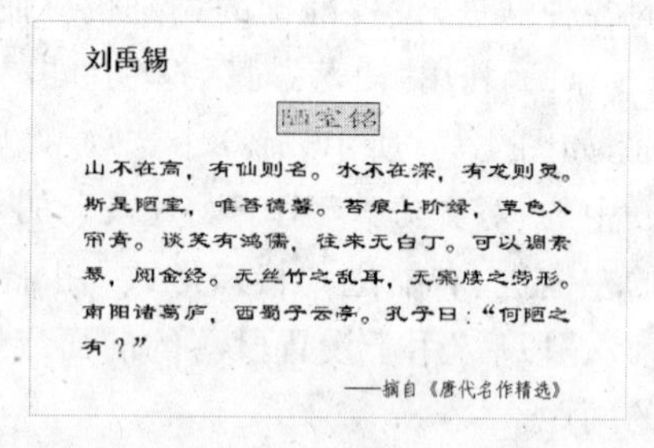

刘禹锡

陋室铭

山不在高，有仙则名。水不在深，有龙则灵。斯是陋室，唯吾德馨。苔痕上阶绿，草色入帘青。谈笑有鸿儒，往来无白丁。可以调素琴，阅金经。无丝竹之乱耳，无案牍之劳形。南阳诸葛庐，西蜀子云亭。孔子曰："何陋之有？"

——摘自《唐代名作精选》

图 4.38 字符、段落格式设置后

具体操作：

① 新建一个 Word 普通文档，取默认的 A4 纸张，输入图 4.37 中的内容。

② 结合使用选项卡按钮和"字体"、"段落"对话框中的相应命令完成以下的文字和段落的设置。

选定全文，设置全文各段落：左缩进 5 个字符，右缩进 5 个字符，单倍行距。

选定第一行(即第一段)，设置：宋体，小二号，粗体；段前 0.5 行。

选定第二行(即第二段)，设置：楷体，四号，加边框、底纹，字符缩放 150%；居中，段前 0.3 行，段后 0.2 行。

选定正文内容(即第三段)，设置：隶书，三号，行距为固定值 22 磅。

选定最后一行(即第四段),设置:仿宋,小四号;右对齐,段前 0.5 行。

4.5.4 样式编排文档

如果用户对某一段落设置了格式,而文档中的其它段落也要反复用到这种相同的格式集,就可以利用"样式编排文档"的办法。

在 Word 中,样式是字符格式和段落格式的总体格式信息的集合。

Word 提供的空白文档模板中,已预设了一些标准样式,如标题、正文、强调、要点等。新建一个空白文档并开始输入内容时,Word 将采用默认的"正文"样式设定文字格式。用户可选用系统提供的其它样式,也可以修改样式或创建自己的样式。

1. 使用样式 定位插入点在特定段落,单击"样式"工具组(如图 4.39 所示)右下角的对话框启动器,从"样式"窗口中选择一种;也可从"样式"的列表中选择一种样式。

图 4.39 样式工具组

2. 新建样式 单击"样式"组右下角的对话框启动器调出"样式"窗口,单击窗口左下角的"新建样式"按钮后,出现对话框,如图 4.40 所示,在这里可以设定样式名、样式类型和具体的格式。样式的命名要简练,便于记忆,可用英文字母、汉字、数字或其组合构成。使用新建样式的方法,与使用系统提供的样式一样。

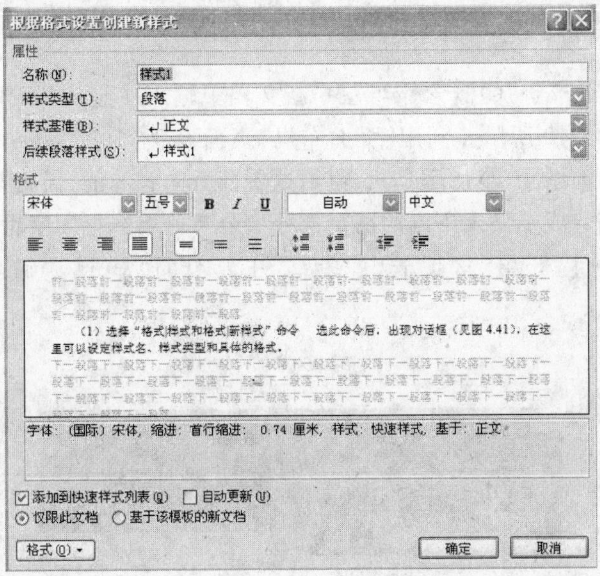

图 4.40 "新建样式"对话框

3. 修改样式 在"样式"工具组中点击样式库右侧的向下箭头,选择"应用样式"命令,单击"修改"按钮将出现图 4.41 所示的对话框,直接在其中做一些修改;右击样式库中

需要修改的样式,在弹出的快捷菜单中选择“修改”命令,也可以进行样式修改。单击“格式|字体/段落”对字体或段落格式进行修改,然后单击“确定”按钮。文档中所有使用这个样式的段落,都将根据修改后的样式自动改变格式编排。

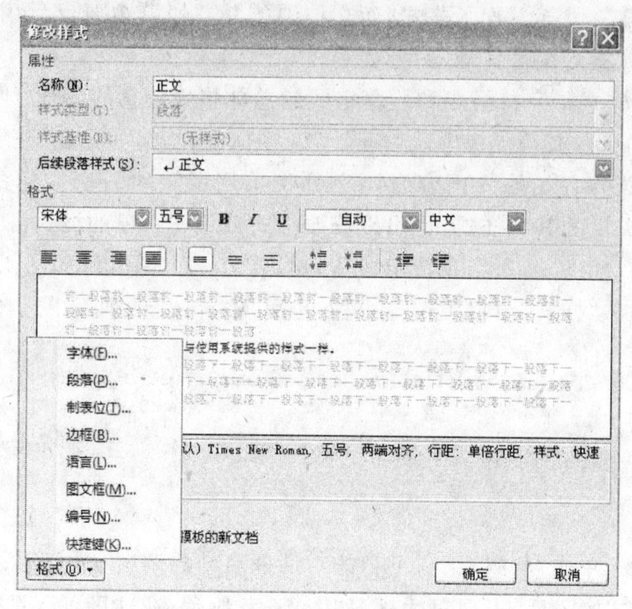

图 4.41 “修改样式”对话框

样式的使用提供了简便、快捷的文档编排手段,还能确保格式编排的一致性。

4.5.5 分节符概念与分栏排版

1. “分栏”与“分节符”的概念 当在一新文档中输入一定内容,作一定格式设置后,选定文本块,如图 4.42 所示。利用“页面布局|页面设置|分栏”命令将选定部分分成两栏,全文成为 3 节,如图 4.43 所示。执行后,这一部分内容的前、后将自动插入“分节符”。分节符把整个文档分成了格式不同的两个部分。分节符属非打印字符,由虚点双线构成,其显示或隐藏可通过“开始”选项卡中“段落”工具组的“显示/隐藏编辑标记”按钮实现。

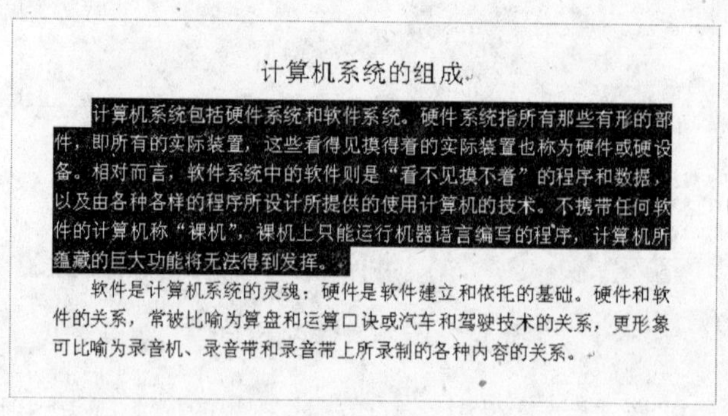
计算机系统的组成

计算机系统包括硬件系统和软件系统。硬件系统指所有那些有形的部件,即所有的实际装置,这些看得见摸得着的实际装置也称为硬件或硬设备。相对而言,软件系统中的软件则是“看不见摸不着”的程序和数据,以及由各种各样的程序所设计所提供的使用计算机的技术。不携带任何软件的计算机称“裸机”,裸机上只能运行机器语言编写的程序,计算机所蕴藏的巨大功能将无法得到发挥。

软件是计算机系统的灵魂;硬件是软件建立和依托的基础。硬件和软件的关系,常被比喻为算盘和运算口诀或汽车和驾驶技术的关系,更形象可比喻为录音机、录音带和录音带上所录制的各种内容的关系。

图 4.42 选定分栏文本

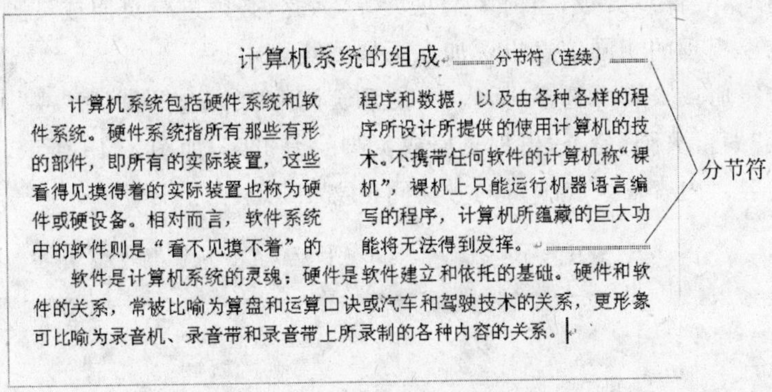

计算机系统的组成
分节符（连续）
计算机系统包括硬件系统和软件系统。硬件系统指所有那些有形的部件，即所有的实际装置，这些看得见摸得着的实际装置也称为硬件或硬设备。相对而言，软件系统中的软件则是“看不见摸不着”的程序和数据，以及由各种各样的程序所设计所提供的使用计算机的技术。不携带任何软件的计算机称“裸机”，裸机上只能运行机器语言编写的程序，计算机所蕴藏的巨大功能将无法得到发挥。
软件是计算机系统的灵魂；硬件是软件建立和依托的基础。硬件和软件的关系，常被比喻为算盘和运算口诀或汽车和驾驶技术的关系，更形象可比喻为录音机、录音带和录音带上所录制的各种内容的关系。
分节符

图 4.43　分栏效果与分节符

2. 利用“更多分栏”命令实现分栏排版　选择“页面布局|页面设置|分栏|更多分栏”命令后，出现如图 4.44 所示的“分栏”对话框。其中各项的含义是：

分栏
预设
一栏(O)
两栏(W)
三栏(T)
左(L)
右(R)
列数(N): 2
分隔线(B)
宽度和间距
预览
栏(C):
宽度(I):
间距(S):
1:
11.7 字符
2.02 字符
2:
25.41 字符
栏宽相等(E)
应用于(A): 本节
开始新栏(U)
确定
取消

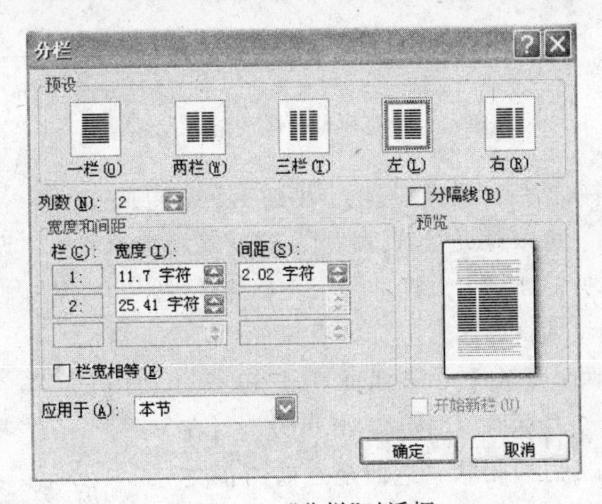

图 4.44　“分栏”对话框

(1)“预设”栏　可以用于设定分栏数，例如可设等宽的两栏或三栏等，两栏还可以选择“偏左”或是“偏右”的不等宽两栏。

(2)“列数”栏　可以选择分栏的栏数。

(3)“分隔线”选择框　可用于在栏之间添加一条竖线。

(4)“宽度和间距”栏　其中的“栏宽”项用于设定栏宽尺寸；“间距”项用于设定相邻栏的间距。“栏宽相等”意味着将分栏应用范围中的所有栏设置成相等的宽度。如果选中“栏宽相等”复选框，可以只更改“间距”框中的尺寸，Word 可以自动计算栏宽。

(5)“应用于”栏　用于选择分栏的范围。

在对话框中，可以通过“预览”项，预先了解分栏效果。文本编辑状态下，只有在“页面视图”方式或“打印预览”状态下才可以查看分栏后的效果。

4.5.6　设置页眉和页脚，插入页码

用户有时需要将一些标志性的信息加在文档的页眉或页脚位置。例如，发文的文号、

单位、日期、时间，文件总页数，当前为第几页等，为此，必须进行页眉或页脚的设置。文档中在各页面均要出现的相同信息也可加在页眉或页脚中。

为文档加页眉或页脚可选择“插入|页眉和页脚”命令，选择“页眉”或“页脚”按钮中的“编辑页眉”或“编辑页脚”命令，出现页眉或页脚的编辑区，如图 4.45 所示，这时可在其中建立页眉的内容。内容输入和编辑的方法同正文相同。

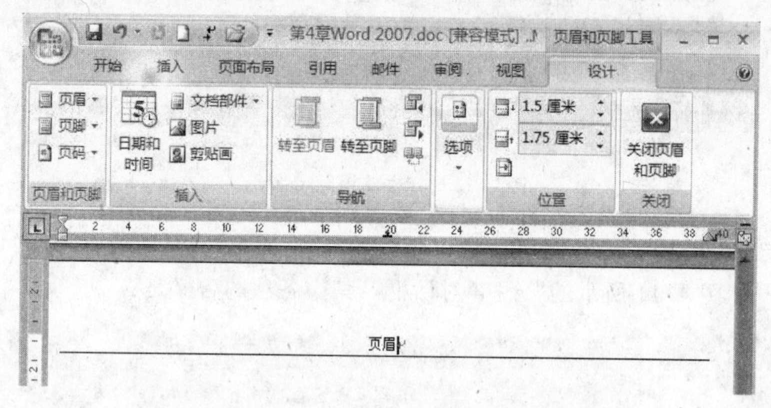

图 4.45　页眉编辑区及相关工具组

进入“页眉”编辑状态后，“设计”选项卡中的工具组包括：

(1) 页眉和页脚　可以对页眉、页脚、页码进行选择编辑和格式设置。

(2) 插入　可以按需要插入日期、时间、文档部件、图片和剪贴画。

(3) 导航　可以将编辑界面转至页脚或其它页面的页眉。

(4) 选项　包括“首页不同”、“奇偶页不同”和“显示文档文字”3 个选项。

(5) 位置　可以设置页眉顶端距离，并可设置对齐方式。

(6) 关闭　关闭页眉编辑状态返回至之前的正文文本编辑状态，双击正文区同样可以达到“关闭”的效果。

在“页面视图”方式下，可以看到页眉和页脚的内容，但和正文相比，颜色要淡得多。

在文档中插入页码可以利用“插入|页码”按钮，单击按钮下方的向下的箭头后，可以选择相应命令对页码的位置、格式等进行设计。选择其中的“设置页码格式”命令会显示如图 4.46 所示的对话框。

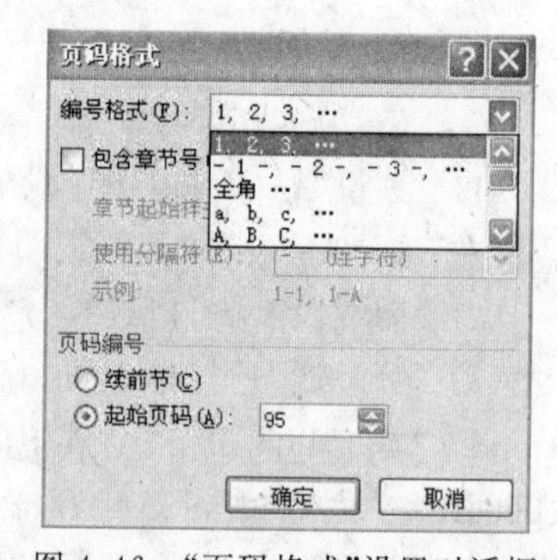

图 4.46　“页码格式”设置对话框

【例 4.2】　在某文档各页底端的居中位置，插入自动更新的页码。

具体操作：

① 选择“插入|页眉和页脚|页码”命令，出现“页码”的下拉菜单。

② 单击“页面低端”命令，选择居中的选项。

③ 单击“关闭”按钮返回编辑状态。

4.6 Word的图文排版等功能

4.6.1 插入图片与图文混排

1. 插入图片的方法 单击“插入”选项卡，选择“插图”工具组（如图4.47所示）中的相应命令。插图组包括图片、剪贴画、形状、SmartArt和图表5个命令按钮，作用是：

（1）图片 “图片”命令可以从磁盘中选取一个图形文件插入文档。Word文档中可插入Windows位图文件（.bmp文件）、Windows图元文件（.wmf文件）等多种格式的图形文件，并可以对这些图形文件进行编辑以及图文混排等操作。

插入的图片默认为“嵌入型”，即嵌于文字所在的那一层，Word中的图片或图形还可以浮于文字之上或衬于文字之下。

浮于文字之上或衬于文字之下的图片或图形，它们之间仍然可以分不同的层，当右击这一类图片或图形时，可出现快捷菜单，其中“叠放次序”子菜单中的命令，如图4.48所示，可以调整它们之间的层次关系。

图4.47 “插图”工具组

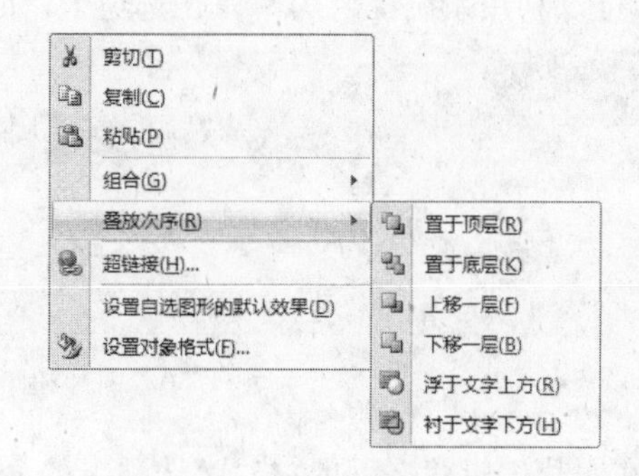

图4.48 图片的快捷菜单

（2）剪贴画 “剪贴画”命令可以从Office提供的剪贴画库中选取图片插入文档。选择此命令后屏幕右侧将出现“剪贴画”的任务窗格，选择其中的“管理剪辑...”按钮，在出现的“收藏集列表”中选择并展开“Office收藏集”项，选择其中的一个子集，如“建筑物”子集，如图4.49所示。当鼠标指针指向右窗口中的一个图片，图片旁出现向下箭头，单击之即弹出菜单，选择“复制”命令，返回指定的文档位置，执行“粘贴”命令，便可将该幅图片插入文中。

（3）形状 “形状”命令可以应用系统提供的各种工具绘制图形，单击下面的箭头将出现最近使用的形状、线条、基本形状、箭头总汇、流程图、星与旗帜共6种形状，单击待选形状即可描绘图形。

（4）SmartArt 用于插入SmartArt图形，包括组织结构图、循环图、射线图、棱锥图、维恩图和目标图共6中SmartArt图形，方便以直观的方式交流信息。

（5）图表 可以在文档中插入一个图表（见4.7.3节）。

图 4.49　编辑管理器窗口

2. 图片编辑状态下的"格式"选项卡介绍　插入的图片通常要进行各种处理和编辑，为此，可以利用系统提供的"格式"选项卡，如图 4.50 所示。双击图片或单击图片后选择"格式"选项卡。

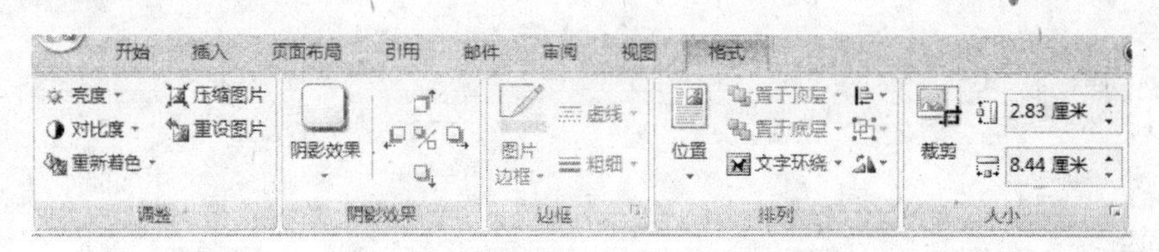

图 4.50　图片编辑中的"格式"选项卡

在图片编辑状态下的"格式"选项卡的命令组有：

(1) 调整组　包括亮度、对比度、重新着色、压缩图片和重设图片共 5 个命令按钮。

(2) 阴影效果组　包括阴影效果、略向上移、略向下移、略向左移、略向右移和设置/取消阴影共 6 个按钮。

(3) 边框组　包括图片边框、虚线、粗细 3 个按钮。

(4) 排列组　包括位置、置于顶层、置于底层、文字环绕、对齐、组合和旋转共 7 个命令按钮。

(5) 大小组　包括剪裁、高度调节和宽度调节 3 个按钮。

单击"大小"工具组右下角的对话框启动器可显示"设置图片格式"对话框，如图 4.51 所示。

3. 图片编辑与处理

(1) 选定图片　鼠标指针指向图片，单击即可。欲选定衬于文字下方的图片需利用"开始|编辑|选择|选择对象"工具。被选定的图片周围有 8 个控点，如图 4.52 所示。

(2) 改变图片的大小　选定图片，用鼠标拖动位于 4 个角上的控点之一，如图 4.52(a) 所示，可以按比例改变图形的大小。

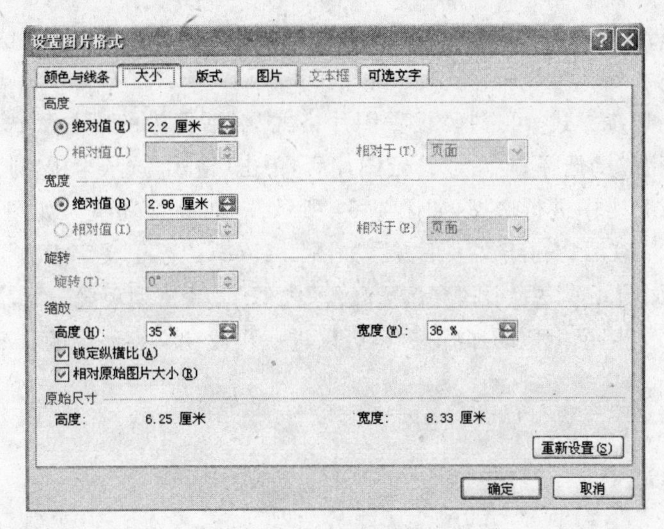

图 4.51　设置图片对话框

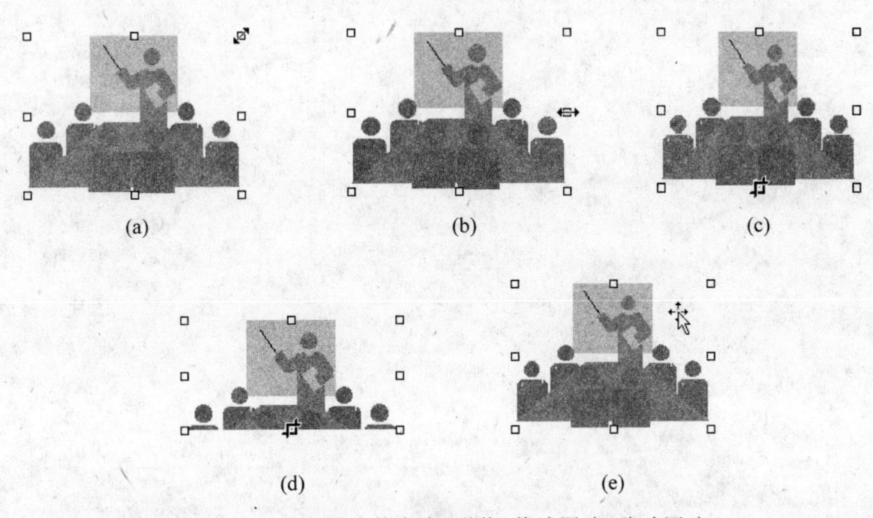

图 4.52　改变图片的大小、形状，裁减图片，移动图片

(3) 改变图片的形状　欲拉长或压扁图片，可选定图片后，用鼠标拖动位于上、下、左、右 4 个边上的控点之一，如图 4.52(b)所示。

(4) 裁剪图片的部分内容　选定图片后，从“格式”选项卡中选择“裁剪”按钮，用“裁剪形鼠标指针”指向某控点，如图 4.52(c)所示，向图片内拖动鼠标至合适处松开鼠标键，可在不改变图片形状的前提下，裁剪图片的部分内容，裁剪后的图 4.52(c)如图 4.52(d)所示。

(5) 改变图片的位置　移鼠标到选定图片中，出现带四向箭头的鼠标指针时，参见图 4.52(e)，拖动鼠标，到合适位置，松手即可。

选定一个图片后，单击“格式”选项卡右下角的对话框启动器，或从鼠标右键的快捷菜单中选择“设置图片格式”命令，会出现“设置图片格式”对话框。在此对话框的有关选项卡中可以对图片的大小、位置、亮度、对比度等属性作更准确的设定。

4. 实现图文混排　图片环绕方式的选择是解决图文混排的一种方法。插入图片时，Word将其默认为“嵌入型”，嵌于文字所在的那一层。

改变图片的环绕方式，可选择“设置图片格式”对话框中的“版式”选项卡，如图4.53所示，在其中做相应的选择；也可以选定图片后，单击“格式”选项卡中“排列”组的“文字环绕”按钮，在下拉列表中进行选择，如图4.54所示。“四周型环绕”，如图4.55(a)；“紧密型环绕”，如图4.55(b)；“衬于文字下方”，如图4.55(c)；“浮于文字上方”，如图4.55(d)；“上下型环绕”，如图4.55中(e)；“穿越型环绕”类似于“紧密型环绕”；“编辑环绕顶点”，则如图4.55(f)所示，用鼠标拖动那些控点，可以进一步改变文字绕图的状况。

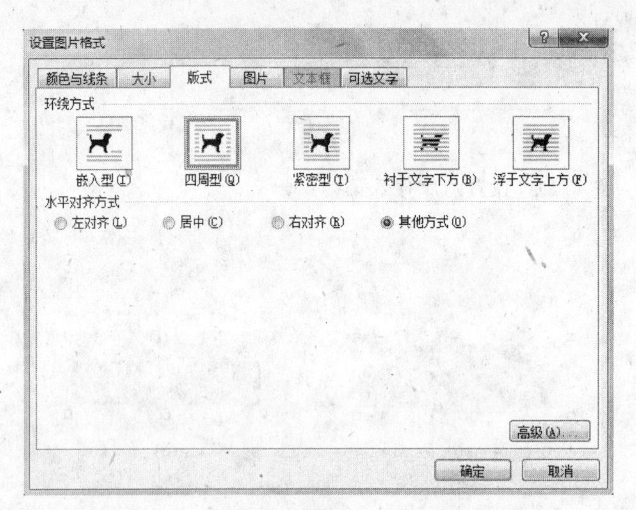

图4.53　设置图片格式的“版式”选项卡

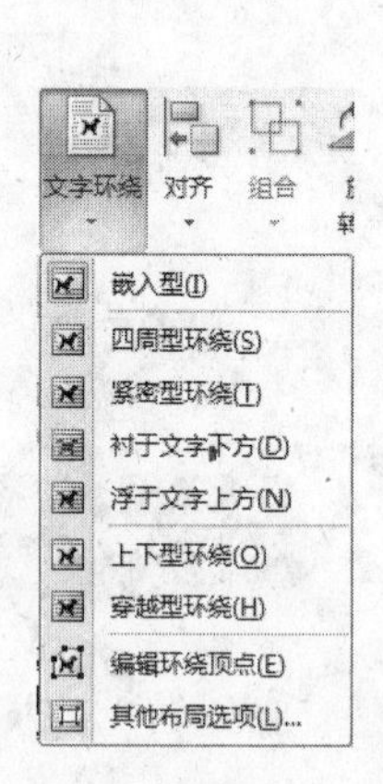

图4.54　“图片工具栏”的文字环绕按钮

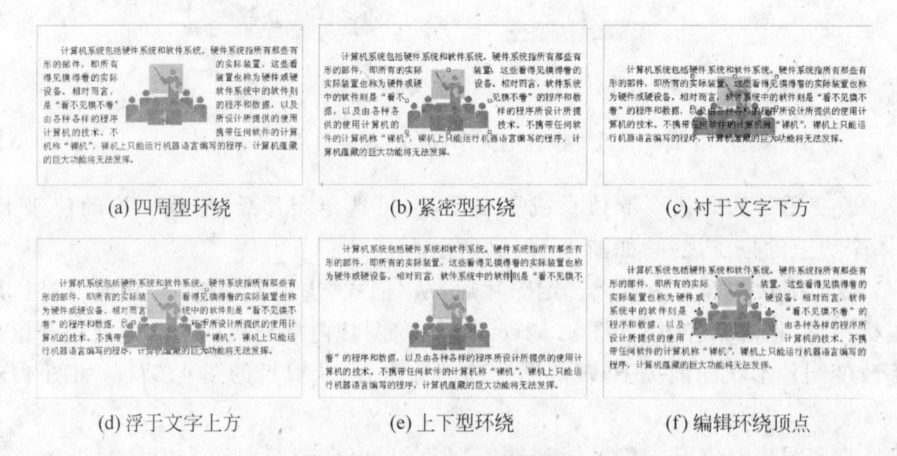

(a) 四周型环绕　(b) 紧密型环绕　(c) 衬于文字下方

(d) 浮于文字上方　(e) 上下型环绕　(f) 编辑环绕顶点

图4.55　图片的各种环绕方式

4.6.2　文字图形效果的实现

在图4.17多栏图文混排文档例中，标题是艺术字体，其实现可利用“插入|文本|艺术

字”命令，出现如图 4.56 所示的“艺术字”库窗口，选择一种艺术字样式，单击将出现如图 4.57 所示的编辑艺术字窗口。直接输入艺术字内容，再设定其字体、字号、字形（粗体、斜体）等，单击“确定”按钮后，便在文档当前位置插入了艺术字。

图 4.56 “艺术字”库

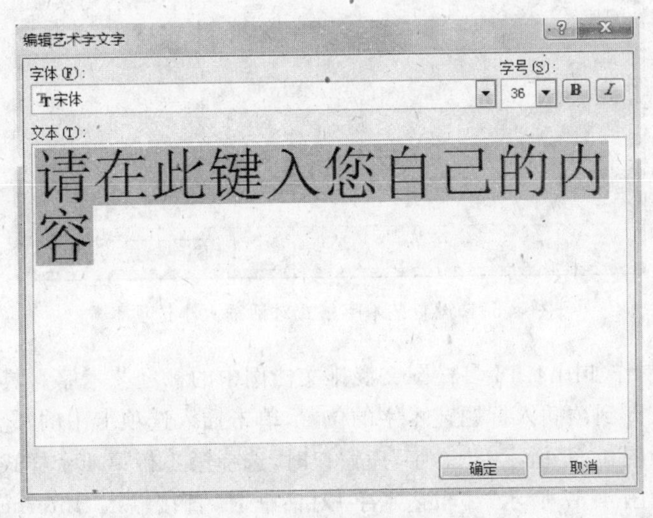

图 4.57 编辑艺术字对话框

选定艺术字后“格式”选项卡，将调整为艺术字编辑常用工具组，如图 4.58 所示，该选项卡中的工作组主要包括：

(1) 文字组　包括编辑文字、调节间距、设置等高、竖排文字和对齐方式等命令。

(2) 艺术字样式组　包括艺术字样式、形状填充(可以用颜色、图片、纹理等填充)、形状轮廓和更改形状命令。

(3) 阴影效果组　包括阴影效果(投影、透视阴影等 20 种阴影效果)、阴影移动和设置/取消阴影命令。

(4) 三维效果组　包括三维效果(平行、透视、在透视图中旋转共 20 种三维效果)、上

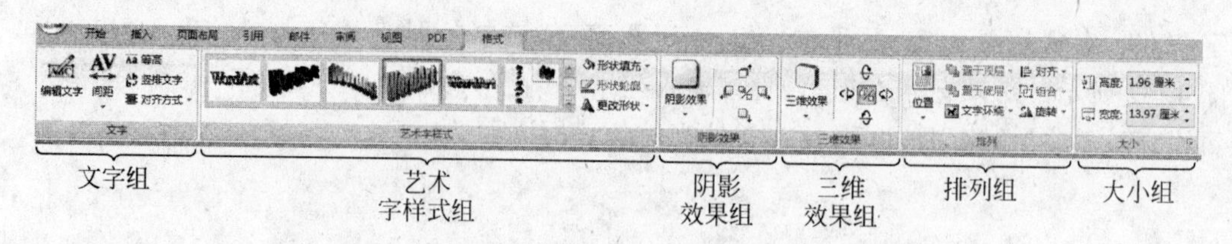

图 4.58　艺术字格式选型卡

翘、下俯、左偏、右偏和设置/取消三维效果命令。

(5) 排列组　包括位置、置于顶层、置于底层、文字环绕、对齐、组合和旋转命令。

(6) 大小组　显示为高度调节命令和宽度调节命令，单击工作组右下角的对话框启动器，会出现“设置艺术字格式”对话框，如图 4.59 所示。

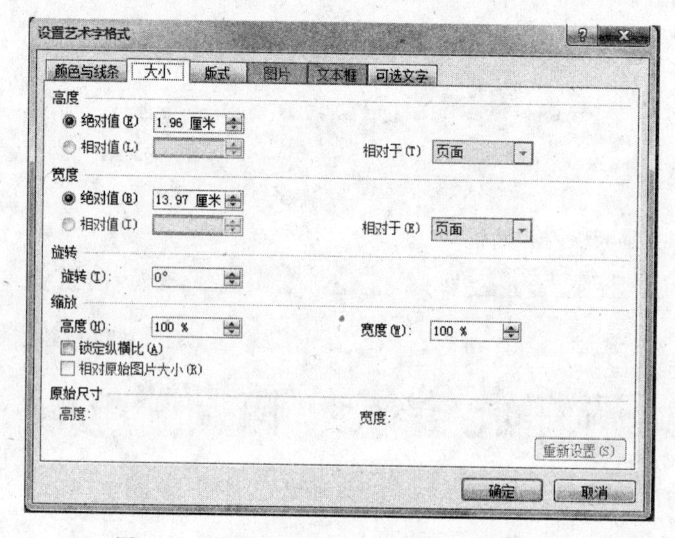

图 4.59　设置艺术字格式对话框大小选项卡

【例 4.3】　制作如图 4.17 多栏图文混排文档例中的标题艺术字。具体操作：

① 移动插入点到欲插入标题艺术字的位置，单击插入选项卡中的“艺术字”命令。

② 在出现如图 4.56 所示“艺术字”库窗口时，选择第 1 行第 4 个样式。

③ 在出现如图 4.57 所示“编辑艺术字”对话框时，直接输入“Internet 改变世界”，并选择一种合适的字体后，单击“确定”按钮。

④ 在艺术字处于选定状态时，选择“形状填充”命令或从“设置艺术字格式”对话框中选择“颜色与线条”卡片，在新对话框中设置填充颜色或边线颜色等。

⑤ 单击“排列”工具组中的“文字环绕”按钮或在“位置”中寻找相应命令，选择“上下型环绕”，并移动艺术字合适位置。

4.6.3　首字下沉

首字下沉是 Word 为文字排版提供的一种功能，效果如图 4.60 所示。实现步骤为：

(1) 将插入点定位在特定的段落。

(2) 选择“插入|文本|首字下沉|首字下沉选项”命令，出现如图 4.61 所示对话框，在对话框中设置首字下沉位置为“下沉”，下沉字的字体为“宋体”，所占行数为“3 行”，距正文的距离为“0 厘米”等，最后单击“确定”按钮。

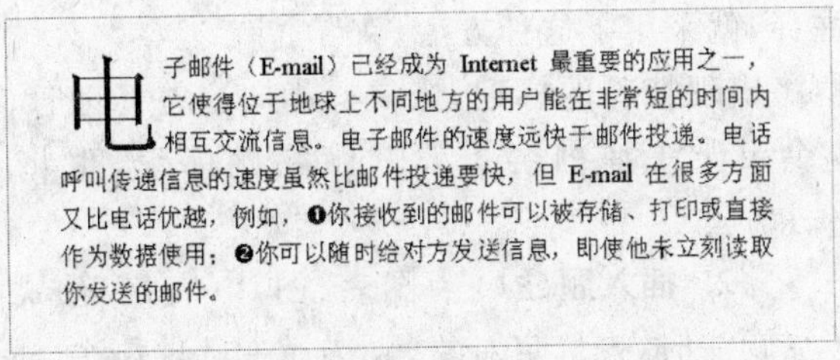

电子邮件（E-mail）已经成为 Internet 最重要的应用之一，它使得位于地球上不同地方的用户能在非常短的时间内相互交流信息。电子邮件的速度远快于邮件投递。电话呼叫传递信息的速度虽然比邮件投递要快，但 E-mail 在很多方面又比电话优越，例如，❶你接收到的邮件可以被存储、打印或直接作为数据使用；❷你可以随时给对方发送信息，即使他未立刻读取你发送的邮件。

图 4.60　设置首字下沉后的效果

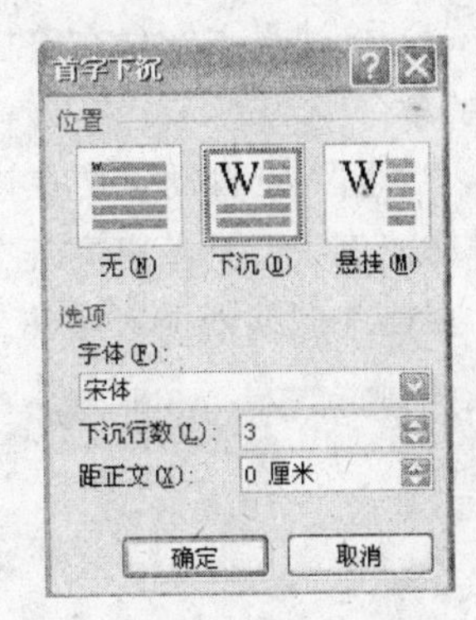

图 4.61　“首字下沉”对话框

下沉的首字实际上为图文框所包围，可调整其大小、位置，双击图文框还可以对选定首字的环绕方式等作具体设置。

4.6.4　文本框与文字方向

在文字排版过程中，有时需为图片或图表等对象加些注释文字，有时需将文档中的某一段内容放到文本框中，如图 4.62 所示，或改变文字方向，如图 4.63，这就需用到文本框或文字方向功能。将文档中的某一段内容放到文本框中，可以参考以下步骤：

(1) 选定需要放到文本框中的文字。

(2) 单击绘图工具栏中的“文本框”按钮，再利用“格式”选项卡中的相应命令，对文本框的线型、线宽、线条色、填充色、环绕方式进行设置。

要将文档中的某一段文字放到竖排文本框中(参见图 4.63)，可利用“插入|文本框|绘制竖排文本框”命令；也可以在完成图 4.62 中文本框的基础上，选定该文本框后选择“页面布局|页面设置|文字方向”命令，出现如图 4.64 所示对话框，在“方向”栏中作选择，在“预览”栏中观察效果，最后单击“确定”按钮。

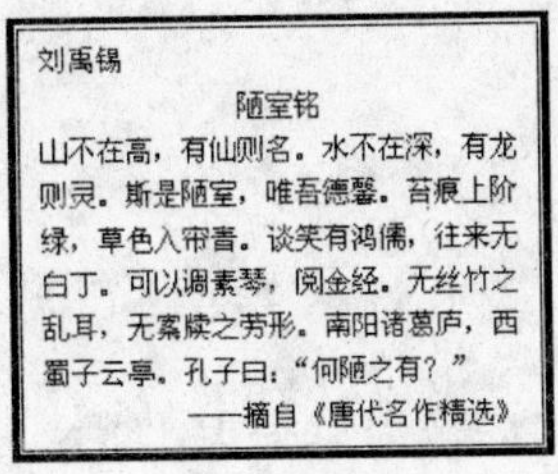

刘禹锡

陋室铭

山不在高，有仙则名。水不在深，有龙则灵。斯是陋室，唯吾德馨。苔痕上阶绿，草色入帘青。谈笑有鸿儒，往来无白丁。可以调素琴，阅金经。无丝竹之乱耳，无案牍之劳形。南阳诸葛庐，西蜀子云亭。孔子曰：“何陋之有？”

——摘自《唐代名作精选》

图 4.62　横排文本框

刘禹锡

陋室铭

山不在高，有仙则名。水不在深，有龙则灵。斯是陋室，唯吾德馨。苔痕上阶绿，草色入帘青。谈笑有鸿儒，往来无白丁。可以调素琴，阅金经。无丝竹之乱耳，无案牍之劳形。南阳诸葛庐，西蜀子云亭。孔子曰：「何陋之有？」

——摘自《唐代名作精选》

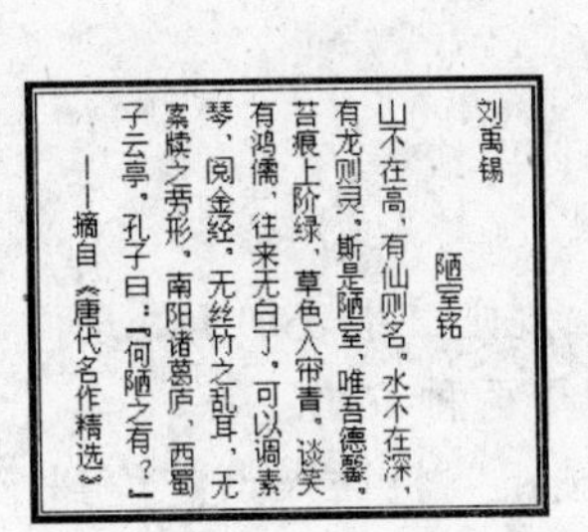

图 4.63　竖排文本框

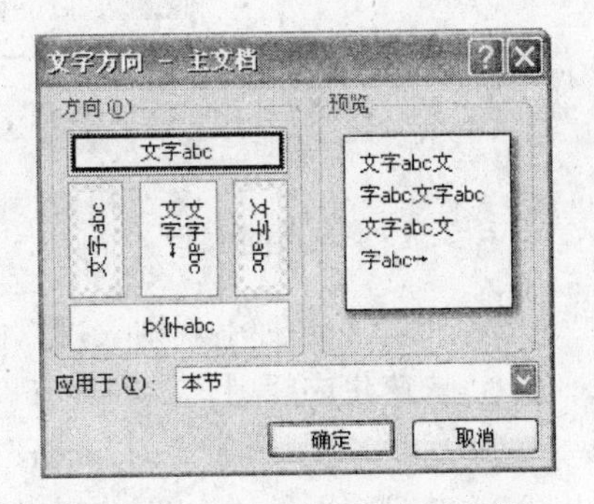

图 4.64　设置文字方向对话框

4.6.5 插入脚注、尾注和题注等

1. 插入尾注或脚注 在文档某处插入尾注或脚注。具体操作是：

(1) 将插入点定位在将插入尾注或脚注的位置，再选择“引用|脚注|插入尾注/插入脚注”命令。

(2) 插入点自动定位在输入注释内容的位置，输入注释内容即可。图 4.17 多栏图文混排文档例中，为“信息高速公路”设注释，就采用了这种方法。

文档中的某处插入尾注或脚注后，将出现特殊的标记，当鼠标指向这些标记时，旁边会出现注释内容提示。删除此标记，也将删除注释。

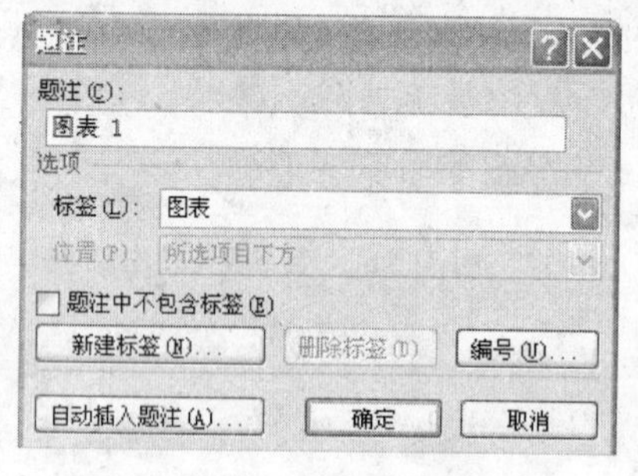

图 4.65 题注对话框

2. 插入题注 为图表、图片、表格、公式等增加题注时，先选定对象，再选择“引用|题注|插入题注”命令，出现如图 4.65 所示对话框。在对话框的“标签”栏中选择题注的标签名称，Word 提供的标签名有图表、表格和公式。单击“新建标签”按钮可创建新的标签名。题注的默认编号为阿拉伯数字，单击“编号”按钮可选择其它形式的题注编号。题注可和一般文字一样，进行修改和格式设置。

4.7 表格的制作和处理

利用工具栏和菜单命令均可快捷地创建表格。下面以创建如图 4.66 所示的表格为例，由 Word 表格生成和处理的一般方法入手，介绍 Word 制表和生成图表的功能。

某地区信息技术市场　　　　(单位：10 亿美元)

项目＼年		1997	1998	1999
计算机	硬件	95.0	102.5	115.4
	软件	62.3	80.0	105.2
	服务	75.2	95.6	103.9
通信		230.5	245.0	233.8

图 4.66 表格一例

4.7.1 表格制作

Word 中的各种不规则表可以由规则二维表加工处理而成。

1. 快速生成规则二维表 有以下两种方法：

(1) 利用常用选项卡的“表格”按钮 将插入点定位到特定位置，然后单击“插入”选项卡“表格”按钮，在出现的制表示意框中向右、向下滑动鼠标，扫描过需要的行数和列数(示意框顶部会出现行数×列数值)，单击即可。例如，欲制作如图 4.66 所示的表格，可先插入一个 5 行 5 列的规则二维表，单击“表格”按钮在制表示意框中向右下角滑动鼠标，

框顶部出现“5×5 表格”时，单击，立即当前位置生成了一个 5 行 5 列的表格框架。

(2) 利用菜单命令方式　定位插入点后，选择“插入|表格|插入表格”命令，如图 4.67 所示；在出现的“插入表格”对话框（如图 4.68 所示）中，指定所需列数和行数，单击“确定”按钮后，表格框架也随即生成。

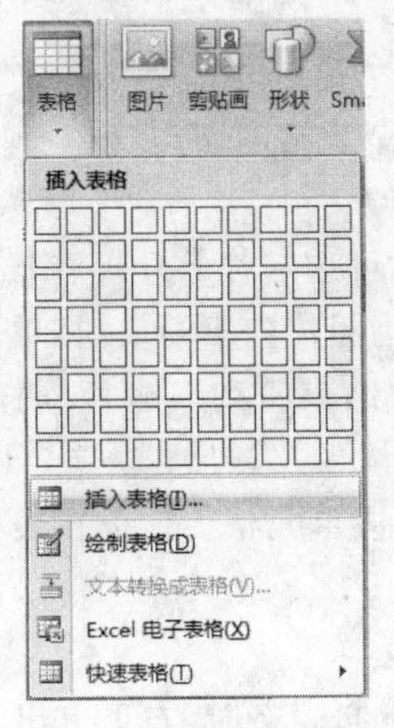

图 4.67　“表格”菜单项

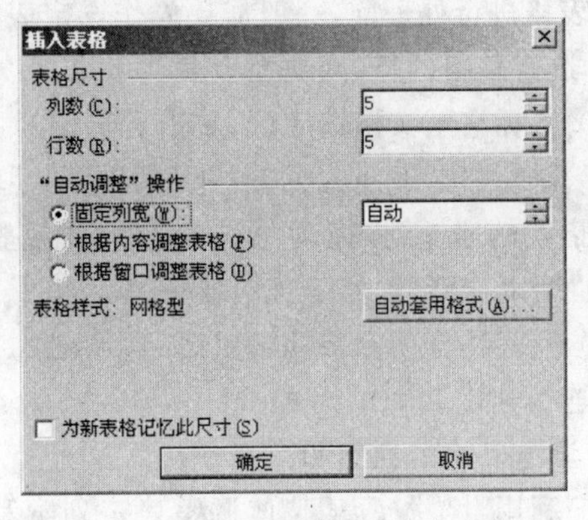

图 4.68　用“插入表格”命令生成表格

2. 输入和编辑表格内容　生成表格后，插入点将处于表格的第一个单元格中，后面紧跟一个“格结束标记”（类似文本编辑区的段落结束标记，参见图 4.69 所示）。在哪个单元格输入或编辑内容，就要将插入点定位到相应单元格。要完成图 4.66 的表格，在生成 5 行 5 列的规则二维表后，可依照图 4.70，在各单元格中输入数据。在单元格中输入、编辑及格式设置的操作与在文本区中的基本相同。

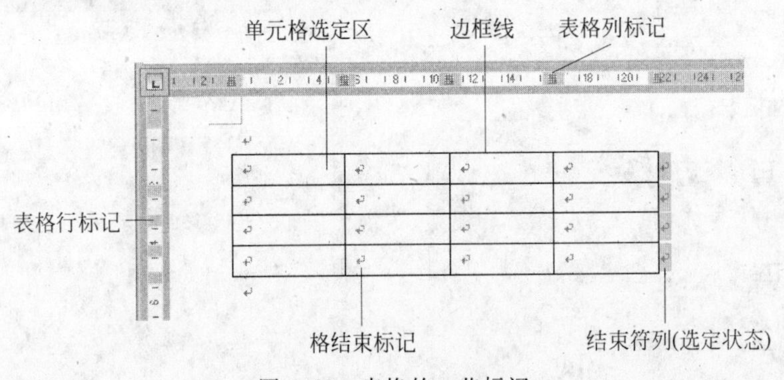

图 4.69　表格的一些标记

利用该控点可移动表格或选定表格

年项目		1997	1998	1999
	硬件	95.0	102.5	115.4
计算机	软件	62.3	80.0	105.2
	服务	75.2	95.6	103.9
通信		230.5	245.0	233.8

利用该“尺寸控点”可改变表格大小

图 4.70　输入表格数据

3. 在表格中定位插入点 一般用以下两种方法。

(1) 鼠标法 单击某单元格,可将插入点定位在该单元格。

(2) 快捷键法 用 Tab、Shift+Tab、Alt+Home、Alt+End、Alt+PgUp、Alt+PgDn 等键移动光标。

4.7.2 表格处理

对表格进行处理前,一般需要先作选定表格行或列或整个表格的操作。

1. 选定表格的行、列或整个表 可选用以下的鼠标操作方法:

(1) 鼠标移至文档选定区,单击可选定对应的一行;拖动可选定若干行或整个表。

(2) 鼠标移至表格的上方(并尽可能靠近表格),指针变为粗体向下箭头时,单击可选定箭头指向的那一列;拖动可选定若干列或整个表。选定"结束符列",也用同样方法,图 4.69"结束符列"正处于选定状态

(3) 鼠标移至单元格的选定区(参见图 4.69),可以选定该单元格。鼠标在表格中拖动可以连续选定几个单元格。

2. 调整表格的列宽和行高

(1) 利用"尺寸控点"整体调整表格列宽和行高。鼠标指向表格时,右下方出现的空心小方格(参见图 4.70)即尺寸控点,拖动此控点,可以整体改变表格的列宽和行高。

(2) 利用表格行、列标记或行、列边框线(如图 4.71 所示)调整表格的行高度或列宽度。

(3) 插入点定位表格中,选择"表格|表格属性"命令,出现的对话框有四个选项卡(图 4.71 和图 4.72 为其中两个选项卡)可以分别指定表格总宽度、列宽度或行高度。

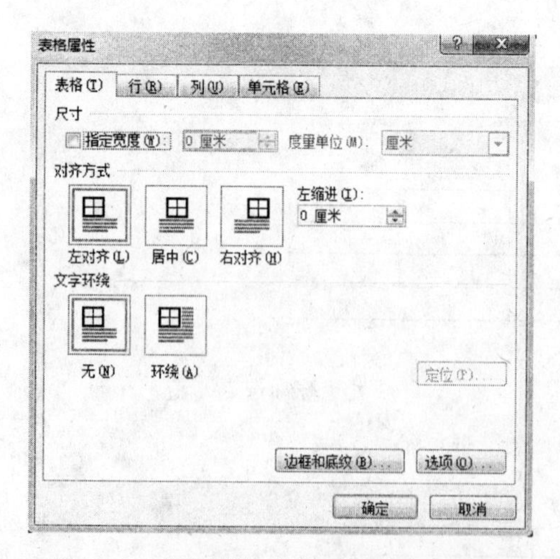

图 4.71 表格属性对话框的"表格"选项卡

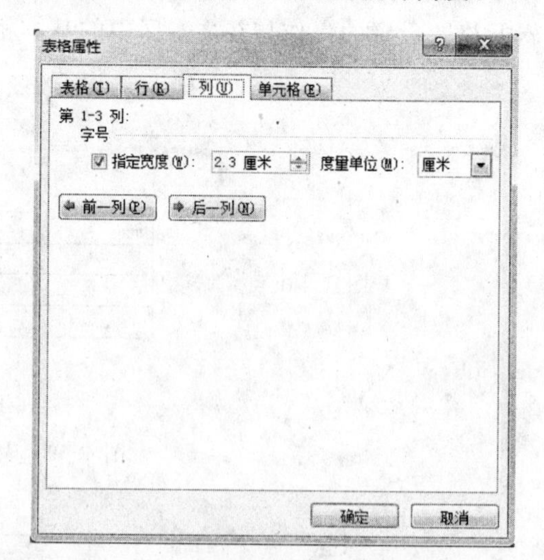

图 4.72 表格属性对话框的"列"选项卡

3. 合并单元格 选定要合并的单元格,再执行"表格|合并单元格"命令。

4. 设置表格在页面上的对齐、缩进和环绕方式 在如图 4.72 所示的"表格属性"对话框的"表格"选项卡中设置。

5. 移动表格 鼠标指向表格时,其左上角会出现“移动控点”(参见图 4.70),拖动此控点可以移动整个表格,拖动到文字中可实现文绕表效果。单击此控点,可选定整个表格。

6. 插入行和列的操作

(1) 插入一行 选定某行或其中的某个单元格,右击,选择“插入”命令后的相应选项,可在当前行的上方或下方插入一行;选定某行或其中的某个单元格,选择“布局|行和列”中的相应命令;选定表格的右下角单元格,按 Tab 键,可在表格下增加一行;将鼠标放在某一行后面的结束符(见图 4.69)上,按 Enter 键,可在该行下面增加一行。

(2) 插入一列 选定某列或其中的某个单元格,右击,选择“插入”命令后的相应选项,可在当前列的左侧或右侧插入一列;选定某行或其中的某个单元格,选择“布局|行和列”中的相应命令。

7. 剪切表格、行或列 选定表格、行或列,选择“开始”选项卡中的“剪切”按钮,也可以单击鼠标右键,选择 “剪切”命令。

8. 删除表格、行或列 选定表格、行或列,按 BackSpace 键;或在“布局|行和列|删除”中选择相应命令;也可以单击鼠标右键选择“删除行”或“删除列”命令。

9. 删除表格内容 选定区域,直接按 Del 键。

10. 单元格内数据的对齐 选定区域,再利用“布局”选项卡中“对齐方式”工具组中的命令按钮选择合适的对齐方式,如图 4.73 所示。也可以右击,在“单元格对齐方式”命令中选择。Word 为表格中数据提供了 9 种对齐方式。

11. 为表格设置边框或底纹 新建表格的边框线为 0.5 磅单线,当设定整个表格为“无框线”时,整个表格的“框线”隐去,执行“设计|边框|查看网格线”命令可显示或隐藏表格虚框。虚框不会产生打印效果,仅为表格处理提供方便。设置表格边框或底纹的方法有:

(1) 利用 Word 自带的“表样式” 将插入点定位到表格中后,单击“设计|表样式”后面向下的箭头,将出现如图 4.74 所示的下拉列表。单击其中一种,即可生成一个规范的表格。

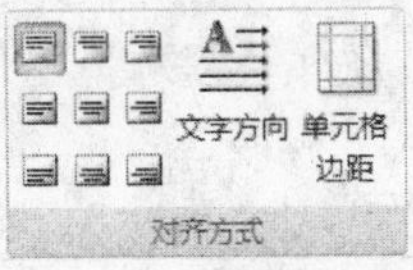

图 4.73 单元格对齐方式

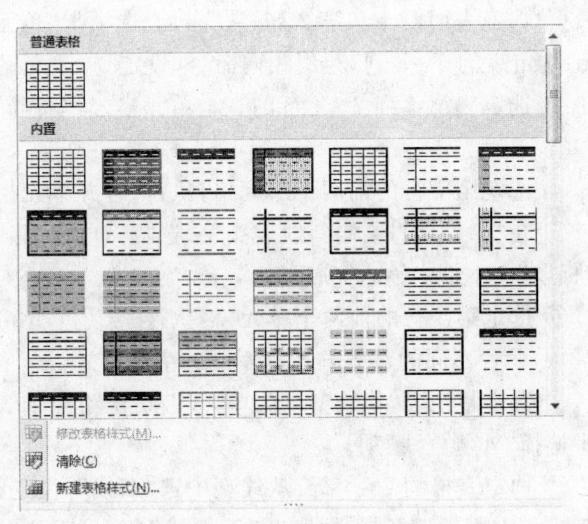

图 4.74 “表样式”下拉列表

(2) 利用"绘图边框"工具组　选择"设计"选项卡,会出现"绘图边框"工具组,如图 4.75 所示,包括线型、粗细、笔颜色、绘制表格、擦除几个命令按钮,用户可以利用这些按钮为整个表格或表格的某一部分加边框或底纹。利用"线型"可以选择不同的边框线型;利用"粗细"可以选择不同的线宽度;利用"笔颜色"可以选择不同的画笔颜色。

单击"绘图边框"工具组右下角的对话框启动器会显示"边框和底纹"对话框,如图 4.76 所示。利用"边框"或"底纹"选项卡,也可以为表格设置边框或底纹。

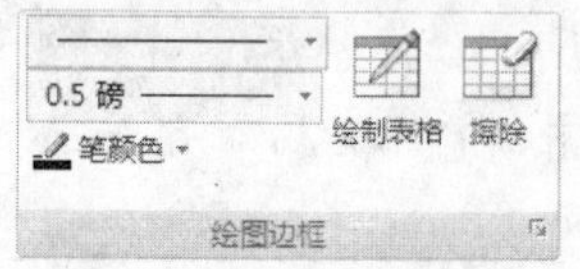

图 4.75　"绘图边框"工具组

图 4.76　"边框和底纹"边框选项卡

【例 4.4】　制作如图 4.66 所示的表格。

具体操作:

① 将插入点定位在准备生成表格的位置,利用"插入"选项卡中的"表格"按钮,快速生成一个 5 行 5 列的规则二维表。在图 4.70 中完成表格的内容输入。

② 选定表的第 1 和第 2 列,从"布局"选项卡"单元格大小"的"宽度"框中将宽度设为 2cm;选定表的 3～5 列,利用相同命令,设定 3～5 列宽度为 2.6cm。

③ 选定表第 1 列 2～4 行的 3 个单元格,从"布局"选项卡"合并"组中选择"合并单元格"项。

④ 选定第一行的前两个单元格,执行"合并单元格"命令。

⑤ 在"布局|表|绘制斜线表头"中选择"样式一",在"行标题"文本框中输入"年",在"列标题"文本框中输入"项目"

⑥ 选定第 5 行的前两个单元格,执行"合并单元格"命令。在图 4.66 中,选定不同单元区域,设置不同的对齐方式和不同的字体格式。

⑦ 选定整个表,将线型设为"单线",设定粗细 2.25 磅,单击"表样式|边框"向下箭头从中选择"外侧框线"项。

⑧ 选定表格的 2～4 行,从线型中选"双线",设定粗细 0.5 磅,单击"表样式|边框"向下箭头从中先后选择"上框线"、"下框线"项,最后从"表样式|底纹"向下箭头中选择"白色,背景一,深色 15%"项。

4.7.3 表格数据计算、生成图表及其它

1. 表格数据计算 可利用 Word 提供的函数对表格数据进行计算，为此可将插入点移到准备显示计算结果的单元格中，选择“布局|数据|公式”命令，再从弹出对话框的“粘贴函数”栏中选择一种函数进行计算。Word 只能进行求和、求平均、求积等简单计算。要解决复杂的表格数据计算和统计，可利用 Microsoft Excel，或利用“插入|表格|Excel 电子表格”按钮，直接在 Word 中使用 Excel 工作表完成。

2. 生成图表 选择“插入|插图|图表”命令，在出现的“Excel 数据表”窗口中对数据进行编辑修改，便可得到需要的图表。

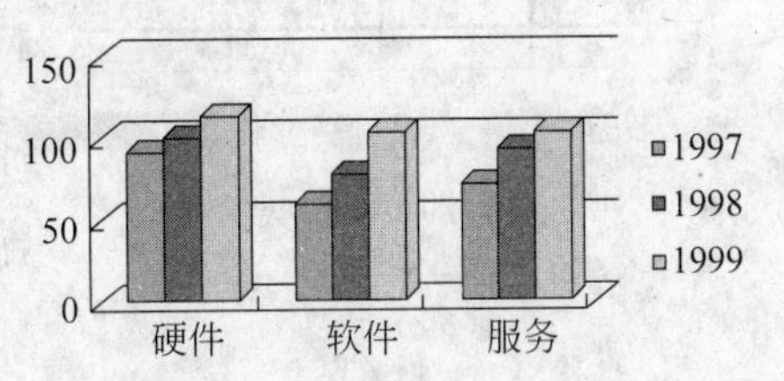

图 4.77 利用表格数据生成图表

【例 4.5】 在图 4.66 中的表格基础上，生成如图 4.77 所示的图表。具体操作是：

① 执行“插入|插图|图表”命令，选择柱状图中的“三位簇状柱状图”，如图 4.78 所示。

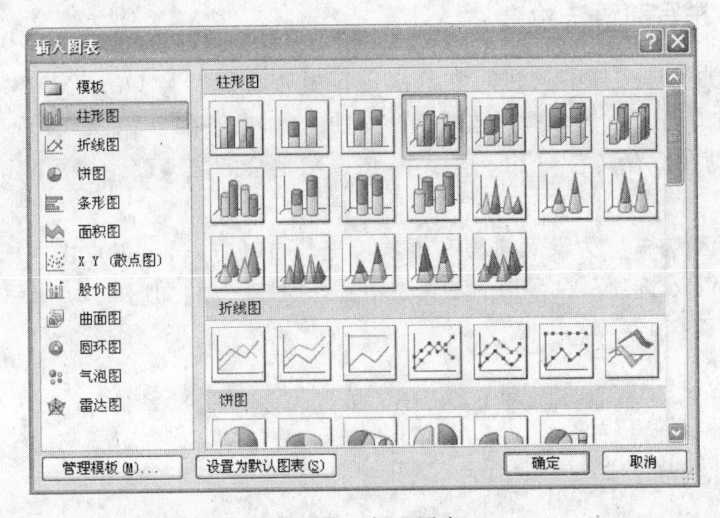

图 4.78 插入图表

② 将图 4.66 表格中的数据替换出现的 Excel 表格中的数据，然后拖曳区域右下角调整数据区域大小，调整后如图 4.79 所示。

③ 关闭 Excel 表格，Word 文件中即出现如图 4.77 中的图表。

生成的图表和插入文档中的图片对象一样，选定它，可改变其大小，移动其位置，改变图表样式。

3. 文本与表格的互换及其它

(1) 利用“布局|数据|转换为文本”命令可实现文本和表格的相互转换。

(2) 在某单元格中再执行插入表格命令即可实现嵌套子表格。

(3) 选择“布局|表|绘制斜线表头”命令，将出现如图 4.80 所示的对话框时，在表头样式框中可以选择任一种，可绘制各种斜线表头。或应用“设计|绘图边框|绘制表格”命

令，直接用画笔在表头位置绘制出斜线表格。

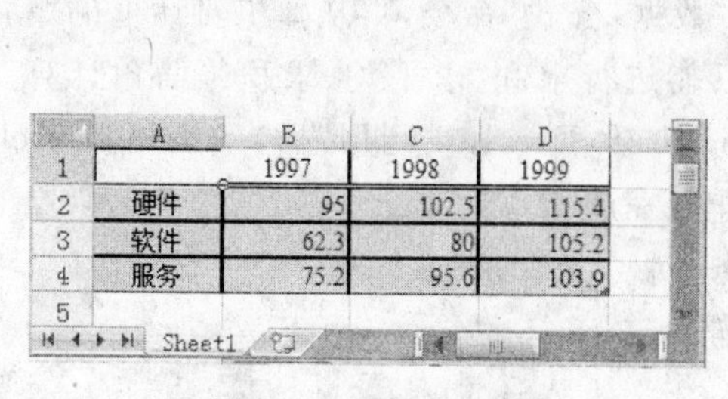

图 4.79 调整数据表

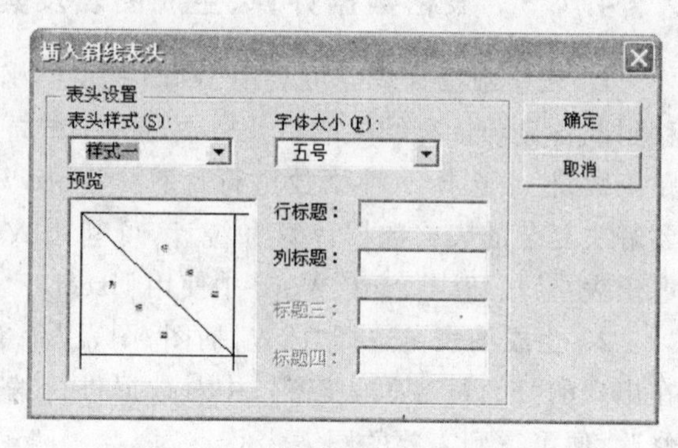

图 4.80 “绘制斜线表头”对话框

4.8 Word 的其它功能

4.8.1 拼写和语法检查

Word 提供了对文档中的拼写和语法进行检查功能。与 Office 2003 不同的是，在 Office 2007 中有若干个拼写检查选项是全局性的，如果您在一个 Office 程序中更改了其中某个选项，则在所有其它 Office 程序中，该选项也会随之改变。拼写和语法检查的方式有两种：

1. 自动检查方式 为设置拼写和语法检查的自动方式，可以点击“Office 按钮”，选择右下角的“Word 选项”，在弹出的工具栏中选择“校对”项，如图 4.81 所示，就可以在需要的复选框前面打上对钩。

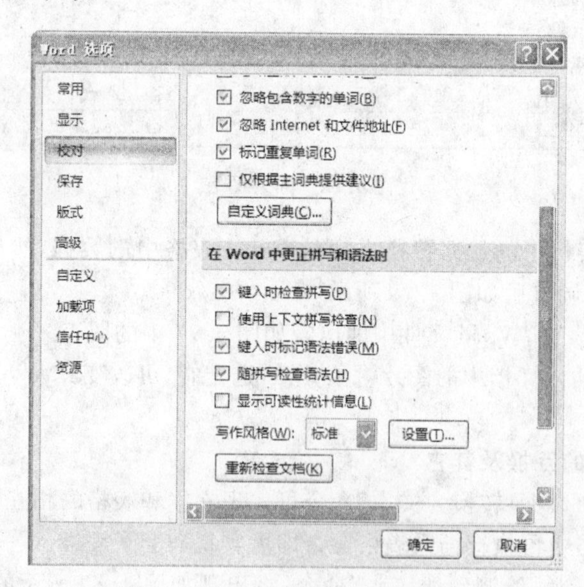

图 4.81 Word 选项对话框中的校对

如选中“键入时检查拼写”和“键入时标记语法错误”复选框，并将“只隐藏此文档中的拼写错误”和“只隐藏此文档中的语法错误”复选框前的对钩去掉，则在输入文档内容的过程中，Word 将随时检查输入过程出现的错误，并在它认为有拼写或语法错误的位置，用波浪形下划线进行标识。

2. 利用手动检查方式 如果未设置拼写和语法的自动检查，可以利用手动方式。为此，可以选择“审阅|拼写和语法”按钮，出现如图 4.82 所示的检查窗口，Word 在“建议”栏给出了若干个可供选择的修改意见，用户在其中选择后可单击“更改”按钮；若不想对检查到的内容作任何修改，可单击“忽略一次”按钮；若不希望检查器继续检查类似的错误，可单击“全部忽略”按钮。

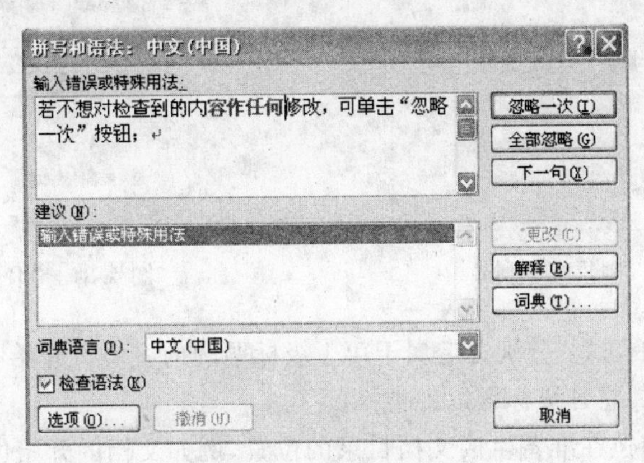

图 4.82 拼写和语法窗口

4.8.2 使用项目符号、编号和多级列表

1. 项目符号 选择“开始|段落|项目符号”按钮（或单击右键选择“项目符号”命令）可直接在段落前插入系统默认的项目符号，单击箭头可以选择不同的项目样式，如图 4.83 所示，单击“自定义”还可以作更多的选择。

2. 段落编号 选择“开始|段落|编号”命令（或单击右键选择“编号”命令）即可在段落前直接插入系统默认的编号，该段落之后的段落将自动按序编号。而当在这些段落中增加或删除一段时，系统将自动重新编号。

系统默认的自动编号列表的样式为“1.、2.、3. ……”。单击箭头可选择其它样式，如图 4.84 所示。在“自定义编号格式”中可选择别的编号样式或修改已有的编号格式。

采用自动编号的段落系统默认的缩进方式为悬挂式，在“自定义编号格式”对话框中可改变缩进的方式等。

4.8.3 自动生成目录

编制比较大的文档，往往需要在最前面给出文档的目录，目录中包含文章中的所有大小标题、编号以及标题的起始页码。Word 提供了方便的目录自动生成功能，但必须按照一定的要求进行操作。例如，需要将某文档中的 3 级标题均收入目录中，可以按以下步骤进行操作。

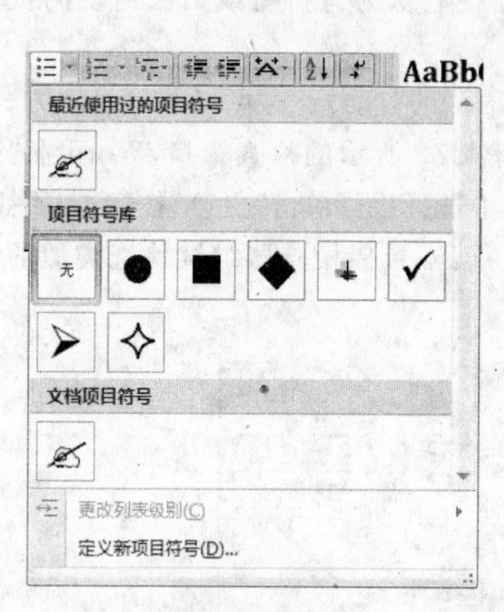

图 4.83　项目符号列表

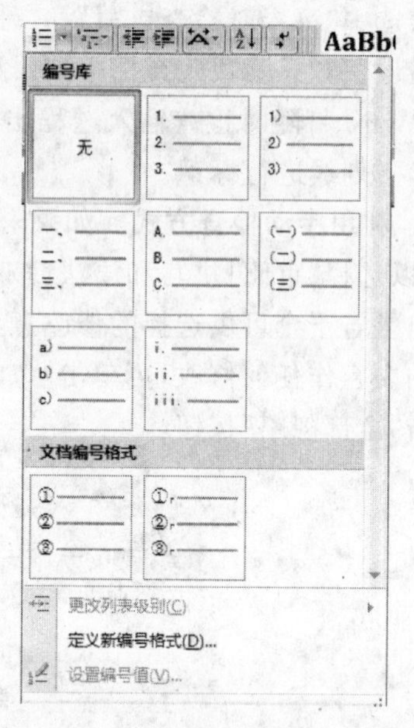

图 4.84　“编号”选项卡

(1) 统一标题的样式：分别选定属于第 1 级标题的内容，从“开始”选项卡的样式组内选中“标题 1”样式；其它各级标题以此类推。

(2) 将插入点定位在准备生成文档目录的位置，例如文档的开始位置。

(3) 选择“引用|目录”按钮，在下拉列表中选择“插入目录”命令，将出现如图 4.85 所示的对话框。根据需要可以选择或清除“显示页码”或“页码右对齐”选择框；在“显示级别”中设置目录包含的标题级别，例如，设置 3，则可以在目录中显示 3 级标题；在“制表符前导符”的列表中可以选择目录中的标题名称与页码之间的分隔符。最后，单击“确定”按钮，目录便自动生成在插入点所在的位置。

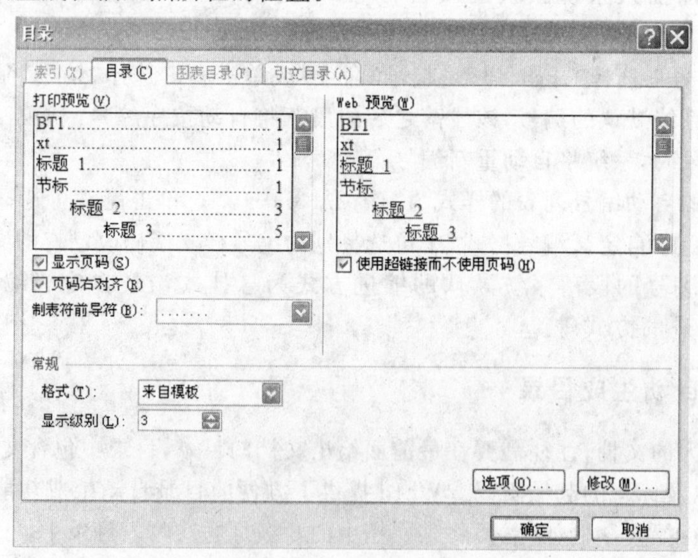

图 4.85　“目录”对话框

利用 Word 提供的目录生成功能所生成的目录，可以随时进行更新，以反映文档中标题内容、位置的变化，以及标题对应页码的变化，为此，可以在目录区右击，从快捷菜单中选择“更新域”命令，再从出现的对话框(如图 4.86 所示)中，选择“只更新页码”或“更新整个目录”单选按钮。也可以单击“引用”选项卡上的“更新目录”按钮对文档目录进行更新。

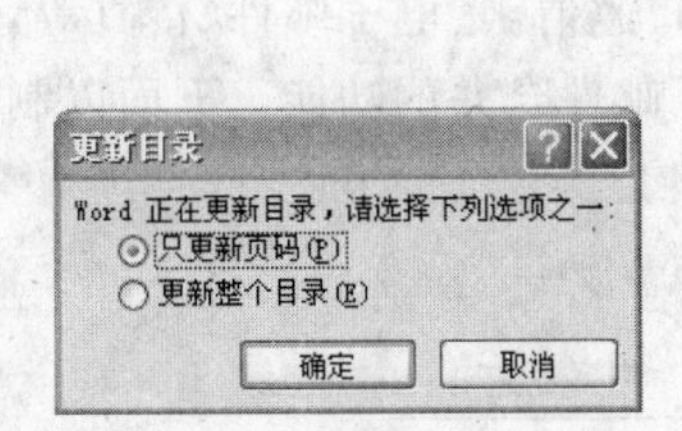

图 4.86 “更新目录”对话框

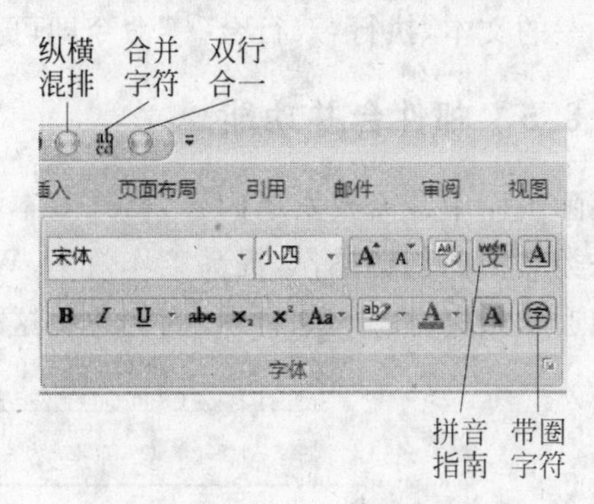

图 4.87 Word 中的中文版式功能

4.8.4 中文版式功能

中文版式的功能指：拼音指南、带圈字符、合并字符、纵横混排和双行合一等 5 种的汉字特殊处理功能。其中的拼音指南和带圈字符较为常用，在 Word 中以按钮形式出现在“开始”选项卡中的“字体”命令组中，而合并字符、纵横混排和双行合一这三种命令可以通过点击快速访问工具栏右侧向下的箭头，在“更多命令”中找到并添加到快速访问工具栏，以方便使用，如图 4.87 所示。

1. 拼音指南 该功能可以为文档中的汉字标注拼音。方法是：选定需要注音的字符，再选择“开始 | 字体 | 拼音指南”命令(见图 4.87)，在弹出的对话框中可以设置拼音的对齐方式、字体、字号等。效果如图 4.88(a)所示。

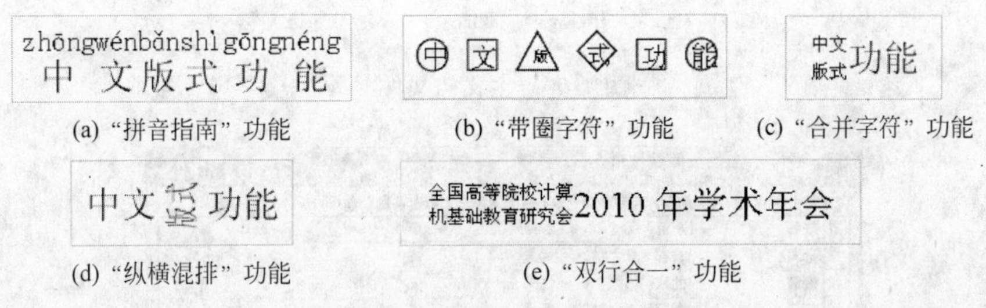

(a)“拼音指南”功能 (b)“带圈字符”功能 (c)“合并字符”功能

(d)“纵横混排”功能 (e)“双行合一”功能

图 4.88 中文版式 5 种功能效果

2. 带圈字符 该功能可以给单个字符添加圆圈、正方形、三角形和菱形的外框。方法是：选定需要加外框的字符，再选择“开始|带圈字符”命令，在弹出的对话框中，可选择外圈的形状及大小。效果如图 4.88(b)所示。

3. 纵横混排 该功能可以在横排的文本中插入纵向的文本，同样在纵向的文本中插入横排的文本。方法是，选定需要改变排列方向的文本，选择“纵横混排”命令。效果如图 4.88(d)所示。

4. 合并字符　合并字符功能可以将最多6个字符分两行合并为一个字符。方法是：选定需要合并的字符，选择“合并字符”命令，在弹出的对话框中可设定合并后字符的字体、字号等。效果如图4.88(c)所示。

5. 双行合一　该功能可以设置双行合一的效果，如图4.88(e)所示。方法是，选定需双行合一的文本，执行“双行合一”命令即可。

4.8.5　邮件合并功能

实际工作中常需要发送内容、格式基本相同的通知、邀请函、电子邮件、传真等，为简化这一类文档的创建操作，提高工作效率，Word提供了邮件合并的功能。下面以制作一个成绩通知条(如图4.89所示)为例说明这一功能。

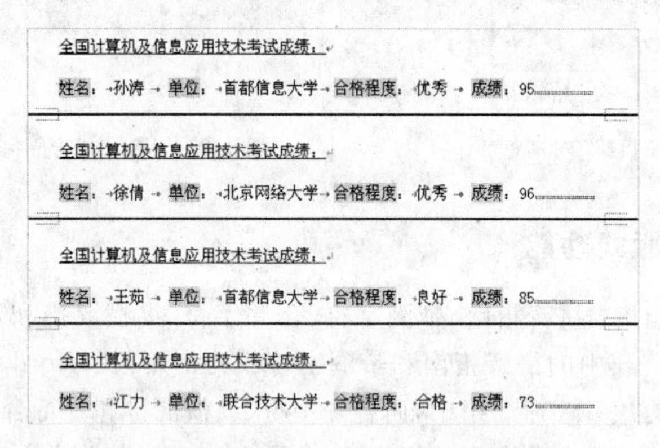
全国计算机及信息应用技术考试成绩：

姓名：孙涛　单位：首都信息大学　合格程度：优秀　成绩：95

全国计算机及信息应用技术考试成绩：

姓名：徐倩　单位：北京网络大学　合格程度：优秀　成绩：96

全国计算机及信息应用技术考试成绩：

姓名：王茹　单位：首都信息大学　合格程度：良好　成绩：85

全国计算机及信息应用技术考试成绩：

姓名：江力　单位：联合技术大学　合格程度：合格　成绩：73

图4.89　执行邮件合并后生成的文档

利用邮件合并功能一般要创建一个主文档，存放共同的内容和格式信息，如图4.90所示；再选择创建一个新列表来存放要合并到主文档中那些变化的内容，如图4.91所示。

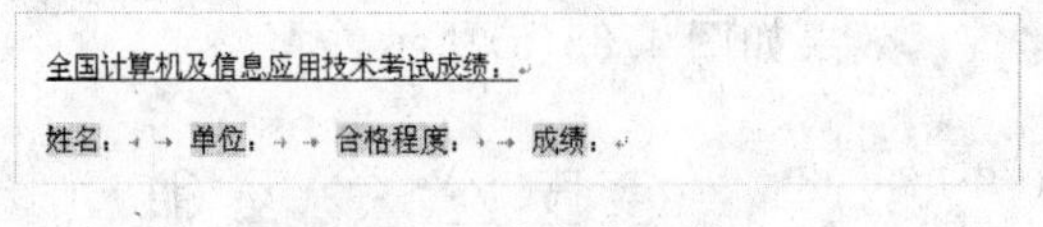
全国计算机及信息应用技术考试成绩：

姓名：　单位：　合格程度：　成绩：

图4.90　主文档文件

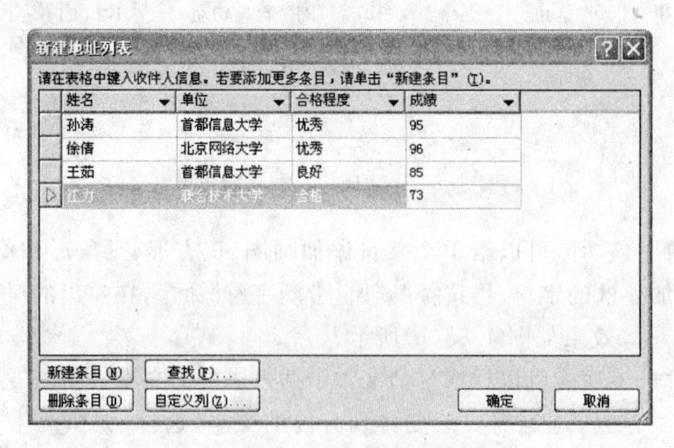

姓名	单位	合格程度	成绩
孙涛	首都信息大学	优秀	95
徐倩	北京网络大学	优秀	96
王茹	首都信息大学	良好	85
江力	联合技术大学	合格	73

图4.91　数据源文件

邮件合并的步骤是：

(1) 打开文档，然后选择“邮件”选项卡，如图 4.92 所示。该选项卡中共包括 5 个工具组，从左到右依次是：创建、开始邮件合并、编写和插入域、预览结果、完成。其中“创建”组包括中文信封、信封和标签 3 个按钮，“开始邮件合并”组包括开始邮件合并、选择收件人、编辑收件人列表 3 个按钮，“编写和插入域”组包括突出显示合并域、地址块、问候语、插入合并域、规则、匹配域、更新标签共 7 个按钮，“预览结果”组包括预览结果、预览记录、查找收件人、自动检查错误 4 个命令，“完成”组仅含完成并合并 1 个命令。

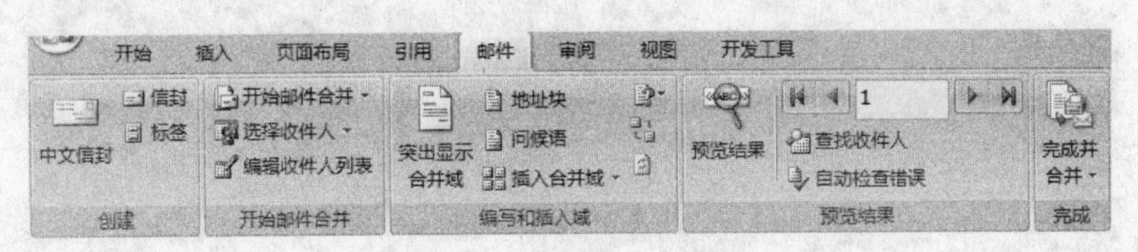

图 4.92 “邮件合并”工具栏

(2) 单击“开始邮件合并”按钮，在下拉列表中选择“信函”按钮，如图 4.93 所示。

(3) 单击“选择收件人”选择“键入新列表”，在弹出的对话框中单击下方的自定义列，删除原有字段名，然后按顺序添加新的字段名，如图 4.94 所示。如果之前已经保存好了数据源文件(二维表格形式)，则可单击“选择收件人”中的“使用现有列表”，在磁盘中找到数据源文件，并打开。

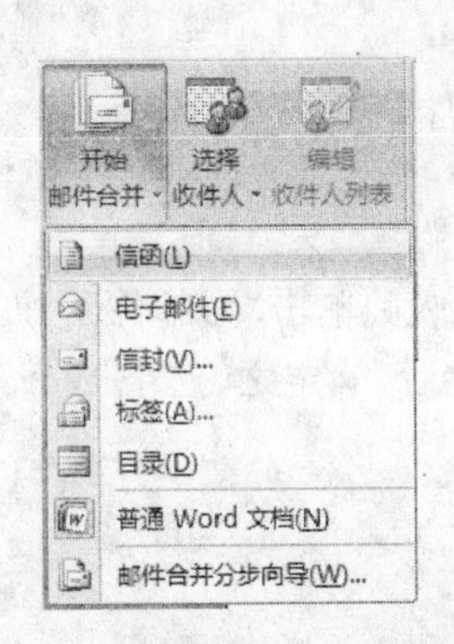

图 4.93 “开始邮件合并”下拉列表

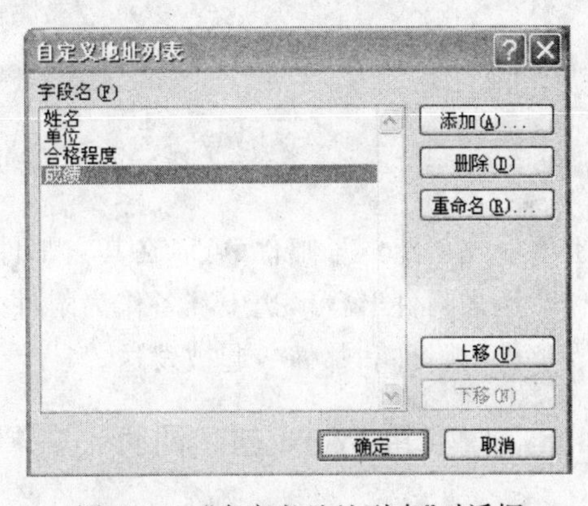

图 4.94 “自定义地址列表”对话框

(4) 插入合并域。在主文档中，将插入点定位在要插入可变内容(即“域”)的位置，单击“插入合并域”按钮，从下拉列表中选择合适的“域”，然后逐步插入所有需要的“域”，结果如图 4.95 所示。

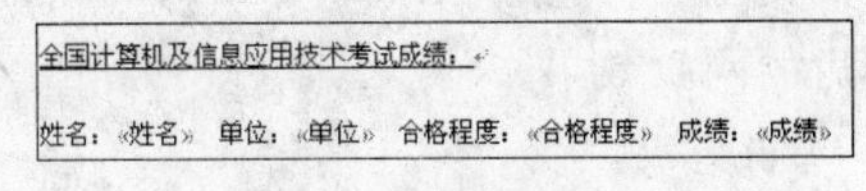

图 4.95 插入“域”后的主文档

(5) 查看合并数据并执行合并 单击工具栏的“查看合并数据”按钮，可查看合并数据的效果，还可以利用工具栏的记录定位钮查看所有的合并数据效果。最后单击工具栏的“合并到新文档”按钮执行合并，保存合并后的文档，隐藏页面空白后可看到图 4.89 的效果。

4.8.6 利用 Word 创建和发送电子邮件

在 Word 中，可以直接将一个已编辑的文档作为附件发送电子邮件。方法是：点击 Office 按钮，在“发送”中选择“电子邮件”，将出现如图 4.96 所示的窗口，编辑收件人并填写邮件正文并单击“发送”按钮，即可完成邮件操作。

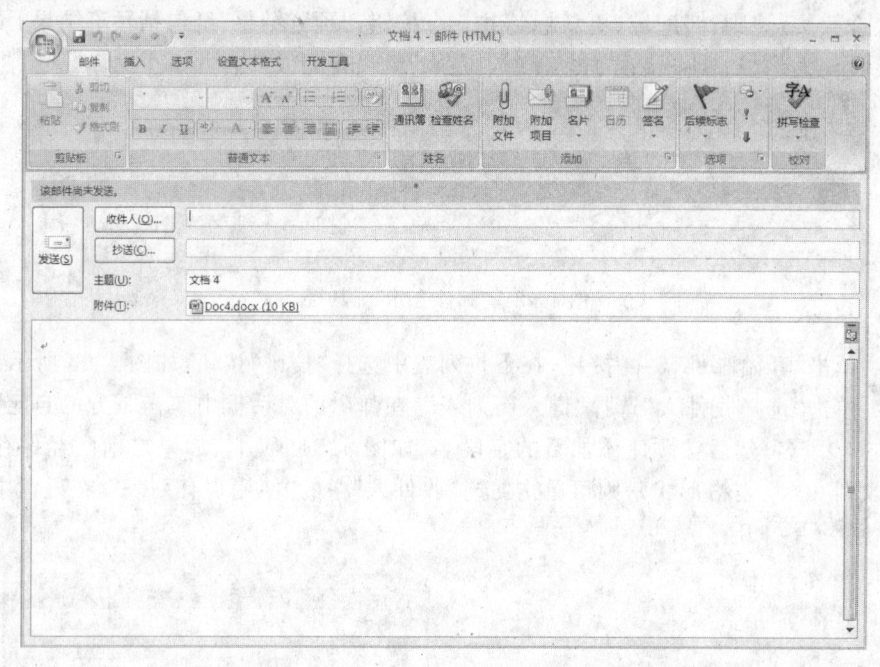

图 4.96　Word 邮件编辑窗口

也可以先创建电子邮件(可以在其它邮件生成器中)，然后单击“为邮件附加文件”按钮，出现“插入附件”窗口，选中准备作为附件的 Word 文件后，确定之，这个 Word 文件将会作为邮件的附件和邮件一起被发送。

4.8.7 利用 Word 创建网页

利用 Word 2007 创建网页很方便，只要将编辑的文档保存为 html 格式即可。操作方法为：在 Office 按钮中选择“另存为|其它格式”命令，在“另存为”对话框中选择保存文件的类型为“网页(*.htm；*.html)”即可。在文档中选择 Web 版式视图可以预览到转换后的网页效果。

4.9 文件打印

4.9.1 打印预览

选择“Office 按钮|打印|打印预览”命令，可预览打印输出的效果。这时，将出现打印预览窗口，顶端的选项卡会自动调节成“打印预览”选项卡，如图 4.97 所示，其中有 4 个工

具组，分别是：

图 4.97 “打印预览”窗口

(1) “打印”工具组　包括“打印”和“选项”2 个按钮。“打印”可用于立即执行文档打印，但使用此按钮前应选择好打印机并做好打印前的准备和设置。“选项”可以对图形、背景色、隐藏文字等设置是否打印。

(2) “页面设置”工具组　包括“页边距”、“纸张方向”和“纸张大小”3 个按钮，即可以对页面的页边距、纸张方向和大小进行设置。单击右下角的箭头可以调出“页面设置”对话框对页面进行详细设置。

(3) “显示比例”工具组　包括“显示比例”、“100%”、“单页”、“双页”和“页宽”5 个按钮。“显示比例”可选择按不同的百分比预览页面，“100%”可将显示文档缩放为正常的 100%，“单页”表示以单页方式预览打印效果，“多页”按用以确定窗口一次预览的页数，“页宽”可以使文档页面宽度与窗口宽度一致。

(4) “预览”工具组　包括“显示标尺”、“放大镜”、“减少一页”、“上一页”、“下一页”和“关闭打印预览”6 个按钮。“显示标尺”可决定显示或不显示当前页的水平标尺，单击“放大镜”按钮后，单击某页可放大显示此页及全文，在页面上再单击可恢复原显示比例，取消“放大镜”按钮的选择，可以在打印预览视图中编辑文档，“减少一页”可以尝试通过略微缩小文本大小和间距将文本缩减一页，“上一页”和“下一页”可以选择定位到文本的上一页或下一页，“关闭打印预览”用于退出打印预览状态，返回文档的原编辑状态。

4.9.2 执行打印命令

选择“Office 按钮|打印|打印”将出现图 4.98 所示的“打印”对话框。

1. 选择打印机　一台计算机中可能安装了多种打印机的驱动程序，在系统“控制面板”的打印机程序中，也可能未将当前连接的打印机“设为默认值”，因此在“打印”对话框

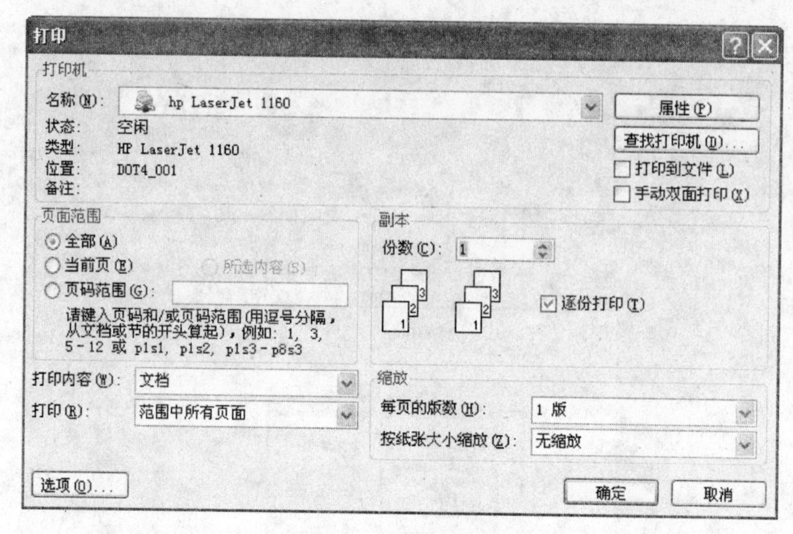

图 4.98 “打印”对话框

中，首先应进行打印机的选择和属性设置。打印对话框有打印机栏，单击此栏中的“名称”列表框的向下箭头，从弹出的列表中选择特定的打印机；再单击此栏中的“属性”按钮，对打印机的属性进行设置。打印机属性中可以设定打印的质量，打印方向，黑白、彩色选择，纸张来源，每张纸打印的页数等。

如果需要的打印机没有出现在列表中，则需要从“开始”菜单或从 Windows 的“控制面板|打印机和传真|添加打印机”，执行添加打印机的操作。

2. 进行打印的有关设置 在打印对话框中，可以对打印份数、页面范围、打印内容、缩放情况等作有关的设置。单击左下角的“选项”按钮还可以对文档附加信息的打印等项目进行设置。最后单击“确定”按钮可开始打印。

习 题 4

4.1 思考题

1. 借助 Office 的帮助功能了解 Office 和 Word 的功能。
2. Word 窗口有哪些主要组成元素？“功能区”包括哪些常用“选项卡”？
3. 如何自定义“快速访问工具栏”？
4. 如何利用滚动条逐行、逐屏或到文首、文尾查看文档？
5. 在 Word 中执行命令有哪些不同方式？选定文本块的方法有哪些？
6. 字符(或段落)格式设置的含义是什么？如何进行字符(或段落)格式的设置？
7. Word “开始”选项卡“剪贴板”功能区中的“复制”和“剪切”有何区别？如何实现选定文本块的长距离移动或复制？
8. Word 提供了几种视图方式，它们之间有何区别？
9. 在 Word 文档的排版中使用“样式”有何优越性？
10. 什么是模板？如何使用模板？
11. 简述在 Word 文档中插入图形，并实现文绕图的方法。

4.2 选择题

1. 当前使用的 Office 应用程序名显示在(　　)中。

(A) 标题栏　(B) 状态栏　(C) 功能区　(D) 工作区

2. 在 Word 中可以通过(　　)下的命令打开最近打开的文档。

(A) Office 按钮　(B) 开始选项卡　(C) 引用选项卡　(D) 插入选项卡

3. 在 Office 应用程序中欲作复制操作,首先应(　　)。

(A) 定位插入点　(B) 按 Ctrl+C 键　(C) 按 Ctrl+V 键　(D) 选定复制的对象

4. 在 Word 编辑状态中,只显示水平标尺的视图是(　　)视图方式。设置了标尺,可同时显示水平和垂直标尺的视图是(　　)视图方式。提供"所见即所得"显示效果的是(　　)视图方式。贴近自然阅读习惯的是(　　)视图方式。

(A) 阅读版式　(B) 大纲　(C) 页面　(D) 普通

5. 在 Word 中每一页都要出现的基本内容一般应放在(　　)中。

(A) 文本框　(B) 脚注　(C) 第一页　(D) 页眉/页脚

6. 为 Word 设计的某份技术文档快速生成文档目录,可使用(　　)命令。

(A)"引用|目录"　(B)"开始|目录"　(C)"视图|目录"　(D)"插入|目录"

7. 使 Office 按钮中的"新建"命令新建的 Word 文档的默认模板是(　　)模板。

(A) 空白文档　(B) 新建博客文章　(C) 书法字帖　(D) 其它

8. 在 Word 中,执行"复制"命令后(　　)。

(A) 选定内容被复制到插入点　(B) 选定内容被复制到剪贴板

(C) 插入点所在段落被复制到剪贴板　(D) 鼠标指针指向段落被复制到剪贴板

9. Word 提供的 5 种制表符是:左对齐式制表符、右对齐式制表符、居中式制表符、小数点对齐式制表符和(　　)。

(A) 横线制表符　(B) 图形制表符　(C) 斜线制表符　(D) 竖线对齐式制表符

10. Word 中的标尺不可以用于(　　)。

(A) 改变左右边界　(B) 设置首字下沉

(C) 改变表格的栏宽　(D) 设置段落缩进或制表位

11. 表格操作时,可用 Word 的(　　)选项卡中的命令改变表中内容的垂直方向对齐方式。

(A) 布局　(B) 设计　(C) 视图　(D) 开始

12. 使用标尺左端的正三角形标记按钮,可使插入点所在的段落(　　)。

(A) 悬挂缩进　(B) 首行缩进　(C) 段落左缩进　(D) 段落右缩进

13. 在 Word 中,按 Enter 键将产生一个(　　),按 Shift+Enter 键将产生一个(　　)。

(A) 分节符　(B) 分页符　(C) 段落结束符　(D) 逻辑换行符

14. 在 Word 中,若已有页眉内容,从正文编辑状态再次进入页眉区只需双击(　　)就可以。

(A) 功能区　(B) 状态栏　(C) 页眉区　(D) 标题栏

15. 在 Word 中,用新的名字保存文件应(　　)。

(A) 选择"Office 按钮|另存为"命令　(B) 选择"Office 按钮|保存"命令

(C) 单击快速访问工具栏的"保存"按钮　(D) 复制文件到新命名的文件中

16. 在 Word 中,要显示或隐藏"文档结构图",应使用(　　)选项卡中的命令。

(A) 开始　(B) 视图　(C) 插入　(D) 开发工具

17. 在 Word 中,进行字体设置后,按新设置显示的文字是(　　)。

(A) 插入点所在行的所有文字　(B) 插入点所在段落的所有文字

(C) 文档中被选定的文字　(D) 文档中的全部文字

18. 在 Word 中，可以利用(　　)上的各种元素，很方便地改变段落的缩排方式，调整左右边界，改变表格列的宽度和行的高度。

(A) 标尺　　(B) 段落　　(C) 样式　　(D) 显示比例

19. 插入点位于某段落的某个字符前时，从"开始"选项卡的"样式"组中选择了某种样式，这种样式将对(　　)起作用。

(A) 该字符　　(B) 当前行　　(C) 当前段落　　(D) 所有段落

20. 利用鼠标选定一个矩形区域的文字块时，需先按住(　　)键。

(A) Alt　　(B) Shift　　(C) Enter　　(D) Ctrl

4.3 填空题

1. 为利用 Word 帮助功能，可以从功能区选择________按钮；也可按功能键________。

2. 为使文档显示的每一页面都与打印后的相同，即可以查看到在页面上实际的多栏版面、页眉和页脚以及脚注和尾注等，应选择的视图方式是________。

3. 将命令添加到快速访问工具栏，需要调出________对话框。

4. 创建一个新文档，可以用鼠标单击________按钮，选择________命令。

5. 文本区的左边的空白区域，可以用于快捷选定文字块，在此区中鼠标指针向________(右/左)倾斜。

6. 设置打印纸张的大小，可以使用________选项卡的________命令。

7. 替换文档中的文字可以应用________选项卡________组中的"替换"按钮。

4.4 上机练习题

注：本章上机练习建立的所有文件均需保存到名为 Wordlianxi 文件夹中。

1. Word 编辑窗口的认识，文档的建立与保存。

练习目的：

(1) 熟悉 Word 编辑窗口的各种要素。

(2) 掌握新建和保存 Word 文档的方法。

练习内容：

(1) 用多种方法启动和退出 Word。

【Word 上机练习题 1 样文】

第 4 章　文字处理软件 Word 2007 ↵ ———— 第4章是一级标题
4.1　办公集成软件 Office 基本知识↵ ———— 4.1是二级标题
4.1.1　Office 2007 和 Word 2007 简介↵ ———— 4.1.1、4.1.2是三级标题
Office 是微软公司开发的办公集成软件。早期 Office 主要包含 Word、Excel、PowerPoint、Outlook 等应用软件，之后逐渐增加新的成员，如数据库程序 Access、新闻稿/海报编辑程序 Publisher 等。新的 Office 版本不断在先前版本的基础上增加和完善功能，使其达到一个新的高度。↵
Office 的家族成员有 Windows 应用程序的共同特点，如易学易用，操作方便，有形象的图形界面，有方便的联机帮助功能，提供实用的模板，支持对象链接与嵌入(OLE)技术等。↵
4.1.2　Office 成员简介 ↵
1. Word——办公自动化中最常用的应用程序↵ —— 1、2、3等是四级标题
它主要用于日常的文字处理工作，如编辑信函、公文、简报、报告、学术论文、个人简历、商业合同等，具有各种复杂文件的处理功能，它不仅允许能以所见即所得的方式完成各种文字编辑、修饰工作，而

且很容易在文本中插入图形、艺术字、公式、表格、图表以及页眉页脚等元素。↵

3. PowerPoint——幻灯演示文稿制作程序。↵

它制作的幻灯演示文稿中可以包含文字、数据、图表、声音、图像以及视频片段等多媒体信息，广泛用于学术交流、教学活动、形象宣传和产品介绍等。设计得当，可以获得极为生动的演示效果。↵

2. Excel——专为数据处理而设计的电子表格程序↵

它允许人们在行、列组成的巨大空间中轻松地输入数据和计算公式，实现动态计算和统计。该程序还提供了大量用于统计、财会等方面的函数。↵

(2) 熟悉 Word 窗口的各种组成元素。

① 浏览各选项卡中的命令。

② 点击 Office 按钮，浏览其中的命令；选择“Word 选项”，浏览其中的命令，并练习添加到“快速访问工具栏”。

③ 熟悉“常用工具栏”和“格式工具栏”的各个命令按钮。

④ 隐藏标尺，再令其显示。

操作提示：显示/隐藏标尺，可使用“视图”选项卡中的相应命令。

(3) 利用 Word 新建文档并保存。

① 启动 Word 后，对具有临时名“文档×”的文档立即执行保存操作，保存到 Wordlianxi 文件夹中，命名为 WLX1. DOCX。

② 在文件 WLX1. DOCX 中，参考【Word 上机练习题 1 样文】输入内容（注意：样文中的“↵”指段落结束符，无须输入；“4.1 是二级标题”等是标注内容，也不要输入）。

操作提示：输入过程不使用 Word 的“编号”功能，尽可能使用插入、删除、修改等基本的编辑操作；并经常执行“保存”操作。

(4) 继续熟悉 Word 窗口的各种要素。

① 取不同视图方式，观察文档的显示状态有何不同。

② 放大和缩小文档的显示比例。

③ 保存文件，退出 Word。

2. 文件的打开、另存，以及查找、替换与字块的操作。

练习目的：

(1) 掌握打开文件和另存文件的方法。

(2) 掌握查找、替换操作和字块的操作。

练习内容：

(1) 打开已存在的 Word 文档，并练习“Office 按钮|另存为”文件。

① 启动 Word 后，使用“Office 按钮|打开”命令打开上机练习 1 中保存的 WLX1. DOCX 文件。

② 使用“Office 按钮|另存为”命令，将文件另存为 WLX2. DOCX。

(2) 练习字块操作和查找替换操作。

① 在文件 WLX2. DOCX 中练习文字块的各种选定操作。

② 将样文 1 中的最后两段内容移动到“3. PowerPoint……”段落的前面。

③ 使用替换功能，将文件 WLX2. DOCX 中的“Office”全部替换为“MS-Office”，同时要求用替换功能，使替换后的文本具有加粗、倾斜、蓝色的格式。

3. 页面设置、字符和段落格式的设置等排版的初步操作。

练习目的：

练习页面设置、字符和段落格式的设置，了解排版操作。

练习内容：

(1) 在 Wordlianxi 文件夹中，新建 WLX3. DOCX 文件，参考本章【例 4.1】即图 4.39 输入唐代名作《陋室铭》。

(2) 参考图 4.40，完成页面和格式设置。最后保存文件。

4. 排版操作练习继续：字符和段落格式的各种设置。

练习目的：

掌握字符和段落格式的各种设置等排版操作。

练习内容：

(1) 在 Wordlianxi 文件夹中，新建 WLX4. DOCX，参考图 4.19 多栏图文混排文档例输入内容。

(2) 进行可能的格式设置(页眉、脚注、艺术字、图文混排等可留待以后练习)。最后保存文件。

5. 制表位的设置和使用等练习。

练习目的：

(1) 练习制表位的设置和使用。

(2) 了解 Word 的目录和索引功能的使用。

(3) 了解“样式”、“模板”的概念和使用。

【Word 上机练习题 5 样文】

品名	单价	数量	金额
计算机	8697	5	43485.00
洗衣机	2789.00	3	8367.00
电热水器	1580.00	2	3160.00
吹风机	256.5	5	1282.50

练习内容：

(1) 设置和使用制表位

① 在 Wordlianxi 文件夹中，建立 WLX51. DOCX，先输入【Word 上机练习五样文】中的文字内容(注：每行字符间先不要加空格)。

② 选中 5 段文字，作如下制表位的设置：在 1.3 厘米和 7.5 厘米处分别设左对齐和右对齐制表位；在 4.8 厘米和 10 厘米处分别设小数点对齐制表位。

③ 参照【Word 上机练习题 5 样文】，对文件中的几个段落，应用制表位。

操作提示：用 Tab 键来分隔文字。

(2) 使用 Word 提供的“标题 1～标题 9”样式，并利用样式生成目录。

① 打开 Wordlianxi 文件夹中的 WLX2. DOCX，另存为 WLX52. DOCX，仍保存在 Wordlianxi 文件夹中。参考【Word 上机练习题 1 样文】所标注，对文件中的三级标题分别使用 Word 提供的“标题 1”样式～“标题 3”样式。

② 再利用 Word 的目录生成功能，尝试在文首插入目录。

操作提示：可以使用“引用|目录”命令生成目录。

(3) 使用模板，创建一个“个人简历”。要求：样式选“表格型”；类型选“条目型”；必选栏目有应聘职位、学历、奖惩、兴趣爱好、工作经验；可选栏目有技能、证书等。

提示步骤：

① 选择“文件|新建|已安装的模板|中庸简历|创建”命令；

② 然后根据文档中的提示输入相应的内容，快速生成一个个人简历，并将其命名为 WLX53.DOCX，保存在 Wordlianxi 文件夹中。

6. 表格的制作与处理。

练习目的：

练习表格制作与处理，练习简单的表格计算。

练习内容：

(1) 在学生文件夹下的 Wordlianxi 文件夹中新建 WLX6.DOCX 文件，参考【Word 上机练习题 6 样表 1】，制作表格。

【Word 上机练习题 6 样表 1】

201× ～201× 第　学期课程表

星期 节		周一	周二	周三	周四	周五
上午	1～2 节					
	3～4 节					
下午	5～6 节					
	7～8 节					
晚						

(2) 在 WLX6.DOCX 文件中，参考【Word 上机练习题 6 样表 2】，完成表格制作，计算“合计”项。

操作提示：计算“合计”项，可选择“布局|公式”命令。

(3) 就上述表格，制作两个图表，一是计算机硬件各季度数据比较；二是三季度各项目数据比较。

【Word 上机练习题 6 样表 2】

信息技术市场前三季度各项比较　　（×××地区）

季度 项目	一季度	二季度	三季度
计算机硬件	81.6	86.4	90.2
计算机软件	36.8	40.0	50.0
计算机服务	68.7	73.6	80.5
通　　信	59.5	78.1	110.6
合　　计			

7. Word 文档中各种对象的插入。

练习目的：

掌握在 Word 文档中插入各种对象。

练习内容：

参考【Word 上机练习题 7 样文】，插入文本框和艺术字。文本框的文字内容为“祝您健康”和“环保词典”；艺术字内容为“人与大自然”。

【Word 上机练习题 7 样文】

8. 分栏和首字下沉等练习。

练习目的：

(1) 练习分栏和首字下沉。

(2) 练习“英文拼写检查”功能的使用以及“项目符号”和“编号”的使用。

练习内容：

(1) 继续练习分栏和首字下沉。

① 在 Wordlianxi 文件夹中，新建 WLX81. DOCX 文件，参考【Word 上机练习题 8 样文 1】输入内容，作等宽分栏操作，撤消分栏操作，再练习不等宽、加分隔线的分栏操作。

② 对其中的一段作“首字下沉”操作。

【Word 上机练习题 8 样文 1】

计算机系统的组成

计算机系统包括硬件系统和软件系统。硬件系统指所有那些有形的部件，即所有的实际装置，这些看得见摸得着的实际装置也称为硬件或硬设备。相对而言，软件系统中的软件则是“看不见摸不着”的程序和数据，以及由各种各样的程序所设计所提供的使用计算机的技术。不携带任何软件的计算机称“裸机”，裸机上只能运行机器语言编写的程序，计算机所蕴藏的巨大功能将无法得到发挥。

软件是计算机系统的灵魂；硬件是软件建立和依托的基础。硬件和软件的关系，常被比喻为算盘和运算口诀或汽车和驾驶技术的关系，更形象可比喻为录音机、录音带和录音带上所录制的各种内容的关系。

(2) 练习英文拼写检查，使用项目符号或编号。

① 在 Wordlianxi 文件夹中，新建 WLX82. DOCX，参考【Word 上机练习题 8 样文 2】，输入内容，进行拼写检查，并使用项目符号

② 对文中的所有段落取消项目符号，再使用“编号”，编号样式为[A]、[B]、[C]等。

【Word 上机练习题 8 样文 2】

✍ Asia is the largest in the continents in the world. It is larger than Africa, Larger than either of the two Americas, and four times as large as Europe.

✍ Asia and Europe form a huge landmass. Indeed Europe is so much smaller than Asia that some geographers regard Europe as a peninsula of Asia.

✍ Many geographers say that the Ural Mountains form the dividing line between Europe and Asia.

Some think differently. But all geographers agree that Asia was once linked to North America. Or, to be more exact, Alaska was at one time connected with the tip of Siberia.

9. 宏与复杂文档的练习。

练习目的:

(1) 练习录制新宏和使用宏。

(2) 练习中文版式功能和邮件合并功能。

(3) 练习制作较复杂的文档。

练习内容:

(1) 练习录制新宏和使用宏。

① 在 Wordlianxi 文件夹中新建文件 WLX91. DOCX,在文件中输入一些内容,并选定部分内容为字块。

② 新建一个名为 XJH1 的宏,并设定可通过 Ctrl+H 键使用该宏,将选定的内容设置为楷体、三号字、紫色。

③ 尝试使用新建的宏。

(2) 练习中文版式功能。

新建文件 WLX92. DOCX,在文件中输入一些内容,练习中文版式的 5 种功能。

(3) 练习邮件合并功能。

分别参照课文中的图 4.92 和图 4.93,新建主文档文件 ZWD. DOCX 和数据源文件 SJY. DOCX,利用 Word 的邮件合并功能,合并主文档和数据源文件,生成新文档 WLX93. DOCX。

(4) 练习制作较复杂的文档。

① 打开 Wordlianxi 文件夹中的 WLX4. DOCX,另存为 WLX94. DOCX,参考图 4.19 多栏图文混排文档例及课程中关于格式、版面设计的介绍,完成格式、版面设置及对象的插入(图片可自选),即完成整个文档的制作,并预览全文。

② 选中 5 段文字,作如下制表位的设置:在 1.3 厘米和 7.5 厘米处分别设左对齐和右对齐制表位;在 4.8 厘米和 10 厘米处分别设小数点对齐制表位。

③ 参照【Word 上机练习题 5 样文】,对文件中的几个段落,应用制表位。

操作提示:用 Tab 键来分隔文字。

第 5 章 电子表格软件 Excel 2007

Excel 2007 中文版是 Microsoft Office 2007 中文版的组成部分,是专门用于数据处理和报表制作的应用程序。Excel 不仅具有强大的数据组织、计算、分析和统计功能,还可以通过图表、图形等多种形式形象地显示处理结果,更能够方便地与 Office 2007 其它组件相互调用数据,实现资源共享。

本章叙述中所提到的 Excel,若未特别说明,均是指 Excel 2007 中文版。

5.1 Excel 2007 概述

5.1.1 Excel 的启动、工作窗口和退出

1. Excel 启动 启动 Excel 最常用的方法是选择"开始|所有程序|Microsoft Office|Microsoft Office Excel 2007"命令。Excel 启动后出现其工作窗口,如图 5.1 所示。

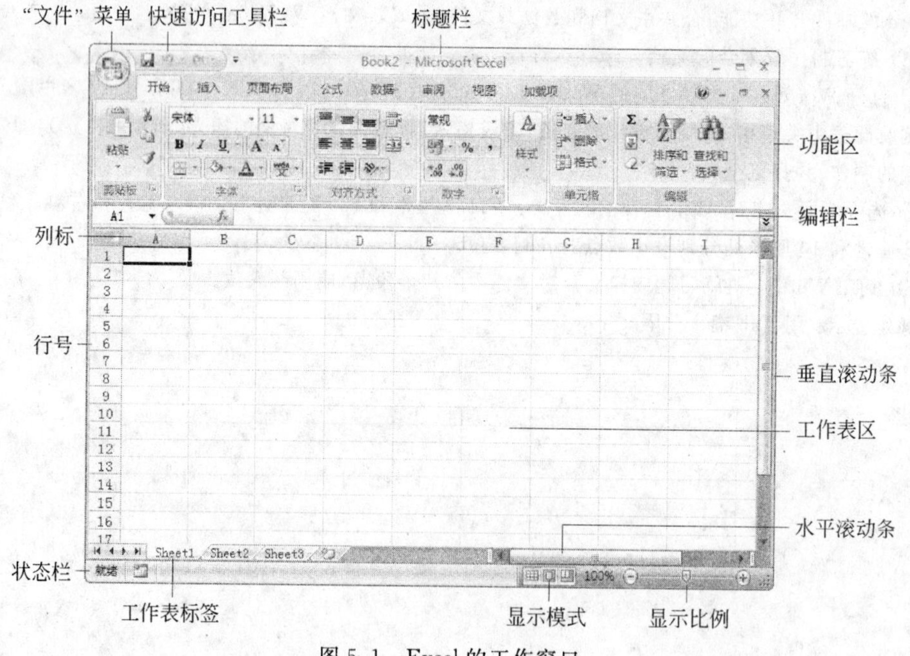

图 5.1 Excel 的工作窗口

2. Excel 的工作窗口

(1) "文件"菜单 可以利用其中的命令新建、打开、保存、打印、共享以及发布工作簿。

(2) 快速访问工具栏 包含最常用操作的快捷按钮,方便用户使用。单击快速访问工具栏中的按钮,可以执行相应的功能。

(3) 标题栏 用于显示当前正在运行的程序名及工作簿名称(如图 5.1 中的

Book2),右侧依次是最小化、最大化和关闭按钮。

(4) 功能区　功能区是 Excel 工作界面中添加的新元素,它将旧版本 Excel 中的菜单栏与工具栏结合在一起,以选项卡的形式列出操作命令。

(5) 编辑栏　左边名称框,显示活动单元格的名称;右边编辑区,显示活动单元格的内容;中间"×"、"√"、"f_x"三个按钮,分别表示取消、输入、函数公式。向单元格输入数据时,可在单元格中输入,也可在编辑区中输入。

(6) 工作表区　占据屏幕的大部分,用来记录和显示数据。

(7) 工作表标签　用来标识工作簿中不同的工作表,以便快速进行工作表间切换。

(8) 状态栏与显示模式　状态栏用来显示当前工作区的状态。Excel 支持 3 种显示模式,分别为"普通"模式、"页面布局"模式与"分页预览"模式。

3. Excel 的退出　退出(关闭)Excel 的方法很多,可选择下面的一种:

(1) 执行"Microsoft Office 按钮|关闭"命令,可以关闭当前工作簿,但并不退出 Excel。若要完全退出 Excel,则执行"按钮|退出 Excel"命令。

(2) 单击标题栏右部的"关闭"按钮 x。

(3) 单击功能区右上角的"关闭"按钮。

(4) 按 Alt+F4 键。

若是新建文档或对原有文档作过改动,关闭前系统会提问是否保存。

5.1.2　Excel 的基本概念——工作簿、工作表和单元格

在 Excel 中,最基本的概念是工作簿、工作表和单元格。

1. 工作簿　一个 Excel 文件就是一个工作簿,其扩展名为. xlsx(早期版本的扩展名为. xls),由一个或多个工作表组成。启动 Excel 后会有默认空白工作簿 Book1,在保存时可重新取名。

一个工作簿就好像一个活页夹,工作表就像其中的一张活页纸。默认情况,一个新工作簿中只含 3 个工作表,名为 Sheet1、Sheet2 和 Sheet3,分别显示在窗口下边的工作表标签中。工作表可增、删。单击工作表标签名,即可对该表进行编辑。

2. 工作表　工作表又称电子表格。一张表就是一个二维表,由行和列构成。

3. 单元格　一张工作表可有 65 535 行和 256 列。列标号由大写英文字母 A,B,…,Z,AA,AB,…,IA,IB,…,IV 等标识,行标号由 1,2,3,…数字标识,行与列交叉处的矩形就称为单元格。简单地说,空白表的每一个方格叫一个单元格,是 Excel 工作的基本单位。一张表可有 65 535×256 个单元格。按所在行列的位置命名,如单元格 B3 就是位于第 B 列和第 3 行交叉处的单元格。若要表示一个连续的单元格区域,可用该区域左上角和右下角单元格行列位置名表示,中间用(英文输入状态下的)冒号":"分隔,例如,"B3:D8"表示从单元格 B3 到 D8 的区域。

单击单元格可使其成为活动单元格,其四周有一个粗黑框,右下角有一黑色填充柄,如图 5.2 所示。活动单元格名称显示在名称框中。只有在活动单元格中方可输入字符、数字、日期等数据。

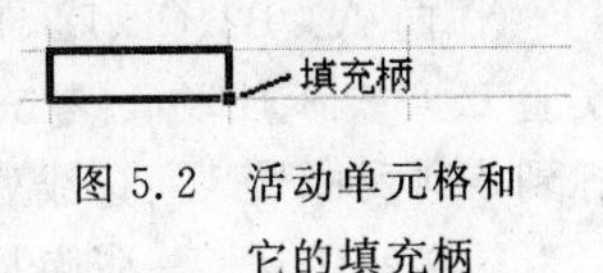

图 5.2　活动单元格和它的填充柄

从上面的叙述中可知，工作簿由工作表组成，而工作表则由单元格组成。

5.2 工作簿的建立和基本操作

5.2.1 工作簿的建立

创建 Excel 新工作簿的常用方法有如下 4 种：

方法一：按前面所介绍的方法运行 Excel 2007，即完成创建新工作簿。

方法二：执行"Microsoft Office 按钮|新建"命令，在"新建工作簿"对话框中单击"创建"按钮，则新建一个空白工作簿。

方法三：执行"|新建"命令，在"新建工作簿"对话框中左栏"已安装的模板"中任意选择一种，单击"创建"按钮，即可在"账单"、"销售报表"、"考勤卡"等各种各样的模板中选取一种模板用于创建新工作簿。

方法四：执行"|新建"命令，在"新建工作簿"对话框中选择左栏的"根据现有内容新建"命令，在"根据现有工作簿新建"对话框中选择需要应用的工作簿文件，单击"新建"按钮，可利用现有 Excel 文件的模板新建工作簿。

5.2.2 工作簿的基本操作

工作簿的基本操作是指对工作簿的保存、打开和关闭。

1. 工作簿的保存 单击"快速访问"工具栏中的"保存"按钮命令可直接保存文件。对新建文件的第一次"保存"或者执行"|保存"命令，系统会提示输入新的工作簿名。

2. 工作簿的打开 使用已有的工作簿前，须先"打开"。执行"|打开"命令，或直接双击创建的 Excel 文件图标，即可打开工作簿。

3. 工作簿的关闭 关闭工作簿的方法有多种，最简单的方法就是直接单击功能区右上角的"关闭"按钮。

5.3 工作表的建立

5.3.1 工作表结构的建立

任何一个二维数据表都可建成一个工作表。在新建的工作簿中，选取一个空白工作表，是创建工作表的第一步。逐一向表中输入文字和数据，就有了一张工作表的结构。

【例 5.1】 根据学生课程成绩数据如表 5.1 所示，建立一张统计学生课程成绩的工作表的结构。一般的操作步骤是：

① 首先把表的标题写在第一行的某个活动单元格中。单击 B1 单元格，即可输入表标题(注意编辑区里出现相同内容)。

② 向 A2，B2，C2、D2、E2、F2、G2 和 H2 输入数据清单的列标题：学号、姓名、实验 1、实验 2、实验 3、实验 4、考试、总成绩。若输入的文字超出了当前的单元格长度，可移动鼠标到该列列标号区右边线处，按下左键并向右拖动合适位置。

这样就建立了一张包括标题及各栏目名称的工作表的结构，如图 5.3 所示。

表 5.1　会计一班计算机基础成绩单

学号	姓名	实验 1	实验 2	实验 3	实验 4	考试	总成绩
2010528121	祁金玉	15	17	22	20	89	
2010528112	周山峰	19	17	22	25	87	
2010528103	祁钊	18	16	17	22	73	
2010528124	高明丽	15	22	18	23	95	
2010528115	李杜珍	22	21	20	19	78	
2010528106	林欢	15	18	22	22	90	
2010528107	王立华	14	16	13	15	50	
2010528128	白红云	19	20	24	21	88	
2010528109	叶丁	13	15	15	17	55	
2010528120	叶晨光	18	19	22	23	92	

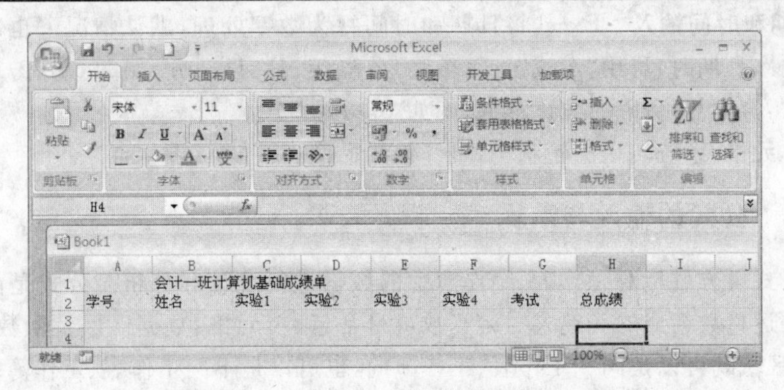

图 5.3　工作表结构

5.3.2　工作表的数据输入

先激活相应单元格，在单元格或编辑区中输入数据即可。若输入数值位数太多，系统会自动改成科学计数法表示。“总成绩”一列空着，留作使用公式计算，如图 5.4 所示。

	A	B	C	D	E	F	G	H
1		会计一班计算机基础成绩单						
2	学号	姓名	实验1	实验2	实验3	实验4	考试	总成绩
3	2010528121	祁金玉	15	17	22	20	89	
4	2010528112	周山峰	19	17	22	25	87	
5	2010528103	祁钊	18	16	17	22	73	
6	2010528124	高明丽	15	22	18	23	95	
7	2010528115	李杜珍	22	21	20	19	78	
8	2010528106	林欢	15	18	22	22	90	
9	2010528107	王立华	14	16	13	15	50	
10	2010528128	白红云	19	20	24	21	88	
11	2010528109	叶丁	13	15	15	17	55	
12	2010528120	叶晨光	18	19	22	23	92	

图 5.4　完成名为“成绩单”的工作表

5.4 工作表的编辑

5.4.1 数字、文字、日期和时间的编辑

Excel 中常见的数据类型有：数字、文本和日期，在输入或使用中略有差异。

1. 数字输入 数值输入默认右对齐。正数输入时可省略“+”号；负数输入时，或者加负号，或者将数值加上圆括号。例如，−6.09 与(6.09)同义。

2. 文本输入 文本指字母、汉字以及非计算性的数字等，默认情况下输入的文本在单元格中以左对齐形式显示。如输入学号 2010528121 等数字形信息时，必须在第一个数字前先输入一个单引号“'”，如'2010528121。

3. 日期和时间输入 Excel 将日期和时间视为数字处理，默认情况下也以右对齐方式显示。输入日期时，可用“/”或“−”(减号)分隔年、月、日部分，如 2002/02/12。输入时间时，可用“:”(冒号)分隔时、分、秒部分，如 10:30:47。

双击单元格，系统转入编辑状态，可作修改操作。

5.4.2 公式的输入与编辑

运用公式可方便地对工作表、工作簿中的数据进行统计和分析。公式是由运算符和参与计算的运算数组成的表达式。运算数可是常量、单元格、数据区域及函数等，其中单元格、数据区域既可以是同一工作表、工作簿的，也可以是不同工作表、工作簿的。

1. 创建公式 输入公式必须以符号“=”开始，然后是公式的表达式。

【例 5.2】 根据表 5.1 所示的数据，统计表中每位学生的总成绩。其中，实验成绩占总成绩的 30%，考试成绩占总成绩的 70%。用两种方式来输入公式：

① 先求“祁金玉”的总成绩。激活单元格 H3，输入公式“=(C3+D3+E3+F3) * 0.3+G3 * 0.7”，按回车键，H3 被自动填入计算结果“84.5”(参见图 5.5)。

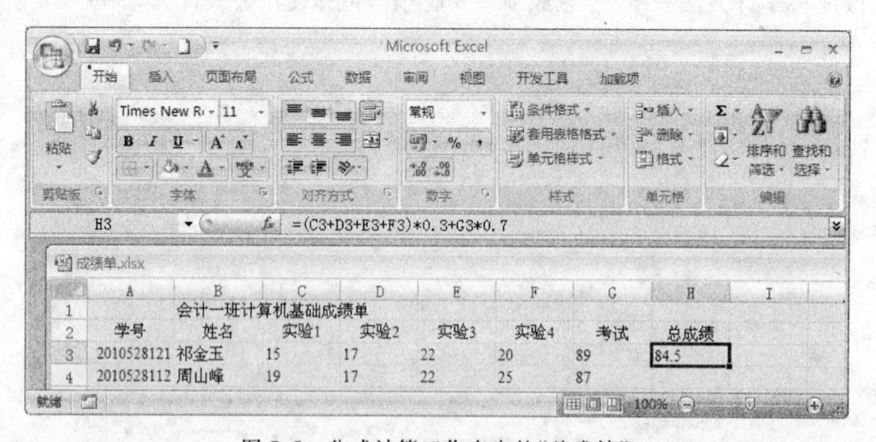

图 5.5 公式计算工作表中的“总成绩”

② 计算“周山峰”的总成绩。激活 H4，输入“=(”符号，单击 C4，输入加号“+”，单击 D4，输入加号“+”，单击 E4，输入加号“+”，单击 F4，输入“) * 0.3+”，单击 G4 单元格，

输入“＊0.7”，系统同样在 H4 单元格中填入了公式“＝(C4＋D4＋E4＋F4)＊0.3＋G4＊0.7”，按回车键，计算结果自动写入到 H4。

③ 上面用了两种不同的方法输入公式。同法求得其他学生的总成绩。

2. 单元格引用 单元格引用是指一个引用位置可代表工作表中的一个单元格或一组单元格。引用位置用单元格的地址表示。如上例公式“＝(C3＋D3＋E3＋F3)＊0.3＋G3＊0.7”中，C3、D3、E3、F3 和G3 就分别引用了工作表第 3 行中 C～G 五列上的五个单元格数据。通过引用，可在一个公式中使用工作表中不同区域的数据，也可在不同公式中使用同一个单元格数据，甚至是相同或不同工作簿中不同工作表中的单元格数据及其它应用程序中的数据。

公式中常用单元格的引用来代替单元格的具体数据，好处是当公式中被引用单元格数据变化时，公式的计算结果会随之变化。同样，若修改了公式，与公式有关的单元格内容也随着变化。引用有三种：相对引用、绝对引用和混合引用。

① 相对引用 即用字母表示列，数字表示行，如“＝(C3＋D3＋E3＋F3)＊0.3＋G3＊0.7”。它仅指出引用数据的相对位置。当把一个含有相对引用的公式复制到其它单元格位置时，公式中的单元格地址也随之改变。例如，计算“高明丽”的总成绩 H6 时，采用将单元格 H3 复制后，粘贴到 H6 上，会看到有公式“＝(C6＋D6＋E6＋F6)＊0.3＋G6＊0.7”的计算结果显示在 H6 中。

② 绝对引用 即在列标和行号前分别加上＄。例如，分别在 J5、J7 中输入实验成绩和考试成绩占总成绩的比例值 30％和 70％，利用绝对引用重新计算“高明丽”的总成绩，即向 H6 中输入“＝(C6＋D6＋E6＋F6)＊＄J＄5＋G6＊＄J＄7”(参见图 5.6 中的编辑区)，其中，＄J＄5、＄J＄7 采用了绝对引用。绝对引用中，单元格地址不会改变。

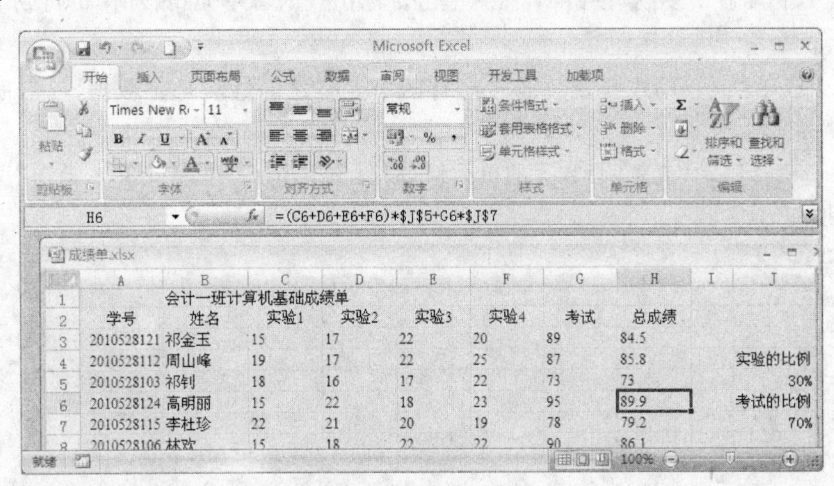

图 5.6 在公式中使用单元格绝对引用

③ 混合引用 在行列的引用中，一个用相对引用，另一个用绝对值引用，如＄E10 或 B＄6。公式中相对引用部分随公式复制而变化，绝对引用部分不随公式复制而变化。

3. 自动求和 自动求和命令是按钮 **Σ** ▾。若对某一行或一列中数据区域自动求和，则只需选择此行或此列的数据区域，单击“自动求和”按钮，求和的结果存入与此行数据区域右侧的第一个单元格中，或是与此列数据区域下方的第一个单元格中。

单击Σ按钮右侧的下三角按钮，可选择求平均值、计数、最大、最小和其它函数等常用公式。

5.4.3 单元格与数据区的选取

Excel中对数据进行操作时，首先要选取有关的单元格或数据区域，其中数据区域可由连续的或不连续的多个单元格数据组成。

1. 单元格的选取 单击要选取的单元格即可。

2. 连续单元格的选取 激活要选区域的首单元格，按下Shift键不动，再单击要选区域末单元格。

3. 不全连续单元格的选定 激活要选区域的首单元格，然后按下Ctrl键不动，再选取其它的单元格或数据区，最后松开Ctrl键。

4. 整行(或整列)的选取 单击要选行的行号(或要选列的列号)。

5. 多行(或多列)的选取 先单击要选的第一行的行号(或列的列号)，按下Ctrl键不动，再选取其它的行号(或列号)，最后松开Ctrl键。

6. 工作表所有单元格的选取 单击表左上角行和列标号交叉处的“全选”按钮。

5.4.4 数据的复制和移动

1. 单元格或数据区的信息移动和复制 首先选取有关的单元格或数据区，单击“剪切”(若是移动)或“复制”按钮，然后单击目标位置的首单元格(可在相同或不同的工作表内)，再单击“粘贴”按钮。

2. 以插入方式移动或复制 若在已有的单元格之间插入选定数据，一般的操作步骤是：

(1) 选定要移动(或复制)数据的单元格，如图5.7所示的“C6:D8”。单击“剪切”(或“复制”)按钮。

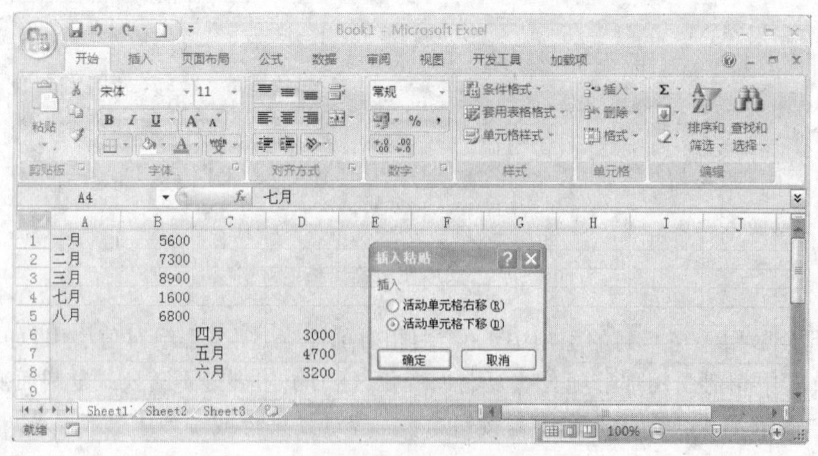

图5.7 在工作表中复制或移动数据区

(2) 单击目标区域的首单元格，如 A4 单元，再选择“插入|插入剪切的单元格(或插入复制的单元格)”命令，打开“插入粘贴”对话框(参见图 5.7)，指出插入操作时周围单元格的移动方向，单击“确定”按钮。

5.4.5 数据填充

对重复或有规律变化数据的输入，可用数据的填充实现。

1. 填充相同数据 要在同一行或同一列中输入相同的数据，只要选中此行或列的第一个数据的单元格，拖动填充柄至合适位置后松开，就得到一行或一列重复数据。

2. 输入序列数据 要在某列上输入序列号如 1,2,3,…，则先输入第一序号，然后按下 Ctrl 键，拖动填充柄，这时在鼠标旁出现一个小“＋”号及随鼠标移动而变化的数字标识，当数字标识与需要的最大序列号相等时，松开 Ctrl 键和鼠标。当输入有序的日期数据时，则拖动填充柄时无须按下 Ctrl 键就可实现有序填充。

填充数据的另一种方法是在单元格中输入初始值，然后以该单元格为起始单元格，选中一系列的行或列，再单击“填充”按钮右侧的下三角按钮，选择 向下(D) 命令，即为填充相同数据，选择 向右(R) 命令，即为填充序列数据。

5.4.6 行、列及单元格的插入

修改工作表数据时，可在表中添加一个空行、一个空列或是若干个单元格，而表格中已有的数据会按照指定的方式迁移，自动完成表格空间的调整。

1. 插入行(列) 在插入新行(列)的位置处选定一整行(列)，或是选定该行(列)上的一个单元格，选择“插入|插入工作表行”或“插入|插入工作表列”命令，新的空行(列)自动插入到原选定行(列)的上面(左侧)。

2. 插入单元格 单击插入点的单元格，选择“插入|插入单元格”命令，打开“插入”对话框，选择插入方式，单击“确定”按钮。

5.4.7 数据区或单元格的删除

删除操作有两种形式：一是只删除选择区中的数据内容，而保留数据区所占有的位置；二是数据和位置区域一起被删除。

1. 清除数据内容 选取要删除数据内容的区域，按 Del 键，或单击“清除”按钮右侧的向下三角按钮，选择“全部清除”或“清除内容”命令，即可清除被选区的数据。

选择“清除”按钮命令后的可选项有：

(1) 全部清除　清除单元格的全部内容和格式。

(2) 清除格式　仅清除单元格的格式，不改变单元格中的内容。

(3) 清除内容　仅清除单元格中的内容，不改变单元格的格式。

(4) 清除批注　仅清除单元格的批注，不改变单元格的格式和内容。

2. 彻底删除被选区 先选取要删除的单元格、行或列，再选择“删除”命令。

5.5 工作表的管理

5.5.1 工作表的添加、删除、重命名等操作

1. 添加工作表 添加工作表的方法有两种：

(1) 选择“插入|插入工作表”命令，新表名称默认为Sheet4。

(2) 右击工作表标签名，在弹出快捷菜单中，选择“插入”命令，打开对话框，选择要添加表的类型即可。

2. 删除工作表 先选定要删除的表标签名。选择“删除|删除工作表”命令，完成删除空白表。若删除的表中包含数据，选择该命令后系统会显示提示。也可选择快捷菜单的“删除”命令删除当前表。

3. 工作表重命名 默认的表名为Sheet1等。为了尽快知道每张工作表中存放的内容，应该为工作表取一个明白易懂的名字。方法是：右击工作表标签名，选择快捷菜单的“重命名”命令(或双击表标签名，当其变为黑底白字时)，输入新的名字，按回车键即可。

5.5.2 工作表的移动和复制

1. 在一个工作簿内移动或复制工作表

(1) 工作表移动 拖动至合适的标签位置后放开。

(2) 工作表复制 选定表，按下Ctrl键，按下左键不放，再拖动合适的标签位置处再放开。

2. 在工作簿之间移动或复制工作表 若要将一个工作表移动或复制到另一个工作簿中，则两个工作簿必须都是打开的。具体操作见例5.3。

【例5.3】 将“学生成绩簿”工作簿中“程序设计”表复制或移动到“会计专业学生成绩簿”工作簿中。一般的操作步骤是：

① 在Excel窗口中同时打开“学生成绩簿”、“会计专业学生成绩簿”两个工作簿。

② 将用于移动或复制的“学生成绩簿”的“程序设计”表作为当前工作表。

③ 选择“格式|移动或复制工作表”命令，打开对话框，如图5.8所示。在“工作簿”列表框中选择用于接收的工作簿名称，即“会计专业学生成绩簿”。若用新的工作簿接受数据，就在“工作簿”列表框中选择“(新工作簿)”。

④ 在“下列选定工作表之前”列表框中选择被复制或移动工作表的放置位置。若要执行复制操作，还要选“建立副本”复选框，否则执行表移动。最后单击“确定”按钮。

若执行的是复制操作，则两个工作簿中分别存有一张“程序设计”工作表。若执行的是移动操作，则 “程序设计”表从一个工作簿张被移出，而转存到另一工作簿中。

5.5.3 工作表窗口的拆分和冻结

工作表窗口拆分和冻结，可实现在同一窗口下对不同区域数据的显示和处理。

1. 拆分工作表窗口和撤消拆分 把工作表当前的活动窗口拆分成几个独立的窗格，

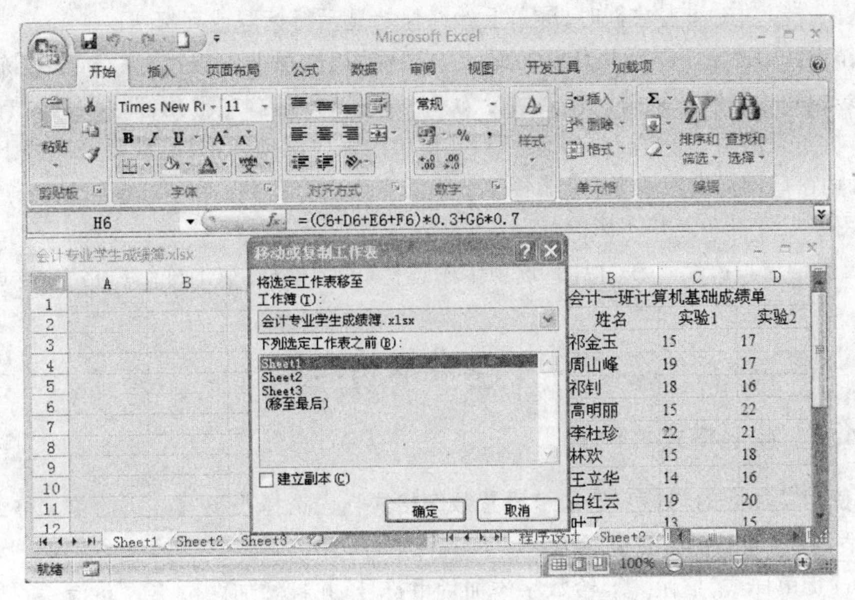

图 5.8　两个工作簿之间移动工作表

在每个被拆分的窗格中都可通过滚动条来显示工作表的每一部分的内容。

(1) 拆分窗口　拆分方法有两种：

① 菜单命令法　选定作为拆分窗口分割点位置的单元格，在“视图”选项卡中单击“拆分”按钮▭，工作表区被分成4个窗格。移动窗格间的两条分隔线可调节窗格大小。

② 鼠标拖动法　在垂直滚动条顶端和水平滚动条右端分别有一个拆分柄，如图5.9所示，分别向下、向左拖动拆分柄，可拆分工作表窗口。

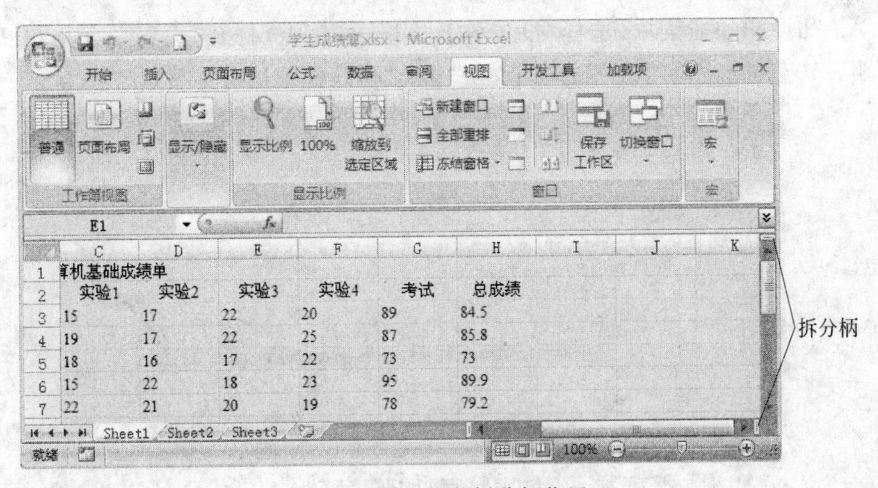

图 5.9　窗口中的拆分柄位置

(2) 撤消拆分窗口　如果已拆分，在“视图”选项卡中再次单击“拆分”按钮即可。

2. 冻结工作表窗格和撤消冻结

(1) 冻结窗格　冻结窗格功能可将工作表中选定单元格的上窗格或左窗格冻结在屏

幕上，从而在滚动工作表数据时，屏幕上始终保持显示行标题或列标题。

操作方法：选定一单元格作为冻结点，在“视图”选项卡中选择“冻结窗格|冻结拆分窗格”命令，系统用两条线将工作表区分为 4 个窗格。这时，左上角窗格内的所有单元格被冻结，将一直保留在屏幕上。滑动 Excel 窗口的纵向滚动条，只能移动分隔线下面两个窗格；滑动窗口的横向滚动条，只能移动分隔线右面两个窗格。

使用冻结窗格功能并不影响打印。

(2) 撤消窗口冻结　在“视图”选项卡中选择“冻结窗格|取消冻结窗格”命令即可。

5.6　工作表格式化

5.6.1　数字格式的设置

1. 使用功能区的“数字”选项卡设置数字格式　先选择要设置格式的单元格或区域，将其激活，然后单击相应的格式按钮。

(1) “货币样式”按钮，给数字添加货币符号，并且增加两位小数。

(2) “百分比样式”按钮%，将原数字乘以 100 后，再在数字后加上百分号。

(3) “千位分隔样式”按，在数字中加入千位分隔符。

(4) “增加小数位数”按钮，使数字的小数位数增加一位。

(5) “减少小数位数”按钮，使数字的小数位数减少一位。

2. 使用菜单命令设置数字格式　通过菜单命令可对数字进行各种格式的设置。一般的操作步骤是：

(1) 选择要设置格式的单元格或区域。

(2) 右击弹出快捷菜单，选择“设置单元格格式”命令，打开“设置单元格格式”对话框，如图 5.10 所示，选择“数字”选项卡，在“分类”列表框中选定类型，如“数值”。

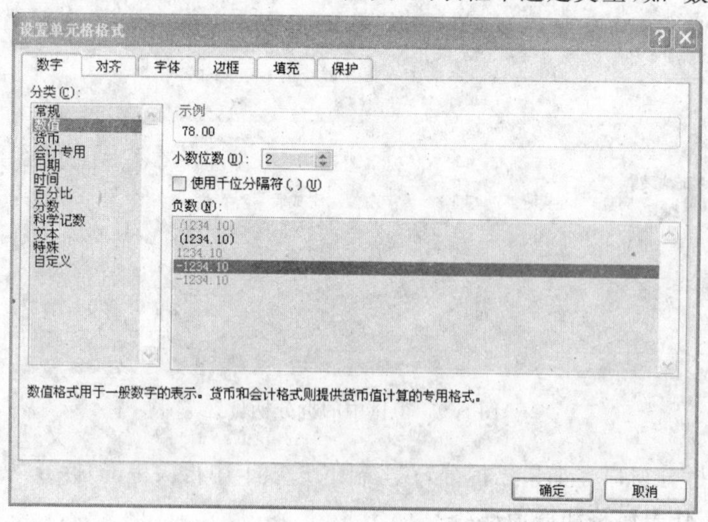

图 5.10　设置“数字”选项卡

（3）还可在对话框内进行详细的设置，最后单击“确定”按钮。

5.6.2 字体、对齐方式、边框底纹的设置

对表格的数据显示及表格边框的格式可进行修饰和调整。方法是：先选定数据区域，选择“格式|设置单元格格式”命令，在打开的对话框中选择不同的选项卡实现。

1. 对齐选项卡 设置表格中字体及文本的对齐方式。默认方式有：文字左对齐、数字右对齐、逻辑值和错误值居中对齐、全部文本靠下垂直对齐。

为使工作表更为美观，可通过此选项卡相应的参数，改变对齐方式。例如：

（1）“缩进”微调框 设置数据从左向右缩进的幅度，单个幅度为一个字符宽度。

（2）“自动换行”复选项 采用自动换行，行数多少取决于列宽和文本长度。

（3）“合并单元格”复选项 可将两个或多个单元格合并为一个单元格。

（4）“方向”区 设置单元格文字或数据旋转显示的角度。

2. “文字”选项卡 设置显示时的字体格式、字体大小、字体颜色及字形等。

3. “边框”选项卡 默认情况下，Excel 并不为单元格设置边框，工作表中的框线在打印时并不显示出来。但在一般情况下，用户在打印工作表或突出显示某些单元格时，都需要添加一些边框以使工作表更美观和容易阅读。

4. “填充”选项卡 使用背景填充为特定的单元格加上色彩和图案，不仅可以突出显示重点内容，还可以美化工作表的外观。

5.6.3 行高和列宽的调整

对表格的修饰除了上述方法外，也可进行手工的简单调整。

1. 调整列宽 系统默认单元格列宽是 72 个像素。若输入的信息超过了宽度，则以多个#字符代替，此时需调整列宽。方法有两种：

（1）精确调整列宽 选定所要调整列宽的列，若选择“格式|自动调整列宽”命令，则系统将列宽自动调整到合适宽度。若选择“格式|列宽”命令，打开“列宽”对话框，可输入适当的列宽值。

（2）粗略调整列宽 将鼠标移向需调整列编号框线右侧的格线上，使鼠标指针变为一个带有左右箭头的黑色十字，按下鼠标并拖动至所需列宽即可。

2. 调整行高 系统默认单元格行高是 19 个像素。若输入数据的字型高度超出高度，则可适当调整行高。方法有两种：

（1）精确调整行高 选定要调整行高的行，选择“格式|自动调整行高”命令，则系统将行高自动调整到合适高度；若选择“格式|行高”命令，打开“行高”对话框，可输入适当的行高值。

（2）粗略调整行高 将鼠标移向所需调整的行编号框线下方的格线上，使鼠标指针变为一个带有上下箭头的黑色十字，按下鼠标并拖动至所需行高即可。

5.6.4 自动套用格式

Excel 内置了一些表格修饰方案，对表格的组成部分定义了一些特定的格式。套用

这些格式，既可美化工作表，也可省去设置和操作过程。

【例 5.4】 根据例 5.2 学生成绩单结果，用自动套用格式进行修饰。一般的操作步骤是：

① 定义要修饰的区域　打开学生成绩单工作表，激活工作表数据区。

② 自动套用格式　选择“套用表格格式”命令，在各种样式中任选一种，确定表数据的来源后，单击“确定”按钮完成设置。

5.6.5 单元格醒目标注的条件格式设置

条件格式是指当给定条件为真时，Excel 自动应用于单元格的格式。

【例 5.5】 根据例 5.2 学生成绩单的结果，对总成绩数据设置条件格式，即当学生的考试分数小于 60 时，用浅蓝色底纹、倾斜、加粗、带下划线的红色数字突出显示，否则使用普通的显示格式。一般的操作步骤是：

① 选定数据区　打开学生成绩单工作表，激活条件格式设定的单元格数据区。

② 设置条件判断值　选择“条件格式|突出显示单元格规则|小于”命令，打开“小于”对话框(参见图 5.11)。在左侧的数值框中填入相应的条件判断值，此例为 60。

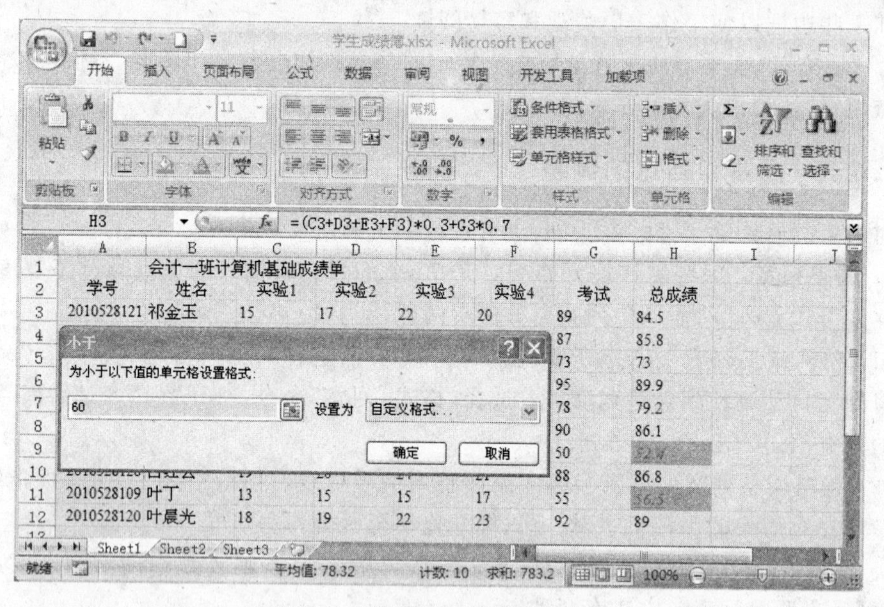

图 5.11　设置“条件格式”对话框

③ 设置标注的形式　在右侧的格式设置中选择“自定义格式”，设置格式为浅蓝色底纹，红色、加粗、倾斜、带下划线的数字，单击“确定”按钮完成设置。

5.7 数据的图表化

制图功能使工作表的数值及相关的关系和趋势，用一幅图或一条曲线描述，使工作表更直观易懂，便于比较和分析。

5.7.1 图表的类型和生成

1. 创建默认的图表工作表 默认图表类型是柱形图,可创建一个与工作表数据相关联的图表,且此图表将绘制在一个新的工作表中。

【例 5.6】 根据例 5.1 成绩单的“考试”数据,绘制其柱形图表。一般的操作步骤是:

① 打开成绩单工作表,选择要创建图表的数据区域,如“姓名”、“考试”两列。

② 按 F11 键,系统自动创建一个独立的工作表存放柱型图表,如图 5.12 所示。

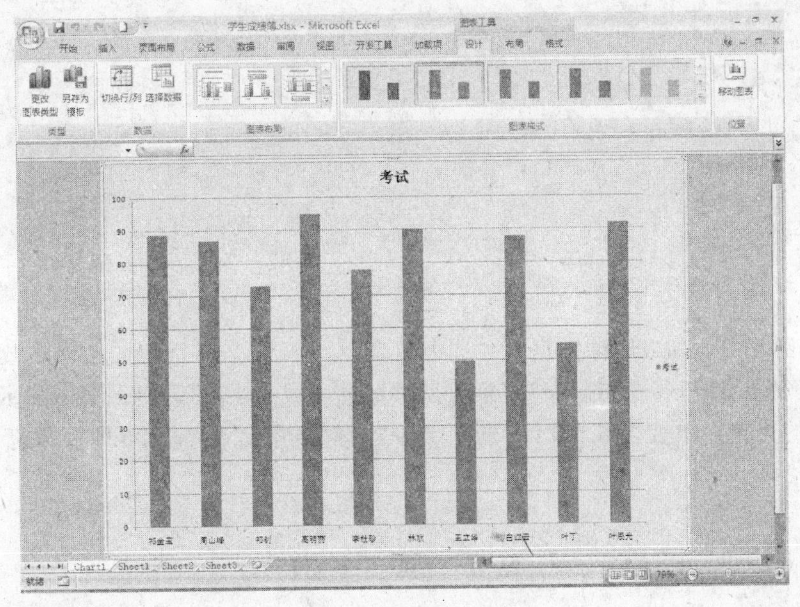

图 5.12 创建图表工作表

2. 使用图表向导创建图表 使用图表向导可创建柱形图以外的图表类型。

【例 5.7】 为在例 5.2 中创建的“会计一班计算机基础成绩单”,绘制有关学生的“总成绩”三维柱形图表。一般的操作步骤是:

① 打开成绩单工作表,选择“姓名”、“总成绩”两列数据。

② 在“插入”选项卡中选择“柱形图”、“折线图”或“饼图”等不同类型的图表,再选择某一种样式,即可将图表嵌入到当前工作表中,如图 5.13 所示。

5.7.2 图表的编辑和修改

1. 编辑图表中的说明文字 选定图表后,会自动打开“图表工具”的“布局”选项卡,在“标签”组中,可以设置图表标题、坐标轴标题、图例、数据标签以及数据表等相关属性,如图 5.14 所示。

2. 调整图表位置及大小 选中图表,其四周出现 8 个图表区选定柄。若在图表区域内按下鼠标拖动,可移动图表到任意位置;若拖动选定柄,则可调整图表大小。

3. 调整图表的类型 选中图表,在“设计”选项卡中选择“更改图表类型”命令,即可重新选定图表类型。

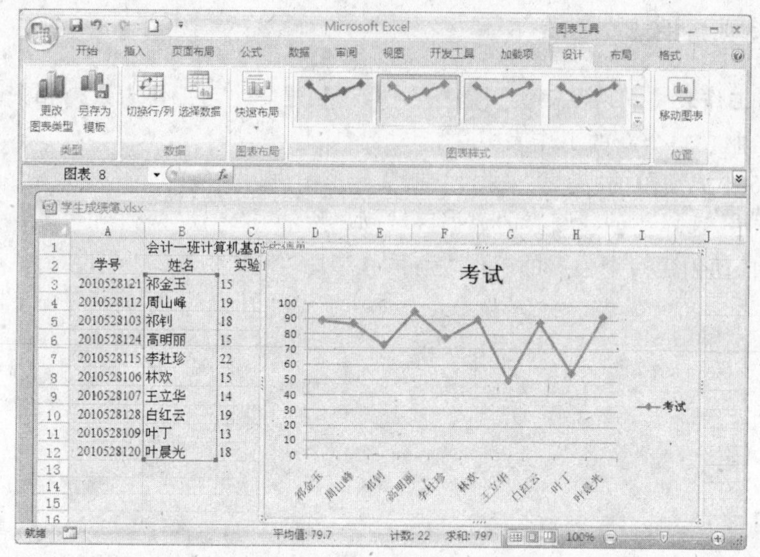

图 5.13 嵌入在工作表中的图表

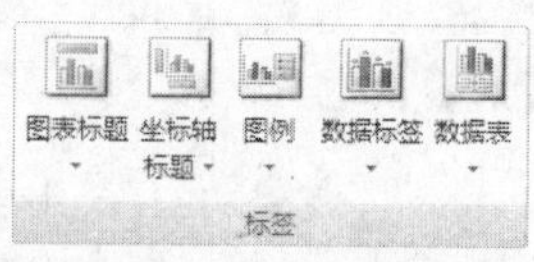

图 5.14 设置图表标签

4. 在图表中添加或删除数据项 选中图表，可看到图表所引用的工作表数据区域分别被带有颜色的线框标注，拖动选定柄可调整数据区域大小，可看到图表中显示的图形随表数据区的变化而改变。在"设计"选项卡中选择"选择数据"命令，即可重新选定数据区域。

5.8 函 数

函数是预定义的内置公式，它处理数据与直接创建公式处理数据的方式相似。例如，使用公式对 3 个单元格中的数据求其平均值，公式形式可为"=(A1,A2,A3)/3"，而用函数 AVERAGE 可写为"=AVERAGE(A1:A3)"，两者运算结果一样。使用函数可减少输入工作量，还可减小输入出错。函数都由函数名和位于其后的一系列参数(用括号括起来)组成，即函数名(参数 1,参数 2,…)。

5.8.1 函数的使用

向公式中插入函数的常用方法：

(1) 单击"公式"选项卡中的"插入函数"按钮 f_x，打开"插入函数"对话框(见图 5.15)，从中选取函数名。例如，选取 MAX。

(2) "插入函数"对话框提供了查找函数的多种办法。例如，可单击"或选择类别"列表框右侧的下三角按钮，打开列表框内容，从中选择函数类型。

若不知道使用什么样的函数，可在"搜索函数"编辑框中输入有关操作目的的文字说明作为搜索关键词(可以是自然语言文字)。例如，输入"求最大数"，并单击"转到"按钮，系统将按照关键词的含义，自动采用智能方式查找相关函数，并在"选择函数"列表框中列出推荐的具有相近统计功能的函数名称，通过对话框下方的简单函数功能说明的描述，选

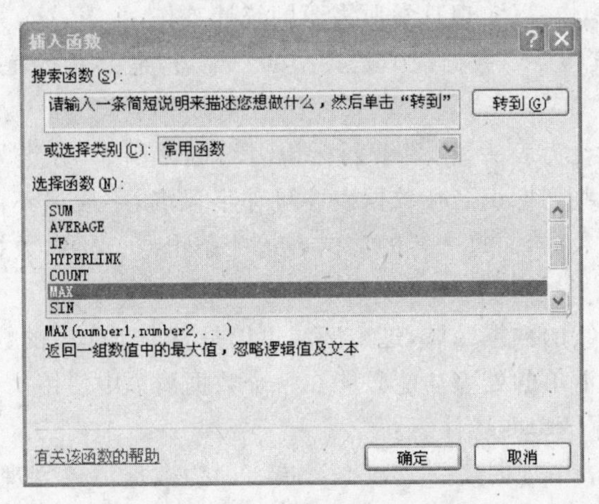

图 5.15 “插入函数”对话框

择需要的函数项。

若对需要使用的函数不太了解或不会使用，可单击对话框下方的“有关该函数的帮助”链接，即可获得该函数的帮助信息和示例描述。

(3) 选中所需函数名后，单击“确定”按钮，打开“函数参数”对话框。显示有函数名称、函数功能、参数的说明，以及函数运算结果等信息。在对话框的 Number1 文本框中设置函数参数数据区的取值范围。若数据区域不止一个，还要向 Number2 中输入数据区范围，甚至定义更多的 Number 项。

5.8.2 常用函数

1. 求和函数 SUM(区域) 对指定区域中的所有数据求总和。

2. 求平均值函数 AVERAGE(区域) 计算出指定区域中的所有数据平均值。

3. 求个数函数 COUNT(区域) 求出指定区域内包含的数据个数。

4. 条件函数 IF(条件表达式,值 1,值 2) 当“条件表达式”的值为真时，取“值 1”作为函数值，否则取“值 2”作为函数值。

5. 求最大值函数 MAX(区域) 求出指定区域中最大的数。

6. 求最小值函数 MIN(区域) 求出指定区域中最小的数。

7. 求随机数据函数 RAND() 求从 0～1 之间平均分布的随机数据。

5.9 数据清单的管理

数据清单的管理一般是指对工作表数据进行如排序、筛选、分类和汇总等的操作。

5.9.1 数据清单的建立和编辑

上面提到的 Sheet 工作表对其行或列数据没有特殊要求。而被称为“数据清单”的工作表的格式则必须具备一些条件，以便用户可以通过“数据清单”对表中的数据进行排序、筛选、分类和汇总等操作，以实现日常所需要的统计工作。

1. 数据清单及其特点 数据清单是典型的二维表，是由工作表单元格构成的矩形区域。它的特点是：

矩形区域的第一行为表头，由多个列标识名组成。例如，分类号、仪器名称、购入日期、价格、型号等。这些列标识名在数据表中称作字段名，字段名不能相同。所以数据清单的列就表示字段的数据，而每一行的数据表示一条记录。所以数据清单是由多条记录组成。

表头标识下是连续的数据区域，这个区域可以是整个工作表的数据，也可以是工作表数据的一部分。数据清单的处理功能只能在一个数据清单中使用。

所以，在创建数据清单时应注意：

(1) 在一个工作表中宜创建一个数据清单。因为数据清单管理功能，如筛选等操作一次只能在一个数据清单中使用。

(2) 若工作表中有多种数据，则数据清单与其它数据间至少须用一列或一行空白单元格隔开。以便对数据清单进行排序、筛选或插入汇总等操作。

在更改数据清单前，要确保隐藏的行或列能全部显示。若清单中的行和列未被显示，说明这些数据有可能会被删除了。

2. 建立一个数据清单

【例 5.8】 建立学生成绩数据清单，字段名为学号、姓名、平时成绩、考试成绩、总成绩。一般的操作步骤是：

① 建立列标识 创建列标识(字段名)，作为在数据清单的第一行，Excel 将使用这些列标识创建报表，并查找和组织数据。

② 输入数据 输入数据时应确保同一列有同类型的数据值。

5.9.2 数据排序

在新建立的数据清单中，数据是依照输入的先后随机排列的。排序功能可根据清单中的一列或多列内容对数据按升序(或降序)排列，或是以自定义方式进行排序。

排序前宜将原始数据区复制到空白区域或另外一个新工作表中，并在新的数据区上排序，以保护原始数据的完整性。

1. 简单排序 首先激活作为排序标准的字段数据中任一单元格，单击“排序和筛选”下的“升序”按钮 或“降序”按钮 ，系统完成排序。

若选择的字段是日期型数据，则系统按照日期值的先后顺序排列。若选择的排序字段是字符型，则按照其 ASCII 码值的大小排列。注意汉字按照其拼音的顺序排列。

2. 用户自定义排序 这是针对简单排序后仍然有相同数据的情况进行的一种排序方式。系统对数清单据首先按照主关键字次序排列，在主关键字字段的数据有重复时，对重复数据又按次要关键字排序，依次类推。

5.9.3 数据筛选

利用筛选操作，能够在访问含有大量数据的数据清单中，只选择显示符合设定筛选条件的数据行，而隐藏其它行。

1. 创建筛选 一般的操作步骤是：

(1) 激活数据清单中的任一单元格，单击“排序和筛选”下的“筛选”命令，数据清单的每个列标题旁出现一个下指箭头，如图 5.16 所示。

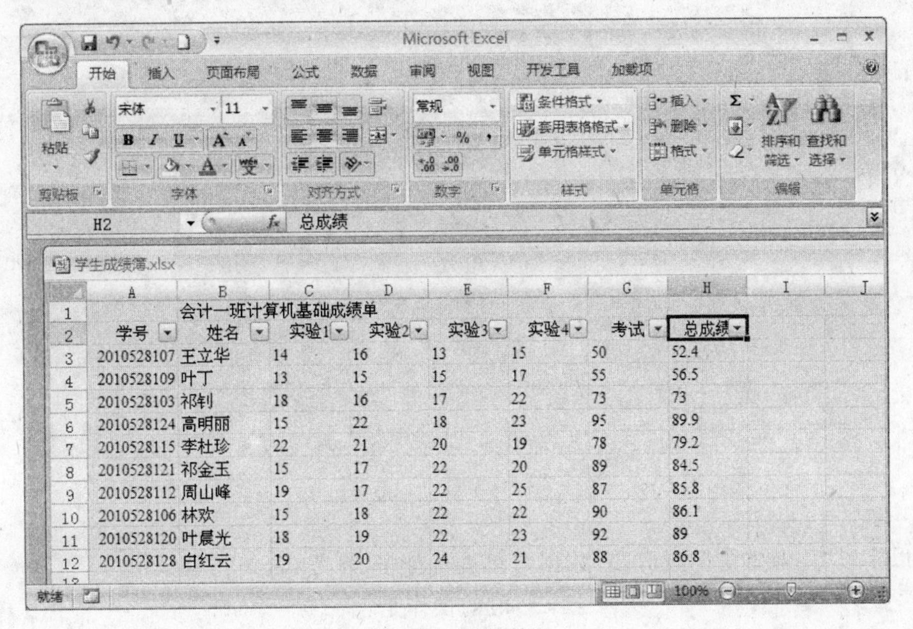

图 5.16 创建筛选

(2) 选择数据清单的某一个字段来设置筛选条件：选一列标题，单击其右侧的下三角按钮，打开下拉列表，选择一项作为筛选数据的标准（还可以打开“自定义自动筛选方式”对话框建立“与”或“或”的筛选条件），选定标准后即执行筛选命令，给出结果。

2. 取消筛选 取消筛选结果的常用方法有两种：

(1) 若要取消对某一列筛选操作结果，单击该列右端的下三角按钮，从弹出的下拉菜单中选择“(全选)”选项，即可恢复全部数据的显示。

(2) 若要取消对所有列所做的筛选操作结果，再次单击“排序和筛选”下的“筛选”命令即可取消筛选。

5.9.4 分类汇总

建立数据清单后，可依据某个字段将所有的记录分类，把字段值相同的连续记录作为一类，得到每一类的统计信息。对数据清单数据进行分析处理时，运用分类汇总功能，可免去一次次输入公式和调用函数对数据进行求和、求平均、乘积等操作，从而提高工作效率。另外，当进行分类汇总之后，还可对清单进行分级显示。

1. 创建分类汇总

【例 5.9】 现在有一份学生基本情况登记表如图 5.17 所示，利用分类汇总显示整个生源情况，并统计各省学生入学成绩平均值。

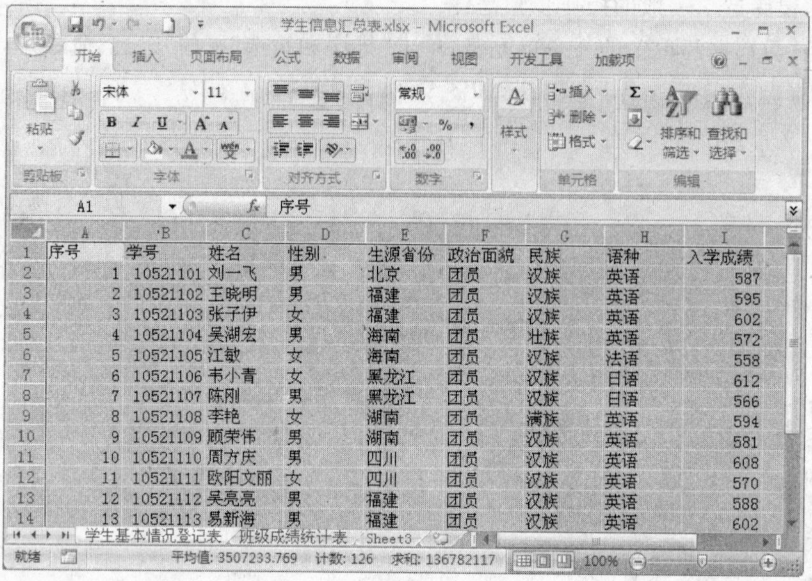

学生信息汇总表.xlsx - Microsoft Excel

开始　插入　页面布局　公式　数据　审阅　视图　开发工具　加载项

A1　序号

序号	学号	姓名	性别	生源省份	政治面貌	民族	语种	入学成绩
1	10521101	刘一飞	男	北京	团员	汉族	英语	587
2	10521102	王晓明	男	福建	团员	汉族	英语	595
3	10521103	张子伊	女	福建	团员	汉族	英语	602
4	10521104	吴湖宏	男	海南	团员	壮族	英语	572
5	10521105	江敏	女	海南	团员	汉族	法语	558
6	10521106	韦小青	女	黑龙江	团员	汉族	日语	612
7	10521107	陈刚	男	黑龙江	团员	汉族	日语	566
8	10521108	李艳	女	湖南	团员	满族	英语	594
9	10521109	顾荣伟	男	湖南	团员	汉族	英语	581
10	10521110	周方庆	男	四川	团员	汉族	英语	608
11	10521111	欧阳文丽	女	四川	团员	汉族	英语	570
12	10521112	吴亮亮	男	福建	团员	汉族	英语	588
13	10521113	易新海	男	福建	团员	汉族	英语	602

学生基本情况登记表　班级成绩统计表　Sheet3

就绪　平均值: 3507233.769　计数: 126　求和: 136782117　100%

图 5.17　学生基本情况登记表

以字段“生源省份”为标准对数据清单进行排序(参考 5.9.2 节)。

一般的操作是：

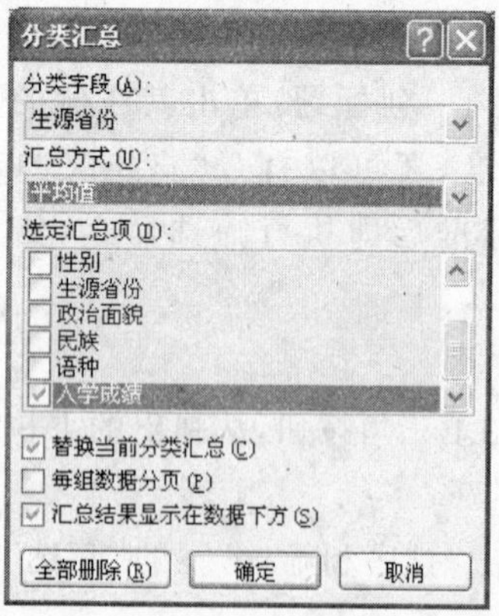

选定经排序后的清单的任一单元格，选择“数据|分类汇总”命令，打开对话框，设置相关参数(如图 5.18 所示，指定分类字段为“生源省份”)；对该分类字段中相同数据对应的记录，求他们“入学成绩”字段的平均值，以“平均值”作为汇总方式。

分类汇总

分类字段(A): 生源省份

汇总方式(U): 平均值

选定汇总项(D): 性别　生源省份　政治面貌　民族　语种　入学成绩

替换当前分类汇总(C)

每组数据分页(P)

汇总结果显示在数据下方(S)

全部删除(R)　确定　取消

图 5.18　在“分类汇总”对话框中设置分类标准

单击“确定”按钮得出结果。

2. 创建嵌套分类汇总　在例 5.9 中，若在“生源情况”汇总的前提下，再按性别做进一步的分类汇总，则需要创建嵌套分类汇总。一般的操作步骤是：

(1) 首先对源数据清单按“生源省份”、“性别”两个字段进行排序，其中“生源省份”作为排序的主关键字，“性别”作为次要关键字。

(2) 然后按前面的分类汇总过程，先对“生源省份”字段进行第一次分类汇总。

(3) 再选择字段“性别”，进行第二次的分类汇总，即选择“数据|分类汇总”命令，打开对话框。对第二次分类汇总设置相应参数。注意，将系统默认设置选中“替换当前分类汇总”复选框，改为取消选择，单击“确定”按钮，结果如图 5.19 所示。

3. 分类汇总删除　选择“数据|分类汇总|全部删除”命令，即可删除分类汇总。

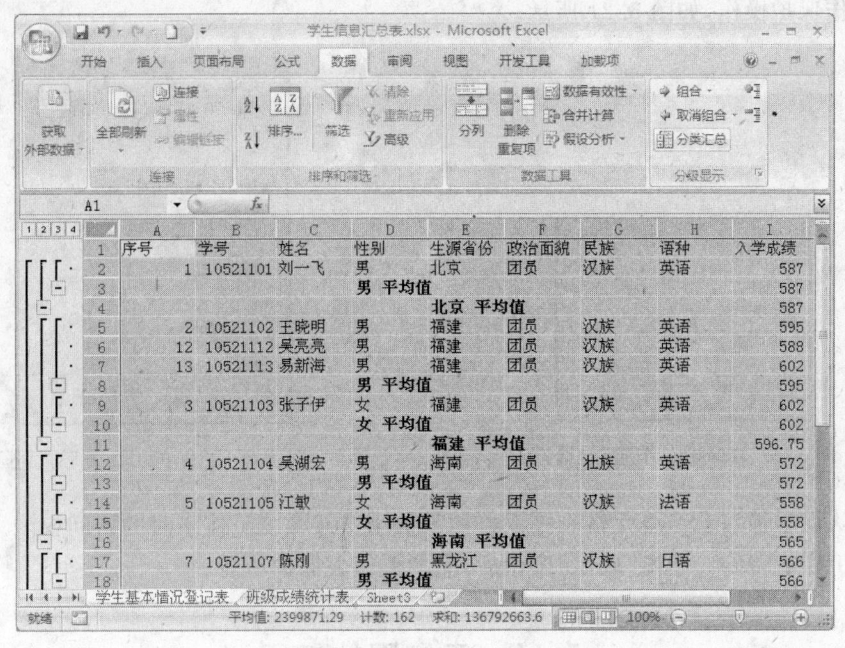

图 5.19 嵌套分类汇总的结果

5.10 数据保护

存放在工作簿中的一些数据十分重要，如果由于操作不慎而改变了其中的某些数据，或被他人改动或复制，将造成不可挽回的损失。因此，应该对这些数据加以保护。

5.10.1 保护工作簿

1. 保护工作簿的结构和窗口

(1) 保护工作簿结构 这就是对工作簿不能进行移动、复制、删除、隐藏、新增工作表，以及改变表名称等操作。

(2) 保护工作簿窗口 这就是对工作簿窗口不能执行移动、隐藏、关闭，以及改变大小等操作。

(3) 保护结构和窗口操作 选择"审阅|保护工作簿|保护结构和窗口"命令，在打开的对话框中选中"结构"或"窗口"复选框，如图 5.20 所示。

还可设置"密码"。单击"确定"按钮启动对工作簿的保护功能。

2. 取消对工作簿的保护 再次选择"审阅|保护工作簿|保护结构和窗口"命令，使得"保护结构和窗口"前面的复选框没有被勾选即可。

注意，若在保护工作簿时设有密码，只有在输入正确的密码后方可做取消操作。

5.10.2 保护工作表

可对使用的工作表进行保护。操作是：选择"审阅|保护工作表"命令，在打开的对

话框中作保护操作,如图 5.21 所示。

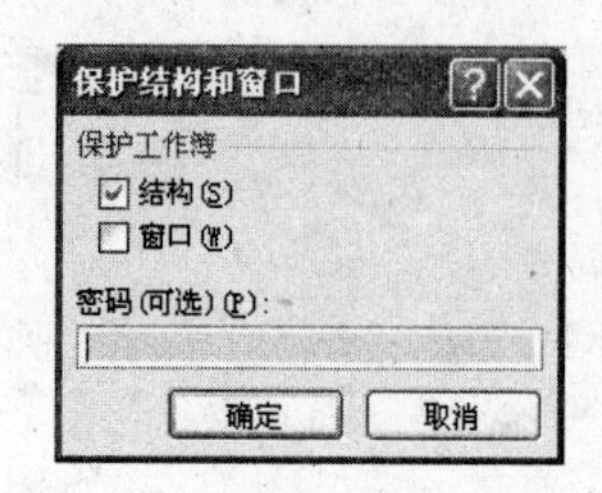

图 5.20 “保护工作簿”对话框

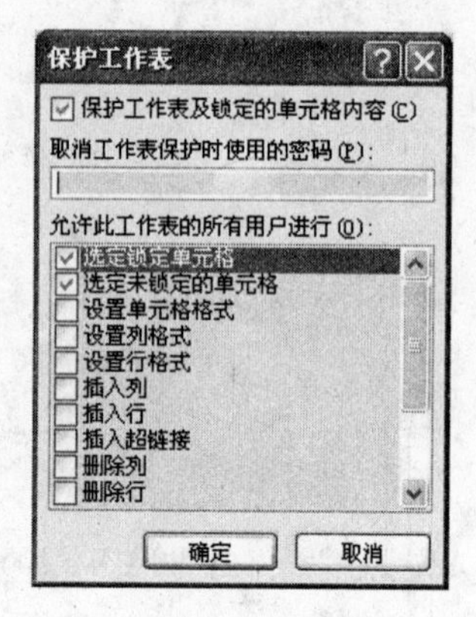

图 5.21 “保护工作表”对话框

默认设置锁定全部单元格。可设置对其他用户共享该工作表时的访问权限。也可设置保护工作表密码。单击“确定”按钮后,启动工作表保护功能。

5.11 表和图的打印

打印前应先进行页面设置。选择“页面布局”选项卡的“页面设置”组命令,可以设置打印的方向、纸张的大小、页眉或页脚和页边距等。

正式打印之前可使用打印预览功能,可以查看打印后的实际效果,如页面设置、分页符效果等。若不满意可以及时调整,避免打印后不能使用而造成浪费。执行“Microsoft Office 按钮|打印|打印预览”命令,打开打印预览窗口,在其中可以预览当前活动工作表的打印效果。

如需要完成打印,执行“按钮|打印|打印”命令,即可打开“打印内容”对话框。在该对话框中,可以选择要使用的打印机还可以设置打印范围、打印内容等选项。设置完成后,单击“确定”按钮即可打印工作表。

Excel 除了可以打印工作表中的表格外,还可以打印工作表中的图表。打印图表的方法与打印表格的方法相同。

习　题　5

5.1　思考题

1. 工作簿与工作表有什么区别?

2. 什么是 Excel 的“单元格”? 单元格名如何表示? 什么是活动单元格? 在窗口何处才能够得到活动单元格的特征信息?

3. 什么叫“单元格的绝对引用”或“单元格的相对引用”? 如何表示它们?

4. Excel 中的“公式”是什么? 公式中可引用哪些单元格?

5. 在什么情况下需要使用 Excel 提供的窗口冻结功能?

6. 什么叫数据填充、数据复制、公式填充、公式复制？它们之间有什么区别？

7. 如何在多个工作表中输入相同的数据？

8. 如何在数据清单中进行自定义排序？

9. 如何在数据清单中进行数据筛选？数据的筛选和分类汇总有什么区别？

10. 工作表中有多页数据，若想在每页上都留有标题，则在打印设置中应如何设置？

5.2 选择题

1. 在Excel的数据表中，每一列的列标识叫字段名，它由(　　)表示。

(A) 文字　　(B) 数字　　(C) 函数　　(D) 日期

2. 对于Excel数据表，排序是按照(　　)来进行的。

(A) 记录　　(B) 工作表　　(C) 字段　　(D) 单元格

3. 在Excel设置单元格格式中，在"数值"中设定小数位数为2，那么在单元格里输入34，实际结果为(　　)。

(A) 34　　(B) 3400　　(C) 0.34　　(D) 34.00

4. Excel工作表当前活动单元格C3中的内容是0.42，若要将其变为0.420，应用鼠标执行键单击格式工具栏里的(　　)钮。

(A) 增加小数位数　　(B) 减少小数位数　　(C) 百分比样式　　(D) 千位分隔样式

5. 在Excel工作表第D列第4行交叉位置处的单元格，其绝对单元格名应是(　　)。

(A) D4　　(B) $D4　　(C) D4　　(D) D$4

6. Excel单元格显示的内容呈#####状，那是因为(　　)所造成。

(A) 数字输入出错

(B) 输入的数字长度超过单元格的当前列宽

(C) 以科学记数形式表示该数字时，长度超过单元格的当前列宽

(D) 数字输入不符合单元格当前格式设置

7. Excel中，对数据表作分类汇总前，要先进行(　　)。

(A) 筛选　　(B) 选中　　(C) 按任意列排序　　(D) 按分类列排序

8. 有现在Excel工作表的B1单元格为当前活动的，那么在"视图"选项卡中选择"冻结窗格|冻结拆分窗格"命令，就会将(　　)的内容"冻"住。

(A) A列和1行　　(B) A列　　(C) A列与B列　　(D) A列、B列和1行

5.3 填空题

1. 一个新工作簿中默认包含________个工作表。

2. 当某个工作簿有4个工作表时，系统会将它们保存在________个工作簿文件中。

3. 选择"删除|删除工作表"命令，将删除当前工作簿中的________工作表。

4. 当输入的数值数据位________时，系统会将其显示延伸到右边的一个或多个空白单元格中。

5. 利用拖动或剪切完成数据移动后，源数据从当前位置________。

6. 函数SUM(A1:C1)相当于公式________。

7. 在Excel的数据库管理功能中，利用________可查找数据清单中所有满足条件的数据。

8. 当某个工作簿中有一般工作表与图表工作表时，系统将它们保存在________个文件中。

5.4 上机练习题

1. 针对本章5.1～5.3节对工作簿与工作表的建立和基本操作的练习。

练习目的：

(1) 掌握Excel工作簿和工作表的建立。

(2) 掌握Excel工作簿和工作表的基本操作。

练习内容：

(1) 熟悉 Excel 的工作界面及菜单内容，认识 Excel 不同功能区的各个内容和基本作用。

(2) 建立一个如图 5.22 所示的工作簿文件，在该工作簿中建立两个工作表，并存盘生成一个名为 shebei. xlsx 的文件。

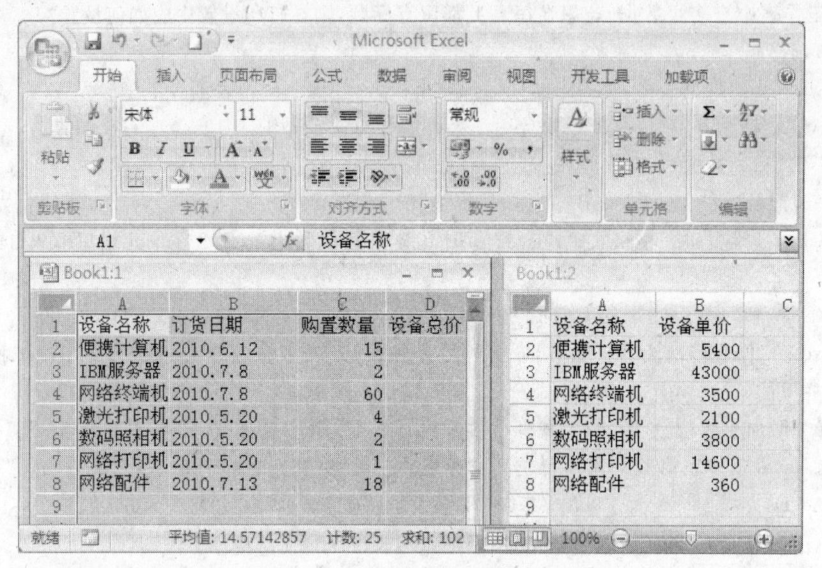

图 5.22　工作簿和工作表

(3) 将两个工作表分别更名为"设备订购单"和"设备报价表"。

(4) 在两个工作表间切换。

(5) 移动工作表。

(6) 在同一工作簿中建立新的工作表。

(7) 复制"设备订购单"工作表。

(8) 删除没有数据的工作表。

(9) 拆分与冻结窗口。

2. 针对本章 5.4～5.6 节对工作表中数据的编辑及公式、函数使用的练习。

练习目的：

(1) 掌握 Excel 工作表中不同类型数据的输入、格式化、复制和移动等操作。

(2) 掌握数据区的选取方法。

(3) 掌握在工作表中用公式和函数处理数据的方法。

练习内容：

(1) 按照图 5.23 的形式和数据内容建立一个工作表。

(2) 将 A 列中的月份数据改为"二〇一〇年一月"的显示形式。

(3) 将所有的数值数据设置为含有两位小数位的数据表达形式。

(4) 统计该柜台每月的销售总额和每月的赢利额。

(5) 在表格开始处建立一个名为"2010 年冷饮专柜销售统计表"的标题(可占用多行)。

(6) 选择一种自动套用格式修饰表格。

(7) 将 Sheet1 表中的部分数据(某一个数据区或几个数据区)复制到 Sheet2 表中。

(8) 在 J16 单元格中显示十二个月中赢利最差月份的"月赢利额"。

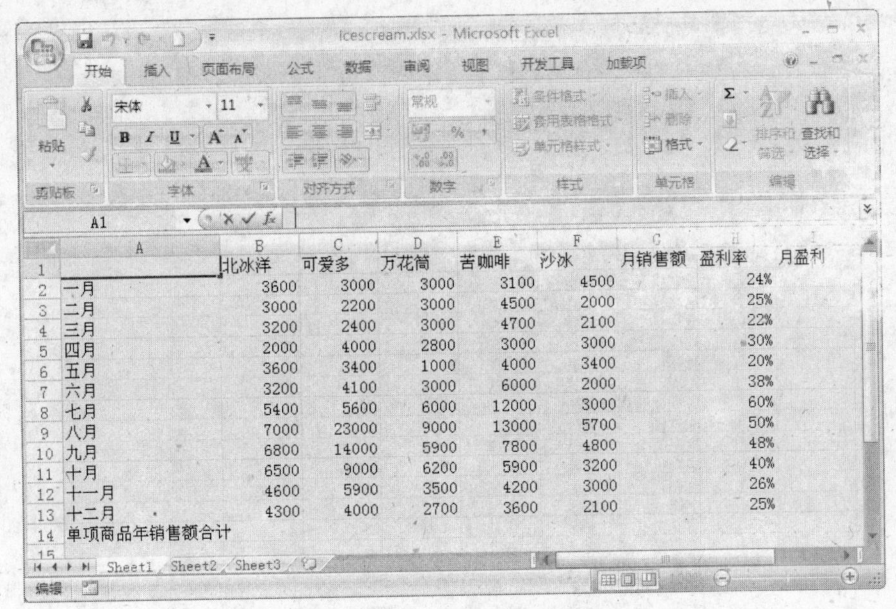

	A	B	C	D	E	F	G	H	I
1		北冰洋	可爱多	万花筒	苦咖啡	沙冰	月销售额	盈利率	月盈利
2	一月	3600	3000	3000	3100	4500		24%	
3	二月	3000	2200	3000	4500	2000		25%	
4	三月	3200	2400	3000	4700	2100		22%	
5	四月	2000	4000	2800	3000	3000		30%	
6	五月	3600	3400	1000	4000	3400		20%	
7	六月	3200	4100	3000	6000	2000		38%	
8	七月	5400	5600	6000	12000	3000		60%	
9	八月	7000	23000	9000	13000	5700		50%	
10	九月	6800	14000	5900	7800	4800		48%	
11	十月	6500	9000	6200	5900	3200		40%	
12	十一月	4600	5900	3500	4200	3000		26%	
13	十二月	4300	4000	2700	3600	2100		25%	
14	单项商品年销售额合计								

图 5.23　练习 2 的数据表格

3. 针对本章 5.7 节对图表创建和编辑的练习。

练习目的：

(1) 掌握利用 Excel 的图表功能，将表格中的数据图形化。

(2) 掌握创建和编辑图表数据的方法。

(3) 掌握对图表类型的定义及外观的修饰。

练习内容：

(1) 以练习 2 中的工作表数据为数据来源，在该工作表中创建嵌入式图表，或是一个独立的图表工作表。

(2) 以“赢利率”数据为例，创建一个反映“赢利率”升降情况的图表。

(3) 以品种“万花筒”为例，创建有关“万花筒”的月销售额饼形分布图。

(4) 对图表进行适当的修饰(包括颜色，说明文字的字形，图形的位置及大小等)。

4. 针对本章 5.9 节对数据管理的练习。

练习目的：

(1) 在 Excel 中建立数据清单，使数据条理化。

(2) 掌握 Excel 中的排序、筛选和分类汇总等数据管理功能。

练习内容：

(1) 建立一个有下述数据内容的 Excel 数据清单，如图 5.24 所示。

(2) 数据清单中的数据先按照产品的“类别”排序，再按照“销售地区”排序。

(3) 先按照“类别”分类汇总，再按照“销售地区”进行分类汇总。

5. 针对本章 5.11 节对数据的输入与数据表打印的练习。

练习目的：掌握在 Excel 中进行表格数据打印的方法。

练习内容：

(1) 将 Word 文档(如图 5.25 的 Word 数据表格)中的数据表格内容导入到 Excel 的一个工作表中，形成一个 Excel 数据文件。

	A	B	C	D	E	F
1	产品名称	类别	销售地区	销售数量	单价	销售额
2	洗衣机	电器	上海	1000	1360	
3	电冰箱	电器	北京	2100	2400	
4	电视机	电器	上海	722	2980	
5	电冰箱	电器	重庆	370	2290	
6	衬衫	服装	上海	280	850	
7	短裤	服装	石家庄	174	430	
8	哥伦比亚咖啡	食品	广州	300	368	
9	洗衣机	电器	广州	150	1100	
10	贵妃醋	食品	天津	320	270	
11	电视机	电器	广州	1000	6700	
12	衬衫	服装	北京	260	650	
13	空调	电器	上海	2000	3400	
14	富丽饼干	食品	北京	3600	240	
15	贵妃醋	食品	石家庄	100	270	
16	大衣	服装	上海	300	1400	
17	巧克力威化	食品	北京	330	140	
18	大衣	服装	天津	160	1400	
19	空调	电器	天津	600	3100	
20	巧克力威化	食品	广州	100	140	

图 5.24　商品销售表

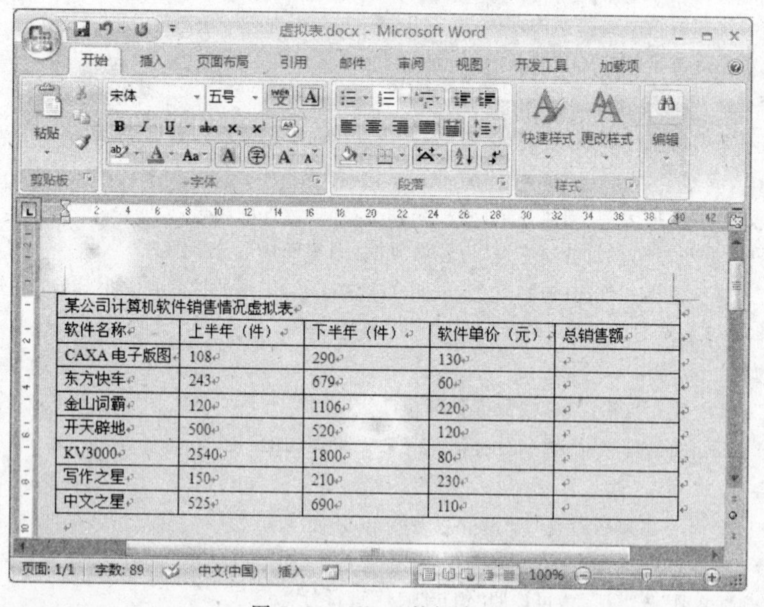

某公司计算机软件销售情况虚拟表				
软件名称	上半年（件）	下半年（件）	软件单价（元）	总销售额
CAXA 电子版图	108	290	130	
东方快车	243	679	60	
金山词霸	120	1106	220	
开天辟地	500	520	120	
KV3000	2540	1800	80	
写作之星	150	210	230	
中文之星	525	690	110	

图 5.25　Word 数据表格

(2) 对这个工作表的数据进行相应的处理。

(3) 选择一种图表类型，创建一个图表。

(4) 设置工作表的页面形式(如页面方向为纵向或横向)，适当调整页边距等。

(5) 加入恰当的页眉和页脚文字。

(6) 打印预览，结果如图 5.26 所示。

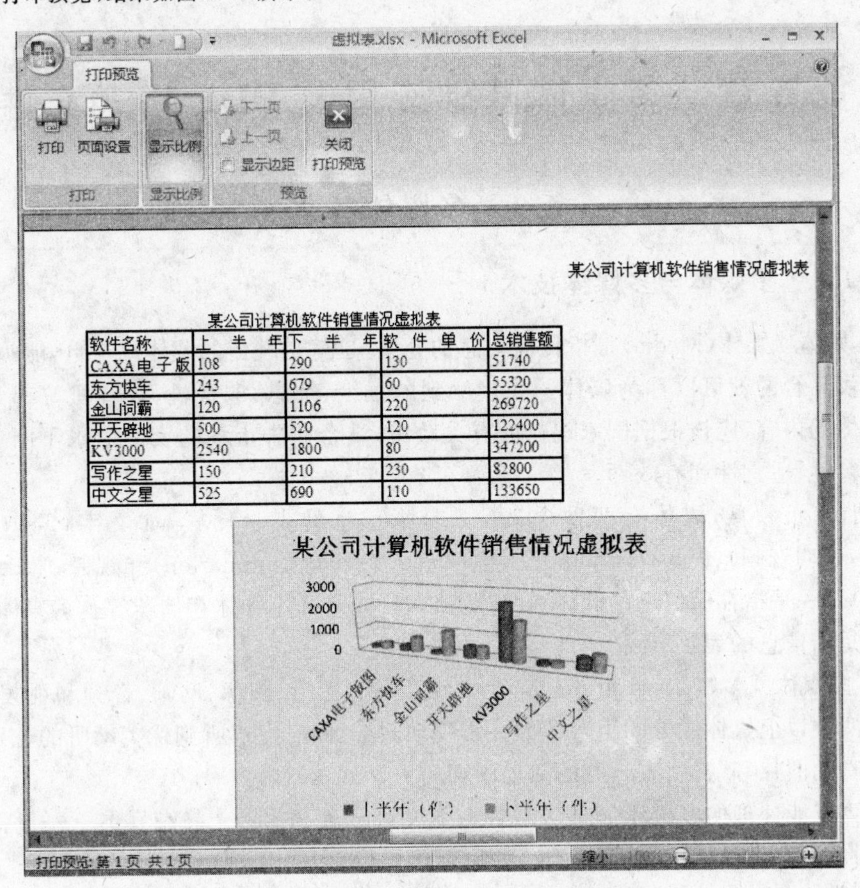

某公司计算机软件销售情况虚拟表

软件名称	上　半　年	下　半　年	软　件　单　价	总销售额
CAXA电子版	108	290	130	51740
东方快车	243	679	60	55320
金山词霸	120	1106	220	269720
开天辟地	500	520	120	122400
KV3000	2540	1800	80	347200
写作之星	150	210	230	82800
中文之星	525	690	110	133650

图 5.26　表格数据和图表的打印预览结果

第6章 多媒体基础应用及PDF格式文件

6.1 多媒体概述

6.1.1 多媒体与多媒体技术

1. 媒体 媒体(Media)是指传播信息的介质,也就是宣传的载体或平台,能为信息的传播提供平台的就可以称为媒体。如接触到的报纸、杂志、电视机、收音机等都是媒体。至于媒体的内容,应该根据国家现行的有关政策,结合广告市场的实际需求不断更新,确保其可行性、适宜性和有效性。

在计算机领域,媒体有两种含义:一是指信息的表示形式,如文字(Text)、声音(Audio,也叫音频)、图形(Graphic)、图像(Image)、动画(Animation)和视频(Video,即活动影像)。一是指存储信息的载体,如磁带、磁盘、光盘和半导体存储器等。多媒体技术中的媒体是指信息的表示形式。

2. 多媒体 多媒体(Multimedia)是文字、声音、图形、图像、动画、音频和视频等其中两种或两种以上媒体成分的组合。如在影视动画中,同时可以听到优美动听的音乐,看到精致如真的图片,欣赏引人入胜的活动画面等。

计算机能处理的多媒体信息从时效性上又可分为两大类:静态媒体——包括文字、图形、图像;时变媒体——包括声音、动画、活动影像。

3. 多媒体技术 多媒体技术(Multimedia Technique)是一种以计算机技术为核心,通过计算机设备的数字化采集、压缩/解压缩、编辑、存储等加工处理,将文本、声音、图形、图像、动画和视频等多种媒体信息,以单独或合成的形态表现出来的一体化技术。

多媒体技术可以说是包含了当今计算机领域内最新的硬件和软件技术,它将不同性质的设备和信息媒体集成为一个整体,并以计算机为中心综合地处理各种信息。

现在所说的多媒体,通常并不是指多媒体信息本身,而主要是指处理和应用它的一套软硬件技术。

4. 多媒体计算机 多媒体计算机(Multimedia Personal Computer,MPC)一般是指能够综合处理文字、图形、图像、声音、动画、音频和视频等多种媒体信息(其中至少应有一种是诸如声音、动画或活动影像等时变媒体),并在它们之间建立逻辑关系,使之集成为一个交互式系统的计算机。它具有大容量的存储器,能带来图、文、声、像并茂的视听感受。现在的计算机都具有这种功能。

5. 多媒体技术的主要特征

(1) 数字化 指多媒体中的各种媒体都以数字形式表示和存储,并以数字化方式加工处理。

(2) 多样性 指多媒体计算机可以综合处理文本、图形、图像、声音、动画和视频等多种形式的信息媒体。

(3) 交互性　指多媒体信息以超媒体结构进行组织，用户与计算机之间可以方便地“对话”，人们可以主动选择和接受信息。

(4) 集成性　指将多种媒体有机地结合在一起，使图、文、声、像一体化，共同表达一个完整的多媒体信息。

多媒体以其丰富多彩的媒体表现形式、高超的交互能力、高度的集成性、灵活多变的适应性得到了广泛的应用。

6.1.2　多媒体的发展及应用

1. 多媒体技术的发展　1984 年，美国 Apple 公司首先在其 Macintosh 机上引入位图(Bitmap)的概念，并用图标(Icon)作为与用户的接口。1985 年，美国 Commodore 公司推出世界上第一个多媒体计算机系统。教育和娱乐是目前国际多媒体市场的主流。多媒体技术正向三个方面发展：一是计算机系统本身的多媒体化；二是多媒体技术与点播电视、智能化家电、识别网络通信等技术互相结合，使多媒体技术进入教育、咨询、娱乐、企业管理和办公室自动化等领域，内容演示和管理信息系统成了多媒体技术应用的重要方面；三是多媒体技术与控制技术相互渗透，进入工业自动化测控等领域。多媒体通信和分布式多媒体系统成了今后多媒体技术发展的方向。

目前，对多媒体技术的研究主要有两个方面：

一是数据压缩技术。各种数字化的媒体信息，如图像、声音、视频等的数据量通常都很大，为了达到令人满意的图像、视频画面和听觉效果，就必须解决音频、视频数据的大容量存储和实时传输的问题，这些都需要使用编码压缩技术。

二是存储管理技术。对庞大的多媒体数据信息的管理问题是多媒体的另一个关键技术。多媒体数据库将以往数据库对单调的文字、数字管理发展成对图像、音频、视频、动画等资料进行管理的系统。

2. 多媒体技术的基本应用

(1) 教育培训。

(2) 娱乐和游戏。

(3) 咨询服务。

(4) 商业演示服务。

(5) 金融行情。

(6) 管理信息系统(MIS)。

(7) 军事演练。

(8) 多媒体电子出版物(电子图书)。

(9) 视像会议。

(10) 虚拟现实。

(11) 医疗。

(12) 超文本和超媒体。

(13) 计算机支持协同工作等。

6.2 多媒体计算机系统的组成

6.2.1 多媒体计算机的标准

多媒体计算机系统包括硬件系统和软件系统两个方面。Microsoft、IBM 等公司组成了多媒体 PC 工作组(The Multimedia PC Working Group),先后发布了 4 个 MPC 标准。MPC 4.0 标准如表 6.1 所示。

表 6.1 MPC 4.0 平台标准

设 备	基本配置
CPU	Pentium/133～200MHz
内存容量	16MB
硬盘容量	1.6GB
CD-ROM	10～16 倍速
声卡(音频卡)	16 位精度,44.1kHz/48kHz 采样频率带波表
显示卡	24 位/32 位真彩色 VGA
操作系统	Windows 95、Windows NT

按照 MPC 联盟的标准,多媒体计算机应包含主机、CD-ROM 驱动器、声卡、音箱和操作系统 5 个基本单元。

6.2.2 多媒体计算机的软、硬件平台

1. 多媒体计算机的硬件平台 现在接触到的计算机性能都远远超过最初定义的多媒体计算机(MPC)的标准。MPC 标准是一个开放式的平台,用户可以在此基础上附加其它的硬件,使之性能更好、功能更强。

MPC 4.0 要求在普通微机的基础上增加以下 3 类硬件设备:

(1) 声/像输入设备:光驱、刻录机、话筒、声卡、扫描仪、录音机、数码相机、数码摄像机等。

(2) 声/像输出设备:声卡、录音录像机、刻录机、投影仪、打印机等。

(3) 功能卡:电视卡、视频采集卡、视频输出卡、网卡、VCD 压缩卡等。

2. 多媒体计算机的软件平台 多媒体的大量使用通常都基于微软公司的 Windows 系统环境,该系统为多媒体提供了基本的软件环境,可支持各种媒体设备。因此也被称为多媒体 Windows 平台。特别是对即插即用功能的支持,使用户安装多媒体硬件也更加方便。

此外,多媒体软件还包括多媒体数据库管理系统、多媒体压缩/解压缩软件、多媒体通信软件、多媒体声像同步软件等。多媒体开发和创作工具则为多媒体系统提供了方便直观的创作途径。

6.3 多媒体信息在计算机中的表示及处理

6.3.1 声音信息

1. 音频文件 现实世界中的各种声音必须转换成数字信号并经过压缩编码，计算机才能接受和处理。数字音频技术一般采用 PCM 编码，即脉冲编码调制。

数字化的声音信息以文件形式保存，就是通常所说的音频文件或声音文件。

2. 音频文件的格式

(1) WAVE 音频(.WAV)　计算机通过声卡对自然界里的真实声音进行采样编码，形成 WAVE 格式的声音文件，它记录的就是数字化的声波，所以也叫波形文件。WAVE 音频是一种没有经过压缩的存储格式，文件相对较大。

只要计算机中安装了声卡及相应的驱动程序，就可以利用声卡录音。计算机不仅能通过麦克风录音；还能通过声卡上的 Line—in 插孔录下电视机、广播、收音机以及放像机里的声音；另外，也能把计算机里播放的 CD、MIDI 音乐和 VCD/DVD 影碟的配音录制下来。

常用的录音软件有：Windows 7“附件|录音机”程序，声卡附带的录音机程序或专用录音软件，如 Sound Forge、Wavelab 等，这些软件包可以提供专业水准的录制效果。

录制语音的时候，几乎都是使用 WAVE 格式；WAVE 文件的大小由采样频率、采样位数和声道数决定。

(2) MIDI 音频(.MIDI)　乐器数字接口（Musical Instrument Digital Interface，MIDI)是在音乐合成器、乐器和计算机之间交换音乐信息的一种标准协议。MIDI 文件就是一种能够发出音乐指令的数字代码。与 WAVE 文件不同，它记录的不是各种乐器的声音，而是 MIDI 合成器发音的音调、音量、音长等信息。所以 MIDI 总是和音乐联系在一起，它是一种数字式乐曲。

利用具有乐器数字化接口的 MIDI 乐器(如 MIDI 电子键盘、合成器等)或具有 MIDI 创作能力的微机软件可以制作或编辑 MIDI 音乐。当然，这需要使用者精通音律而且能熟练演奏电子乐器。

由于 MIDI 文件存储的是命令，而不是声音波形，所以生成的文件较小，只是同样长度的 WAVE 音乐的几百分之一。

(3) MP3 音频(.MP3)　MP3 是 Fraunhofer-IIS 研究所的研究成果，是第一个实用的有损音频压缩编码，可以实现 12：1 的压缩比例，且音质损失较少，是目前非常流行的音频格式。

(4) CD 音频(.CDA)　CDA(CD Audio 的缩写)音频格式由 Philips 公司开发，是 CD 音乐所用的格式，具有高品质的音质。如果计算机中安装了 CD-ROM 或 DVD-ROM 驱动器，就可以播放 CD 音乐碟。

6.3.2 图像信息

图像是多媒体中的可视元素，也称静态图像。在计算机中可分为两类：位图和矢量图，虽然它们的生成方法不同，但在显示器上显示的结果几乎没有什么差别。

1. 位图(bitmap) 位图图像由一系列像素组成，每个像素用若干个二进制位来指定颜色深度。若图像中的每一个像素值只用一位二进制(0 或 1)存放它的数值，则生成的是单色图像；若用 n 位二进制来存放，则生成彩色图像，且彩色的数目为 2^n。例如，用 8 位二进制存放一个像素的值，可以生成 256 色的图像；用 24 位二进制存放一个像素的值，可以生成 16 777 216 色的图像(也称为 24 位真彩色)。

常见的位图文件格式包括 BMP、GIF、JPEG、TIFF、PCX 等，其中 JPEG 是由国际标准化组织制定的，适合于连续色调、多级灰度、彩色或单色静止图像数据压缩标准。

位图通常可以用画图程序绘制，如 Windows 7 附件中的画图程序。如果要制作更复杂的图形图像则要使用专业的绘图软件和图像处理软件，如 Photoshop、PaintBrush、PhotoStyler 等。使用扫描仪可以将印刷品或平面画片中的精美图像方便地转换为计算机中的位图图像。此外，还可以利用专门的捕捉软件，如 SnagIt、Capture Professional、HyperSnap 等获取屏幕上的图像。

2. 矢量图 矢量图采用一种计算方法生成图形，也就是说，它存放的是图形的坐标值，如直线，存放的是首尾两点坐标；圆，存放的是圆心坐标、半径。

矢量图存储量小、精度高，但显示时要先经过计算，转换成屏幕上的像素。

常见的矢量图文件格式包括 CDR、FHX 或 AI 等，它们一般是直接用软件程序制作的，如 Coreldraw、Freehand 、Illustrator 等。

6.3.3 视频信息

1. 视频 视频也称动态图像或活动影像，是根据人类的眼睛具有“视觉暂留”的特性创造出来的。当多幅连续的图像以每秒 25 帧的速度均匀地播放，人们就会感到这是一幅真实的活动图像。

2. 动态图像的分类 动态图像一般分为动画和影像视频两类，它们都是由一系列可供实时播放的连续画面组成的。前者画面上的人物和景物等物体是制作出来的，如孩子们爱看的卡通片，通常将这种动态图像文件称为动画文件；后者的画面则是自然景物或实际人物的真实图像，如影视作品，通常将这种动态图像文件称为视频文件。

3. 视频文件的格式 常见的有：

(1) AVI 格式　AVI 文件是 Mirosoft 公司开发的 Video for Windows 程序采用的动态视频影像标准存储格式。

(2) MOV 格式　MOV 文件是 QuickTime for Windows 视频处理软件所采用的视频文件格式。

(3) MPG 格式　MPG 文件是一种全屏幕运动视频标准文件，它采用 MPEG 动态图像压缩和解压缩技术，具有很高的压缩比，并具有 CD 音乐品质的伴音。

DAT 格式是 VCD 和 DVD 影碟专用的视频文件格式，也是基于 MPEG 标准的；如果计算机上配备了视频卡或解压软件(如超级解霸)，就可播放这种格式的文件。

另外，ASF 和 RM(或 RAM)格式的文件是目前比较流行的流媒体视频格式，可以一边从网上下载一边播放。

若计算机中安装了视频采集卡，则可以很方便地将录像带或摄像机中的动态影像转换为计算机中的视频信息。利用捕捉软件，如 SnagIt、Capture Professional 或超级解霸等，可录制屏幕上的动态显示过程，或将现有的视频文件以及 VCD 电影中的片段截取下来。另外，利用专业的视频编辑软件（如 Adobe Premiere），可以对计算机中的视频文件进行编辑处理。

动画通常是人们利用二维或三维动画制作软件绘制而成的，如 Animator Studio、3D Max、Flash 等。

6.4 多媒体开发工具

多媒体电子出版物（电子图书）是多媒体技术应用的重要领域之一，多媒体创作工具是多媒体电子出版物开发制作过程中必不可少的，它的作用是将多种媒体素材集成为一个完整的、具有交互功能的多媒体应用程序。

开发 Windows 多媒体应用程序的工具和平台很多，根据它们的特点可以分为编程语言和多媒体创作工具两大类。

6.4.1 编程语言

编程语言，如 Visual C、Visual Basic 等高级语言都提供了灵活、方便地访问系统资源的手段，可设计出灵活多变且功能强大的 Windows 多媒体应用程序。许多专业的软件研究开发公司常以多媒体程序语言作为主要的开发工具。但是，使用编程语言来开发一个多媒体产品，常常需要编写很多复杂的代码，对于一般用户来说，很不方便。

6.4.2 多媒体创作工具

借助多媒体创作工具，制作者无须编程，可简单直观地编制程序、调度各种媒体信息、设计人机交互，达到专业人员通过程序语言编程完成的效果，开发出优秀的多媒体应用程序。常见的工具有美国 Macromedia 公司的 Authorware、Director、Action1/2，Asymetrix 公司的 Multimedia ToolBook；台湾汉声公司的洪图（Hongtool）、北大方正公司的方正奥思等，根据它们的创作形式，可分为基于卡片、基于图标、基于时间三类。

1. 基于卡片（Card-Based）的开发平台 这种结构由一张一张的卡片（Card）构成，卡片和卡片之间可以相互连接，成为一个网状或树状的多媒体系统。

洪图、方正奥思、ToolBook 等都属于这类工具。

2. 基于图标（Icon-Based）的开发平台 在这种结构中，图标是构成系统的基本元素，在图标中可集成文字、图形、图像、声音、动画和视频等媒体素材；用户可以像搭积木一样在设计窗口中组建流程线，再在流程线上放入相应的图标，图标与图标之间通过某种链接，构成具有交互性的多媒体系统。

代表性的开发工具是 Authorware。

3. 基于时间（Time-Based）的开发平台 这种结构主要是按照时间顺序组织各种媒体素材，Director 最为典型。它用“电影”的比喻，形象地把创作者看作“导演”，每个媒体素材对象看作“演员”;“导演”利用通道控制演员的出场顺序(前后关系);“演员”则在时间线上随着时间进行动作。这样,用这两个坐标轴就构成了一个丰富多彩的场景。

这几种创作工具都具有文字和图形编辑功能,支持多种媒体文件格式,提供多种声音、动画和影像播放方式,并提供丰富的动态特技效果,交互性强,直接面向各个应用领域的非计算机专业的创作人员,可以创作出高品质的优秀的多媒体应用产品。

另外,微软公司的Office成员之一的PowerPoint也是一种专用于制作演示用的多媒体投影片/幻灯片的工具(国外称之为多媒体简报制作工具),属于卡片式结构,简单易学。第8章将介绍PowerPoint的使用。

6.5 中文Windows 7中的多媒体功能

6.5.1 录音机

1. “录音机” “录音机”是Windows 7提供的一种声音处理软件,使用录音机可用来录制WAVE格式声音并将其作为音频文件保存在计算机上。可以从不同音频设备录制声音,例如计算机上插入声卡的麦克风。

2. 录制声音的一般操作步骤

(1) 首先确保有音频输入设备等连接到计算机。

若要使用录音机,计算机上必须装有声卡和扬声器。

若要录制声音,则还需要麦克风或其它音频输入设备。

(2) 单击“开始|所有文件|附件|录音机”打开如图6.1所示的录音机。

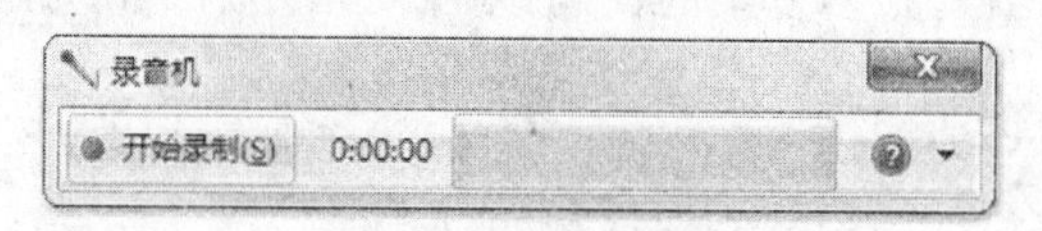

图6.1 录音机窗口

(3) 单击“开始录制”按钮。

(4) 若要停止录制音频,单击“停止录制”按钮。

(5) (可选)如果要继续录制音频,单击“另存为”对话框中的“取消”按钮,然后单击“继续录制”按钮。继续录制声音,然后单击“停止录制”按钮。

(6) 在“文件名”文本框,为录制的声音输入文件名,然后单击“保存”按钮将录制的声音另存为音频文件。

如果需要什么帮助和支持,单击 按钮。

6.5.2 多媒体播放器——Windows Media Player

Windows 7中的多媒体播放器(Windows Media Player)是一种通用的多媒体播放工具,可以播放包括音乐、视频、CD和DVD等在内的所有数字媒体。

1. 多媒体播放器的窗口 Windows Media Player默认情况下,具有两种播放模式。通过其快捷方式启动会打开完整模式窗口,通过双击关联的文件类型,会出现紧凑模式窗

口。选择“开始|所有程序|附件|Windows Media Player”命令，可打开图 6.2 所示的“Windows Media Player 主窗口”。

多媒体播放器界面底部有一排播放控件，使用这些控件可以控制基本播放任务，如对音频或视频文件执行（从左到右）■停止、⏮上一个、▶播放（/⏸暂停）、⏭下一个（按住可快进）、🔊静音、▾音量控制等操作。

图 6.2 Windows Media Player 主窗口（紧凑模式）

2. 播放媒体文件

(1) 播放音频 CD　将 CD 盘插入 CD-ROM 驱动器，然后从“播放|DVD、VCD 或 CD 音频”子菜单中选择包含 CD 的驱动器，在主窗口的播放列表中显示出该 CD 盘中的所有曲目，单击“播放”按钮即可开始播放，也可以双击其中的任意一首曲目播放。

要重复播放 CD，可选择“播放|重复”命令。

(2) 播放音频文件　选择“文件|打开”命令，在“打开”对话框中选择想要播放的音频文件，如 WAV、MIDI、MP3 等，然后单击“打开”按钮，即可播放该音频文件。

(3) 播放 VCD 或 DVD 影碟　将 VCD 影碟插入 CD-ROM 驱动器，或将 DVD 影碟插入 DVD-ROM 驱动器，然后从“播放|DVD、VCD 或 CD 音频”子菜单中选择包含 VCD 或 DVD 的驱动器，在播放列表窗格中会显示该影碟中的所有曲目，然后单击“播放”按钮开始播放，也可以双击列表中的任意一首曲目播放。播放 DVD 时，计算机上必须安装 DVD-ROM 驱动器、DVD 解码器软件或硬件。

选择“查看|全屏”命令，可以切换到全屏幕播放状态。

(4) 播放视频文件　Windows 7 中的媒体播放器可播放 AVI、MOV、MPG 等视频文件。

选择“文件|打开”命令，在弹出的“打开”对话框中选择想要播放的视频文件(VCD 和 DVD 影碟中的视频文件通常在该光盘的 MPEGAV 文件夹中)，然后单击“打开”按钮，即可播放视频文件。

6.5.3 多媒体娱乐中心——Windows Media Center

1. 多媒体娱乐中心——Windows Media Center 的主窗口　选择“开始|所有程序|附件|Windows Media Center”命令，出现如图 6.3 所示的“Windows Media Center 主窗口”。

2. 多媒体娱乐中心的功能　多媒体应用程序 Windows Media Center 是涵盖 Windows Media Player 的一个超集。它除了能够提供 Windows Media Player 的全部功能，还在娱乐功能上进行了全新的打造。通过一系列的全新娱乐软件、硬件，为用户提供了从音频、视频，包括图片、音乐、电视、电影欣赏到通信交流等全方位的服务。

【例 6.1】　利用 Windows Media Center 看电影。操作步骤：

① 打开迅雷 5 软件或 Web 迅雷(如果还没有安装迅雷就下载安装一个)。

② 在迅雷中找到你需要下载的电影后，进入电影内容页，如北京电影制片厂的电影

图 6.3　Windows Media Center 主窗口

《武林志》。

③ 在电影内容页中找到电影下载地址，在剧情介绍的下方会有用提示性语言标明的下载地址，如果没有标明请自行查找，一般来说电影下载地址以 http://、ftp://、thunder://、mms://、rstp://等开头。

④ 如果电影下载地址是链接形式的，直接单击电影下载地址或者右击选择“使用迅雷下载”即可使用“迅雷”软件下载电影。

⑤ 如果电影下载地址是文本形式的，复制下载地址后“迅雷”也会立即提示下载，如果没有提示请自行在“迅雷”中新建下载任务。

注意：下载有多个文本形式下载地址的电影或者电视剧时，不需要逐个地点击或者复制下载地址，把所有下载地址全部复制后迅雷也能自动识别并提示批量下载。

6.5.4　音量控制器

在 Windows 7 下，利用“开始|所有程序|附件|系统工具|控制面板|调整计算机的设置|硬件和声音|声音|调整系统音量”可以控制音量，如图 6.4 和图 6.5 所示。

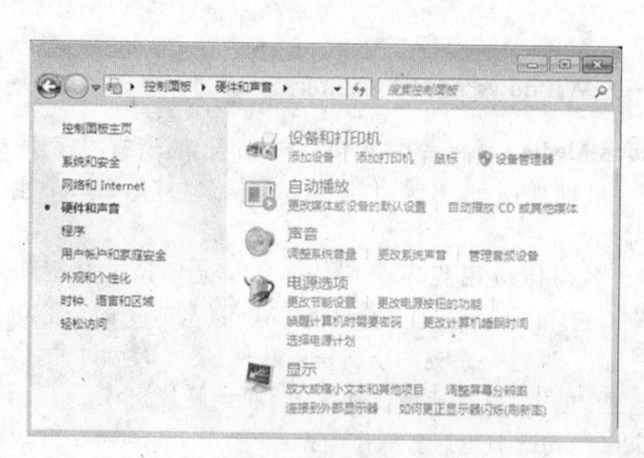

图 6.4　进入“音量控制”的操作

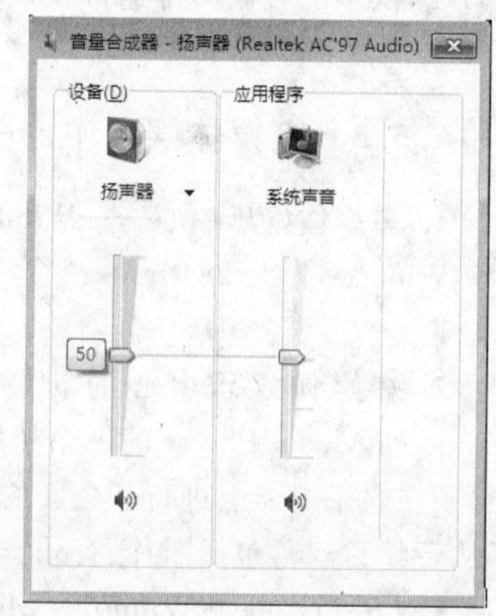

图 6.5　“音量合成器-扬声器”控制窗口

6.6 PDF 格式文件——Portable Document Format

6.6.1 PDF 格式文件概述

1. 什么是 PDF 格式文件 PDF(Portable Document Format)是 Adobe 公司开发的电子文件格式。该格式文件 2007 年 12 月成为 ISO 32000 国际标准,2009 年 9 月 1 日,作为电子文档长期保存格式的 PDF/Archive(PDF/A)成为中国国家标准。

2. PDF 格式文件的特点

(1) 支持跨平台。使用与操作系统平台无关,即在常见的 Windows、UNIX 或苹果公司的 Mac OS 等操作系统中都可以使用。

(2) 保留文件原有格式。原来某种格式文件或电子信息经过转换成 PDF 格式文件进行投递,在投递过程中或被对方收到后,对你的 PDF 格式文件均不能进行修改,传递的文件是"原汁原味的",具有安全可靠性。如果进行修改,都将留下相应的痕迹而被发现。

(3) 可以将文字、字型、格式、颜色,独立于设备和分辨率的图形图像,超文本链接、声音和动态影像等多媒体电子信息,不论大小,都可以封装在一个文件中。

(4) PDF 文件包含一个或多个"页",每一页都可单独处理,特别适合多处理器系统的工作。

(5) 文件使用工业标准的压缩算法,集成度高,易于储存与传输。

PDF 文件的这些特点使它成为在 Internet 上进行电子文档发行和数字化信息传播的理想文档格式。

6.6.2 一般 PDF 格式文件的创建

创建 PDF 格式文件的途径很多,利用 Microsoft Office Word 2007、看图工具软件 ACDSee、Adobe Acrobat 9 pro 等都可方便地把一些文件转换成 PDF 格式文件。

下面是利用 Adobe Acrobat 9 pro 介绍 PDF 格式文件的创建及基本操作。

在 Winows 7 下安装 Adobe Acrobat 9 pro 软件,启动该软件,显示如图 6.6 的主界面。

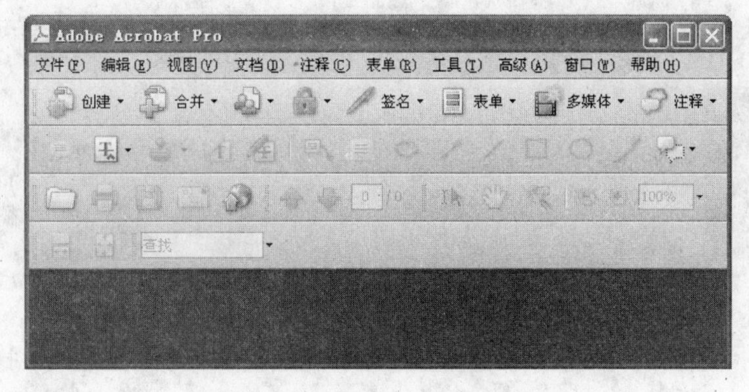

图 6.6 Adobe Acrobat 主界面

1. 从文件创建 PDF 格式文件 例如把 Word 的 doc 文档转换为 PDF 格式文件。常用的方法有：

(1) 利用工具栏“创建”按钮 单击“创建”按钮，在弹出下拉菜单(如图 6.7 所示)中选择“从文件创建 PDF(F)”项，即显示“打开”对话框。在“打开”对话框中：

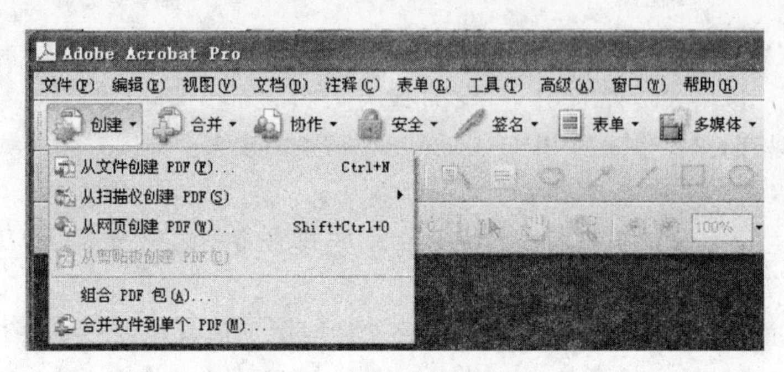

图 6.7 “创建”按钮子菜单

① “文件类型”自动显示“所有支持的格式”。

② 在显示所有支持格式的文件清单上，单击准备转换成 PDF 格式文件的 doc 文件名，即自动填入“文件名”框中。

③ 单击“打开”按钮，系统即在显示“正在创建 Adobe PDF……”的过程中，把 doc 文件转换成 PDF 格式文件。

④ 最后选择“文件|保存/另存为”命令即创建了一个 PDF 格式文件，原来的 doc 文件不变。

(2) 利用“文件|创建 PDF”选项 在菜单栏中选择“文件|创建 PDF”命令，如图 6.8 所示，在弹出下拉菜单中选择“从文件(F)…”命令，即显示“打开”对话框。在“打开”对话框中将发生的事情与操作同(1)中所述。

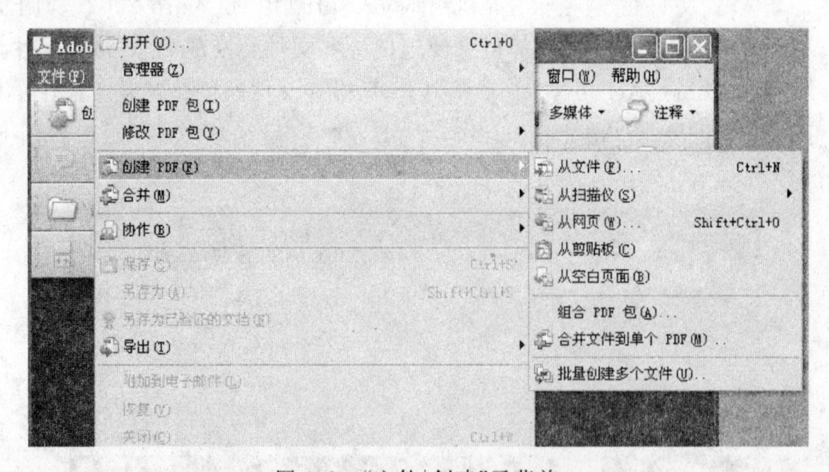

图 6.8 “文件|创建”子菜单

(3) 利用“文件|打开”选项 在菜单栏中选择“文件|打开”命令，显示“打开”对话框。接着操作：

① 在“文件类型”中选择“所有类型”。

② 在显示所有类型文件清单上，单击准备转换成 PDF 格式文件的 doc 文件名，即自动填入“文件名”框中。

③ 单击“打开”按钮，系统即在显示“正在创建 Adobe PDF……”的过程中，把 doc 文件转换成 PDF 格式文件。

④ 最后选择“文件|保存/另存为”命令即创建了一个 PDF 格式文件，原型的 doc 文件不变。

把报表、图像等不同格式文件转换为 PDF 格式文件，其操作步骤与上相同。

2. 从网页创建 PDF 格式文件

【例 6.2】 把北京语言大学信息网主页创建成名为“北京语言大学信息网主页”的 PDF 格式文件。利用工具栏“创建”按钮创建，操作步骤是：

① 单击工具栏“创建”按钮，在弹出下拉菜单中选择“从网页创建 PDF”，即显示如图 6.9 所示的“从网页创建 PDF”对话框。

图 6.9 “从网页创建 PDF”对话框

② 在 URL 栏上填入 www. blcu. edu. cn/blcu. asp 后单击“创建”按钮，即显示如图 6.10 所示。

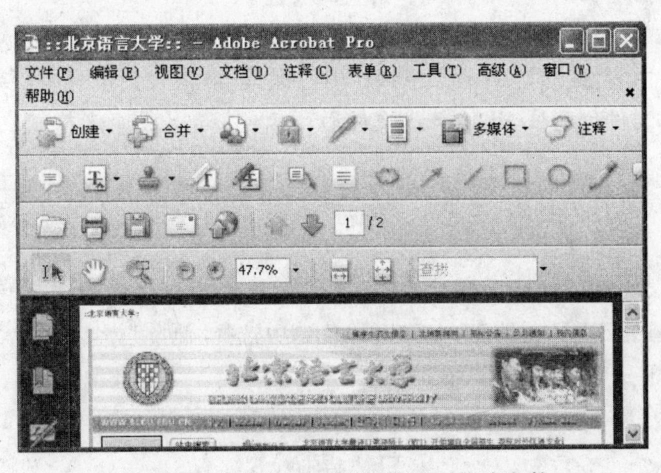

图 6.10 将北语主页创建成 PDF 格式文件

③ 最后选择“文件|另存为”命令，填入文件名“北京语言大学信息网主页”，即得 PDF 格式文件。

利用“文件|创建 PDF”选项，在弹出下拉菜单（见图 6.8）中选择“从网页(W)…”，即显示如图 6.9 所示的对话框。做与上面相同的操作也可得到相同的结果。

6.6.3 PDF 格式文件的基本操作

1. PDF 格式文件的打开 选择“文件|打开”命令，即显示“打开”对话框，选定需要打开的 PDF 文件到文件名框中，单击“打开”对话框中的“打开”按钮即可。

2. PDF 格式文件的阅读 利用工具栏的阅读工具按钮(如图 6.11 所示，当鼠标指针停留按钮后，即显示其功能)可以方便地阅读 PDF 文件。用 PDF 制作的电子书具有纸版书的质感和阅读效果，可以逼真地展现原书的原貌，而显示大小可任意调节，提供了个性化的阅读方式。由于 PDF 文件可以不依赖操作系统的语言和字体及显示设备，阅读起来很方便。

图 6.11 用于阅读 PDF 文件的主要工具按钮

3. PDF 格式文件的修改 除了阅读，修改是对 PDF 文件的主要操作。利用工具栏的一些修改工具按钮(如图 6.12 所示，当鼠标指针停留按钮后，即显示其功能)可以方便地对 PDF 文件进行标出删划线、添加附注、插入文本等各种修改。

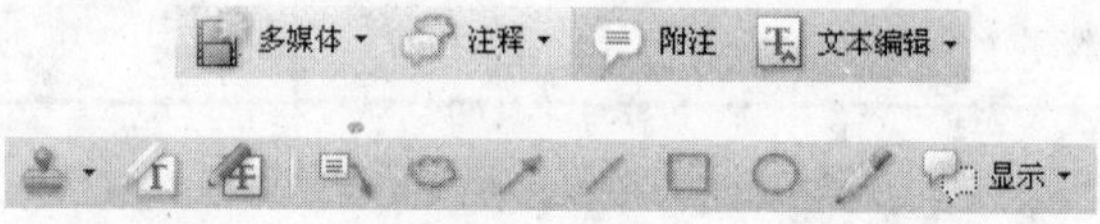

图 6.12 用于修改 PDF 文件的主要工具按钮

对 PDF 文件的修改操作都将留下相应的痕迹。

4. PDF 格式文件的导出 对文件的导出会使内容丢失，至少会改变原来格式。

(1) 纯文字内容导出成 Word 文档后，内容保留，但格式会也会有所变化。

(2) 从一种文件创建成 PDF 格式文件后，再将其导出成原来格式文件会有变化，两者不是可逆的。

5. PDF 格式文件的关闭(退出) 在打开 PDF 文件的情况下选择“文件|关闭”命令，即可退出 PDF 文件操作。

6. PDF 格式文件的删除 删除 PDF 文件与删除一般文件的操作相同。在 PDF 文件关闭状态下，右击 PDF 文件名，在弹出的菜单中选择“删除”命令，单击“是”按钮后即可删除该 PDF 文件。

习 题 6

6.1 思考题

1. 什么叫多媒体？什么叫多媒体计算机？
2. 举例说明你所知道或所接触过的多媒体技术在学习、生活和工作中的应用。
3. 多媒体信息为什么要进行压缩和解压缩？
4. 如何用软件方式调节声音输出设备(如音箱)的音量大小？

5. 简述几种常用的多媒体开发工具及其特点。

6. 什么PDF格式文件？这种格式文件有哪些特点？

6.2 选择题

1. MPEG是(　　)的压缩编码方案。

(A) 单色静态图像　(B) 彩色静态图像　(C) 全运动视频图像　(D) 数字化音频

2. 利用Windows 7"附件|录音机"可以录制(　　)。

(A) CD音乐　(B) MIDI音乐　(C) MP3音乐　(D) WAVE音乐

3. 下面关于声卡的叙述中,正确的是(　　)。

(A) 利用声卡可以录制自然界中的鸟鸣声,也可以录制电视机和收音机里的声音

(B) 利用声卡可以录制自然界中的鸟鸣声,但不能录制电视机和收音机里的声音

(C) 利用声卡可以录制电视机和收音机里的声音,但不能录制自然界中的鸟鸣声

(D) 利用声卡既不能录制自然界中的鸟鸣声,也不能录制电视机和收音机里的声音,只能录制人的说话声

4. 利用Windows 7的"开始|音乐"选项可以播放(　　)。

(A) CD、MP3和MIDI音乐,但不能播放VCD或DVD影碟

(B) 音乐和其它音频文件

(C) 只能播放VCD或DVD影碟

(D) WAVE、MIDI和MP3音乐,但不能播放CD音乐

6.3 填空题

1. 多媒体技术的主要特征有________、________、________、________。

2. 扫描仪是一种________设备。

3. 在计算机中,静态图像可分为________和________两类。

4. 声卡的作用是________。

5. DAT格式是VCD/DVD影碟专用的视频文件格式,是基于________压缩和解压缩标准的。

6.4 上机练习题

1. Windows 7"附件|录音机"的使用。

练习目的:

初步掌握Windows 7中"录音机"的使用。

练习内容:

(1) 利用录音机程序录制一段声音。

① 准备一个麦克风,将其插头插入声卡的MIC插孔,然后启动Windows 7的"录音机"程序。

② 将录制的声音保存为"朗诵.WAV"

(2) 利用录音机程序将两个声音文件混合在一起,制作一段配乐诗朗诵。

① 准备一首与上面录制的内容相配的音乐文件(必须是WAVE格式),用作配乐诗朗诵里的背景音乐。

② 启动"录音机"程序。

③ 将编辑好的混音文件(配乐诗朗诵)保存为"配乐朗诵.WAV"。

2. 利用Windows Media Player多媒体播放器播放自己喜欢的一张VCD/DVD影碟。

3. 利用Windows Media Player播放MP3歌曲,并将自己喜欢的曲目保存为一个音乐列表文件。

4. 利用Windows Media Center播放CD音乐、VCD/DVD影碟视频文件。

5. PDF格式文件基本操作练习。

练习目的：

(1) 利用 Adobe Acrobat 软件，掌握把非纯文字组成的.doc 文件转换成.pdf 文件，然后以电子邮件的附件形式在网上发寄的能力。

(2) 把.pdf 文件导出成为.doc 文件，体会到.pdf 文件在本质上的不可修改性。

练习内容：

(1) 把你从上小学到目前大学阶段的“个人简历.doc”(大小 A4 纸，表格形式，右上角有 2 寸脱帽半身照片，栏中有说明文字)的 Word 文档转换成.pdf 文件，再通过电子邮件发给家人和自己。

(2) 从电子邮件上下载你的“个人简历.pdf”，看内容有无变异。再在 Adobe Acrobat 窗口的菜单栏中，选择“文件|导出”命令，把“个人简历.pdf”导出成“个人简历.doc”，看内容有无变异。

6. 利用 Adobe Acrobat 软件，把你校的网站主页转换成.pdf 文件，再利用该.pdf 文件进行常规的上网操作。

第7章　图像处理软件 Adobe Photoshop CS4

Adobe PhotoShop CS4 是美国 Adobe 公司开发的平面图形图像处理软件，它集图像的采集、编辑和特效处理于一身，并能在位图图像中合成可编辑的矢量图形，具有超强的图形图像处理功能。主要的功能有：

(1) 支持扫描仪进行图像扫描，并对其亮度和对比度进行调整。

(2) 对多张图片进行拼接，形成一个新图片。

(3) 对图像进行各种艺术处理和特技处理。

(4) 创建在 World Wide Web 上发布的图片，存成 Web 格式，在浏览器上使用。

在下面的叙述中，若未特别说明，提到的 PhotoShop 均是指 Adobe PhotoShop CS4。

7.1 基础知识

7.1.1 图像的基本属性

1. 色彩属性　色彩具有色相、亮度、饱和度3个基本的属性。色相(Hue)指红、橙、黄、绿、蓝、紫等色彩，而黑、白以及各种灰色是属于无色系的。亮度(Brightness)是指色彩的明暗程度。色彩的饱和度(Saturation)是指色彩的纯度，也可以称为彩度。

2. 颜色模式　颜色模式决定了显示和输出图像的颜色模型。颜色模式不同，描述图像和重现色彩的原理及能显示的颜色数量也不同；而且还影响图像文件的大小。

(1) RGB 模式　RGB 是色光的彩色模式，R(Red)代表红色，G(Green)代表绿色，B(Blue)代表蓝色，每种颜色都有256个亮度水平级，三种颜色相叠加形成了其它的颜色，在屏幕上可显示1670万种颜色(俗称"真彩色")。例如，RGB(255,255,255)为纯白色，RGB(0,0,0)为黑色，RGB(0,255,255)为青色。

RGB 模式是计算机显示器常用的一种图像颜色模式，如图7.1所示。

(2) CMKY 模式　该模式以印刷上用的4种油墨色：青(C)、洋红(M)、黄(Y)和黑(K)为基础，叠加出各种其它的颜色，如图7.2所示。在 CMKY 模式的图像中，最亮(高光)颜色分配较低的印刷油墨颜色百分比值，较暗(暗调)颜色分配较高的百分比值。

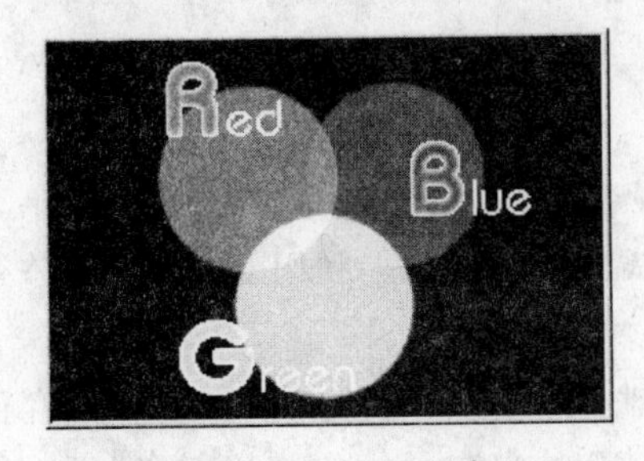

图7.1　RGB三元色

图7.2　CMYK 模式

如果要用印刷色打印制作的图像,应使用 CMYK 模式。

(3) 位图模式　该模式使用黑白两种颜色来表示图像的像素。位图模式的图像也叫做黑白图像,或一位图像,因为只用一位存放一个像素。

此外,还有灰度模式、双色调模式、索引颜色模式、多通道模式等。

3. 分辨率　一幅彩色图像可以看成由许多的点组成,这些点称为像素(Pixel),它是构成图像的最小单位。分辨率是指组成一幅图像的像素密度(数目)。同样大小的一幅图,像素越多,图像的分辨率越高,清晰度越好;反之,图像显得越粗糙。

数字图像具有连续性的浓淡色调,当把影像放大数倍后,会发现这些连续色调其实是由许多色彩相近的小方块(像素)所组成,如图 7.3 所示。

图 7.3　放大后的图像

7.1.2　图像的格式

图像格式是指存储图形或图像数据的一种数据结构,常见的位图图像的类型有:

1. BMP 格式　是最普遍的点阵图格式之一,也是 Windows 系统下的标准格式,在 Windows 环境下运行的所有图像处理软件几乎都支持这种格式。由于它没有压缩,所以显示速度最快。

2. PCX 格式　是 MS-DOS 下常用的格式,具有压缩及全彩色的能力,占用磁盘空间较少。

3. GIF 格式　是 Compuserve 公司制定的格式,适用于各式主机平台,各软件都有支持。现今的 GIF 格式只能达到 256 色,但它的 GIF89a 格式,能储存成背景透明化的形式,并且可以将数张图存成一个文件,形成动画效果。

4. JPEG 格式　是一种高效率的有损压缩格式,在存档时能够将人眼无法分辨的数据信息删除,以节省储存空间,但这些被删除的细节无法在解压时还原。

5. TIFF 格式　用于在应用程序之间和计算机平台之间交换文件,几乎被所有的绘画、图像编辑和页面排版程序所支持。而且几乎所有桌面扫描仪都可以生成 TIFF 图像。

6. PSD 格式　Adobe Photoshop 的专用格式,可以储存成 RGB 或 CMYK 模式,能自定义颜色数目储存,还可以将不同的画面以图层(Layer)分离储存,便于修改和制作各种特殊效果。

7.1.3　图像的输入和输出设备

1. 图像输入设备

(1) 扫描仪　是使用最为广泛的数字化图像设备,大致可分为 3 类:掌上型、平台式和滚筒式,其中滚筒式扫描器使用光电管撷取影像,其余两种都是利用 CCD(一种阵列式的光敏耦合器件)成像。

(2) 数码相机　是一种利用 CCD 成像的电子输入装置,图像直接以数字形式存储在相机内部的半导体存储器上,通过打印机接口或 USB 接口与计算机相连后,即可方便地将图像信息输入计算机。

(3) 视频转换卡　利用视频转换卡可以够捕捉电视、录像机、影碟机等产生的影像，通过软件进行动态撷取或静态捕捉，再储存成数字影像。

2. 图像输出设备　通常使用彩色喷墨打印机或激光打印机，将计算机中的图像打印在专用纸张或专用相纸上。打印机的分辨率越高，打印图像的品质就越好。

7.2　PhotoShop 的工作环境

7.2.1　Photoshop 的工作界面

从"开始|所有程序"的 Adobe 组中启动 Photoshop，出现图 7.4 所示的 Photoshop 主界面。主界面包括菜单栏、工具选项栏、工具箱、控制调板、工作区和状态栏等几部分。

图 7.4　Photoshop 的工作界面

1. 工具箱　工具箱包含了 Photoshop 中所有的画图和编辑工具，如图 7.5 所示。单击上端的双箭头标志，可以变换单列或双列的显示方式。把鼠标放在工具图标上停留片刻，就会自动显示出该工具的名称和对应的快捷键。工具箱中一些工具的选项显示在上下文相关的工具选项栏中。

若工具图标右下角带小三角标记，表示这是一个工具组，包含有同类的其它几个工具。

2. 工具选项栏　在工具箱中选中某种工具后，相应的选项将显示在工具选项栏中。工具选项栏与上下文相关，并随所选工具的不同而变化。

3. 控制调板　Photoshop 提供了十几种控制调板，如导航器、颜色、样式、图层、路径、通道、历史记录等，在工作区中打开一幅图片后，与该图片有关的信息便会显示在各调板中，利用调板可以监控或修改图像。

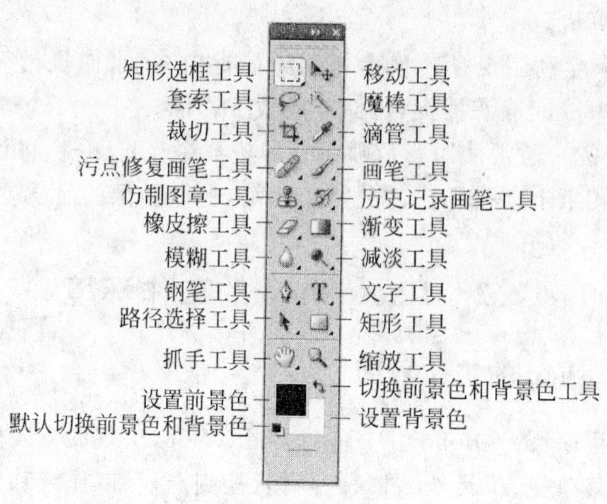

图 7.5　工具箱

7.2.2　图像文件的操作

1. 新建图像文件　选择“文件|新建”命令，打开如图 7.6 所示的“新建”对话框。

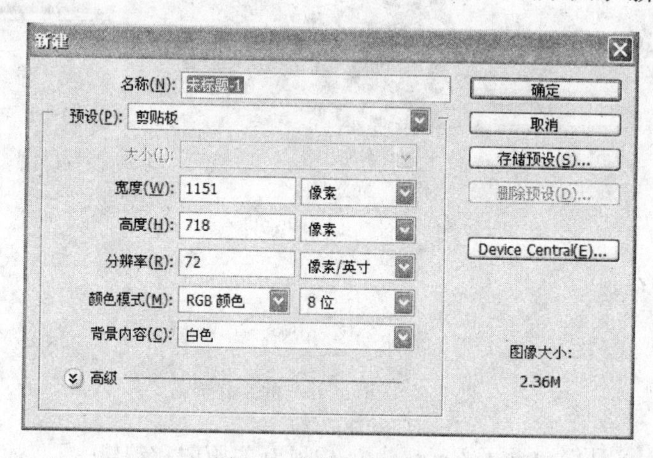

图 7.6　“新建”对话框

在对话框中设置画布的宽度和高度、图像的分辨率(默认为 72 像素/英寸)、颜色模式(默认为 RGB 模式)、颜色数和画布的背景。

2. 打开图像文件　选择“文件|打开”命令，出现“打开”文件对话框，选取一个或多个文件后，单击“打开”按钮。

Photoshop 支持多种图像格式，为了能快速找到某一类格式的图像文件，可以先在“文件类型”列表框中选择要打开的图像格式，此时文件列表框中就只显示具有这种格式的文件。

3. 保存图像文件　“文件”菜单中提供了以下几种保存文件的方法。

(1) 存储　将编辑过的文件以其当前的文件名、位置和格式存储。

(2) 存储为　将编辑过的文件按其它的名称、位置或格式存储，以便保留原始文件。

在“存储为”对话框中，各存储选项的含义是：

① 作为副本：在 Photoshop 中打开当前文档的同时存储文档副本。

② Alpha 通道：将 Alpha 通道信息与图像一起存储。禁用该选项可将 Alpha 通道从存储的图像中删除。

③ 图层：保留图像中的所有图层。如果该选项被禁用或不可用，则所有的可视图层将拼合或合并(取决于所选的图像格式)。

④ 注释：将注释信息与图像一起存储。

⑤ 专色：将专色通道信息与图像一起存储。禁用该选项可将专色从已存储的图像中删除。

(3) 存储为 Web 所用格式：存储用于 Web 的优化图像。

7.2.3 图像处理工具

Photoshop 在工具箱中提供了丰富的图像处理工具，配合“编辑”、“选择”、“图像”等菜单的使用，可完成各种图像处理和编辑工作。下面介绍几种常用的处理工具。

1. 选框工具 这组工具共有 4 个，如图 7.7 所示，可以选择矩形区域、椭圆区域、单行或单列(1 像素宽的行和列)。

使用矩形或椭圆选框选择区域时，按住 Shift 键可将选框限制为正方形或圆形。

使用选框工具时，可以在“工具选项栏”中指定选择方式：添加新选区、向已有选区中添加选区、从原有选区中减去选区、选择与其它选区交叉的选区。

2. 移动工具 用来移动选区、图层和参考线。

按住要移动的选区、图层或参考线，拖动鼠标可将其移动到新的位置。

3. 套索工具 这组工具共有 3 个，如图 7.8 所示，主要用于选择一个不规则的复杂区域。

(1) 套索工具：建立手画选区，常用于选取一些不规则的或外形复杂的区域。

(2) 多边形套索工具：建立手画直边的选区，常用于选取一些不规则的，但棱角分明、边缘呈直线的区域。

(3) 磁性套索工具：建立贴紧对象边缘的选区边界。

4. 魔棒工具 这组工具有 2 个，如图 7.9 所示。

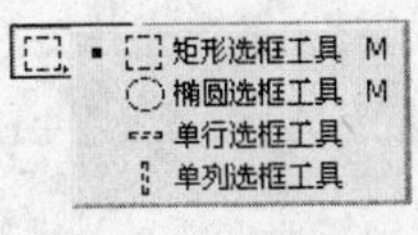

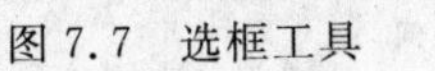
图 7.7 选框工具

图 7.8 套索工具

图 7.9 魔棒工具

(1) 魔棒工具：该工具主要用来选择颜色相似的区域。用魔棒工具单击图像中的某个点时，附近与它颜色相同或相近的点，都将自动融入到选区中。

在魔棒选项工具栏中，可以指定魔棒工具选区的容差(即色彩范围)，其值在 0～255 之间；输入较小值可以选择与所点按的像素非常相似的颜色(若容差为 0，则只能选择完全相同的颜色)，输入较高值可以选择更宽的色彩范围。

(2) 快速选择工具：该工具可通过调整圆形画笔参数，在图像中快速绘制选区。将该工具在图像上拖动时，选区会自动查找与跟随图像中定义的边缘。

5. 裁切工具 这组工具共有3个，如图7.10所示。

(1) 裁剪工具：用于切除选中区域以外的图像。

用该工具选出裁切区域后，选框上出现8个处理点：鼠标移到处理点上变为↘形状时，拖动鼠标可以改变选区的大小；鼠标移到选区外变为↺形状时，拖动鼠标可使选框在任意方向上旋转；鼠标移到选区内变为▶形状时，拖动鼠标可将选定区域拖到画面的任意位置。调整完毕，按Enter键即可；或单击任意一个工具按钮，在确认对话框中选择"裁切"命令。

(2) 切片工具：可以直接在图像上绘制切片线条，将大图片分解为几张小图片，多用于网页制作。

(3) 切片选择工具：用于选择图像的切片，单击切片选择工具后可以对切片进行编辑。

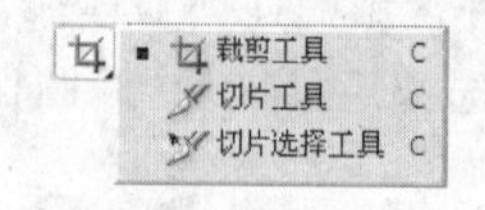

图7.10 裁切工具

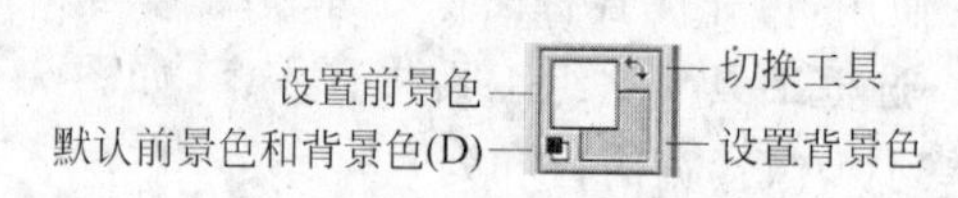

图7.11 设置前景色/背景色工具

6. 设置前景色/背景色 该工具用来设置前景色、背景色、切换前景色和背景色，以及将前景色和背景色恢复为默认色(默认前景色为黑色、背景色为白色，如图7.11所示)。

设置前景色或背景色的方法是：单击前景色或背景色图标，打开拾色器，在色谱上单击鼠标选定一种颜色；或者直接在R、G、B框中输入数值，如红色的RGB值为(255,0,0)、白色的RGB值为(255,255,255)等。

7. 画笔工具 这组工具共有2个。

(1) 画笔工具：绘制柔和的彩色线条，原理同实际的画笔相似。

选择画笔工具后，在工具选项栏右侧显示一个喷枪工具图标，如图7.12所示。单击图标选定喷枪工具，则当前的画笔工具就成为喷枪工具，使用喷枪工具可绘制软边线条。

图7.12 画笔选项工具栏

(2) 铅笔工具：绘画硬边手画线。

8. 橡皮擦工具 这组工具共有3个，如图7.13所示。

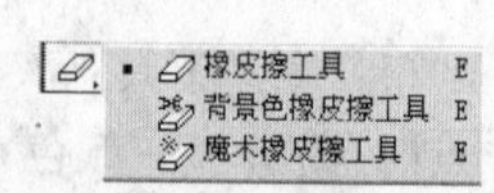

图7.13 橡皮擦工具

(1) 橡皮擦工具：用于擦除图像的背景或层面，用前景色填充。

(2) 背景色橡皮擦工具：使图像的背景变成透明，可与其它图像相融合。

(3) 魔术橡皮擦工具：擦除图像中与所选像素相似的像素。

9. 渐变工具 这组工具有2个,如图7.14所示。

(1) 渐变工具:用于对选定区域进行直线、径向、角度、对称和菱形的渐变填充。

(2) 油漆桶工具:用前景色填充选定的区域或颜色相似的区域。

10. 模糊工具 这组工具共有3个,如图7.15所示。

(1) 模糊工具:使图像中的硬边模糊(柔化)。

(2) 锐化工具:锐化软边,使图像边缘更清晰。

(3) 涂抹工具:创建手指在画布上涂抹的效果。

11. 颜色变化工具 这组工具共有3个,如图7.16所示。

图7.14 渐变工具

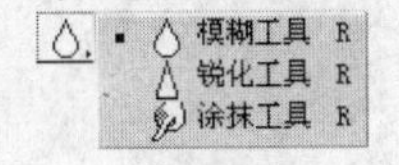

图7.15 模糊工具

图7.16 颜色变化工具图

(1) 减淡工具:将图像中暗的颜色区域变亮。

(2) 加深工具:将图像中亮的颜色区域变暗。

(3) 海绵工具:将图像中某个区域的颜色饱和度增加或减淡。

12. 路径选择工具 这组工具共有2个,如图7.17所示。

(1) 路径组件选择工具:选择显示锚点、方向线和方向点的形状或段选区。

(2) 直接选择工具:选择显示锚点。

13. 文字工具组 这组工具共有4个,如图7.18所示。利用文字工具可以在图像上直接输入文字。

(1) 文字工具:在水平方向输出文字。

(2) 竖直文字工具:在竖直方向输出文字。

(3) 水平蒙版工具:在水平方向输出文字虚框。

(4) 竖直蒙版工具:在竖直方向输出文字虚框。

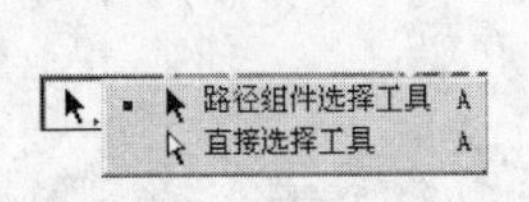

图7.17 路径选择工具

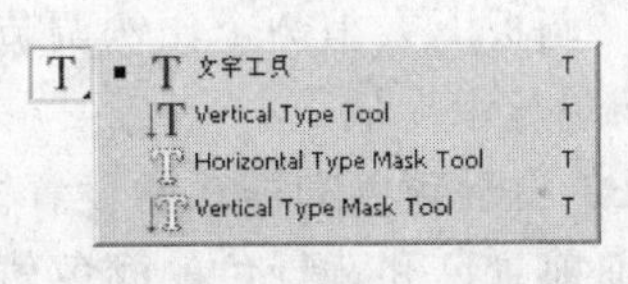

图7.18 文字工具组

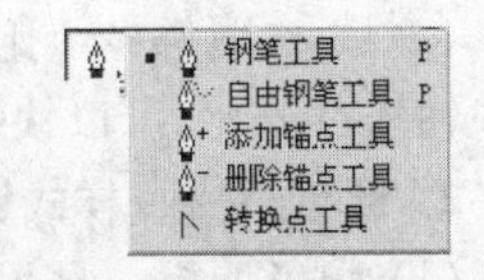

图7.19 钢笔工具组

14. 钢笔工具组 这组工具共有5个,如图7.19所示。用钢笔工具可绘制平滑边路径。

(1) 钢笔工具:又称为勾边工具,用来勾画一条路径。

(2) 自由钢笔工具:沿鼠标移动轨迹勾画出一条路径。

(3) 添加/删除锚点工具:在已有的路径中增加或删除一个锚点,以调整路径的形状。

(4) 转换点工具:将锚点在平滑点和角点之间转换。

15. 形状工具组 这组工具共有6个,如图7.20所示,利用形状工具可以创建形状规则的路径,如矩形、圆角矩形、椭圆、多边形、直线和任意一个自定义的封闭形状。

16. 吸管工具组 这组工具共有4个，如图7.21所示。

(1) 吸管工具：从图像中采集色样作为前景色或背景色(吸取背景色时应按住Alt键)。

(2) 颜色取样器工具：该工具最多可同时在四个位置点取样。

(3) 标尺工具：度量图像上两个像素之间的距离、位置和角度，显示在信息面板上。

(4) 附注工具：可以为图片添加解释，文字内容不在图片中显示，双击图标后即可在打开的调板中查看。

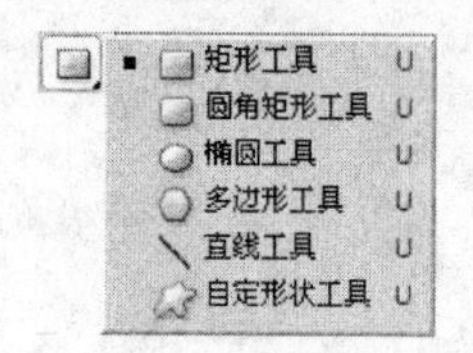

图7.20 形状工具

图7.21 吸管工具

图7.22 抓手工具组

17. 抓手工具 这组工具有2个，如图7.22所示。

(1) 抓手工具：在图像窗口内移动图像。

(2) 旋转工具：自由旋转画面，方便规范操作。

18. 缩放工具 放大和缩小图像的视图。

7.2.4 控制调板

Photoshop提供了多种控制调板，通过“窗口”菜单中的相应命令可以显示或隐藏各个调板。调板是一种浮动面板，可以放置在屏幕的任意位置。

下面介绍几个常用的控制调板。

1. 导航器调板 该调板主要用来调整图像窗口中显示的图像区域或图像的显示比例，如图7.23所示。

(1) 调整图像视图 调板上部是图像的缩览图，上面的红色框表示视图框。利用缩览图可以快速更换图像的视图。

(2) 调整图像显示比例 调板下方是一个比例调节条，左右拖动滑块，或直接在文本框中输入百分比，可以快速调整显示比例。

2. 颜色/色板/样式调板 用于颜色和样式的设置。

(1) 颜色调板 显示当前前景色和背景色的颜色值，如图7.24所示。

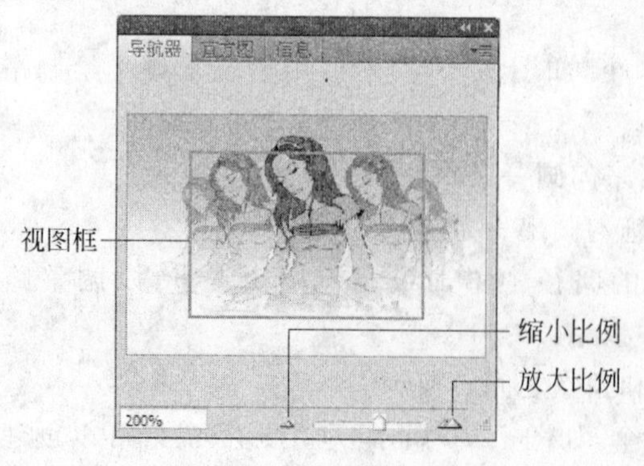

图7.23 导航器调板

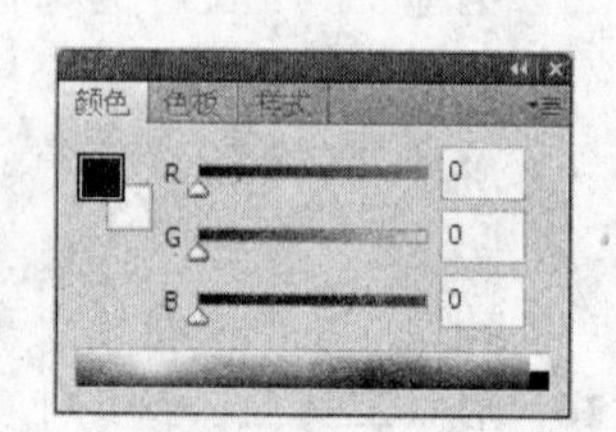

图7.24 颜色调板

单击前景色或背景色选择框使其成为当前编辑的选项(加上黑色外框)。然后拖移R、G、B三种颜色滑块,或直接在颜色滑块右侧输入数值。

(2) 色板调板　用于选取前景色和背景色。

选取前景色时,直接单击调板中的一种颜色。选取背景色时,按住 Alt 键,同时单击调板中的一种颜色。

(3) 样式调板　用调板中的样式填充图像,如图 7.25 所示。

图 7.25　样式调板

3. 图层调板　显示当前图像中的所有图层。打开文件 Photoshop 安装目录下的示例文件 Samples\Smart Objects.psd,图层调板中即显示出与该图像有关的各项信息,如图 7.26 所示。

(a) 图像文件

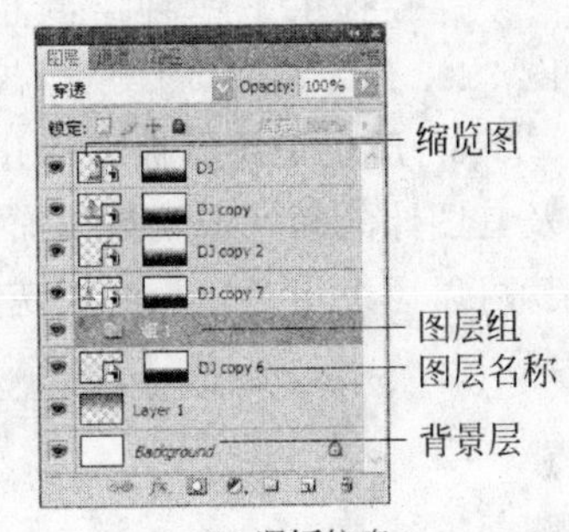

(b) 调板信息

图 7.26　图层调板

图层是 Photoshop 中一个重要的图像编辑手段,图层就像一叠透明的纸,每张纸代表一个层,可以在任意层上单独进行绘图或编辑操作,而不会影响到其它图层上的内容。

① 隐藏/显示图层 图层最左边的眼睛图标出现时,表示该层可见(称为可见图层);单击图标,眼睛消失,表示该层不可见(称为隐藏图层)。

② 当前层 图层左边显示画笔图标的是当前正在编辑的图层,称为当前层,所有的编辑操作都是针对当前层进行的。

③ 图层组 图层左边显示三角按钮的,表示这是一个图层组,其中包含几个图层;单击该按钮,可展开图层组。

④ 缩览图　图层名称的左边显示有该层图像的缩览图。按住 Ctrl 键,同时单击该图标(或该图层),可选中这层上的所有图像。

⑤ 锁定图层　选中某一图层,然后单击控制板中的锁定选择框,该图层右边出现一个小锁图标🔒,表示该层被锁定,不能编辑这一层上的图像,也不能删除这一层。

一个文件中的所有图层都具有相同的分辨率、相同的通道数以及相同的图像模式(RGB、CMYK 或灰度)。

Photoshop 支持正常图层和文本图层。另外,Photoshop 还支持调整图层和填充图层。可以使用蒙版、图层剪贴路径和图层样式将复杂效果应用于图层。图层可在不改变初始图像数据的情况下更改图像。

图层调板最下面的图标从左到右分别为添加图层样式、添加蒙版、创建新组、创建新的填充或调整图层、创建新的图层、删除图层。

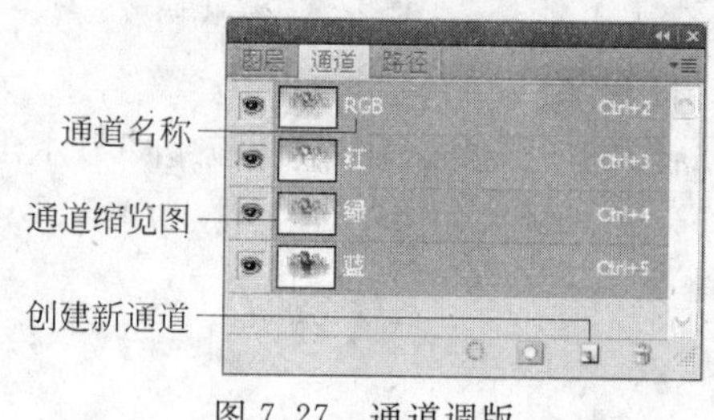

图 7.27　通道调版

4. 通道调板　通道是用来存放颜色信息的,打开新图像时,系统自动创建颜色信息通道,如图 7.27 所示。此外,Photoshop 中还有一种特殊的通道——Alpha 通道。

通道调板是专门用来创建和管理通道的,该面板显示了当前打开的图像中的所有通道,从上往下依次是复合通道(对于 RGB、CMYK、Lab 模式的图像)、单个颜色通道、专色通道和 Alpha 通道。

5. 路径调板　路径是使用钢笔等工具绘制的线条或形状,是一种矢量对象。

路径提供了一种绘制精确的选区边界的有效方法。路径存储在路径调板中,如图 7.28 所示。

6. 历史记录调板　打开一个图像文件后,每当对图像进行了一个编辑操作,该操作及其图像的新状态就被添加到历史记录调板中,如图 7.29 所示,当后面的操作不满意时,就可以通过历史记录调板恢复到前面的操作状态。

图 7.28　路径调板

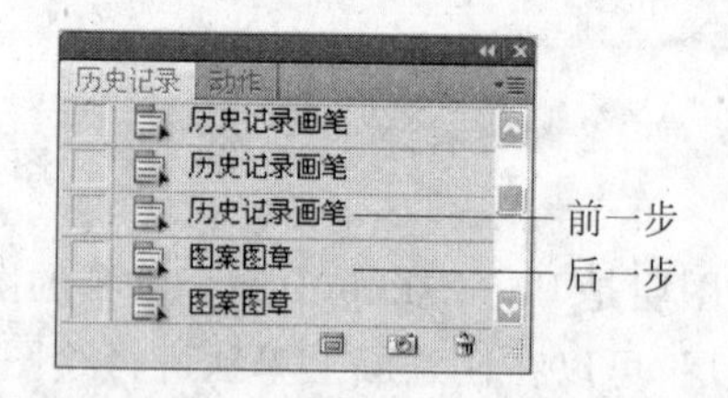

图 7.29　历史记录调板

注意:关闭并重新打开文档后,上一工作阶段中的所有状态都将从历史记录调板中清除。

7.3　图层和通道

7.3.1　使用图层

利用图层可以将图像进行分层处理和管理。首先对各层分别创建蒙版和特效,得到预定效果后,再将各层图像进行组合,通过控制图像的色彩混合、透明度、图层重叠顺序等，实现丰富的创意设计。另外，用户还可以随时更改各图层图像，增加了设计的灵活性。

使用图层会大大增加文件大小，因此在分层处理完成后，一般要将多层图像拼合成一个背景图，既减少了文件大小，又可将其存储为不支持图层的其它图像格式。

1. 新建图层 单击图层调板右下角的“创建新图层”按钮，可在当前层的上面建立一个新图层。右击图层，从快捷菜单中选择“图层属性”命令，打开“图层属性”对话框，在“名称”框中输入新的图层名称。

新图层是一个空白的图层，就像一张白纸，可以在上面随意做画。

另外，当在图像窗口中进行了复制和粘贴操作，或将某一个图层拖曳到“创建新图层”按钮上，也会在图层调板上产生一个相应的图层，其内容就是所复制的图像。

2. 删除图层 将要删除的图层拖曳到调板右下角的“删除图层”按钮上。

3. 调整图层顺序 图层与图层之间彼此覆盖，上面的图层会遮挡住下面图层的内容。在图层调板中拖动图层，可以调整各图层的叠放顺序。

注意：背景层的位置一般是不能移动的。

4. 调整图层的融合效果 有两种方法：

① 设置透明度 图层中没有图像的区域是透明的，可以看到其下层的图像，每个图层中的图像都可以通过调整图层的透明度来控制其遮挡下层的程度。方法是：在图层调板的 Opacity 框中输入一个百分比，值越大，不透明度越大，该值为 100% 时表示完全不透明。

② 设置混合模式 调整图层的混合模式可以控制两层图像之间的色彩合效果，图层调板的“混合模式”列表框中给出了系统提供的各种融合方式，如图 7.30 所示。

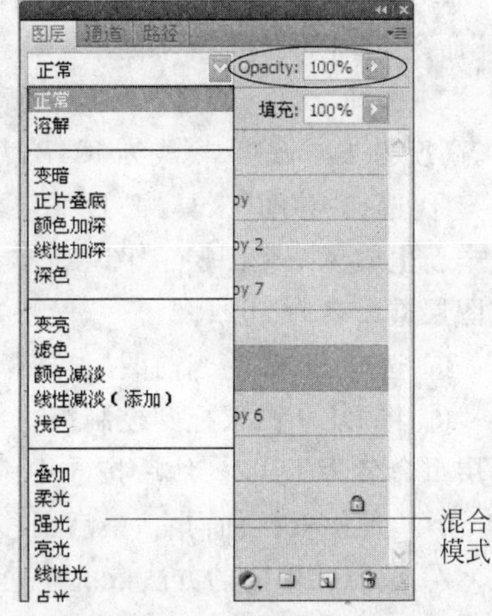

图 7.30 图层混合模式

5. 合并图层

① 合并相邻的两个图层：执行“图层|向下合并”命令，将把当前图层和它下面的一个图层合并起来。

② 合并不相邻的图层：先选择一个图层作为当前层，然后在另一个要合并图层的眼睛图标右边的方框中单击，出现一个链接图标(表示该图层与当前层具有链接关系)，再选择“图层|合并链接图层”命令，相链接的几个图层就会合并为一个图层。

③ 合并可见层：选择“图层|合并可见图层”命令，可以将所有可见图层(显示眼睛图标)合并为一个图层。用这种方式可以同时合并几个相邻的或不相邻的图层。

④ 合并所有图层：选择“图层|拼合图层”命令，可以将当前图像的所有图层合并为一个图层。如果有隐藏层，系统会提示“要扔掉隐藏的图层吗?”，单击“是”按钮，系统会自动删除隐藏层，并将所有可见层合并为一层。保存图像前最好先合并所有图层。

【例 7.1】 应用图层，制作如图 7.31 所示的效果。

① 打开 Photoshop 自带的图像文件 Smart Objects. psd，单击“图层调板”左侧的眼睛

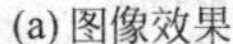

(a) 图像效果

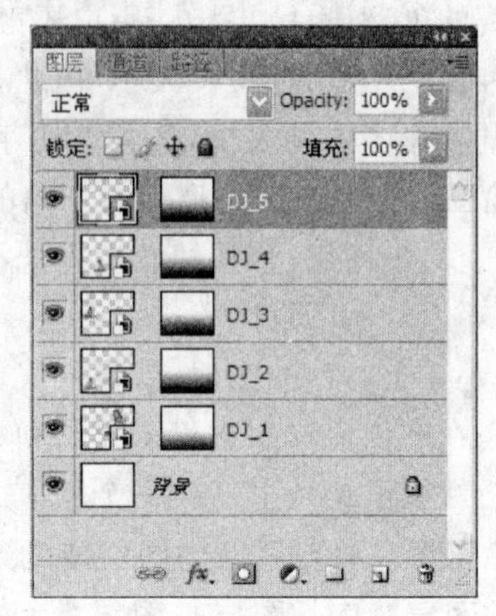

(b) 图层调板

图 7.31 图层的应用

图标,只保留 DJ 图层和 background 图层(即只保留这两个图层左侧的眼睛图标),使画面中只留一个 DJ 女孩且背景为纯白色。

② 用“魔棒”工具,在“DJ 女孩”图像的白色区域单击,选中白色区域;然后选择“选择|反选”命令,选中“DJ 女孩”图像。

③ 选择“文件|新建”命令,在新建对话框中设置图像名称为“新 DJ”、宽度为 500 像素、高度为 400 像素、模式为 RGB、背景色为白色。

④ 选择“移动”工具,把 DJ 图像中选择的区域移到“新 DJ”图像中,这时在图层控制板中新生成了一个图层:“图层 1”。右击该图层,从快捷菜单中选择“图层属性”命令,将该图层重命名为 DJ_1。

⑤ 选择 DJ_1 为当前图层,选择“编辑|变换|缩放”命令,将女孩适当缩小。

⑥ 将 DJ_1 图层拖到控制板的“创建新图层”按钮上,新建一个 DJ_1 副本图层,将该图层重命名为 DJ_2。然后按⑤中的方法将 DJ_2 再缩小,接着选择“编辑|变换|水平翻转”命令,使该女孩面向右,最后用移动工具将其移至画面的合适位置。

⑦ 按照⑥中的的方法依次建立 DJ_3 图层、DJ_4 图层、DJ_5 图层。

7.3.2 使用通道和蒙版

1. 通道 Photoshop 采用特殊灰度通道存储图像颜色信息和专色信息。如果图像含有多个图层,则每个图层都有自身的一套颜色通道。颜色通道的数量取决于图像的颜色模式,例如,RGB 图像有 4 个默认通道:红色、绿色、蓝色,以及一个用于编辑图像的复合通道。

在进行图像编辑时,单独创建的新通道称为 Alpha 通道。在 Alpha 通道中,存储的并不是图像的色彩,而是用于存储和修改选定区域,可以将选区存储为 8 位灰度图像。

除 Alpha 通道外,可以创建专色通道,指定用于专色油墨印刷的附加印版。一个图像最多可包含 24 个通道,包括所有的颜色通道和 Alpha 通道。

2. 蒙版 当在暗室放大照片时,为了使指定的区域曝光,摄影师往往要将硬纸片中间部分按希望的形状挖空，将硬纸片作为蒙版遮挡在镜头与相纸之间，这样将只在未遮挡区对相纸曝光，而遮挡区则被保护。

Photoshop 中的蒙版借用了同样的道理，在选区上创建了一个蒙版后，未被选择的区域会被遮盖，可以把蒙版看作是一个带孔的遮罩。利用快速蒙版，可以根据图像选区的特点快速制作出这个遮罩的孔的形状，这个孔就是所要的选择区。

当要改变图像某个区域的颜色，或要对该区域应用滤镜或其它效果时，蒙版可以隔离并保护图像的其余部分。当选择某个图像的部分区域时，未选中区域将“被蒙版”或受保护以免被编辑。也可以在进行复杂的图像编辑时使用蒙版，比如将颜色或滤镜效果逐渐应用于图像。

此外，使用蒙版可以将选区存储为 Alpha 通道以便重复使用该选区（可以将 Alpha 通道转换为选区然后用于图像编辑）。因为蒙版是以 8 位灰度通道形式存储，故可以用所有的绘画和编辑工具对其进行修饰和编辑。

当选中“通道”调板中的蒙版通道时，前景色和背景色以灰度值显示。

【例 7.2】 蒙版和通道的应用。操作步骤是：

① 打开 Photoshop 自带的图像文件 Smart Objects. psd。

② 用魔棒工具选择 DJ 女孩的黄色衣服部分，按下 Shift 键可以添加选区，陆续添加女孩衣服和头发上的不同颜色区域。

③ 单击工具箱中的快速蒙版工具，从正常编辑模式进入到快速蒙版编辑模式。

④ 在通道调板中，单击最上层的复合通道左边的眼睛图标，隐藏颜色通道，可以看见在快速蒙版模式下，Photoshop 自动转入灰度模式（默认的前景色为黑色，背景色为白色）。将前景色设置为白色，用画笔工具在红色的蒙版区进行绘画，可以清除蒙版区（增加选区）。同理，用黑色绘画可以增加蒙版区（减少选区）。

⑤ 单击工具箱中的模式切换按钮切换到正常模式下，可以看到非蒙版区就是选择区，蒙版区就是非选择区。

⑥ 制作复杂的选区后，可将选区存储在通道控制板中，作为 Alpha 通道的一个蒙版，这个蒙版是永久的，即使取消选择后，也可以在需要时从 Alpha 通道中取出蒙版作为选区。

选择“选择|存储选区”命令，打开“存储选区”对话框，新建一个名为 Alpha1 的通道，如图 7.32 所示。将选区存储在通道后，通道中会多出一个 Alpha1 通道，如图 7.33 所示。

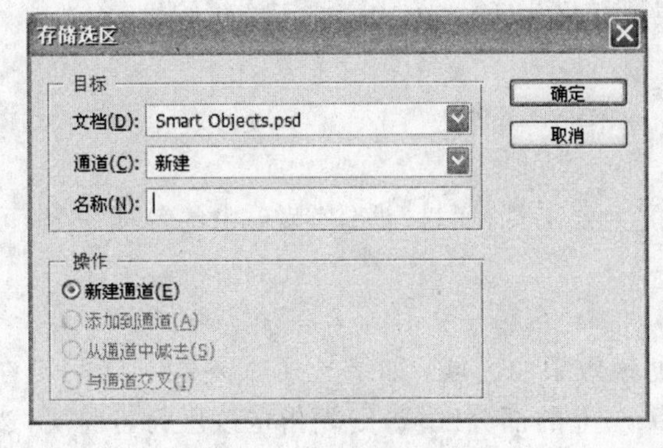

图 7.32 “存储选区”对话框

图 7.33 新建 Alpha 通道

⑦ 按 Ctrl+D 键取消选区后，再选择“选择|载入选区”命令，出现“载入选区”对话框，选择 Alpha1 通道作为选区重新载入，可以恢复刚才的选区。

7.4 创建文字

在 Photoshop 中利用文字工具可以在图像上创建各种文字。方法是：

(1) 新建或打开一个图像文件。

(2) 在工具箱中选择文字工具 T，然后在选项工具栏中指定字体、字形、大小、对齐方式、颜色等参数，如图 7.34 所示。

图 7.34　文字选项工具栏

(3) 在图像窗口中输入文字，图层调板上将自动增加一个文字图层 T。

(4) 设置文字效果，单击选项工具栏中的“创建变形文本”按钮，打开图 7.35 所示的“变形文字”对话框，选择一种样式，并设定相应的变形参数，结果如图 7.36 所示。

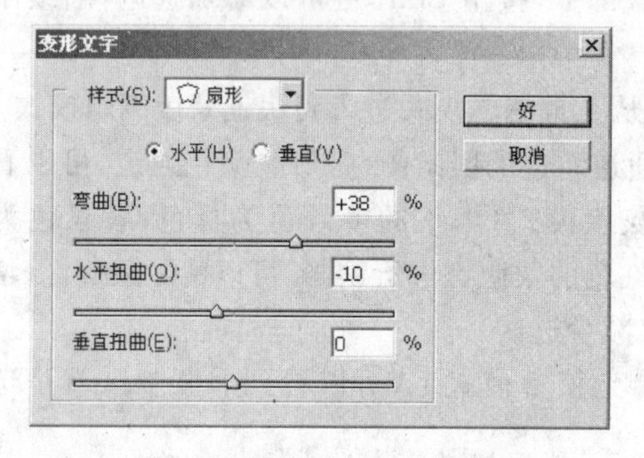

图 7.35　“变形文字”对话框

图 7.36　文字的变形效果

(5) 按 Ctrl+Enter 键退出文字编辑状态。

使用文字工具可重新编辑文本内容或修改文本样式。

在 Photoshop 中，文字类型的图层是不能使用滤镜等特殊效果的，必须先选择“图层|栅格化|文字”命令将其转变为普通图层。栅格化后，文本内容将不能再编辑。

7.5 滤　镜

在 Photoshop 中，滤镜是处理图像的主要工具，通过“滤镜”菜单中的各项命令，可以在图像上产生特殊的处理效果。

使用滤镜的方法是：

(1) 打开图像文件，选择需要添加滤镜效果的区域：如果是某一层上的画面，则在图层调板中指定该层为当前层；如果是某一层上的部分区域，则先指定该层为当前层，然后用选取工具选出该区域；如果对象是整幅图像，则应先合并图层。

(2) 从“滤镜”菜单中选择某种滤镜，并在相应的对话框中根据需要调整好参数，确定后效果就立即产生了。

(3) 在一幅图上可以同时使用多种滤镜，这些效果叠加在一起，产生千姿百态的神奇效果。

下面介绍几种滤镜的应用。

1. 风格化滤镜 风格化滤镜在图像中通过置换像素，并且查找和增加图像中的对比度，从而在图像或者选区上产生一种绘画式或印象派的艺术效果。

例如，查找边缘滤镜在图像中搜寻并标识有明显颜色过渡的区域，并在白色背景上用深色线条勾画图像的边缘，从而产生一种轮廓被铅笔勾描过的图像效果。浮雕效果滤镜通过用原填充色勾画图像轮廓和降低周围像素色值，使图像或选区显得突出或下陷，从而生成具有凸凹感的浮雕效果。

【例 7.3】 浮雕滤镜的使用。

① 打开 Photoshop 自带的图像 Smart Object. psd。

② 按照例 7.1 介绍的方法选择 DJ 女孩作为要处理的选区。

③ 选择“滤镜|风格化|浮雕”命令，在“浮雕效果”对话框设置：角度 135 度，高度 5 像素，数量 100。结果如图 7.37 所示。

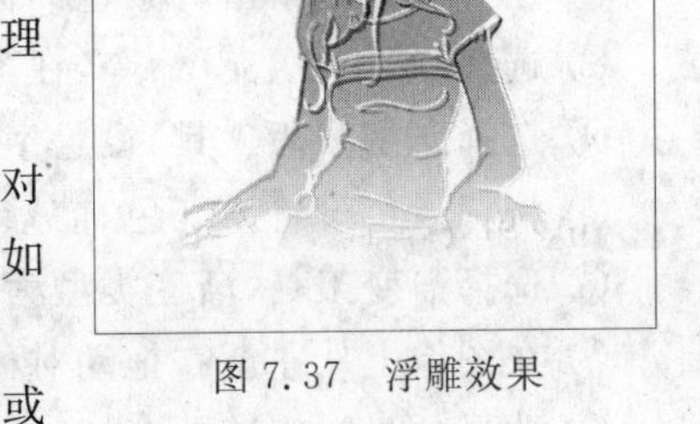

图 7.37 浮雕效果

2. 模糊滤镜 模糊滤镜可以光滑边缘过于清晰或对比过于强烈的区域，使图像较柔和，从而模糊图像，产生平滑过渡的边缘效果。常用的效果有动态模糊、高斯模糊、径向模糊、特殊模糊。

【例 7.4】 利用模糊滤镜创建倒影字。

① 选择“文件|新键”命令，新建一个名为“倒影字”的图像文件，宽度为 400 像素，高度为 260 像素，模式为 RGB，背景色为白色。

② 选择文字工具，在工具选项栏中设置字体为华文新魏、大小为 100 点，然后输入文字“倒影字”，按 Ctrl+Enter 键结束。

③ 选择移动工具，将图像文本移动到合适的位置。

④ 在图层调板中，按住 Ctrl 键并单击文本图层，将图像中的文本图层选中。

⑤ 选择“图层|栅格化|文字”命令，将文本层转换为普通图层。

⑥ 将文字图层拖至图层调板的“创建新图层”按钮上，得到一个复制图层。

⑦ 选择“编辑|变换|垂直翻转”命令，将文字图像翻转；再选择“编辑|变换|扭曲”命令，出现一个调整框，调整该框的方向和大小(见图 7.38)，按 Enter 键确定。

⑧ 在工具箱中单击前景色按钮，在弹出的拾色器中设置 R 为 125，G 为 125，B 为 125。

⑨ 按 Alt+Delete 键，在翻转的文本中填充前景色。

⑩ 选择“滤镜|模糊|高斯模糊”命令，设置半径为 4 像素。

⑪ 在图层调板的模式列表框中选择“正片叠底”选项，并设置不透明度为 80%。

⑫ 按 Ctrl+D 键取消图像选区，效果如图 7.39 所示。

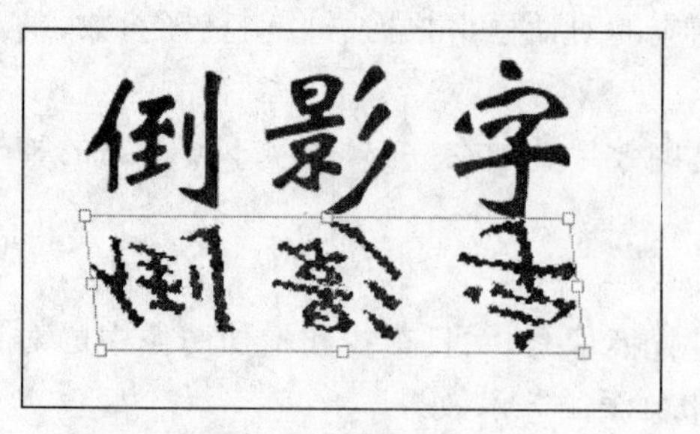

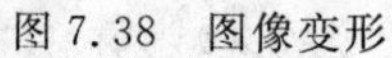
图 7.38 图像变形

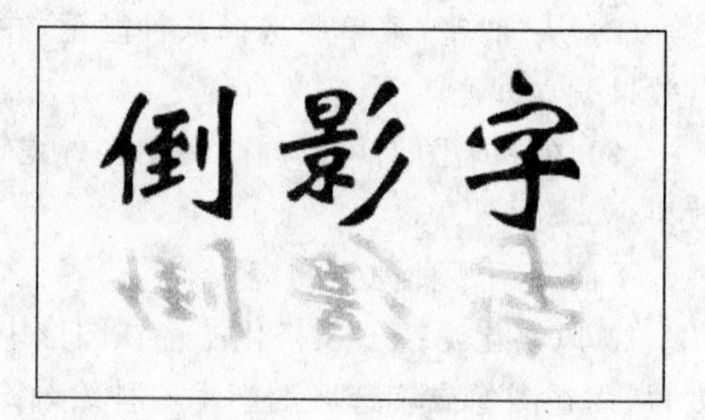

图 7.39 倒影效果

3. 扭曲滤镜 扭曲滤镜可以使图像产生扭曲变形，从而可使图像产生 3D 和其它变形效果。

【例 7.5】 利用扭曲滤镜制作一个具有火焰燃烧效果的字体。具体操作是：

① 新建一个宽度为 400 像素，高度为 200 像素，模式为 RGB，背景为透明的文档。

② 在工具箱上单击背景色图标，在拾色器中设置 R、G、B 都为 100。

③ 选择“编辑|填充”命令，在“填充”对话框将使用内容设置为背景色，模式为正常。

④ 选择文字蒙版工具，设置字体为隶书，大小为 120 点，输入文字为“风与火”。

⑤ 将背景色设置为红色，前景色设置为黄色。

⑥ 选择渐变工具，渐变类型为“对称渐变”，方式为“前景色到背景色渐变”。

⑦ 在图像上从左至右拖动对称渐变工具，蒙版文字中将显示从黄渐变到红的效果。

⑧ 选择“图像|旋转画布|90 度(逆时针)”命令。

⑨ 选择“滤镜|风格化|风”命令，在对话框中设置风向为从左向右。

为了增强效果，重复选择“滤镜|风格化|风”命令，直到达到风的效果，可做 2～6 次。

⑩ 选择“滤镜|扭曲|波纹”命令，在对话框中设置数量为 150，大小为中。

⑪ 选择“图像|旋转画布|90 度(顺时针)”命令。图像效果如图 7.40 所示。

图 7.40 图像效果

由于篇幅所限，其它的滤镜命令这里就不一一介绍了。

7.6 综合应用

本节介绍几个 Photoshop 综合应用的例子。

【例 7.6】 制作迷彩字，效果如图 7.41 所示。

具体步骤是：

① 选择“文件|新建”命令，新建一个 400×200 像素，模式为 RGB，背景为白色的文档。

② 选前景色为 RGB(57,108,28)，按 Alt+Delete 键用前景色填充全图。

③ 选择“滤镜|杂色|添加杂色”命令，数量为50、高斯分布、单色。选择“滤镜|像素化|晶格化”命令，单元格大小为30。选择“滤镜|杂色|中间值”命令，半径为5像素。

④ 选择水平文字蒙版工具，工具选项栏中设置文字大小为200点，然后在图像上输入文字“迷彩”，将字体虚框移动到合适位置后，按Ctrl＋Enter键结束，如图7.42所示。

图7.41 迷彩文字

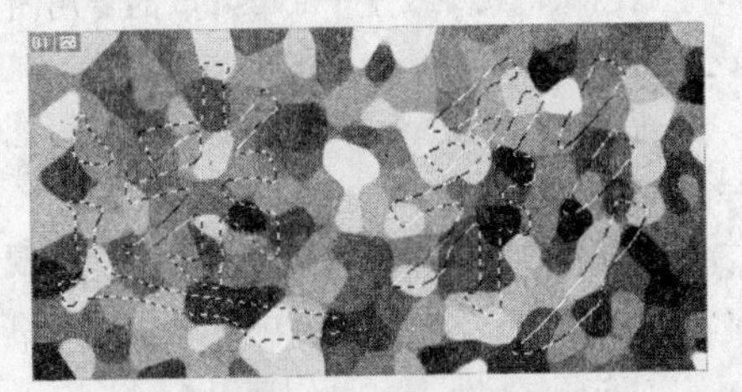

图7.42 虚框文字

⑤ 按Ctrl＋Shift＋I键反选，按Delete键将字体外的区域内容删除。

⑥ 按Ctrl＋Shift＋I键反选，按Ctrl＋J键将所选区域复制到新图层上。

⑦ 选择“滤镜|风格化|风”命令。

⑧ 选择“滤镜|其它|最大值”命令，设置半径为1像素，使边缘细化。

【例7.7】 制作一张复合图片，如图7.43所示。

① 打开Photoshop自带的图像文件Smart Opbjects.psd和计算机自带的实例图片sunset.jpg。

② 按照前面介绍的方法用魔棒工具和“选择|反选”命令，选中DJ女孩，按Ctrl＋C键，再选中落日图片，按Ctrl＋V键，把DJ女孩的图片复制到落日图片中，将女孩适当缩小后，移到图像窗口的下方。

图7.43 复合图片

③ 在图层调板中将第二层作为当前层，执行“图层|图层样式|外发光”命令，打开“图层样式”对话框，设置参数：混合模式为“屏幕”，不透明度为100%，杂色为10%，扩展为10%，大小为“30像素”，范围为60%。最后在图层调板中将该层的不透明度设置为75%。

④ 选择文字工具，输入文字“音乐的魅力”(华文新魏、72点)，然后单击工具选项栏中的“创建变形文字”按钮，打开“变形文字”对话框，设置参数：样式为“扇形”，弯曲为＋50%。再选择“图层|图层样式|斜面和浮雕”命令，“图层样式”对话框中所有参数都取默认值。最后在图层调板中将文字图层的混合模式设置为“柔光”。

习 题 7

7.1 思考题

1. RGB颜色模式中的R、G、B分别代表什么意思？

2. CYMK颜色模式中的C、Y、M、K分别代表什么意思？

3. 简述魔棒工具的作用。

4. 在 Photoshop 中如何应用图层和通道编辑图像?

5. 在 Photoshop 中如何利用文字工具在图像中创建文本?

7.2 选择题

1. 下面图像格式中属于 Photoshop 的专用图像格式的是(　　)。

(A) TIFF　(B) GIF　(C) PSD　(D) JPEG

2. 下面设备不是 Photoshop 的输入设备的是(　　)。

(A) CCD　(B) 扫描仪　(C) 数码相机　(D) 屏幕

3. 在索引颜色模式下图像最多有(　　)种颜色。

(A) 256　(B) 8　(C) 16　(D) 24

4. 一个图像最多能有(　　)通道。

(A) 24　(B) 10　(C) 16　(D) 8

5. 下面工具最适合进行不规则形状的选择的是(　　)。

(A) 矩形选框工具　(B) 磁性套索工具

(C) 单行选框工具　(D) 移动工具

6. 色彩的饱和度(Saturation)是指色彩的(　　)。

(A) 明暗程度　(B) 纯度　(C) 色系　(D) 颜色

7. 明度(Brightness)是指色彩的(　　)。

(A) 明暗程度　(B) 纯度　(C) 色系　(D) 颜色

8. 在 RGB 模式下,屏幕显示的色彩是由 RGB(红,绿,蓝)三种色光所合成的,给彩色图像中每个像素的 RGB 分量分配一个从(　　)～(　　)范围的强度值。

(A) 0　(B) 255　(C) 128　(D) 256

9. 在 RGB 模式下,屏幕显示黑色时,应给每个像素的 RGB 分量分配一个(　　)的强度值。

(A) 0　(B) 255　(C) 128　(D) 256

10. 在 RGB 模式下,屏幕显示白色时,应给每个像素的 RGB 分量分配一个(　　)的强度值。

(A) 0　(B) 255　(C) 128　(D) 256

11. 在 Photoshop 中,不能改变图像文件大小的操作是(　　)。

(A) 使用放大镜工具　(B) 使用裁切工具

(C) 执行"画布大小"命令　(D) 执行"图像大小"命令

12. 在 Photoshop 的 CMYK 模式中,最高(高光)颜色分配(　　)印刷油墨颜色百分比值,较暗(暗调)颜色分配(　　)印刷油墨颜色百分比值。

(A) 较高的　(B) 较低的　(C) 不变的　(D) 随机的

13. 使用一位存放一个像素的位图模式的图像,可以表示(　　)种颜色的图像。

(A) 1　(B) 2　(C) 3　(D) 8

14. 与自由铅笔或其它绘画工具绘制的位图图形不同,路径是不包含像素的(　　)对象。

(A) 自由　(B) 绘画　(C) 矢量　(D) 位图

15. 用新建命令创建一个新的图像,该图像的默认像素尺寸为(　　)。

(A) 1024×768　(B) 640×480

(C) 固定　(D) 与复制到剪贴板中图像或选区的大小相同

7.3 填空题

1. 数码相机是一种________装置。

2. 按住________键,可以限制拖动和画图沿直线或 45 度角的倍数方向。

3．在工具箱中，凡是右下角带三角标记的工具都含有________工具。

4．一个文件中的所有图层都具有________的分辨率、通道数和图像模式。

5．在图层调板中，处于最底层的一般是________。

6．要使前景色和背景色恢复为默认的颜色设置（即前景色为黑色，背景色为白色），应使用________工具。

7．________工具用于绘制柔和的彩色线条。

8．________可绘画硬边描边。

9．每对图像进行一次更改，该图像的新状态就被添加到________中。

10．滤镜不能应用于________模式的图像。

7.4 上机练习题

1．利用一幅现有的图像，在上面加上文字，并使用滤镜效果，制作一张书签。

2．选择一幅风景图像，再选择一幅人物图像，把人物加入风景图像中，并利用渐变工具制作出人物和风景融为一体的效果。

第8章　演示文稿制作软件 PowerPoint 2007

PowerPoint 2007 是微软公司办公集成软件 Office 2007 中的一个应用程序，能够制作集文字、图像、动画、声音以及视频等多媒体元素为一体的演示文稿，让信息以更轻松、更高效的方式表达。PowerPoint 2007 中文版在继承以前版本的强大功能的基础上，更以全新的界面和便捷的操作模式引导用户制作图文并茂、声形兼备的多媒体演示文稿。

本章叙述中所提到的 PowerPoint，若未特别说明，均是指 PowerPoint 2007 中文版。

8.1　PowerPoint 简介

PowerPoint 是目前最实用、功能最强大的演示文稿制作软件之一，用于设计制作广告宣传、产品演示、学术交流、演讲、工作汇报、辅助教学等众多领域。它制作的演示文稿不仅可以在投影仪和计算机上进行演示，还可以将其打印出来，制作成胶片，以便应用到更广泛的领域。另外，利用 PowerPoint 还可以在互联网上召开面对面会议、远程会议或在因特网中向更多的观众展示。

PowerPoint 2007 无论是在创建、播放演示文稿方面，还是在保护管理信息、信息的共享能力方面，都在原来版本的基础上新增了许多功能，如全新的直观型外观、自定义幻灯片版式、精美的 SmartArt 图形等。

使用 PowerPoint 创建的文件称为演示文稿，而幻灯片则是组成演示文稿的每一页，在幻灯片中可以插入文本、图片、声音和影片等对象。

8.2　创建演示文稿

8.2.1　PowerPoint 的工作界面

选择“开始|所有程序|Microsoft Office|Microsoft Office PowerPoint 2007”选项，启动 PowerPoint，其窗口界面如图 8.1 所示，不仅美观实用，而且各个工具按钮的摆放更方便用户的操作。

8.2.2　PowerPoint 的视图方式

PowerPoint 提供了普通视图、幻灯片浏览、备注页和幻灯片放映 4 种视图模式，每种视图都包含有该视图下特定的工作区、功能区和其他工具。在功能区中选择“视图”选项卡，然后在“演示文稿视图”组中选择相应的按钮即可改变视图模式。或单击主窗口右下方的“视图切换”按钮，可以在普通视图、幻灯片浏览、幻灯片放映这 3 种视图方式之间切换。

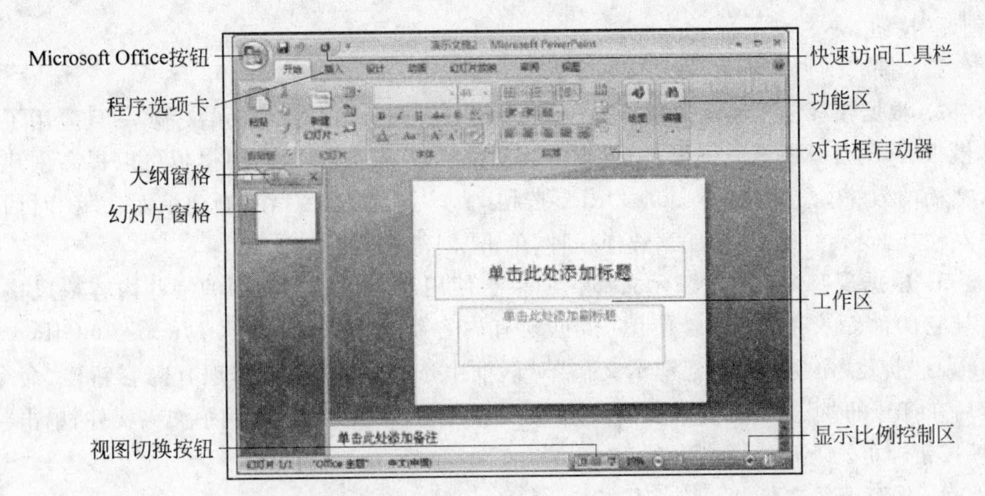

图 8.1　PowerPoint 工作窗口

1. 普通视图　普通视图是主要的编辑视图，用于设计演示文稿。该视图实际上包含了幻灯片视图、大纲视图两种视图模式。单击“普通视图”按钮▣，即可切换到普通视图显示方式，幻灯片视图主要用于对单幅幻灯片进行设计外观、编辑文本、插入图形、声音和影片等多媒体对象，并为某个对象设置动画效果，或创建超级链接；大纲视图主要用于输入和修改大纲文字，当文字输入量较大时用这种视图进行编辑较为方便。

2. 幻灯片浏览视图　幻灯片浏览视图是缩略图形式的演示文稿幻灯片。单击“幻灯片浏览”按钮▦，即可切换到幻灯片浏览视图。该视图适用于从整体上浏览和修改幻灯片效果，如改变幻灯片的背景设计和配色方案、调整顺序、添加或删除幻灯片、进行幻灯片的复制和移动等操作，但不能编辑幻灯片中的具体内容，只能切换到普通视图中进行编辑。

3. 备注页视图　为幻灯片创建备注。创建备注有两种方法，即在普通视图下的备注区中进行创建和在备注页视图模式中进行创建。选择“视图|备注页”命令，即可切换到备注页视图。注意插入到备注页中的对象不能在幻灯片放映模式下显示，可通过打印备注页打印出来。

4. 幻灯片放映视图　以全屏幕播放演示文稿中的所有幻灯片，可以听到声音，看到各种图像、视频剪辑和幻灯片切换效果。

8.2.3　演示文稿的创建和保存

可以使用新建空白、带有模板、根据现有内容等多种方法来创建演示文稿。

1. 创建空演示文稿　空演示文稿是一种形式最简单的演示文稿，没有应用模板设计、配色方案以及动画方案，可以自由设计。用户在启动 PowerPoint 的过程中，系统会自动创建一个演示文稿，并将其命名为“演示文稿 1”，除此之外，还可以通过以下 3 种方法新建演示文稿：

(1) 单击“快速访问”工具栏中的“新建”按钮▢，即可新建一个空白演示文稿。

(2) 选择 Microsoft Office 按钮→“新建”命令，在“新建演示文稿”对话框中单击

"创建"按钮。

(3) 按 Ctrl+N 键。

2. 根据模板创建演示文稿 模板是一种以特殊格式保存的演示文稿,一旦应用了一种模板后,幻灯片的背景图形、配色方案等就都已经确定,所以套用模板可以提高创建演示文稿的效率。选择 Microsoft Office 按钮→"新建"命令,在"新建演示文稿"对话框中左栏"已安装的模板"中任意选择一种,单击"创建"按钮。

3. 根据现有内容创建演示文稿 如果想使用现有演示文稿中的一些内容或风格设计其它的演示文稿,就可以使用"根据现有内容新建"功能。选择 Microsoft Office 按钮→"新建"命令,在"新建演示文稿"对话框中选择左栏的"根据现有内容新建"命令,然后在打开的"根据现有演示文稿新建"对话框中选择需要应用的演示文稿文件,单击"新建"按钮即可。

4. 保存演示文稿

(1) 保存未命名的演示文稿 如果是首次保存演示文稿,单击"快速访问"工具栏中的"保存"按钮,或选择→"保存"命令,会弹出"另存为"对话框,可在该对话框中为演示文稿输入文件名及保存路径,单击"保存"按钮即可。

(2) 保存已命名的演示文稿 单击"快速访问"工具栏中的"保存"按钮,系统按原路径和文件名保存当前的演示文稿。如果要为当前演示文稿创建副本,可选择→"另存为"命令,即可弹出"保存文档副本"下拉菜单,用新的存储路径或文件名保存文件。

(3) 设置自动保存功能 可以自行设置自动保存的时间,以尽可能减少文稿丢失造成的损失。选择→"PowerPoint 选项"命令,弹出"PowerPoint 选项"对话框,选择"保存"选项,打开"保存"选项内容,选中"保存自动恢复信息,每隔"复选框,设置对演示文稿进行自动保存和恢复的时间间隔,如设定为"10 分钟",单击"确定"按钮。

(4) 演示文稿的扩展名 PowerPoint 2007 版的文稿扩展名是".pptx",如果想兼容早期的版本,选择→"另存为"命令,在"保存文档副本"下拉菜单中选择"PowerPoint 97-2003 演示文稿",此时文稿的扩展名是.ppt。

8.3 编辑演示文稿

8.3.1 插入文本

文本是构成演示文稿的最基本的元素之一,是用来表达演示文稿的主题和主要内容的,可以在普通视图的幻灯片视图或大纲视图中编辑文本,并设置文本的格式。

1. 使用文本占位符 占位符是包含文字和图形等对象的容器,其本身是构成幻灯片内容的基本对象,在文本占位符中可以输入幻灯片的标题、副标题和正文。

可以调整占位符的大小并移动它们。默认情况下,PowerPoint 会随着输入调整文本大小以适应占位符。在图 8.2 所示的界面中,单击文本占位符,即可输入或粘贴文本。

2. 使用文本框 当需要在文本占位符以外添加文本时,可以选择"插入|文本框"命令,在当前幻灯片的合适位置插入一个横排或竖排的文本框,并在其中输入文本。

文本框具有边框、填充、阴影、三维效果等属性的设置，如图 8.3 所示。

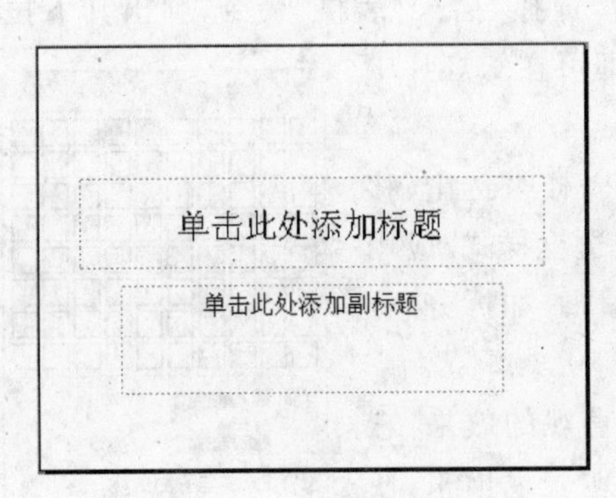

图 8.2　添加标题和副标题

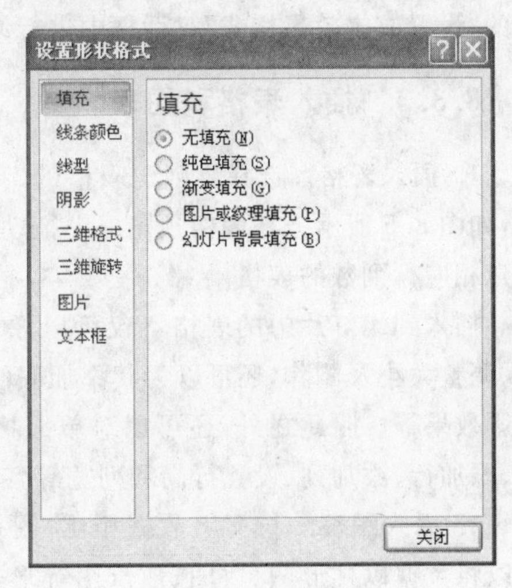

图 8.3　设置文本框

8.3.2　插入图片和艺术字

在演示文稿中插入一些与主题有关的图片，会使演示文稿生动有趣，更具吸引力。

1. 插入图片　在普通视图中，显示要插入图片的幻灯片，选择“插入|图片”命令，出现“插入图片”对话框，选择要插入的图片文件，单击“插入”按钮即可。

图片被插入到幻灯片中后，不仅可以精确地调整它的位置和大小，还可以旋转图片、裁剪图片、添加图片边框及压缩图片等，如图 8.4 所示。

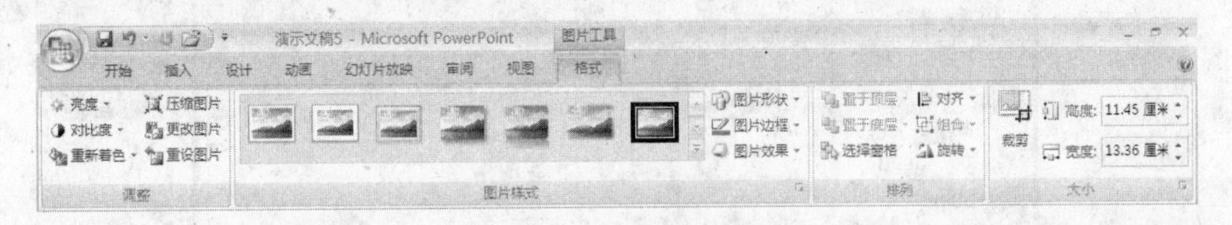

图 8.4　编辑图片

2. 插入剪贴画　剪贴画是 Microsoft 剪辑库中包含的图片，种类繁多，并根据剪贴画的内容设置了不同的类别和关键字，其中包括人物、植物、动物、建筑物、保健、背景、标志、科学、工具、旅游、农业及形状等图形类别。

选择“插入|剪贴画”命令，打开“剪贴画”面板，在“搜索文字”文本框中输入搜索信息，在“搜索范围”下拉列表框中选择搜索的范围。然后单击“搜索”按钮即可搜索到相关图片。

3. 插入艺术字　艺术字是一种具有特殊文本效果的字体，它实际上是一种图形对象，可以拉伸、倾斜、弯曲、旋转等。

在普通视图中显示要添加艺术字的幻灯片，选择“插入|艺术字”命令，打开艺术字样式列表，单击需要的样式，即可在幻灯片中插入艺术字。如果对艺术字的效果不满意，可

以进行修改。选中艺术字,在“格式”选项卡的“艺术字样式”组中单击对话框启动器,在打开的“设置文本效果格式”对话框中进行编辑即可。

8.3.3 插入表格和图表

1. 插入表格 选择要创建表格的幻灯片后,选择“插入|表格”命令,弹出其下拉列表,如图8.5所示。在表格预览框中拖动鼠标,即可在幻灯片中创建相应行列数的表格。

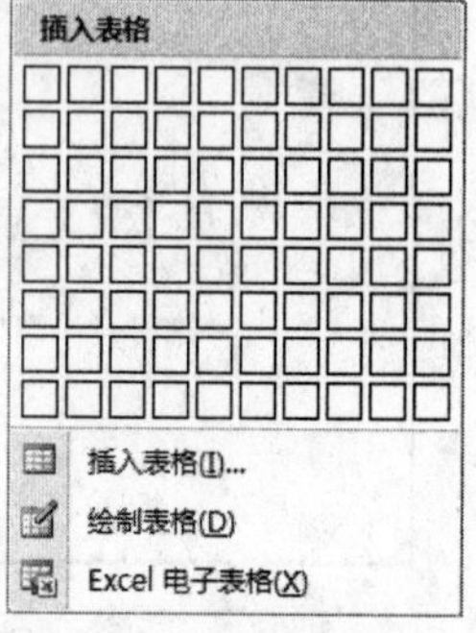

图8.5 插入表格

插入到幻灯片中的表格不仅可以像文本框一样被选中、移动、调整大小及删除,还可以为其添加底纹、设置边框样式、应用阴影效果等。除此之外,还可以对单元格进行编辑,如拆分、合并、添加行、添加列、设置行高和列宽等。

2. 插入图表 与文字数据相比,图表具有直观的效果,它可以将数据以柱形图、饼图、散点图等形式生动地表现出来,便于查看和分析。

选择要创建图表的幻灯片后,选择“插入|图表”命令,弹出“插入图表”对话框,如图8.6所示。选择合适的图表类型,单击“确定”按钮,系统即可自动使用Excel 2007打开一个工作表,并会根据该工作表创建好图表。然后,还可以对图表的类型、布局、样式、大小、位置等进行设置,以使图表更加符合用户的需要。

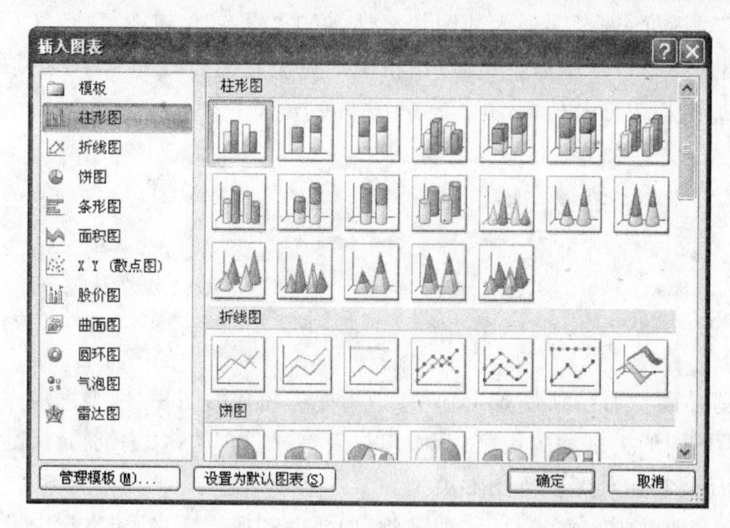

图8.6 插入图表

8.3.4 插入SmartArt图形

SmartArt图形是信息和观点的视觉表示形式。使用SmartArt图形可以非常直观地说明层级关系、附属关系、并列关系、循环关系等各种常见关系,而且制作的图形漂亮精美,具有很强的立体感和画面感。

选择“插入|SmartArt”命令,弹出“选择 SmartArt 图形”对话框,如图 8.7 所示。可以根据需要对插入的 SmartArt 图形进行编辑,如添加、删除形状,设置形状的填充色、效果等。选中插入的 SmartArt 图形,功能区将显示“设计”和“格式”选项卡,由此设计出各种美观大方的 SmartArt 图形,如图 8.8 所示。

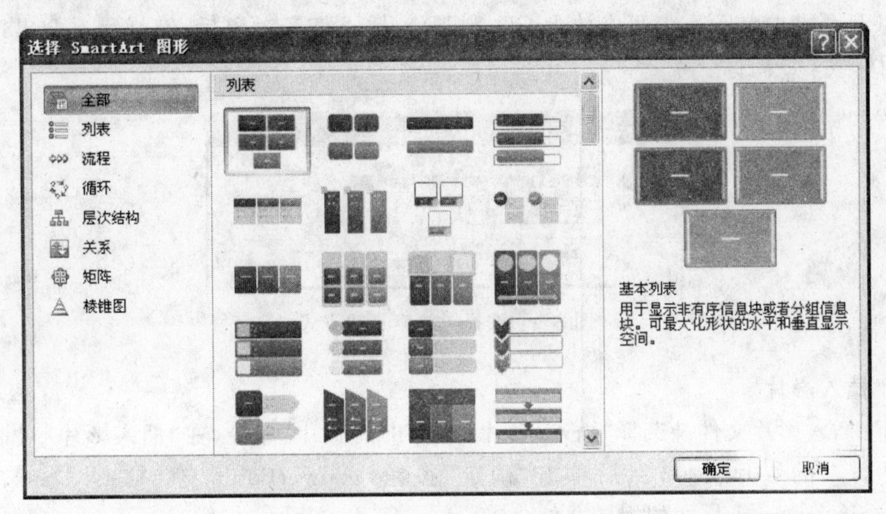

图 8.7 插入 SmartArt 图形

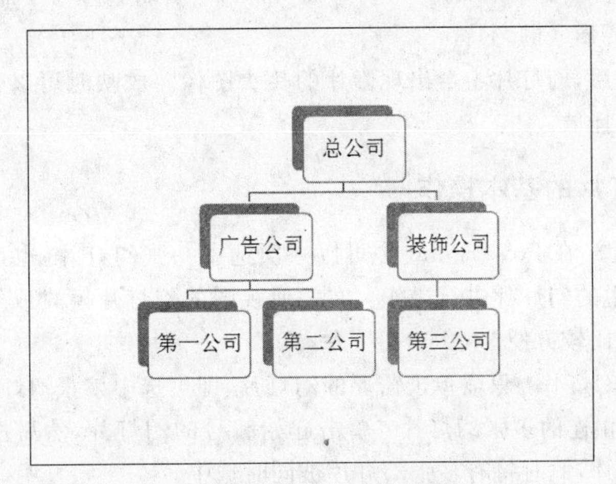

图 8.8 SmartArt 图形实例

8.3.5 插入声音和影片

1. 插入声音

(1) 插入声音文件 选择“插入|声音|文件中的声音”命令,在“插入声音”对话框中选中要插入的声音文件,然后单击“确定”按钮。PowerPoint 支持 .wav、.midi、.aif、.rmi、.mp3、.wma 等格式的声音文件。

(2) 插入剪辑管理器中的声音 选择“插入|声音|剪辑管理器中的声音”,在“剪贴画”窗格中单击要插入的声音剪辑。

(3) 插入 CD 乐曲　选择“插入|声音|播放 CD 乐曲”命令,在“插入 CD 乐曲”对话框中选择要播放的 CD 曲目和起止时间。

插入声音对象时,会出现图 8.9 所示的对话框,若单击“自动”按钮,则放映幻灯片时会自动播放声音;若单击“在单击时”按钮,则放映幻灯片时单击声音图标后再开始播放(播放 CD 乐曲时必须在光驱中放入 CD 光碟)。插入声音对象后,幻灯片上会出现一个喇叭图标或 CD 图标。

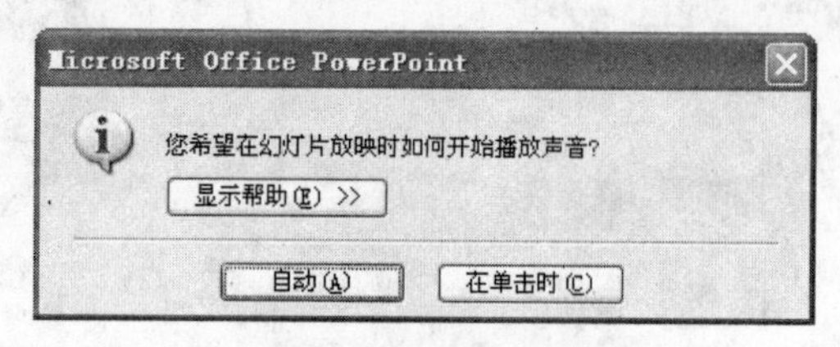

图 8.9　选择播放声音的方式

2. 插入影片

(1) 插入影片文件　选择“插入|影片|文件中的影片”命令,在“插入影片”对话框中选中要插入的影片文件,然后单击“确定”按钮。PowerPoint 支持 .asf、.asx、.avi、.mpg、.gif、.wmv 等格式的视频文件。

(2) 插入剪辑管理器中的影片　选择“插入|影片|剪辑管理器中的影片”命令,在“剪贴画”窗格中单击要插入的影片。

插入影片对象后,幻灯片上会出现影片的片头图像。放映时可以自动播放影片或者单击片头图像开始播放。

8.3.6　幻灯片的基本操作

1. 选中幻灯片　在 PowerPoint 中可以一次选中一张幻灯片,也可以同时选中多张幻灯片,然后对选中的幻灯片进行操作。在普通视图的幻灯片模式或幻灯片浏览视图中选择和管理幻灯片比较方便。

(1) 选中单张幻灯片:只需单击需要的幻灯片,即可选中该张幻灯片。

(2) 选中编号相连的多张幻灯片:单击起始编号的幻灯片,然后按住 Shift 键,再单击结束编号的幻灯片,此时将有多张幻灯片被同时选中。

(3) 选中编号不相连的多张幻灯片:在按住 Ctrl 键的同时,依次单击需要选择的每张幻灯片,此时被单击的多张幻灯片同时选中。在按住 Ctrl 键的同时再次单击已被选中的幻灯片,则该幻灯片被取消选中。

2. 插入和删除幻灯片

(1) 插入新幻灯片　在普通视图的幻灯片或大纲模式中,选择“开始|新建幻灯片”命令,即可在当前幻灯片之后添加一张默认版式的幻灯片。当需要应用其他版式时,单击“新建幻灯片”按钮右下方的下拉箭头,在弹出的菜单中选择需要的版式即可将其应用到新的幻灯片中。

一种更为简单的操作方法为:选中要在其后插入新幻灯片的幻灯片,然后按回车键,即可插入一张新的幻灯片。

(2) 删除幻灯片　删除多余的幻灯片,是快速地清除演示文稿中大量冗余信息的有效方法。其方法主要有以下几种:

① 选中要删除的一张或多张幻灯片,按 Del 键;

② 选中要删除的一张或多张幻灯片,单击鼠标右键,从弹出的快捷菜单中选择“删除幻灯片”命令;

③ 选择“开始|删除”命令。

3. 复制和移动幻灯片

(1) 复制幻灯片　选中需要复制的幻灯片,在“开始”选项卡的“剪贴板”组中单击“复制”按钮,在需要插入幻灯片的位置单击,选择“开始|粘贴”命令。还可以选中需要复制的幻灯片后,右击,从弹出的快捷菜单中选择“复制幻灯片”命令,即可在当前选中的幻灯片之后复制该幻灯片。

(2) 移动幻灯片　可以采用鼠标拖动法:在幻灯片或大纲模式中,选中一个或多个需要移动的幻灯片,然后按住左键拖至合适的位置,松开鼠标即可。还可以使用菜单命令法:选中幻灯片后,右击,从弹出的快捷菜单中选择“剪切”命令,将幻灯片复制到剪贴板中,再将光标置于要放置幻灯片的位置,右击,从弹出的快捷菜单中选择“粘贴”命令。

8.4 设置演示文稿外观

8.4.1 更改幻灯片版式

版式是指幻灯片内容在幻灯片上的排列方式。如要更换幻灯片的版式,选择“开始|版式”命令,弹出图 8.10 的下拉列表,在要使用的版式上单击左键,即可将其应用到当前幻灯片中。

图 8.10　版式的下拉列表

8.4.2 应用主题

主题是一套统一的设计元素和配色方案,是为演示文稿提供的一套完整的格式集合。其中包括主题颜色(配色方案的集合)、主题文字(标题文字和正文文字的格式集合)和相关主题效果(如线条或填充效果的格式集合)。利用主题,可以非常容易地创建具有专业水准、设计精美、美观时尚的演示文稿。PowerPoint 自带了多种预设主题,用户在创建演示文稿的过程中,可以直接使用这些主题创建演示文稿。

1. 新建幻灯片时应用主题　选择→“新建”命令,打开“新建演示文稿”对话框,单击“已安装的主题”标签,打开“已安装的主题”选项卡,如图 8.11 所示,从中任意选择一种，单击“创建”按钮，即可依据该主题创建幻灯片。

图 8.11　“已安装的主题”选项卡

2. 更改当前幻灯片的主题　在“设计”选项卡中的“主题”选项区中单击按钮，弹出其下拉列表，在该列表中选择要使用的主题，即可更改当前幻灯片的主题。

8.4.3　设置背景

幻灯片的背景可以是简单的颜色、纹理和填充效果，也可以是具有图案效果的图片文件，可根据需要自行设定。

1. 设置背景颜色　选择“设计|背景样式”命令，弹出其下拉列表，在该列表中选择任意一种颜色，即可将其作为幻灯片背景应用到当前幻灯片中。

2. 设置填充效果　可以选择使用系统自带纹理、图案或图片文件作为幻灯片的填充效果。选择“设计|背景样式”命令，在下拉列表中选择“设置背景格式”选项，弹出“设置背景格式”对话框，单击“图片或纹理填充”单选按钮，如图 8.12 所示，即可选择用某一种纹理、图片文件或剪贴画进行填充。

8.4.4　设置母版

母版定义演示文稿中所有幻灯片的视图或页面。每个演示文稿的每个关键组件(幻灯片、标题幻灯片、演讲者备注和听众讲义)都有一个母版。在幻灯片中通过定义母版的格式来统一演示文稿中使用此母版的幻灯片的外观。可以在母版中插入文本、图像、表格等对象，并设置母版中对象的多种效果，这些插入的对象和添加的效果将显示在使用该母版的所有幻灯片中。

母版类型分为幻灯片母版、讲义母版和备注母版 3 种类型。如需设置幻灯片母版，选择“视图|幻灯片母版”命令，切换到“幻灯片母版”视图，即可针对每一种版式分别设置标

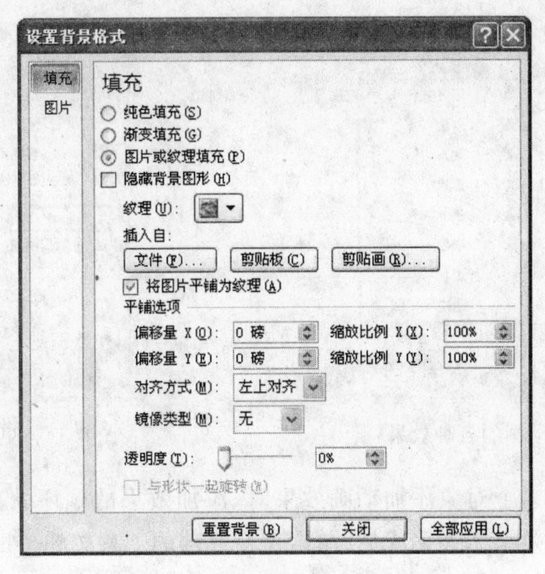

图 8.12 “设置背景格式”对话框

题、占位符、文本框、图片、图表、背景等对象的样式与效果。设置完成后，单击“关闭母版视图”按钮，即可切换至幻灯片的普通视图模式下。

8.5 建立动感的演示文稿

8.5.1 添加动画效果

在幻灯片上添加动画效果，可以动态显示文本、图形、图像和其它对象，以突出重点，提高演示文稿的趣味性。

PowerPoint 的自定义动画包括进入式、强调式、退出式、动作路径 4 种。“进入”动画可以设置文本或其他对象以多种动画效果进入放映屏幕。“强调”动画是为了突出幻灯片中的某部分内容而设置的特殊动画效果；“退出”动画可以设置幻灯片中的对象退出屏幕的效果。这 3 种动画的设置大体相同。“动作路径”动画可以指定文本等对象沿预定的路径运动。

1. 添加自定义动画 首先选中幻灯片上的某个对象，如一段文本或一幅图片，选择“动画|自定义动画效果”命令，打开“自定义动画”窗格，在窗格中单击“添加效果”按钮，如图 8.13 所示，在弹出的菜单中选择“进入”、“强调”、“退出”和“动作路径”子菜单中的命令，即可为对象添加不同的动画效果。

2. 设置动画选项 当为对象添加了动画效果后，该对象就应用了默认的动画格式。这些动画格式主要包括动画开始运行的方式、变化方向、运行速度、延时方案、重复次数等。在“自定义动画”窗格的动画效果列表中选中动画效果，单击“更改”按钮，可以重新设置动画效果；在“开始”、“方向”和“速度”3 个下拉列表框中选择需要的命令，可以设置动画开始方式、变化方向和运行速度等参数；单击“更改”按钮，将当前动画效果删除，如图 8.14 所示。

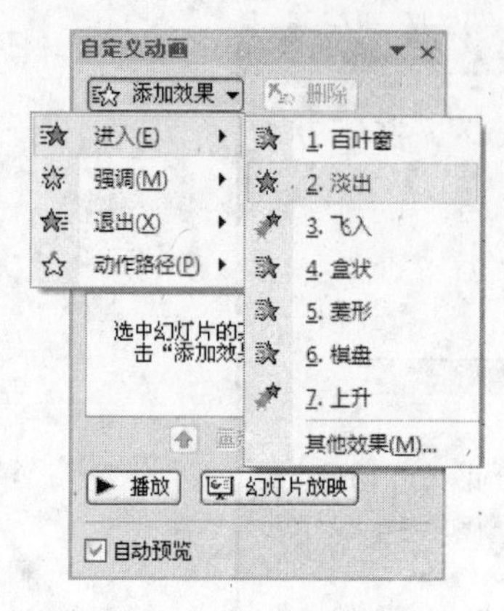

图 8.13　动画的各种效果

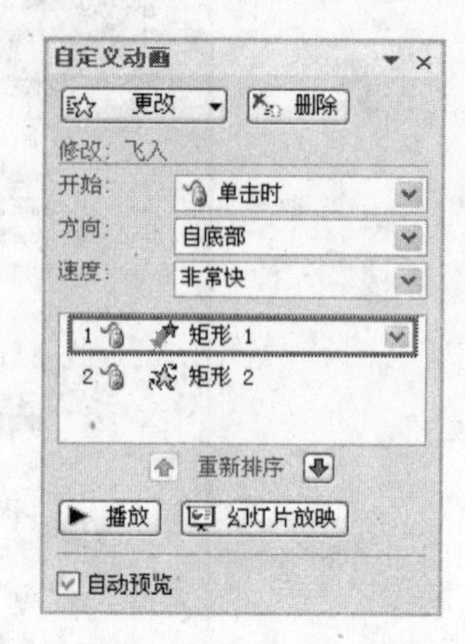

图 8.14　更改动画效果

在给幻灯片中的多个对象添加动画效果时，添加效果的顺序就是幻灯片放映时的播放次序。可以在动画效果添加完成后，单击窗格底部的上移按钮或下移按钮再对动画的播放次序进行重新调整。

8.5.2　设置幻灯片切换效果

幻灯片切换效果是添加在幻灯片之间的一种过渡效果，是指一张幻灯片如何从屏幕上消失，以及另一张幻灯片如何显示在屏幕上的方式。可以为一组幻灯片设置同一种切换方式，也可以为每张幻灯片设置不同的切换方式。

选中要设置切换效果的幻灯片，在“动画”选项卡中的“切换到此幻灯片”选项区中单击按钮，打开切换效果下拉列表，如图 8.15 所示，在该列表中选择要使用的切换效果，即可将其应用到所选幻灯片中。在幻灯片的切换过程中，可以添加音效，以使其切换时带有特色音效，可以设置切换时的速度，还可以设置换片方式：手动切换（单击鼠标）、自动切换（设置时间）。

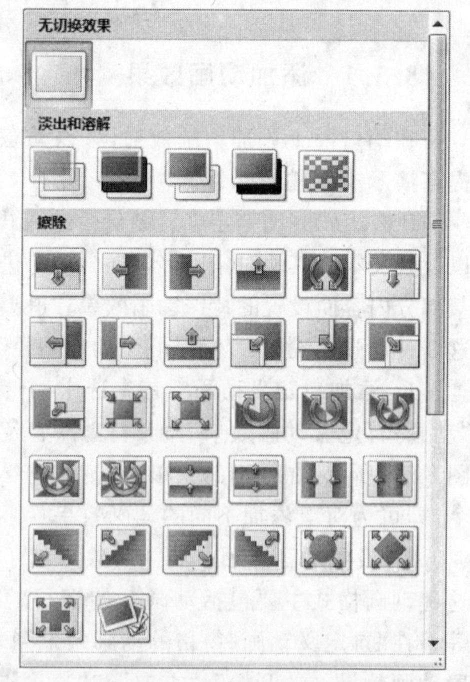

图 8.15　幻灯片切换效果

8.5.3　创建交互式演示文稿

PowerPoint 提供了一定的人机交互功能。当放映幻灯片时，用户可以在添加了超链接的文本或者动作按钮上单击，程序将自动跳转到指定的幻灯片页面或者执行指定的程序。

1. 插入超链接　超链接是指向特定位置或文件的一种链接方式，可以利用它指定程序的跳转位置。超链接只有在幻灯片放映时才有效，当鼠标移至超链接文本时，鼠标将变为手形指针。超链接可以跳转到当前演示文稿中的特定幻灯片、其他演示文稿中特定的幻灯片、自定义放映、电子邮件地址、文件或Web页上。

选中幻灯片中要创建超链接的文本或图形对象，选择“插入|超链接”命令，弹出“插入超链接”对话框，如图8.16所示，在“链接到”选项区中选择链接的类型。选择“原有文件或网页”选项，可链接到系统已创建的文件或网页；选择“本文档中的位置”选项，可链接到当前演示文稿中的某张幻灯片；选择“新建文档”选项，可链接到新建文档；选择“电子邮件地址”选项，在该对话框中输入电子邮件地址以及主题，即可链接到发送此电子邮件。

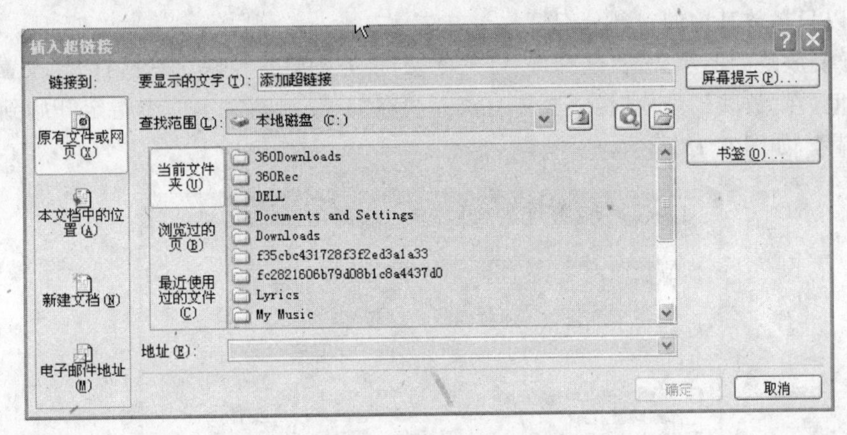

图8.16 “插入超链接”对话框

2. 添加动作按钮 动作按钮是预先设置好的一组带有特定动作的图形按钮，这些按钮被预先设置为指向前一张、后一张、第一张、最后一张幻灯片、播放声音及播放电影等链接，应用这些预置好的按钮，可以实现在放映幻灯片时跳转的目的。

打开需要添加动作按钮的幻灯片，选择“插入|形状”命令，弹出其下拉列表，最后一行就是“动作按钮”，如图8.17所示，选择需要的按钮后就可进行不同的动作设置，完成超链接到某张幻灯片或者运行选定的程序(播放声音等)。

图8.17 添加动作按钮

3. 隐藏幻灯片 如希望在正常的放映中不显示某些幻灯片，只有单击指向它们的链接时才会被显示。要达到这样的效果，就可以使用到幻灯片的隐藏功能。

在普通视图的幻灯片模式或幻灯片浏览视图中，选择要隐藏的幻灯片，选择“幻灯片放映|隐藏幻灯片”命令，可以使该幻灯片在放映时隐藏起来不显示。被隐藏的幻灯片旁边显示隐藏标记2(表示第2张幻灯片被隐藏)。

注意：隐藏的幻灯片仍然保留在演示文稿中。再次选择“幻灯片放映|隐藏幻灯片”命令，可取消幻灯片的隐藏。

放映过程中，隐藏的幻灯片在正常放映时不会被显示，只有当用户单击了指向它的超链接或动作按钮后才会显示。或右击幻灯片，在快捷菜单中选择“定位至幻灯片”命令，从列表中选择被隐藏的幻灯片(加括号的幻灯片编号)，也可放映该幻灯片。

8.6 放映演示文稿

设计好的演示文稿可以直接在计算机上播放，观众不仅可以看到幻灯片上的文字、图片、影片等内容，而且还可以听到声音，看到各种动画效果和幻灯片之间的切换效果等。

8.6.1 启动幻灯片放映

1. 设置放映范围　放映幻灯片时，系统默认的设置是播放演示文稿中的所有幻灯片，也可以只播放其中的一部分幻灯片。方法是：

打开要放映的演示文稿，选择“幻灯片放映|设置幻灯片放映”命令，打开“设置放映方式”对话框，在“放映幻灯片”栏中选择“全部”或在“从”、“到”文本框中指定开始到结束的幻灯片编号，如图 8.18 所示。

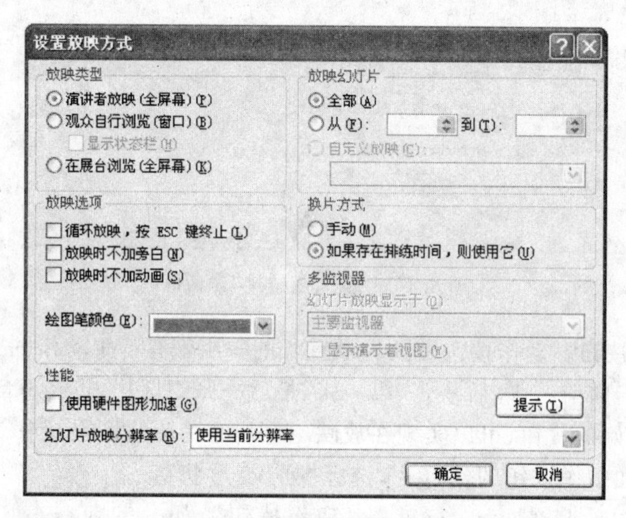

图 8.18　设置幻灯片放映方式

2. 放映幻灯片　方法有：

(1) 单击演示文稿窗口右下角的“幻灯片放映”按钮，从当前幻灯片开始放映。

(2) 选择“幻灯片放映|从头开始”命令，或选择“视图|幻灯片放映”命令，或按 F5 键，则从头到尾观看整个演示文稿。

8.6.2 控制幻灯片放映

放映幻灯片时，可以按照顺序或设置的链接，以手动或自动方式控制幻灯片的放映。

1. 手动方式

(1) 在放映的幻灯片上单击鼠标或按 PgDn 键，放映下一张幻灯片；按 PgUp 键，返回上一张幻灯片。

(2) 在放映的幻灯片上右击，从快捷菜单中选择下一张、上一张或按标题定位等。

(3) 单击幻灯片上设置过链接的对象，跳转到目标幻灯片。

(4) 按 Esc 键或从快捷菜单中选择“结束放映”命令，结束放映，返回编辑视图。

2. 自动方式 利用排练计时功能，可以预先设置好幻灯片放映的时间间隔，并在正式放映时起用该时间设置，进行自动放映。方法是：

(1) 选择“幻灯片放映|排练计时”命令，系统以全屏幕方式播放幻灯片，同时进入预演设置状态，出现图 8.19 所示的“预演”窗口。

预演 0:00:07 0:00:07

图 8.19 幻灯片排练预演窗口

(2) 单击“预演”窗口中的“下一项”按钮可播放下一张幻灯片。

(3) 放映到最后一张幻灯片时，系统显示总的放映时间，并询问是否保留该排练时间。单击“是”按钮接受该时间，并自动切换到“幻灯片浏览”视图模式下，每张幻灯片的左下角均会显示出排练时间，如果单击“否”按钮则取消计时时间。

(4) 在“幻灯片放映”选项卡中的“设置”选项区中确认选中“使用排练计时”复选框，然后再放映幻灯片时就按照该时间设置自动放映了。

8.6.3 设置幻灯片放映方式

可以按照需要，使用 3 种不同的方式放映幻灯片。方法是：在“设置放映方式”对话框中，选择不同的放映类型。

(1) 演讲者放映(全屏幕) 这是最常用的放映方式，可运行全屏幕显示的演示文稿。

(2) 观众自行浏览(窗口) 选择此选项可运行小规模的演示，如个人通过公司的网络浏览。

(3) 在展台浏览(全屏幕) 选择此选项可自动运行演示文稿。如果在展台或其它地点需要运行无人管理的幻灯片放映，可以将演示文稿设置为这种方式。

8.7 打包演示文稿

PowerPoint 提供了文件打包功能，可以将演示文稿和所有支持文件(包括链接文件)压缩并保存到磁盘或 CD 中，以便安装到其它计算机上播放或发布到网络上。

(1) 打包成 CD 将 CD 放入刻录机，然后选择“按钮|发布|CD 数据包”命令，打开“打包成 CD”对话框，如图 8.20 所示，在“将 CD 命名为”文本框中为 CD 输入名称。

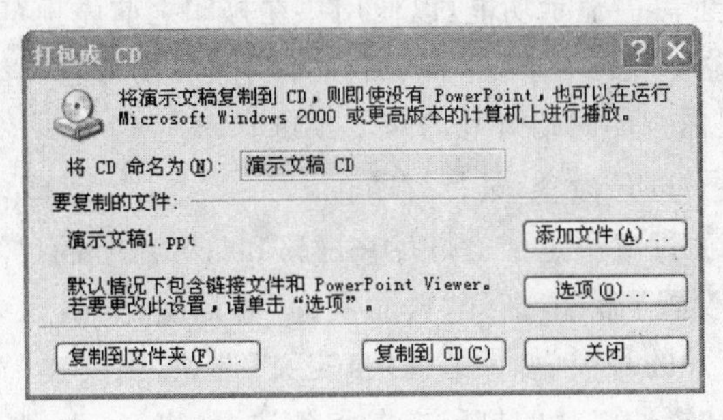

图 8.20 “打包成 CD”对话框

单击“添加文件”按钮，可以添加多个演示文稿文件，将它们一起打包。

单击“选项”按钮，出现“选项”对话框，可以选择是否包含 PowerPoint 播放器、链接的文件和嵌入的 TrueType 字体等选项，默认包含 PowerPoint 播放器和链接的文件。

单击“复制到 CD”按钮，即可将选中的演示文稿文件刻录到 CD 中。

(2) 打包到文件夹 若要将文件打包到磁盘的某个文件夹或某个网络位置，而不是直接复制到 CD 中，可以单击对话框中的“复制到文件夹”按钮，出现图 8.21 所示的“复制到文件夹”对话框，选择打包文件所在的位置和文件夹名称后，单击“确定”按钮，系统开始打包。

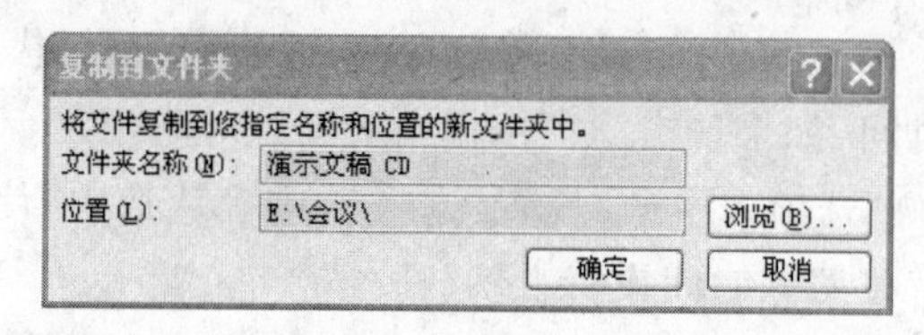

图 8.21 “复制到文件夹”对话框

对于早于 Windows XP 版本的操作系统，不能直接将演示文稿复制到 CD。此时就可以先将文件打包到磁盘的文件夹中，然后再使用 CD 刻录软件将打包后的文件复制到 CD 中。

打包完毕后，在指定文件夹中包含被打包的演示文稿文件（*.ppt）和两个可执行文件 play.bat、pptview.exe。运行 play.bat 可直接放映演示文稿（若打包时添加了多个演示文稿文件，则它们会按打包时指定的顺序播放）。运行 pptview.exe 会打开 Microsoft Office PowerPoint Viewer 对话框，让用户选择要播放的演示文稿文件。

如果打包后又对演示文稿做了更改，需要再次运行“发布”命令，重新打包。

8.8 打印演示文稿

1. 黑白方式打印彩色幻灯片 大部分的演示文稿都设计成彩色，而打印的讲义以黑白居多。底纹填充和背景在屏幕上看起来很美观，但是打印出来的讲义可能会变得不易阅读。

PowerPoint 提供了黑白显示功能，以便用户在打印之前先预览打印的效果。

(1)在功能区中选择“视图”选项卡，然后在“颜色/灰度”组中选择“灰度”或“纯黑白”命令，可以看到一份黑白打印时幻灯片的灰度预览。

(2) 选择“按钮|打印”命令，进行打印。

2. 页面设置 页面设置决定了幻灯片在屏幕和打印纸上的尺寸和放置方向。

选择“设计|页面设置”命令，打开“页面设置”对话框，如图 8.22 所示，在“幻灯片大小”列表框中选择幻灯片的种类（如果选择“自定义”选项，则要在“宽度”和“高度”框中输入值），在“方向”栏中选择幻灯片的打印方向和备注页、讲义、大纲的打印方向（即使幻灯片设置为横向，仍可以纵向打印备注页、讲义和大纲）。

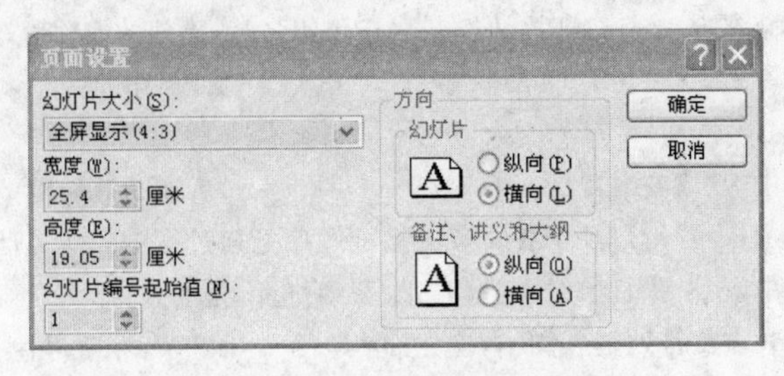

图 8.22 “页面设置”对话框

习 题 8

8.1 思考题

1. 创建演示文稿的一般步骤是什么?
2. 什么是版式?什么是占位符?
3. 什么是主题?主题与母版有什么不同?
4. PowerPoint 中有哪些主要视图?其作用是什么?
5. 隐藏的幻灯片和删除幻灯片有什么区别?
6. 如何设置幻灯片的切换效果?
7. 如何控制幻灯片的放映?
8. 如何为幻灯片添加动画效果?
9. 如何将演示文稿文件进行打包?
10. 如何打印幻灯片的大纲?

8.2 选择题

1. 在 PowerPoint 中,对母版样式的更改将反映在(　　)中。
   (A) 当前演示文稿的第一张幻灯片　　(B) 当前演示文稿的当前幻灯片
   (C) 当前演示文稿的所有幻灯片　　(D) 所有演示文稿的第一张幻灯片
2. 在 PowerPoint 中,下面表述正确的是(　　)。
   (A) 幻灯片的放映必须是从头到尾的顺序播放
   (B) 所有幻灯片的切换方式可以是一样的
   (C) 每个幻灯片中的对象不能超过 10 个
   (D) 幻灯片和演示文稿是一个概念
3. 在 PowerPoint 中,下面不属于幻灯片的对象的是(　　)。
   (A) 占位符　　(B) 图片　　(C) 表格　　(D) 文本
4. 在 PowerPoint 中,幻灯片的移动和复制应该在(　　)。
   (A) 幻灯片浏览视图下进行　　(B) 不能进行
   (C) 幻灯片放映视图下进行　　(D) 任意视图下进行
5. 在 PowerPoint 中,欲在幻灯片中显示幻灯片编号,需要(　　)。
   (A) 在幻灯片的页面设置中设置
   (B) 在幻灯片的页眉/页脚中设置
   (C) 在幻灯片母版中设置
   (D) 在幻灯片母版和幻灯片的页眉/页脚中分别做相应的设置

6. 放映幻灯片时，若要从当前幻灯片切换到下一张幻灯片，无效的操作是(　　)。

(A) 按回车键　　(B) 单击鼠标　　(C) 按 PgUp 键　　(D) 按 PgDn 键

8.3　填空题

1. 在 PowerPoint 中，欲改变对象的大小，应先________，然后拖动其周围的________。
2. 在 PowerPoint 中，设置幻灯片中各对象的播放顺序是通过________对话框来设置的。
3. 在 PowerPoint 中，在一张打印纸上打印多少张幻灯片，是通过________设定的。
4. 要在 PowerPoint 占位符外输入文本，应先插入一个________，然后再在其中输入字符。
5. 艺术字是一种________对象，它具有________属性，不具备文本的属性。
6. 利用________功能，可以预先设置幻灯片放映的时间间隔，进行自动放映。
7. 在设计演示文稿的过程中________(可以/不可以)随时更换设计模板。
8. 在演示文稿的所有幻灯片中插入一个结束按钮，最便捷的方法是在________中设计。
9. 在幻灯片中可以为某个对象设置________，放映时单击该对象即可跳转到目标位置。
10. 以 HTML 格式保存演示文稿，选择________命令。

8.4　上机练习题

1. 制作一个含有 4 张幻灯片的演示文稿“李白诗三首”。

(1) 第 1 张幻灯片：版式为标题幻灯片，标题和副标题部分分别填充不同的颜色(如黄色和酸橙色)和设置边框线条(如蓝色)，输入文字并设置字体、字号；插入一个“星与旗帜”的图形，并对其进行填充和添加文字，如图 8.23 所示。

(2) 第 2 张幻灯片：版式为标题幻灯片，标题和副标题部分分别填充不同的颜色(如粉红色和白色)、设置字体(如“华文隶书”)、字号(如 24)，输入文字；从文件中插入一个图像，如图 8.24 所示。

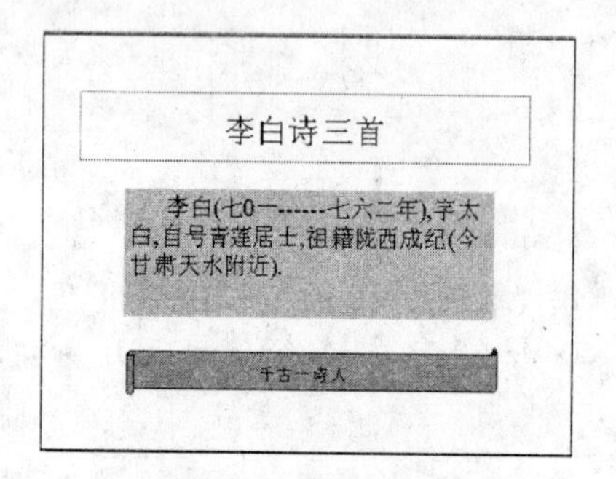

图 8.23　幻灯片一

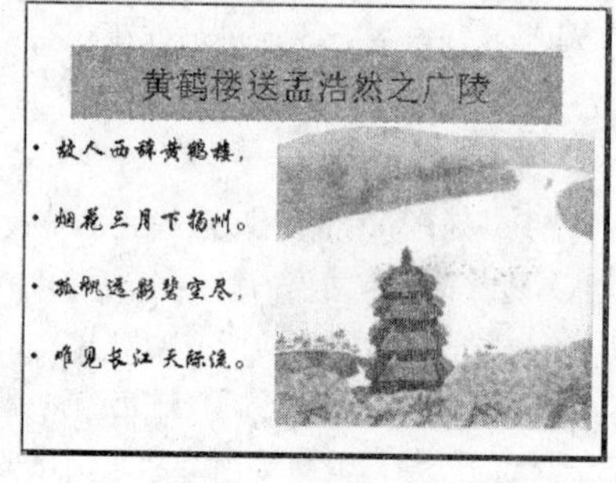

图 8.24　幻灯片二

(3) 制作第 3 张、第 4 张幻灯片，如图 8.25、图 8.26 所示。

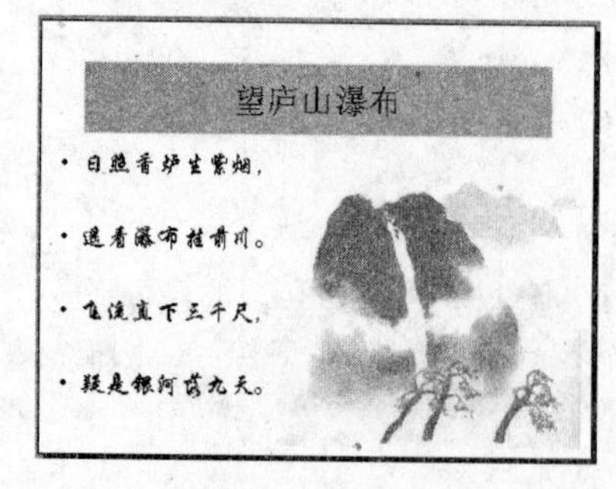

图 8.25　幻灯片三

图 8.26　幻灯片四

2. 为公司制作一个宣传某种产品的电子演示文稿，要求有图像、声音和动画效果。

3. 制作某门课程的电子演示文稿，要求有图像、声音、动画效果以及交互功能。

4. 制作一个主题为个人简介的电子演示文稿，要求至少包含8张幻灯片，第一张为封面，主标题用艺术字表示。

5. 制作一个展示各种类型的电子贺卡的Web演示文稿。

第9章　网络基础知识

9.1　网络概述

计算机网络由硬件和软件两大部分组成。硬件主要由多台计算机(包括终端)组成的计算机资源网,以及连于计算机之间的通信线缆和通信设备组成的通信子网组成;软件主要包括各种网络操作系统和信息资源。共享网上的软、硬件资源、交换信息是建立计算机网络的根本目的。早在20世纪50年代就有计算机网络的雏形,但真正形成计算机网络还是60年代以后的事。由于微电子技术的发展使得半导体器件得到广泛的应用,计算机及通信技术的迅速发展,特别是微型机的普及,为计算机网络的发展、应用创造了良好的条件。

9.1.1　网络的形成与发展

1. 初级阶段——终端计算机通信网络　这种网络实际是一种计算机远程分时多终端系统。远程终端可以共享计算机资源,但终端本身没有独立的可共享的资源。最早的计算机输入设备之一是读卡机,用户事先用穿卡机把要输入的程序或数据按一定规格在特定的硬纸卡上穿好孔(有孔表示1,无孔表示0),然后用读卡机把信息读入内存。1954年研制了一种收发器(Transceiver)终端,这种设备可以把读卡机读入的数据通过电话线传送到计算机,从而实现"远程"输入,如图9.1所示。以后又扩大到通过收发器利用电传机作为远程终端使用。

为了避免联机系统中计算机与每个终端之间都需要加装收发器,20世纪60年代初研制出可公用的多重线路控制器(Multilane Controller),它可以使一台计算机通过多条电话线与多个终端相连,形成网络的雏形,如图9.2所示。那时美国的半自动防空系统(SAGE)、联机飞机订票系统(SABRE-1)、通用电器公司信息服务系统(GE Information Services)等都是很成功的网络系统。

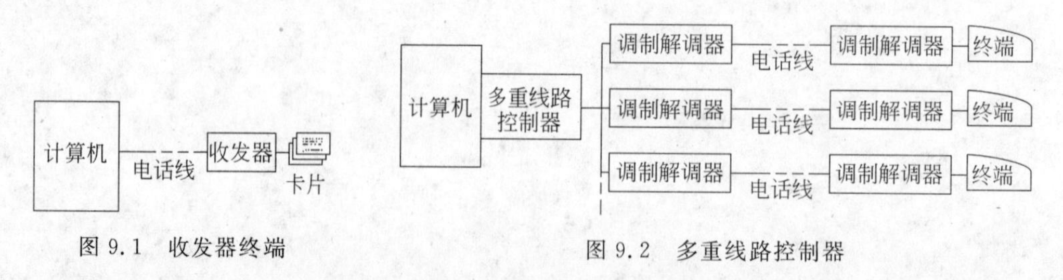

图9.1　收发器终端　　　图9.2　多重线路控制器

这种系统虽然不是现代意义上的网络,但已能简单满足用户从异地使用计算机的要求。

2. 发展阶段——分组交换网络　基于电路交换方式的电话线路系统在双方通话时

用户要独占线路，而计算机网络传输数据具有随机性和突发性，在联网期间也不是持续地传输数据，因而造成线路的或瞬时拥挤或空置浪费。为了解决共享线路问题，20 世纪 60 年代中期提出分组交换（包交换，Packet Switching）概念并开始实施。

分组交换网络把计算机网络分成两大部分，第一部分是由欲接入网的各个计算机构成用户资源子网，第二部分由负责传输数据的通信线路及线路上负责转发数据的各种设备（结点机）构成通信子网，如图 9.3 所示。通信子网自动提供计算机互相通信的链路。在通信子网中，数据以特殊的数据包（或称数据报）格式成批传送。

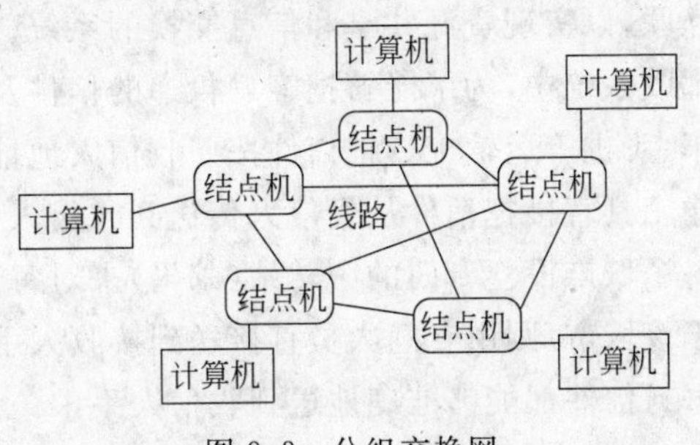

图 9.3　分组交换网

分组交换网构成现代意义的计算机网络，即用户不仅可以共享通信网络资源，还可以共享资源子网中的计算机资源。美国的 ARPANET 网是成功的先例，它通过有线、无线和卫星通信线路，把网络覆盖到美国本土、夏威夷及欧洲。以后世界上大多数国家都采用这种技术构建计算机网络，例如，法国信息与自动化研究所的 CYCLADES 网、国际气象检测网 WWWN 网、欧洲情报网等。

为每一网络都专门建立一个通信子网成本显然过高，20 世纪 70 年代中期开始各国邮电部门陆续建立和管理自己的公用数据网（Public Data Network，PDN），如美国的 TELNET、法国的 TRANSPAC、英国的 PSS、日本的 DDX 等。计算机通过公用数据网远程互联。

3. 成熟阶段——形成网络体系结构　由于早期的网络没有统一的标准，各公司的网络不能相互兼容，阻碍了网络的迅速发展，1977 年国际标准化组织（International Standardization Organization，ISO）专门成立机构，提出了构造网络体系结构的"开放系统互连基本参考模型"（Open System Interconnection Reference Model，OSI/RM）及各种网络协议建议，以后又不断进行扩展和完善，从而使网络的软硬件产品有了共同的标准，结束了诸侯割据的局面，使计算机网络得以空前普及和发展。除了 OSI 外，还有美国国防部的 ARM、IBM 公司的 SNA 以及 Digital 公司的 DNA 也是著名的计算机网络体系结构。

4. 现代网络——局域网与 Internet　为了适应在几百米近距离、小区域内把计算机（特别是微机）连成网络，20 世纪 70 年代中期出现了局域网（Local Area Network，LAN）。1975 年美国 Xerox 公司研制的以太网（Ethernet）是第一个局域网的成功范例，后来它成为 IEEE 802.3 标准的基础。1981 年美国 Novell 公司提出了局域网中的文件服务器概念，并据此研制了 NetWare 网络操作系统，成为局域网的主流操作系统之一。以后的 UNIX 操作系统、美国微软公司的视窗软件如 Windows NT 和 Windows XP 等，以及自由软件平台 Linux 对局域网的发展都起到了重要作用。

1990 年以后迅速发展起来的 Internet 可以把已有的计算机网络通过统一的协议连成一个世界性的大计算机网，从此构造出一个虚拟的网络世界，使得计算机网络成为人们社会生活中不可或缺的组成部分。

9.1.2 计算机网络的组成

计算机网络是将地理上分散的多台独立自主的计算机(包括终端)通过软、硬件设备互联,以实现资源共享和信息交换的系统。计算机网络的运营有点类似于邮政系统。在邮政系统中,为了能够把客户投递的信件及时、准确地送到接收端,邮政系统需要安排货车、飞机等运输工具把信件按照收信人地址发送到接收端。由于发送的信件太多,使用运输工具直接把信件从发信人传送到收信人手中,其代价太大。为了解决这个问题,通常在每个城市设立专门的中转站(邮局)来对每封信件进行分类,如果该邮件的收件人地址属于该城市,则由专门人员直接送到接收人手中,否则,该信件将会发往下一个中转站,直到每封信件都能够准确地送到收信人手中。计算机网络的作用就是把邮政系统中信件的发送与接收这种模式以光速向前推进,实现资源的共享和信息的交换。计算机网络由硬件和软件两大类组成。

1. 硬件 主要包括计算机(服务器和工作站)、通信介质、通信设备以及外部设备等。其中,计算机可视作邮政系统中发信人或收信人,通信介质类似于货车、飞机等传输工具,通信设备类似于邮局。

(1) 计算机 网络上的计算机包括服务器和客户机两类。服务器是指被网络用户访问的计算机系统,其主要功能包括提供网络用户使用的各种资源,并负责对这些资源的管理,协调网络用户对这些资源的访问。网络用户通过使用工作站(也称为客户机)来实现对网络上资源的访问和信息的交换。一般来讲,服务器的性能要比客户机要好,其价格也相对比较昂贵。

(2) 通信介质 无论用户采用什么方式使用网络,都必须通过通信介质与远端计算机相连。计算机之间的通信介质分为有线和无线两大类。

① 有线通信介质 有线通信介质需要使用“导线”来实现计算机之间的通信,其主要包括:

a. 电话线 计算机内部使用的是由 0 或 1 组成的数字数据(或称数字信号),这些数据用一系列电脉冲(电流的有无或电压的高低)表示。由于普通的电话线只能传输连续变化的模拟电信号,因此必须把数字信号通过调制器先转换成模拟信号才能通过电话线正确地发送出去;接收端通过解调器可以把模拟信号还原成计算机使用的数字信号。相互通信的计算机各自安装调制解调器才能相互通信,如图 9.4 所示。

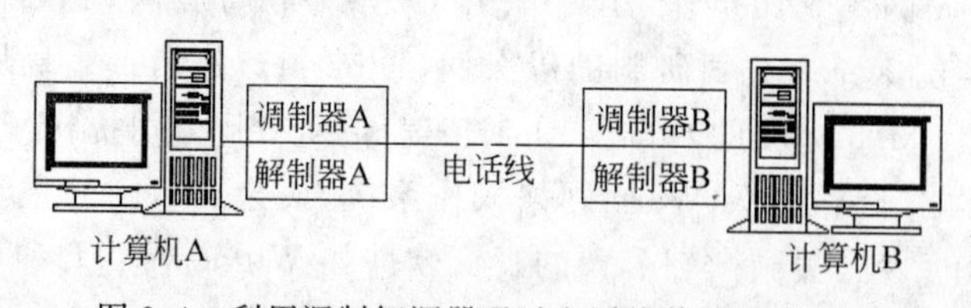

图 9.4 利用调制解调器通过电话线传输数字信号

微机常用的调制器和解调器通常集成在同一个硬件设备中,除了能完成调制解调功能外,还具有模仿打电话时的拨号、应答、挂机等功能。调制解调器的转换速率可达

56Kb/s。在使用调制解调器时不能同时使用电话。

b. 有线电视电缆　其原理与电话线类似，相互通信的计算机各自安装缆线调制解调器(Cable Modem)，通过有线电视电缆就可实现相互通信。缆线调制解调器的转换速率可达 128Kb/s 至几十 Mb/s。

c. 双绞线　双绞线由两根 22～26 号绝缘铜导线相互缠绕而成。由于把两根绝缘的铜导线按一定密度互相绞在一起，每一根导线在传输中辐射的电波会被另一根线上发出的电波抵消，可降低信号干扰的程度。如果把一对或多对双绞线放在一个绝缘套管中便成了双绞线电缆。现在所使用的双绞线主要有三类线(可传输 10Mb/s 信号) 和五类线(可传输 100Mb/s 信号)两种，图 9.5 所示的是 AMP 五类双绞电缆，其内部有 8 根电线，双绞线的两端分别是 RJ-45 水晶头。需要注意的是，内部的这 8 根电线在水晶头里是有序排列的。

d. 同轴电缆　同轴电缆有粗缆和细缆之分，如图 9.6 所示。局域网中常用 50 欧姆的粗缆作为传输线，其传输距离可达 500m，细缆的传输距离为 180m。同轴电缆使用的是 BNC 接头，在电缆的终点必须配有终端匹配器，以防止由于终端反射使传输出错。

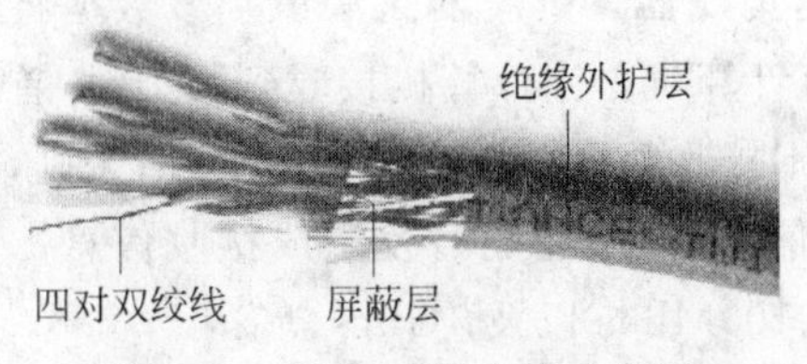

图 9.5　AMP 双绞电缆示意图

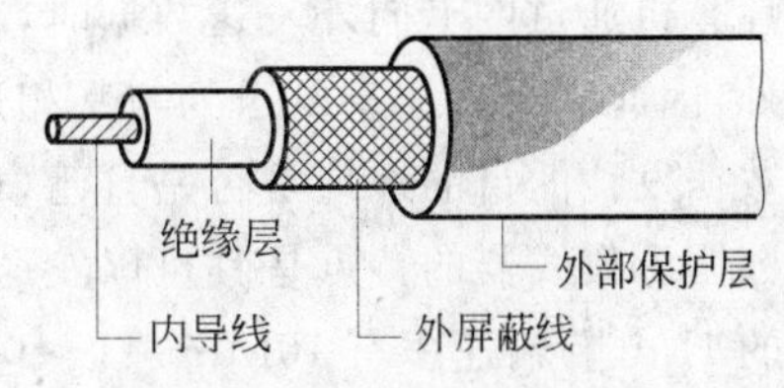

图 9.6　同轴电缆示意图

e. 光缆　光缆是当今世界传输信息容量最大、传输距离最长、抗干扰能力最强的现代化通信传输设施。目前已成为我国通信网的重要组成部分。光缆由玻璃纤维等材料构成。把若干条可导激光的玻璃纤维管用防护材料包裹成各种型号的光缆，如图 9.7 所示，可以多路高速传输激光信号。通过光电转换器可实现电信号传输。使用光缆直接传输距离可达数千米。

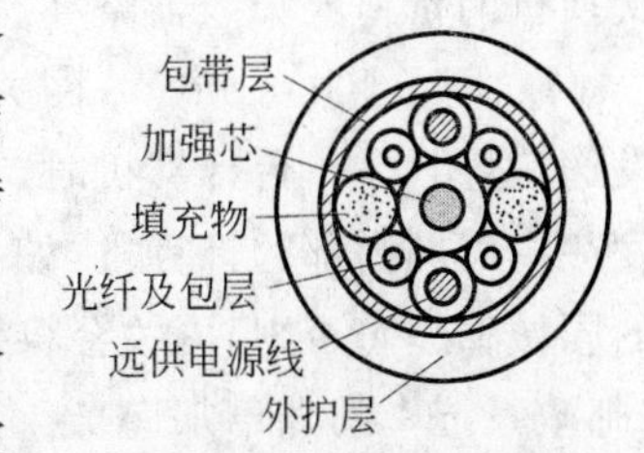

图 9.7　光缆剖面示意图

② 无线通信介质　无线通信介质利用空气作为传输介质，使用电磁波作为载体来传播数据，它可以传送无线电波和卫星信号。通过无线通信介质访问网络上的资源已经成为热点。目前，很多机场、学校、咖啡馆等场所都建有无线网络，用户可以方便地访问到网络上的资源。使用手机上网也是使用无线通信介质的另一个典型应用，通过手机，用户可以快速地收发邮件、查看天气预报、浏览网络上的信息等。

(3) 通信设备　为了能够保证计算机之间正常的通信，除了通信介质之外，我们还需要通信设备。从本质上讲，通信设备的功能是为了保证发送端发送的信息能够快速、正确地被接收端接收。常用的通信设备主要包括网络适配器(网卡)、集线器、交换机、网关和路由器等。

① 网络适配器　又称网卡。它是计算机用于发送和接收数字型信号的接口设备，如

图 9.8 所示，用于完成网络协议，实现不同类型网络之间的通信。通常情况下，计算机通过网卡接入网络。目前较常使用的网卡传输速率有 10Mbps、10/100Mbps、100Mbps、1Gbps。

② 集线器(Hub) 集线器是网络专用设备，如图 9.9 所示。借助集线器，可以把相邻的多台独立的计算机通过线缆连接在一起。集线器的作用是提供网络布线时多路线缆交会的结点或用于树状网络布线的级联。

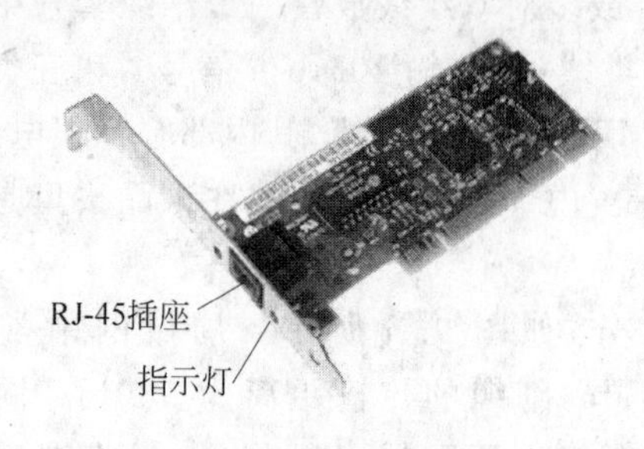

图 9.8 PCI总线网卡

图 9.9 16 口集线器

计算机通过网卡向外发送数据时，首先到达集线器。集线器无法识别该数据将要发往何处，因此它会将信息发送到与其相连的所有计算机。当计算机接收到数据时，首先检查该数据发往的目的地址是否是自己，如果是，则接收数据并进行相关的处理；否则，就丢掉该数据。集线器的特点是其可以发送或接收信息，但不能同时发送或接收信息。目前常见的 Hub 传输速率有 10Mbps、10/100Mbps、100Mbps 以及 1Gbps 等。

③ 交换机(Switch) 交换机的作用类似于集线器，此外，交换机的工作方式与集线器相同，但交换机可以识别所接收信息的预期目标，因此只会将相应信息发送到应该接收该信息的计算机。交换机可以同时发送和接收信息，因此发送信息的速度要快于集线器。交换机的价格比集线器略高。

④ 网关(Gateway) 网关与路由器的作用类似于邮政系统中的邮局。当一台计算机发送信息到另一台计算机时，首先，发送端将数据发送到网关，由网关来确定该数据是否发往局域网内部的计算机，如果是，则由网关来负责发往该数据到目的主机(邮政系统中的同城邮递)；否则，网关会将该数据发往路由器，由路由器来负责发送该数据到目的主机(邮政系统中的外阜邮递)。

⑤ 路由器(Router) 路由器在 Internet 中起着数据转发和信息资源进出的枢纽作用，是 Internet 的核心设备，当数据从某个子网(类似于城市)传输到另一个子网(类似于城市)时，需要通过路由器来完成。路由器根据传输费用、转接时延、网络拥塞或信源和终点间的距离来选择最佳路径。路由器了解整个网络拓扑和网络的状态，因而可使用最有效的路径发送包。路由器是一台专用计算机，简单的路由器可由服务器兼任。

(4) 外部设备 外部设备是指可被网络用户共享的常用硬件资源，主要包括打印机、扫描仪、绘图设备、大容量的存储设备等。

2. 软件 有了硬件的支持，计算机网络的框架就形成了。然而，为了让计算机网络能够正常、高效地运转起来，单单只有框架是不够的，还需要软件的支持。例如，当一台计算机向另一台计算机发送信息时，如果发送端发送的内容不为接收端所理解，或接收端返回的信息不为发送端所理解，那么它们之间信息的交互就无法完成。这就像两个不同地方的人进行交流，如果一个人说浙江方言，另一个人说闽南语，他们之间肯定无法交流。为此，在计算机网络中提出了一套完整的通信协议，称为 TCP/IP 协议，用来保证接收端和发送端能够正常地完成信息的交互。软件主要包括网络操作系统软件和网络应用软件。网络操作系统软件的作用是实现 TCP/IP 协议，控制及管理网络运行和网络资源使用。UNIX 操作系统、微软公司的 Windows 2000 及其后续版本的操作系统、Linux 操作系统等都是网络操作系统软件。应用软件是指为某一个应用目的而开发的网络软件，如浏览网页的 Internet Explorer、收发邮件的 Outlook Express 软件等。

9.1.3 网络的分类

用于计算机网络分类的标准很多，其中，按计算机硬件覆盖的地理范围划分是最为普遍认可的划分方式。按照这种分类标准，各种网络类型可划分为局域网、城域网和广域网 3 种。

1. 局域网 局域网是计算机硬件在比较小的范围内通过通信线路组成的网络。组成局域网的计算机硬件主要包括网络服务器、工作站或其它外部设备、网卡，以及连接这些计算机的集线器或交换机。其硬件的覆盖范围通常在几米到 10 千米之间，例如在一个家庭、一个实验室、一栋大楼、一个学校或一个公司，将各种计算机、终端和外部设备(例如打印机、扫描仪)互联成网络。局域网中设备间的传输速率较高，通常为 1Mb/s～1Gb/s。此外，这些设备可由其所在的学校、单位或公司进行集中管理，各种计算机可以通过局域网共享磁盘文件、外部设备等。

2. 城域网 在城域网中，计算机硬件的覆盖范围局限在一个城市内(通常在 10～100 千米的区域)。城域网是局域网的一种延伸，其广泛应用于政府、大型企业以及社会服务部门等计算机联网的需求。城域网介于局域网和广域网之间，但它仍然采用的是局域网的技术。

3. 广域网 广域网的覆盖范围可以从几百千米到几万千米，甚至可以跨越国界、洲界和全球。广域网可以把不同的局域网、城域网、广域网通过通信介质连接在一起，从而使不同网络之间的两台计算机可以正常地进行通信。广域网中计算机间的传输速率与连接这两台计算机的通信介质有关，通常在几千位/秒至几十兆位/秒之间。广域网最典型的代表是因特网。

目前应用最为广泛的是局域网和广域网。局域网是组成其它两种网络的基础，城域网一般都加入到广域网中。

9.1.4 网络的拓扑结构

网络的拓扑结构是指网络中通信线路和站点(计算机或外部设备)的几何排列形式，它是描述计算机或外部设备如何连接到网络中的一种架构。局域网是组成其它两种网络的基础，一个典型的局域网有以下 3 种拓扑结构。

1. 星型结构(Star) 所有计算机都连到一个共同的结点，当某一个计算机与节点之间出现问题时不会影响其它计算机之间的联系，如图 9.10(a)所示。

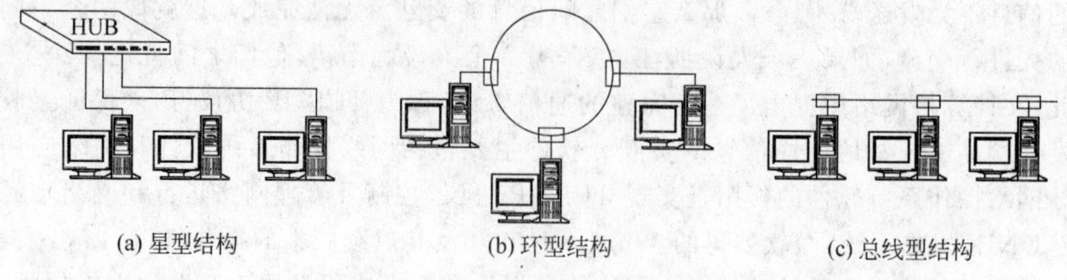

图 9.10 典型网络拓扑结构

2. 环型结构(Ring) 所有计算机都连到一个环型线路上，每个计算机侦听和收发属于自己的信息。这种拓扑结构的优点是所用的电缆较少，容易安装和监控，传输的误码率低；缺点是硬件连接可靠性较差，并且重新配置网络较难，如图 9.10(b)所示。

3. 总线型结构(Bus) 所有计算机都连到一条线路上，公用这条线路，任何一个站的发送信号都可以在通信介质上广播，并能被所有其它站点接受。总线型网络安装简单方便，需要铺设的电线最短，成本低，某个站点的故障一般不会影响这个网络。但介质的故障会导致网络瘫痪，总线网安全低，监控比较困难，增加新站点也不如星型结构容易，如图 9.10(c)所示。

在一个较大的局域网中，往往根据需要，利用不同形式的组合，形成网络拓扑结构。

9.1.5 网络的基本应用

计算机网络的基本功能是资源共享和数据通信。资源共享包括硬件资源共享(如打印机、扫描仪等外部设备)、软件资源共享(各种共享软件)以及数据共享(文件共享、数字图书馆等文献的共享等)。数据通信包括收发电子邮件、交流信息(网络用户之间可通过论坛、实时通信软件进行在线交流)和协同工作等。网络的出现，给人们的日常生活带来了极大的便利。

1. 网页浏览 网络上的信息浏览已成为网络的关键应用之一，各类组织甚至个人都可以拥有自己的网站。政府机关可以在其网站上发布通知和公告；公司可以在自己的网站上发布其产品信息、招聘信息等；个人可以在其网站上展示其信息，例如照片、日志等供家人或朋友浏览。网络用户可以通过计算机方便地浏览到这些网站上的信息。

2. 电子商务 过去，人们通常需要花费大量的时间在商场里购物，并且经常为错过商品的打折信息而后悔不已，甚至为商品高昂的价格望而却步。现在，网络的出现，把这种实物交易平台搬到网上，人们足不出户，就可以在网络上购买到称心如意的商品。这种电子购物的优点很多，一是其商品价格低廉，二是可以节省大量的购物时间。因此，电子商务在最近几年得到广泛的应用。目前，国外的易趣网(ebay)，国内的淘宝网、当当网等都是非常著名的电子商务网站。

3. 电子邮件 过去，人们投递信件需要去邮局，并且通常需要花费几天，甚至几周的时间才能到达收信人的手里。现在，计算机网络把这种模式以光的速度向前推进，人们只需点击一下发送按钮，信件几乎可以实时地到达收信人的手里。电子邮件拉近了人与人之间的距离,使得人与人之间的沟通和交流变得触手可及。

4. 论坛和实时通信软件 论坛和实时通信软件是实现人与人之间相互交流的重要平台。人们可以在论坛上发布自己的问题来寻求大家的帮助,也可以针对社会上的某一现象发表自己的看法;实时通信软件是对电话系统的一个重要补充。借助实时通信软件,两个甚至多个不同地方的亲人和朋友可以进行实时的、零成本的通信,这种通信方式多种多样,可以是文字、图像,甚至是声音、视频的交流。

9.2 用户端计算机访问网上资源的配置

为了访问因特网(Internet)上的资源,首先需要配置用户端计算机能够正确地连接到网络上。因特网的接入方式与计算机网络的通信介质相对应,主要包括:

(1) PSTN 拨号 公用电话交换网(Published Switched Telephone Network,PSTN)技术是通过调制解调器(Modem)拨号实现用户接入的方式,与通信介质电话线相对应。该技术的优点在于使用 PSTN 拨号上网非常简单,只需一台装有调制解调器的电脑,把电话线接入调制解调器就可直接上网。然而,PSTN 拨号存在上网速度慢(最高速率为56Kb/s)、一旦接入网络就不能接收或拨打电话等缺点,现在该技术基本上已被 ADSL 技术所取代。

(2) ISDN 拨号 为了弥补公用电话交换网中上网和使用电话之间互斥的缺点,综合业务数字网(Integrated Service Digital Network,ISDN)在客户端增加了专用的终端设备:网络终端 NT1 和 ISDN 适配器,通过一条 ISDN 线路(通信介质为电话线),就可以在上网的同时拨打电话、收发传真,就像两条电话线一样。与 PSTN 拨号相比,ISDN 拨号的上网速度增加了(极限速度 128kbps),同时允许上网、接打电话和收发传真。但是 ISDN 拨号方式接入需要到电信局申请开户,同时,其上网的速度仍然不能满足用户对网络上多媒体等大容量数据的需求。

(3) DDN 专线 数字数据网络(Digital Data Network,DDN)是随着数据通信业务发展而迅速发展起来的一种新型网络。如果说 PSTN 和 ISDN 是公路中省道、国道的话,那么 DDN 就有点类似于高速公路的味道。DDN 的主干网通信介质有光纤、数字微波、卫星信道等,用户端多使用普通电缆和双绞线。DDN 将数字通信技术、计算机技术、光纤通信技术以及数字交叉连接技术有机地结合在一起,提供了高速度、高质量的通信环境,可以向用户提供点对点、点对多点透明传输的数据专线出租电路,为用户传输数据、图像、声音等信息。DDN 的通信速率可根据用户需要在 $N\times 64$kb/s($N=1\sim 32$)之间进行选择,当然速度越快租用费用也越高。用户租用 DDN 业务需要申请开户,由于其租用费较贵,普通个人用户负担不起,因此,其主要面向的是集团公司等需要综合运用的单位。

(4) ADSL 拨号 非对称数字用户环路(Asymmetrical Digital Subscriber Line,ADSL)是一种能够通过普通电话线提供宽带数据业务的技术,也是目前家庭用户接入 Internet 使用最多的一种接入方式。ADSL 素有“网络快车”之美誉,因其下行速率高、频带宽、性能优、安装方便、不需交纳电话费等特点而深受广大用户喜爱,成为继 Modem、ISDN 之后的又一种全新的高效接入方式。ADSL 使用电话线作为通信介质,配上专用的拨号器即可实现数据高速传输，其传输速率在1～8Mb/s，其有效传输距离在3～5千米。ADSL拨号接入方式也需要去电信局申请开户。

(5) 有线电视网接入方式　它利用现成的有线电视(CATV)网进行数据传输。用户端通过有线调制解调器(Cable Modem)，利用有线电视网访问Internet。有线电视网接入方式与PSTN接入方式非常相似，将数据进行调制后在Cable(电缆)的一个频率范围内传输，接收时进行解调，不同之处在于它是通过有线电视的某个传输频带进行调制解调的。Cable Modem连接方式可分为两种：对称速率型和非对称速率型。前者的通信速率在500kb/s～2Mb/s之间，后者的传输速率在2～40Mb/s之间。采用Cable Modem上网的缺点是，由于Cable Modem模式采用的是相对落后的总线型网络结构，这就意味着网络用户共同分享有限带宽；另外，购买Cable Modem和初装费也都不算很便宜，这些都阻碍了Cable Modem接入方式在国内的普及。但是，有线电视的市场潜力巨大。

(6) 局域网接入方式 局域网接入方式是利用以太网技术，采用光缆＋双绞线的方式对社区(包括学校、公司、政府、小区等)进行综合布线。目前，国内高校普遍采用这一接入方式。该方式的具体实施方案是：从学校机房铺设光缆至教学楼、宿舍楼、办公楼等建筑，建筑内布线采用五类双绞线连接至每个教室或办公室，双绞线总长度一般不超过100米，房屋内部的计算机通过五类跳线接入墙上的五类模块就可以实现上网。学校机房的出口是通过光缆或其它通信介质接入城域网。采用局域网接入方式可以带来极大的好处，其特点是上网速度快(是PSDN拨号上网速度的180多倍)，稳定性和可扩展性好，结构简单，易于管理。目前，政府、学校、公司等普遍建有局域网。

(7) 无线通信接入方式　无线通信接入方式技术发展很快，目前，国内外很多机场、高校、商场等都建有无线网络。在该接入方式中，一个基站可以覆盖直径20千米的区域，每个基站最多可以负载2.4万用户，每个终端用户的带宽最高可达到25Mb/s。但是，每个基站的带宽总容量为600Mb/s，终端用户共享其带宽，因此，一个基站如果负载用户较多，那么每个用户所分到实际带宽就很小了。采用这种方案的好处是可以使已建好的宽带社区迅速开通运营，缩短建设周期。

上述7种因特网接入方式中，PSTN拨号和ISDN拨号已经被ADSL拨号所取代；DDN面向的是社区商业用户；有线电视网接入方式由于其成本的问题，在国内还不是很普及。目前，国内的大部分网络用户以高校(包括单位)用户、移动用户和家庭用户为主，他们分别采用局域网方式、无线通信方式和ADSL拨号方式接入因特网。为了能让这些类型的用户懂得如何配置计算机连接到因特网，我们分别介绍局域网、无线通信及ADSL拨号这三种接入方式。需要说明的是，无论采用什么样的因特网接入方式，计算机的配置一般都需要按照以下3个步骤进行：

① 在计算机上安装网络接入设备。局域网的网络接入设备是网卡；无线网络的网络接入设备是无线网卡；ADSL的网络接入设备是网卡和ADSL拨号器。

② 安装网络接入设备的驱动程序，使网络操作系统软件(在这里是Windows 7操作系统)能够正确地识别它。

③ 配置网络接入设备的连接参数，使计算机真正地连接到因特网上。

9.2.1 局域网接入方式

1. 安装网卡

(1) 关闭计算机电源,打开机箱,从计算机的主板上找出一个符合网卡总线类型要求的空闲插槽。ISA 网卡需要 ISA 插槽,PCI 网卡需要 PCI 插槽。

(2) 轻轻地把网卡插入槽中,网卡会被自动夹紧。

(3) 用螺钉把网卡与机箱固定,上好机箱盖。使用一根五类双绞线(参见通信介质),使其一端连接到计算机的网卡上,另一端连接到墙上的五类模块。

2. 安装网卡的驱动程序 安装网卡的驱动程序与安装其它设备的驱动程序类似。通常情况下,Windows 7 系统会自动搜索并安装新添加网卡的驱动程序。如果系统找不到新添加网卡的驱动程序,则可在网卡附带的光盘上找到。双击光盘中的 INSTALL 或 SETUP 程序,根据安装向导一步步地完成网卡驱动程序的安装。

3. 配置网络连接参数 安装完网卡的驱动程序之后,接下来需要配置网络连接参数,建立与网络的连接。

(1) 选择"开始|控制面板"命令,在打开的控制面板窗口中双击"网络和共享中心"项,出现如图 9.11 所示的窗口。

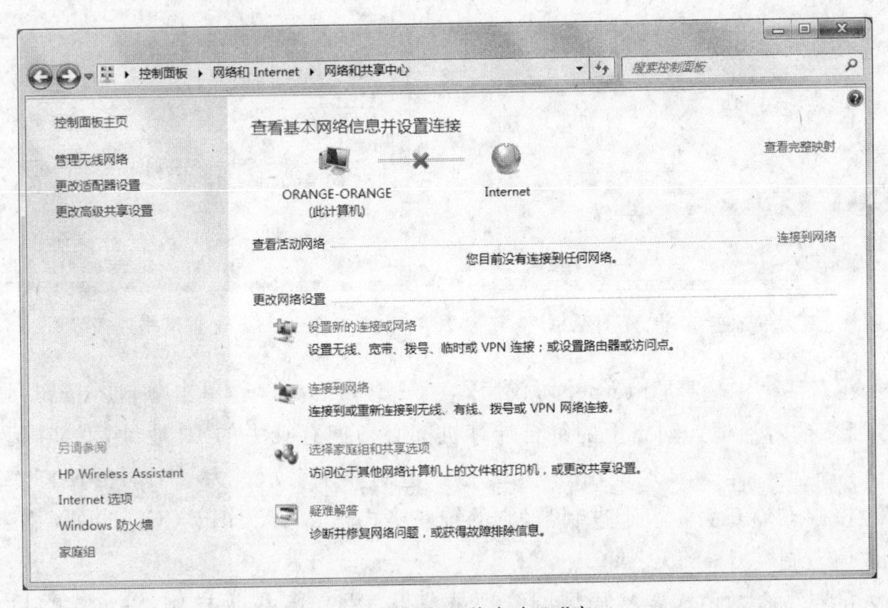

图 9.11 "网络和共享中心"窗口

(2) 单击窗口左侧的"更改适配器设置"项,出现如图 9.12 所示的"网络连接"窗口。该窗口显示了本地计算机接入网络的所有方式,包括局域网接入方式("本地连接"项),无线网络接入方式("无线网络连接"项)以及 ADSL 接入方式(创建后显示)等。

(3) 双击"本地连接"项,出现"本地连接 状态"对话框,如图 9.13 所示,单击"属性"按钮,弹出如图 9.14 所示的对话框。

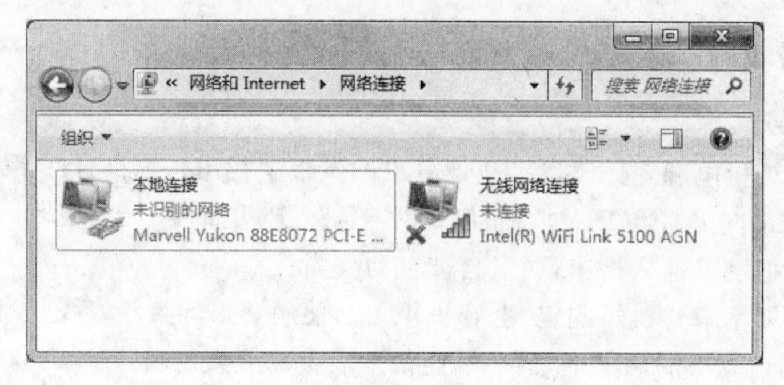

图 9.12 “网络连接”窗口

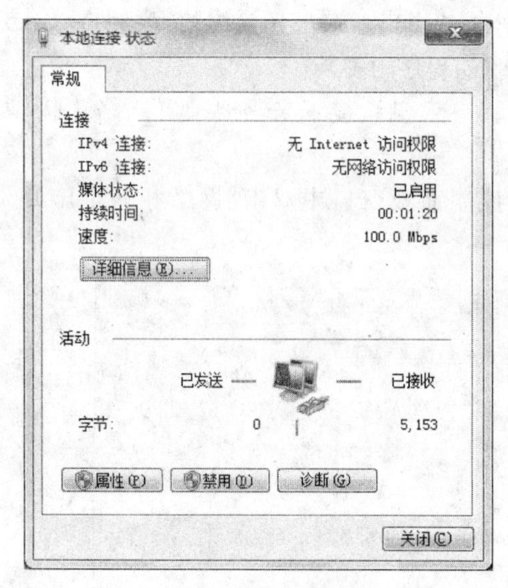

图 9.13 “本地连接 状态”对话框

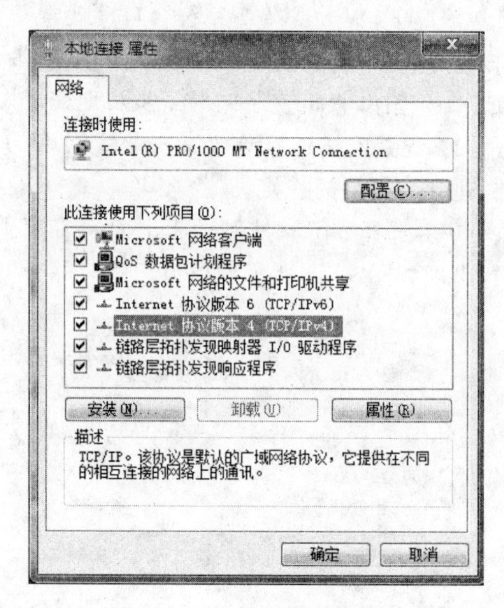

图 9.14 配置网络连接参数

(4) 在对话框中选择“Internet 协议版本 4(TCP/IPv4)”项，单击“属性”按钮，弹出如图 9.15 所示的对话框。网络上的每台计算机都必须拥有唯一的 IP 地址，就如邮政系统中收信人的地址一样。IP 地址用一串 32 位二进制数字表示。为了书写方便，此二进制数字写成以圆点隔开的 4 组十进制数，它的统一格式是 AAA. BBB. CCC. DDD，圆点之间每组的取值范围在 0～255 之间。

输入的具体参数值需要从局域网管理员获得，图 9.15 仅为样例，输入参数后，单击“确定”按钮完成。设置成功后，用户便可通过网络应用软件(如 Internet Explorer 浏览器)访问因特网上的资源。

9.2.2 无线网络接入方式

随着无线网络技术的发展，人们越来越深刻地认识到，无线网络不仅能够满足移动和特殊应用领域用户网络接入的要求，还能覆盖有线网络因布线问题而难以涉及的范围。随着无线网络标准的成熟以及无线网络设备的较高性价比，无线网络已经被广大用户作

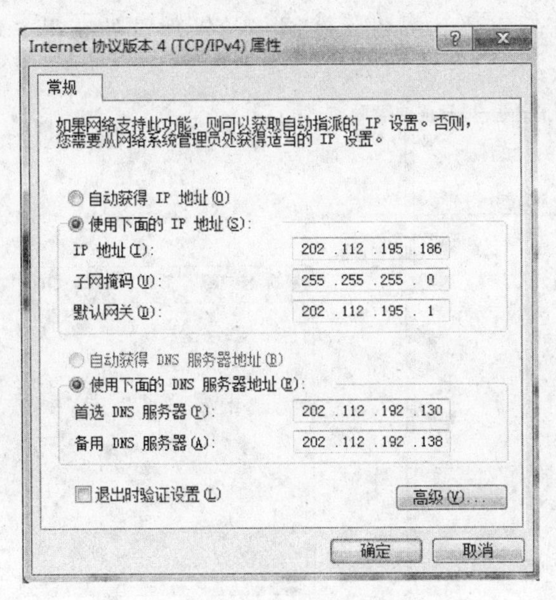

图 9.15　设置本地计算机的 IP 地址

为一种常用的网络连接方法。

1. 安装无线网卡及其驱动程序　目前，市场上的无线网卡有 USB 接口、PCI 接口和笔记本计算机用的 PCMCIA 接口三种，如图 9.16 所示。安装 PCI 接口的无线网卡与安装普通网卡相同，其它两种类型的无线网卡可插入到计算机的 USB 接口和笔记本计算机的 PCMCIA 接口上。安装无线网卡到计算机后，如果计算机不能够正确地识别该设备，则需安装该设备的驱动程序，安装的过程与安装其它硬件设备相同。如果计算机主板上已经集成无线网卡，则无需安装该设备及其驱动程序。

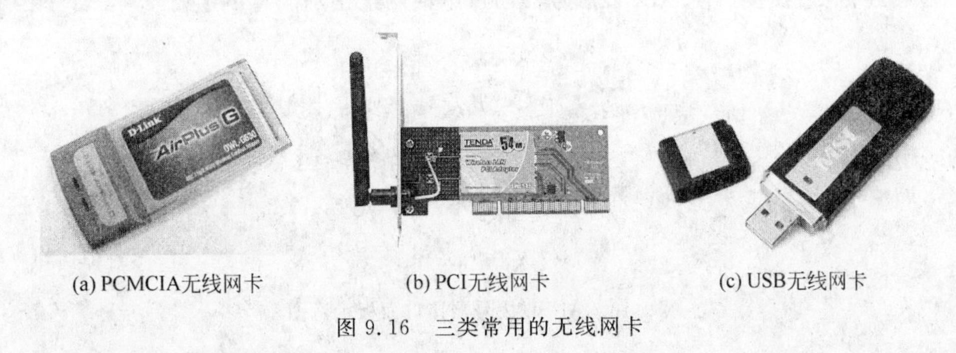

(a) PCMCIA无线网卡　(b) PCI无线网卡　(c) USB无线网卡

图 9.16　三类常用的无线网卡

2. 配置网络连接参数

(1)参照局域网接入方式中配置网络连接参数的(1)和(2)，打开如图 9.12 所示的窗口。

(2) 双击“无线网络连接”项，在屏幕的右下角出现如图 9.17 所示的界面，界面中显示的是当前可用的无线网络列表。

(3) 双击一个无线网络，如图 9.17 中的 DEKE 项，即可成功接入到因特网上。如果该无线网络设置了安全验证，则会出现如图 9.18 所示的输入框，要求用户输入安全密钥，该安全密钥需要从提供无线网络的管理员处获得。输入后，即可连接到因特网上。

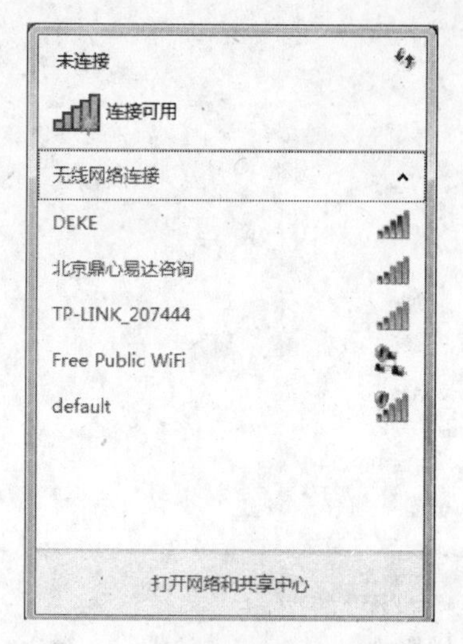

图 9.17　当前可用的无线网络

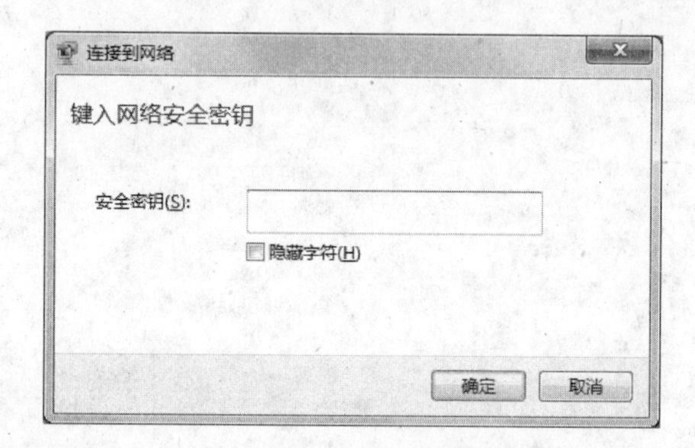

图 9.18　安全密钥输入框

(4) 连接成功后，任务栏的右下角图标由原来的未连接状态变成连接状态。

9.2.3　ADSL 接入方式

1. 安装网卡及其 ADSL 拨号器　安装网卡的方法参见 9.3.1 小节。ADSL 拨号器的各个接口如图 9.19 所示，其主要包括电源接口、网线接口和电话线接口。使用电源线连接电源接口使其通电；使用双绞线连接网线接口和计算机的网卡，使计算机与 ADSL 拨号器相连；电话线接口使 ADSL 拨号器通过电话网连接到因特网上。

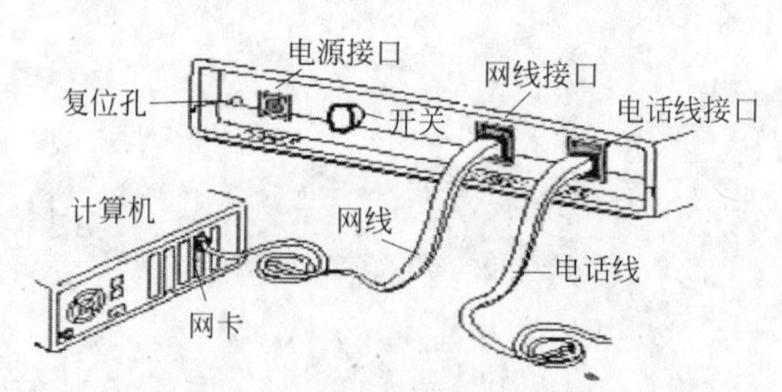

图 9.19　ADSL 拨号器接口面板示意图

2. 安装 ADSL 拨号程序及设置网络连接参数　Windows 7 中有单独的拨号程序，设置了此程序的一些参数后就可以用它拨号上网。

(1) 在如图 9.11 所示的“网络和共享中心”窗口中单击“设置新的连接或网络”链接，出现如图 9.20 所示的“设置连接或网络”窗口。

(2) 选择“连接到 Internet”选项，然后单击“下一步”按钮，出现如图 9.21 所示的对话框。

(3) 选择“宽带(PPPoE)(R)”选项，出现如图 9.22 所示的对话框。

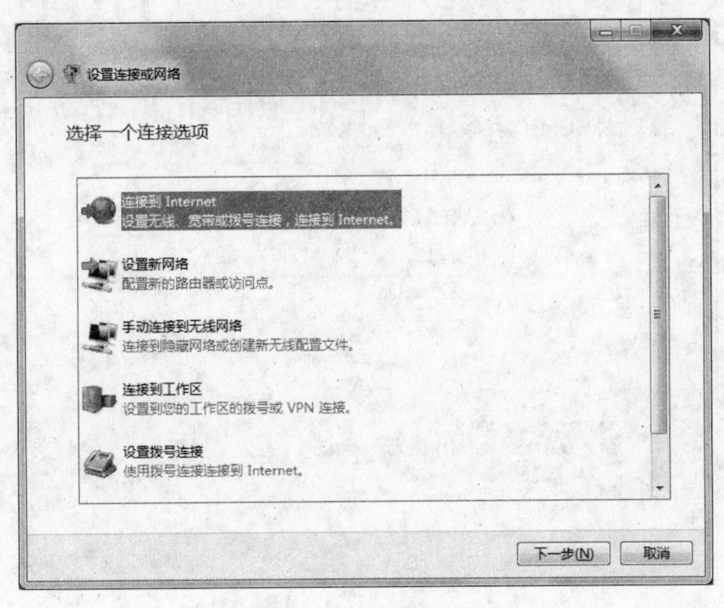

图 9.20 设置连接或网络

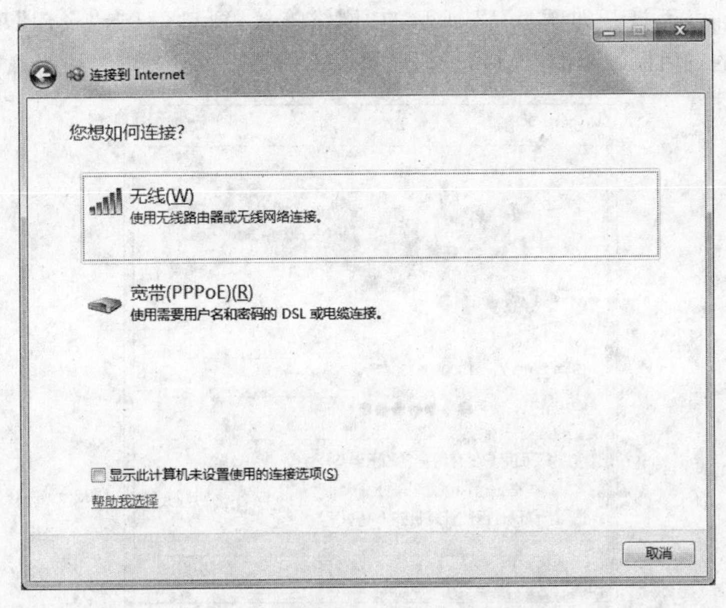

图 9.21 选择连接到 Internet 的方式

(4) 输入用户名、密码(用户在电信局办理获得的用户名及密码)和连接名称，连接名称作为以后拨号使用的名称，如“飞翔”。在该对话框中，选中“显示字符”复选框，则会显示密码的内容；选中“记住此密码”复选框，意味着以后每次拨号时无需重新输入密码；选中“允许其他人使用此连接”复选框，计算机中的其他用户可以使用该拨号程序进行拨号上网。单击“连接”按钮后，如果输入的用户名和密码正确，就可以上网了。

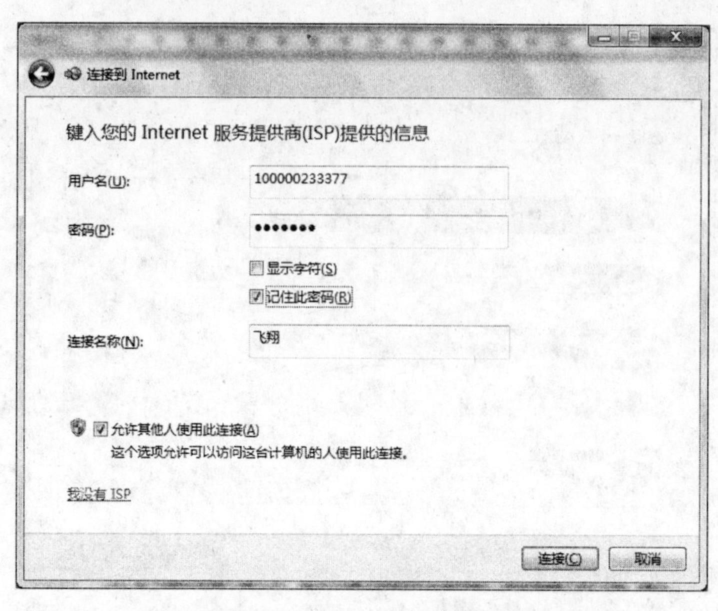

图 9.22　Internet 连接窗口

再次拨号时,可打开如图 9.12 所示的“网络连接”窗口,双击“飞翔”项,会出现如图 9.23 所示的对话框。单击“连接”按钮就可以上网了。

图 9.23　ADSL 拨号连接主界面

9.3　局域网的组建

在很多场所(如宿舍、学校、公司),如果希望在多台独立的计算机上建立一个资源共享的平台,则可以组建一个小范围的局域网。局域网常见的组建方式主要包括两机互联网络的组建以及多机利用集线器或交换机互联网络的组建。

9.3.1 两机互联网络的组建

1. 网络设备的连接 在家庭或小型办公室中，为了资源共享的方便，通常将两台计算机直接相连，以构成最小规模的网络。两机互联组网的结构图如 9.24 所示。

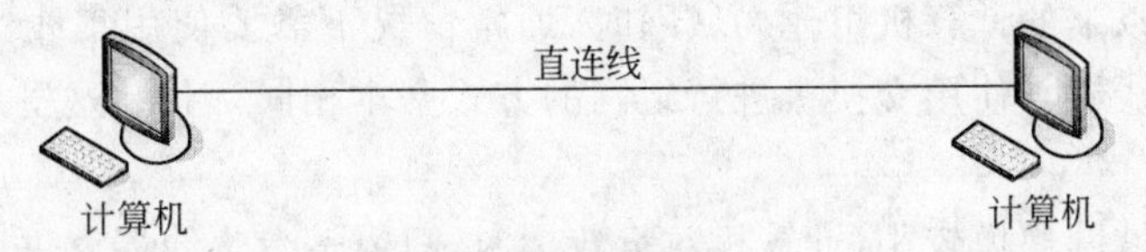

图 9.24 两机直接互联

双绞线的每一端分别连接每一台计算机的网卡。需要注意的是，这里使用的双绞线与之前介绍的连接计算机与集线器（或交换机）的双绞线不完全相同。两者的区别在于双绞线内部 8 根电线在 RJ-45 水晶头里的排列顺序，因此，在购买双绞线（或称网线）时特别需要注意这一点。

连接相同网络设备的双绞线称为直连线，例如连接网卡与网卡、集线器与集线器、交换机与交换机等相同的设备。不同网络设备的连接使用普通的双绞线，例如连接网卡与集线器、网卡与交换机等。

2. 网卡参数的设置 为了使两台计算机能够正常地通信，通信的双方必须要提前知道对方的通信地址（IP 地址）。在图 9.15 所示的“Internet 协议版本 4（TCP/IPv4）属性”对话框中输入本机的 IP 地址，计算机 1 可设置 IP 地址为 192.168.0.1，子网掩码为 255.255.255.0，如图 9.25(a)所示；计算机 2 可设置 IP 地址为 192.168.0.2，子网掩码为 255.255.255.0，如图 9.25(b)所示。单击“确定”按钮后，双方即可实现连接。

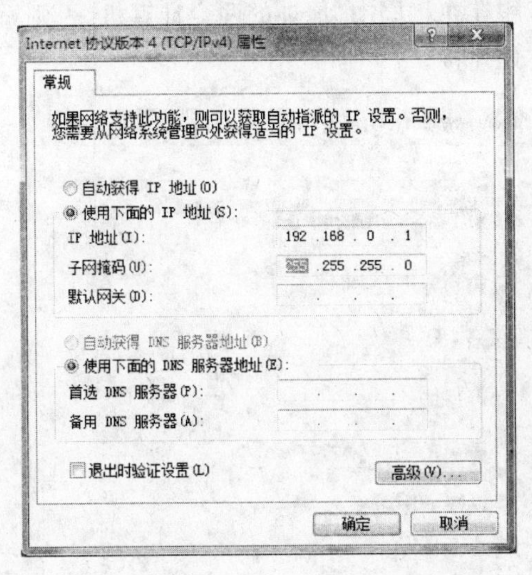

(a) 计算机1

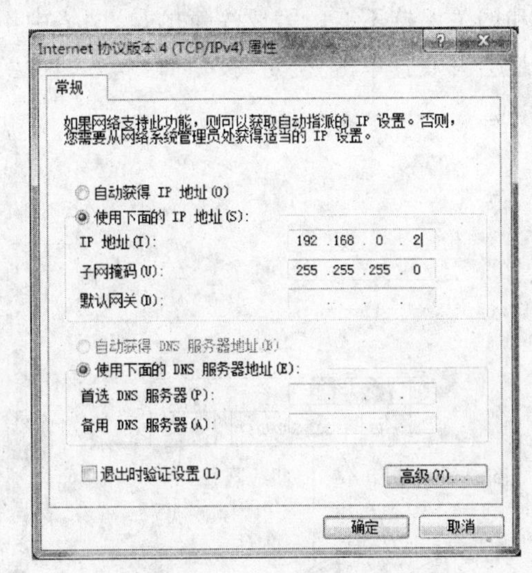

(b) 计算机2

图 9.25 两机互联 IP 地址的设置

3. 连通性测试 用户可使用 PING 命令检验两台计算机能否正常地通信。选择“开始|所有程序|附件|命令提示符”命令，在出现的“命令提示符”下输入 PING 对方的 IP 地

址，例如在计算机1中输入“PING 192.168.0.2”，如果能够收到对方的响应，则连通性测试成功；否则，测试失败。

9.3.2 多机利用集线器或交换机组建局域网

当使用两台以上的计算机组建局域网时，通常情况下需要使用集线器或交换机等网络设备。使用集线器与使用交换机进行组网的方式基本相同，因此，这里只介绍使用集线器进行组网。

当组建的局域网规模较小，计算机数量较少时，只需一台集线器就可以满足网络连接的需求，即采用单一集线器结构进行组网；当计算机数量较多，一台集线器的端口数量不足以容纳所连接计算机的数量时，可以采用两台以上的集线器级联结构进行组网。

1. 单一集线器组网 集线器的端口指的是所能连接到集线器上计算机的最多数量，目前常用集线器的端口数量主要有8口、16口和24口等类别。当参与组网的计算机数量少于集线器的端口数时，就可以采用单一集线器进行组网。

(1) 网络设备的连接 对于每一台计算机，用一根双绞线的一端连接到其网卡上，另一端连接到集线器的普通口上，如图9.26所示。需要注意的是，市场上绝大部分的集线器都有一个Uplink级联端口，Uplink级联端口的作用是用来连接两个集线器。

(2) 网卡参数的设置 与其它接入方式一样，为了使任意两台计算机之间能够正常地通信，需要为每一台计算机设置IP地址。具体的操作是：打开如图9.15所示的“Internet协议版本4(TCP/IPv4)属性”对话框，为计算机1设置IP地址为192.168.0.2，子网掩码为255.255.255.0，网关为192.168.0.1，如图9.27所示。其它计算机的IP地址可以依次设置为192.168.0.3，192.168.0.4，…，192.168.0.254中的任意一个，子网掩码和网关保持不变。需要注意的是，网络中不能存在相同IP地址的两台计算机，否则，设置就会失败。单击“确定”按钮后，双方即可实现连接。

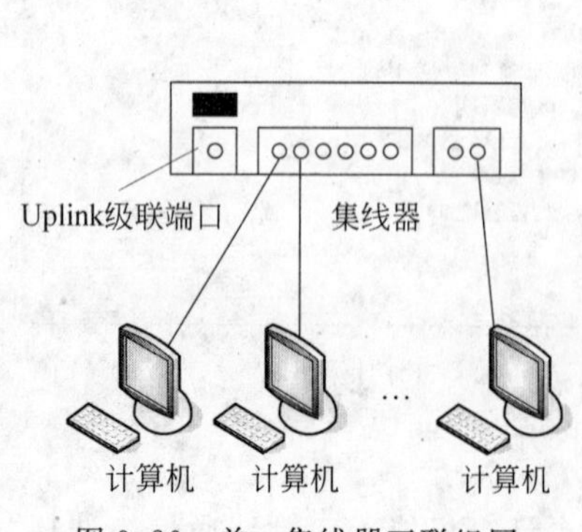

图9.26 单一集线器互联组网

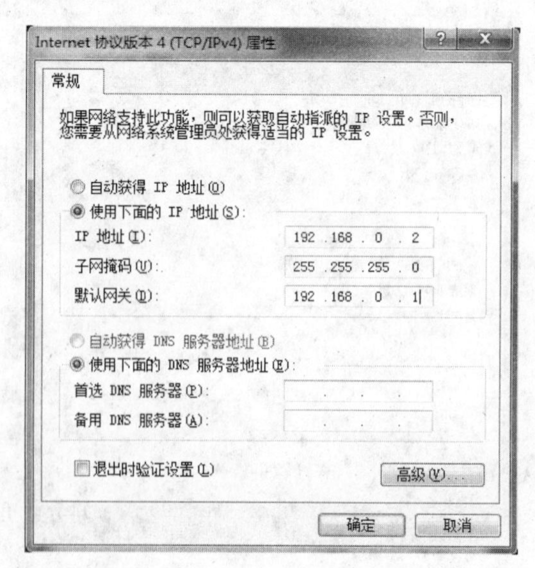

图9.27 单一集线器组网中IP地址的设置

2. 多个集线器级联组网　网络规模较大，计算机的数量超过单个集线器端口的数量时，就需要多个集线器来进行组网。

多个集线器级联组网中网络设备的连接包括：计算机与集线器之间的连接，以及集线器和集线器之间的连接。

每台计算机可根据其地理位置的分布，通过双绞线连接到合适的某个集线器上，该连接方式与上述介绍的使用单一集线器组网方式相同。连接到相同集线器的计算机可以相互通信，而连接到不同集线器上的任意两台计算机之间仍然不能通信。在这里，每一个集线器可以看成是一个孤岛，为了使不同孤岛上的计算机建立通信，需要使用一根直连线来连接两台集线器，图 9.28 所示是使用两个集线器级联组网的情况。需要特殊说明的是，直连线的一端连接的是某个集线器的 Unlink 端口，另一端连接的是另外一个集线器的普通端口。每台计算机 IP 地址的设置与使用单一集线器中计算机 IP 地址的设置相同。

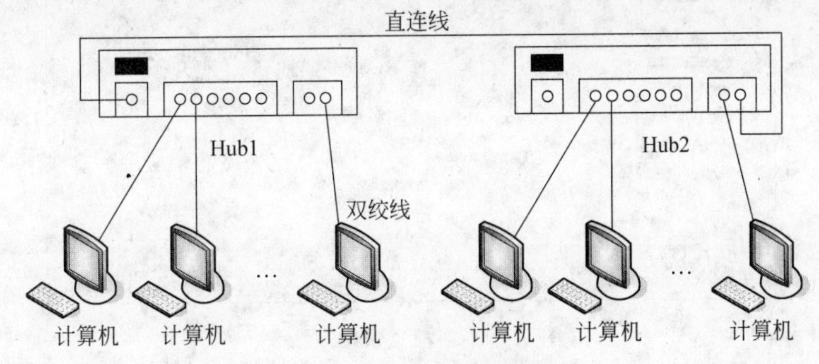

图 9.28　双集线器级联组网

使用集线器组网，其成本低，施工、管理和维护简单。当网络中某条线路或计算机出现故障时，不会影响网上其它计算机的正常工作。但是，当使用较多个集线器级联组网时，由于集线器本身的缺点（参见 9.1.2），容易造成网络风暴，使整个网络陷于瘫痪，因此，当计算机数量相对较大时，推荐使用交换机进行级联组网。

9.4　Windows 7 网络管理

Windows 7 网络管理功能很强，下面简单介绍有关用户管理及共享文件夹的建立和使用的一些知识。

9.4.1　用户账户的管理

1. 用户账户概述　在一个公用的计算机环境中，可能有不同的人使用同一台计算机。为了使这些人之间的操作互不干扰，隐私不被泄密，就需要为他们建立各自独立的工作环境。通过为每个用户建立一个单独的用户账户，用户可拥有自己独立的工作环境。此外，在局域网的计算机中，当设置共享资源时，也可指定哪些用户可以访问和操作该共享资源。

在 Windows 7 中，系统提供了 3 种不同类型的账户，Administrator 账户、标准用户账户和 Guest 账户。Administrator 账户拥有对计算机进行最高级别的控制。标准用户账户可以执行 Administrator 账户下几乎所有的操作,但是如果要执行影响该计算机其他用户的操作(如安装软件或更改安全设置),则 Windows 可能要求提供 Administrator 账户的密码,用户自建账户默认情况下属于标准账户。Guest 账户针对的是临时使用计算机的用户,使用 Guest 账户的人无法安装软件或硬件,更改设置或者创建密码。

2. 建立新用户账户

(1) 选择"开始|控制面板"命令,在出现的"控制面板"窗口中单击"用户账户"项,出现如图 9.29 所示的窗口。窗口的右侧显示的是当前登录的用户账户。

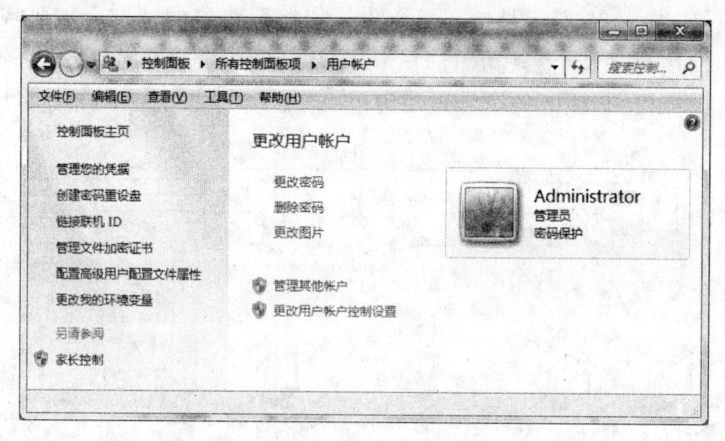

图 9.29 当前登录用户账户

(2) 单击"管理其他账户"链接,出现如图 9.30 所示的窗口。窗口的上半部分显示的是当前系统中所有用户账户,当成功创建新用户账户后,新账户会在该窗口中显示。

图 9.30 用户账户管理界面

(3) 单击“创建一个新账户”链接，出现如图 9.31 所示的窗口，在“新账户名”输入框中输入要创建用户账户的名称。单击“创建账户”按钮完成创建。

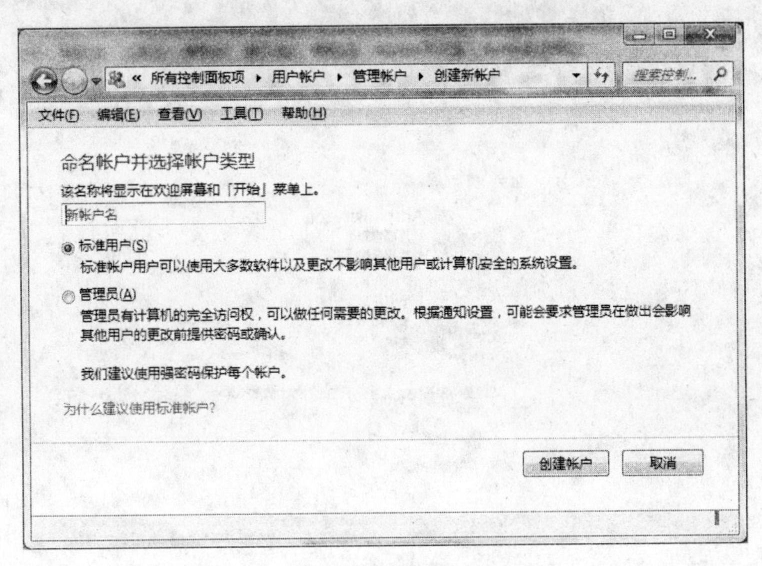

图 9.31　建立新用户窗口

注意：不要随便把新账户设置为管理员。

3. 管理用户账户　在创建了用户账户后，也可更改该账户的信息。在图 9.30 的窗口中，单击要更改的账户名称，如图中的 Administrator 账户，可出现如图 9.32 所示的窗口。用户可根据需要，设置新的账户名称、密码、图片等信息。

图 9.32　更改账户窗口

4. 家长式管理　为了能够让家长方便地控制孩子使用计算机，Windows 7 提供了家长控制功能。其主要功能包括：限制孩子使用计算机的时间；禁止孩子玩特定的游戏；禁止孩子运行一些特定的程序。为了实现家长式管理，首先要为孩子创建一个受控的用户账户。

(1) 创建受控的账户。根据上述介绍的“新建用户账户”方法，创建一个新的用户账户，例如 fatduck，作为受控的用户账户。在如图 9.30 所示的窗口中，单击“设置家长控制"链接,出现如图 9.33 所示的窗口。

图 9.33 家长控制窗口

(2) 单击要设置的受控账户,如 fatduck 项,出现如图 9.34 所示的窗口。

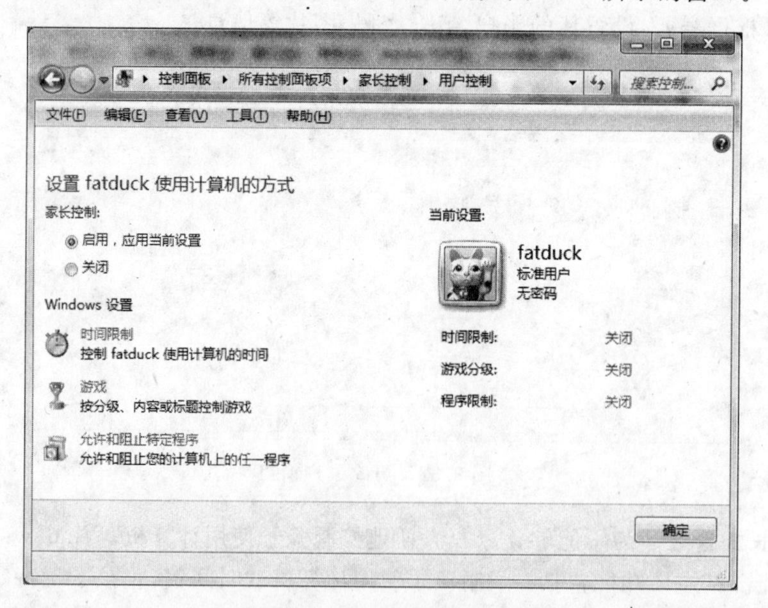

图 9.34 设置家长控制功能

(3) 单击"启用,应用当前设置"单选按钮,即可激活家长控制功能。单击"时间限制"链接可设置该账户使用计算机的时间限制;单击"游戏"链接可设置该账户运行游戏的权限；单击“允许和阻止特定程序”链接可设置该用户账户运行程序的权限。

9.4.2 网络资源共享的设置

资源共享是网络的主要功能之一。为了能够实现资源共享，提供资源的一方需要设置本地的文件、文件夹、磁盘、外部设备为网络中的其他用户所共享。需要注意的是，单个文件需要放置到某个共享的文件夹下才可被他人共享。

1. 文件夹、磁盘共享的设置

(1) 右击要设置为共享的文件夹或磁盘，在弹出的快捷菜单中选择“共享|特定用户”命令，出现如图 9.35 所示的对话框。

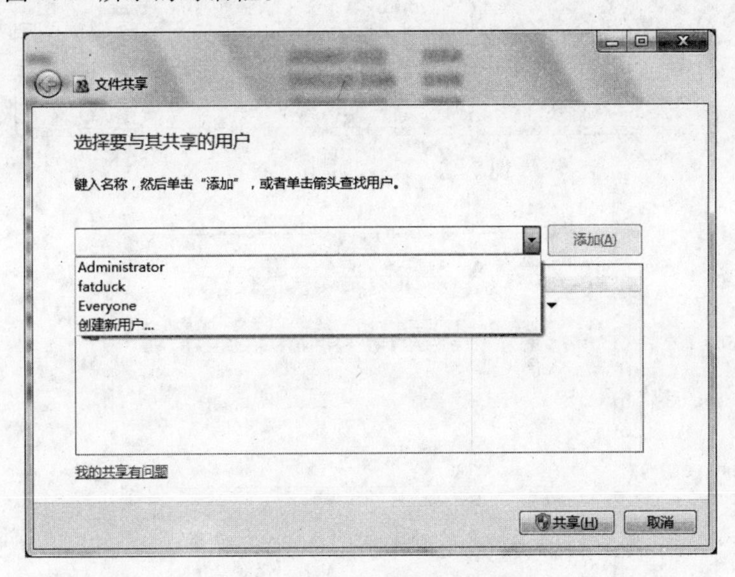

图 9.35 添加文件夹的共享用户

(2) 设置用户对该文件拥有哪些权限。用户指的是本机上的用户账户(参见图 9.30)，权限指的是读取、写入、删除操作。单击下拉列表框，设置用户对该共享文件的权限，默认为读取权限。当设置 Everyone 账户读取该文件夹时，网络上其它计算机在访问该文件时无需提供用户名和密码。右击已被设置为共享的账户，可更改账户对该文件夹的操作权限，如图 9.36 所示。

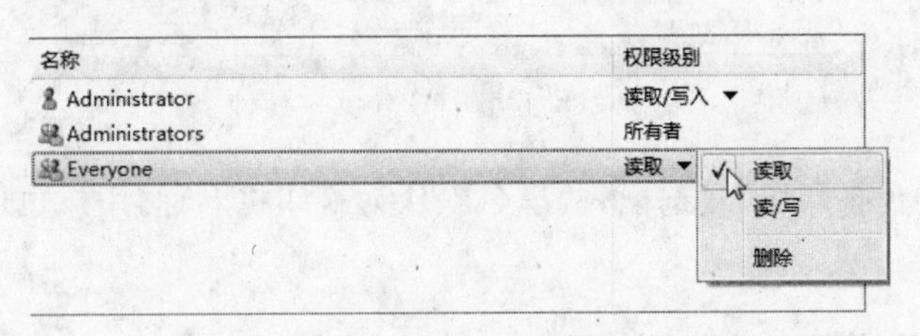

图 9.36 更改共享文件夹的访问权限

2. 打印机共享的设置 单击“开始|设备和打印机”，出现如图 9.37 所示的窗口。右击目标打印机，在出现的快捷菜单中选择“打印机属性”命令，出现如图 9.38 所示的对

话框。

图 9.37 设备和打印机窗口

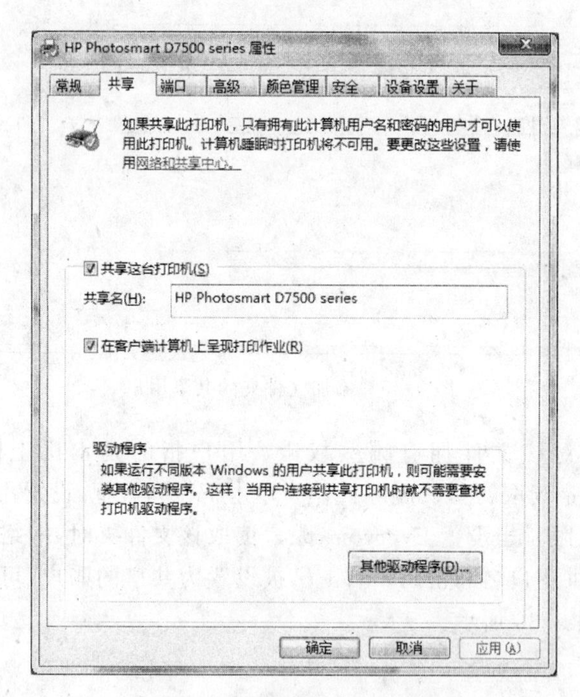

图 9.38 设置打印机共享属性

选中“共享这台打印机”复选框，共享名默认为打印机名称，用户也可以重新设定打印机名称。

9.4.3 网络共享资源的使用

1. 使用资源管理器中的“网络”方式

(1) 右击“开始|打开 Windows 资源管理器”，在打开的“资源管理器”窗口中，单击左

侧的导航窗格的“网络”项，在右侧窗口中查看当前网络中存在共享资源的计算机，如图 9.39 所示。

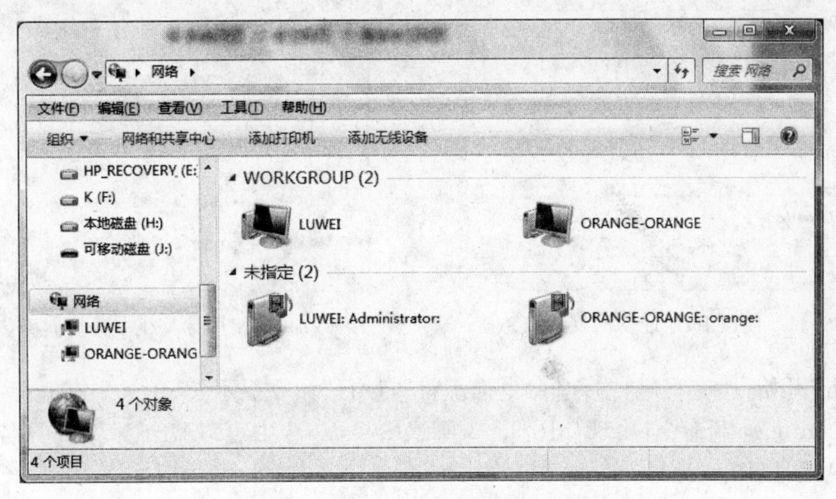

图 9.39　网络中设置共享的计算机

（2）双击需要访问的计算机图标，在输入正确的用户名和密码之后，就能够看到该计算机中设定的共享资源，如图 9.40 所示。

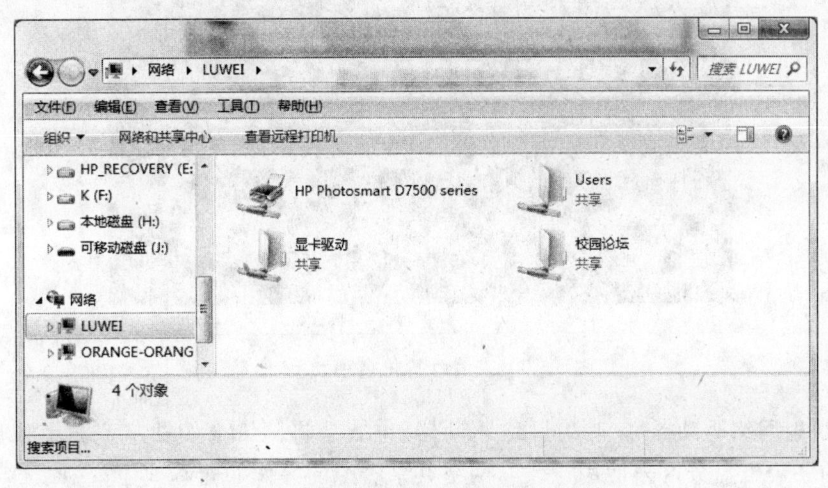

图 9.40　网络中存在共享资源的计算机

2. “地址栏”方式　网络上的计算机拥有唯一的名称和 IP 地址。因此，只要事先知道提供共享资源的计算机名称或 IP 地址，就可以访问该机器上的共享资源。具体的操作是：

打开“资源管理器”窗口，在其“地址栏”中输入\\IP 地址（或计算机名称），如图 9.41 和图 9.42 所示。按回车键，即可访问目标主机的共享资源。如果出现提示输入登录的用户名和密码的对话框。则输入用户名和密码后按“确定”按钮即可。

查看本地计算机的名称和 IP 地址可按以下操作进行：

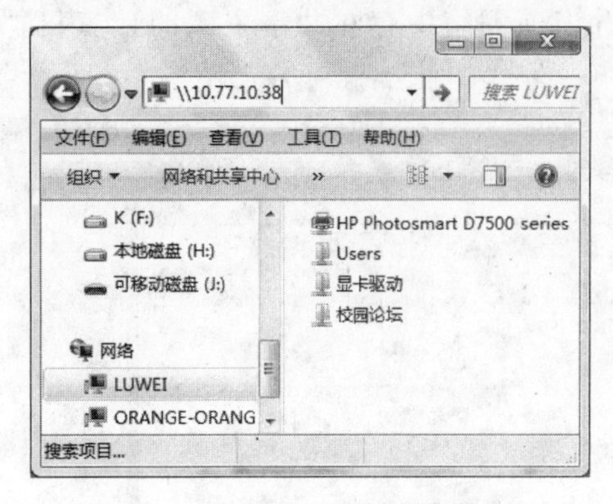

图 9.41　使用 IP 地址访问网络资源

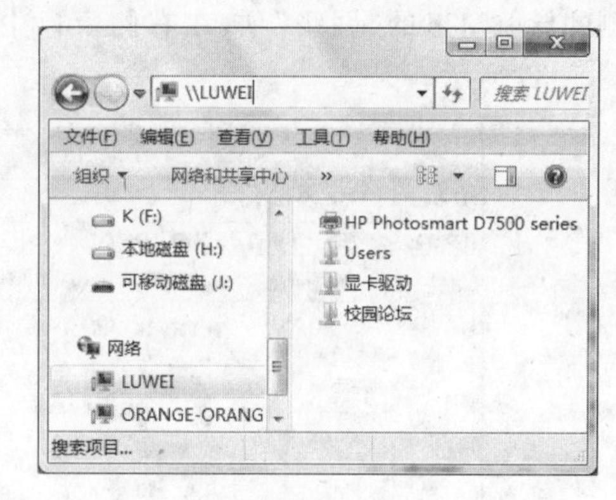

图 9.42　使用计算机名称访问网络资源

单击“开始|所有程序|附件|命令提示符”，运行“命令提示符”工具。在光标提示符下输入“ipconfig /all”命令，出现如图 9.43 所示的界面，从中可以找到计算机的名称(主机名)和 IP 地址(IPv4 地址)。

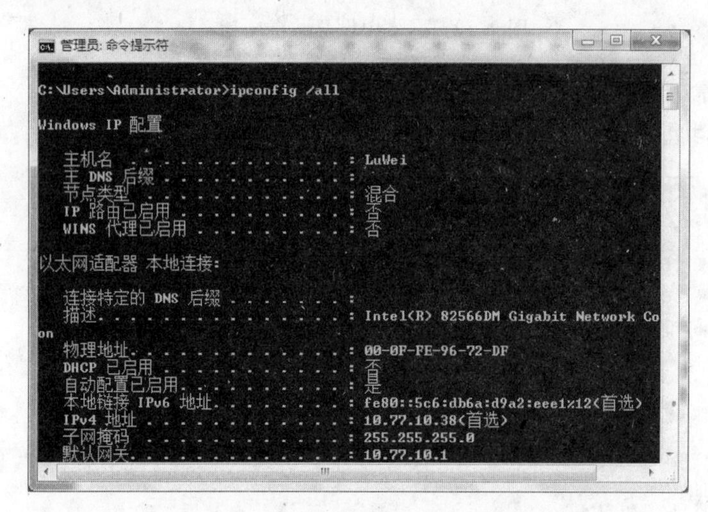

图 9.43　查看计算机名称和 IP 地址

3. 映射网络驱动器　“映射网络驱动器”方式是将网络上的共享资源模拟成为本地计算机的一个磁盘分区来使用，这样，网络共享资源的操作如同本地磁盘中文件夹的操作一样方便快捷。映射网络驱动器的操作步骤是：

(1) 打开“资源管理器”窗口，右击左侧导航窗格中的“计算机”图标，在出现的快捷菜单中选择“映射网络驱动器”项，出现如图 9.44 所示的对话框。

(2) 在“驱动器”文本框中选择具体映射到哪个驱动器，默认即可。

(3) 在“文件夹”文本框中输入共享文件夹所在的位置。这里输入的内容与使用“地址栏”访问网络资源基本相同，唯一的区别在于这里必须要输入共享文件夹或者磁盘驱动器的名字。例如，输入\\10.77.10.38\d 或\\10.77.10.38\显卡驱动，d 和显卡驱动分别是共享磁盘和文件夹的名字。如果不知道网络资源所在位置，则可点击“浏览”按钮，在打开的“浏览文件夹”窗口中进行查找。找到需要映射的资源后，单击“确定”按钮，所选内容

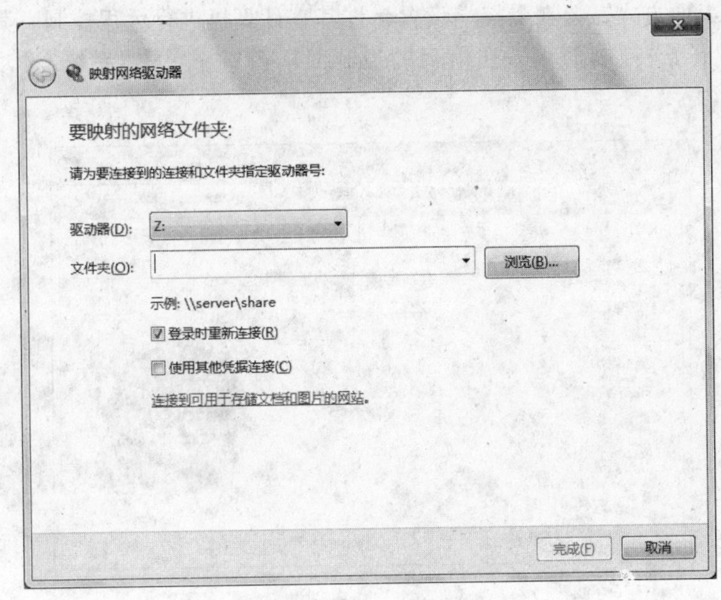

图 9.44　选择要映射的网络文件夹

将出现在图 9.44 所示的文件夹文本框中。

(4) 选中"登录时重新连接"复选框,指定每次启动 Windows 时自动连接到该网络资源。如果不经常使用该网络资源,应取消对该复选框的选择,以减少系统启动时间。

(5) 单击"完成"按钮,输入正确的用户名和密码后,如果映射成功,会出现图 9.45 所示的窗口。

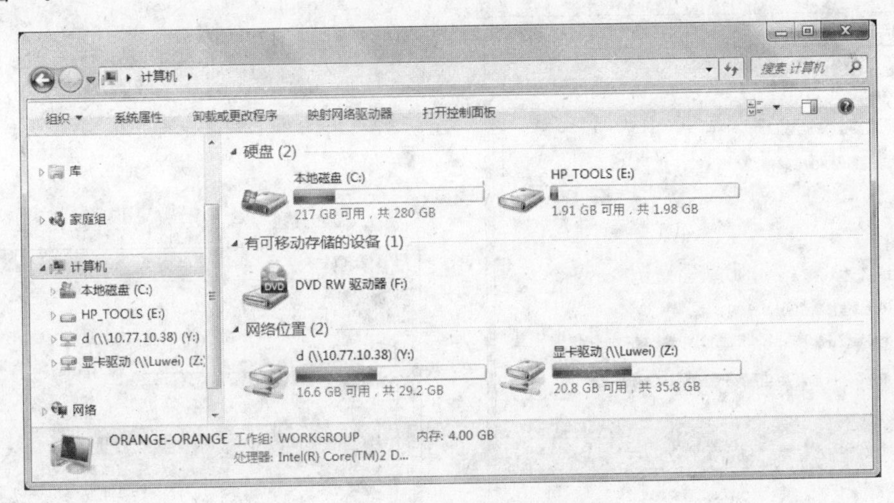

图 9.45　映射网络驱动器

如果不再需要访问映射的网络资源,可右击该资源,选择"断开"命令即可。

4. 远程桌面方式　网络上的一台计算机(控制端)通过远程桌面功能可以实时地操作网络上的另一台计算机(受控端),在其上面安装软件,运行程序,所有的一切都好像是直接在本机上操作一样。

使用远程桌面方式需要在受控端设置允许其它计算机进行远程控制。其操作如下：

(1) 单击"开始|控制面板"，在出现的控制面板窗口中单击"系统"选项，如图 9.46 所示。

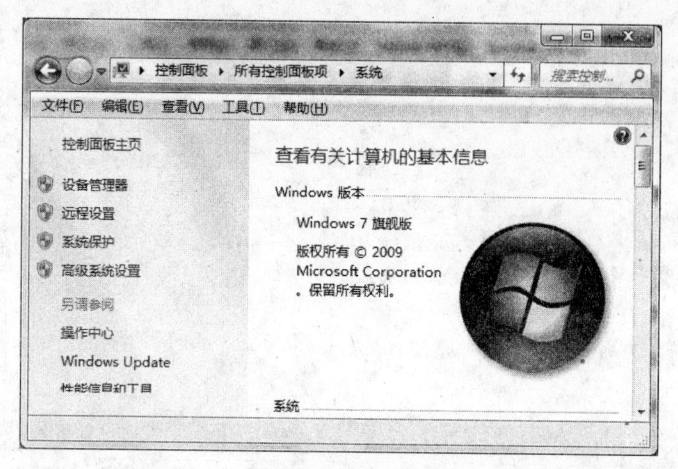

图 9.46 系统窗口

(2) 单击"远程设置"选项，出现如图 9.47 所示的对话框。选中"允许远程协助连接这台计算机"和"允许运行任意版本远程桌面的计算机连接(较不安全)"复选框。

设置好受控端的相关属性后，就可以在控制端远程操作这台计算机了。其操作步骤是：

(1) 单击"开始|所有程序|附件|远程桌面连接"，出现如图 9.48 所示的对话框。

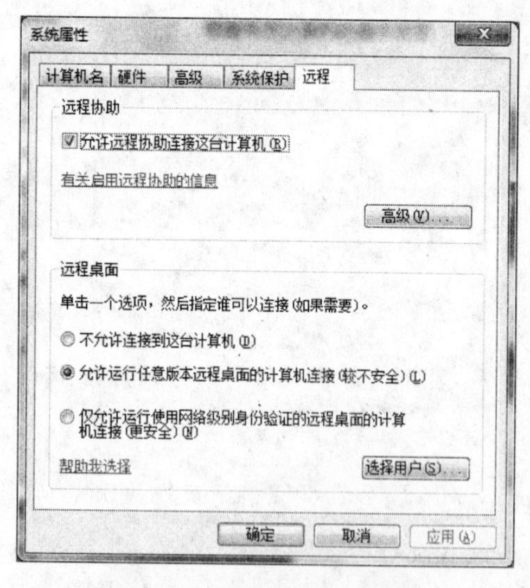

图 9.47 设置远程桌面属性

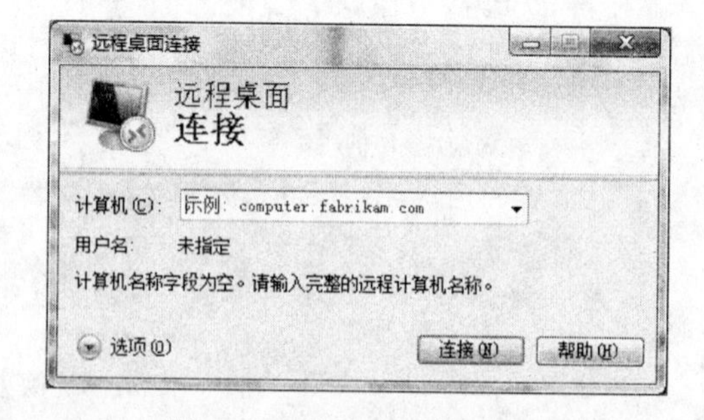

图 9.48 使用远程桌面连接

(2) 在"计算机"下拉列表框中输入受控端的主机名或 IP 地址，单击"连接"按钮后，出现要求用户输入用户名和密码的对话框。输入正确的用户名和密码并完成认证之后，即可实时地操作这台计算机。此外，通过设置图 9.48 中的"选项"，可以方便地在控制端和受控端进行信息的交换。

5. 家庭组 家庭组是 Windows 7 中提出的一个便于家庭信息共享的网络新概念,它在一定程度上简化了家庭网络中各计算机之间共享资源的过程。Windows 7 中的网络类型有四种,分别为家庭网络、工作网络、公用网络和“域”网络。计算机只有处于家庭网络时才可以创建和加入家庭组,加入到家庭组中的计算机与其他人共享“库”(包括音乐、图片、视频和文档)和打印机。创建家庭组的步骤是:

(1) 设置网络环境为家庭网络。单击“开始|控制面板”,在打开的“控制面板”窗口中选择“网络和共享中心”项,出现如图 9.11 所示的“网络和共享中心”窗口。在“查看活动网络”栏中点击“工作网络”(或者“公用网络”),出现如图 9.49 所示的窗口。

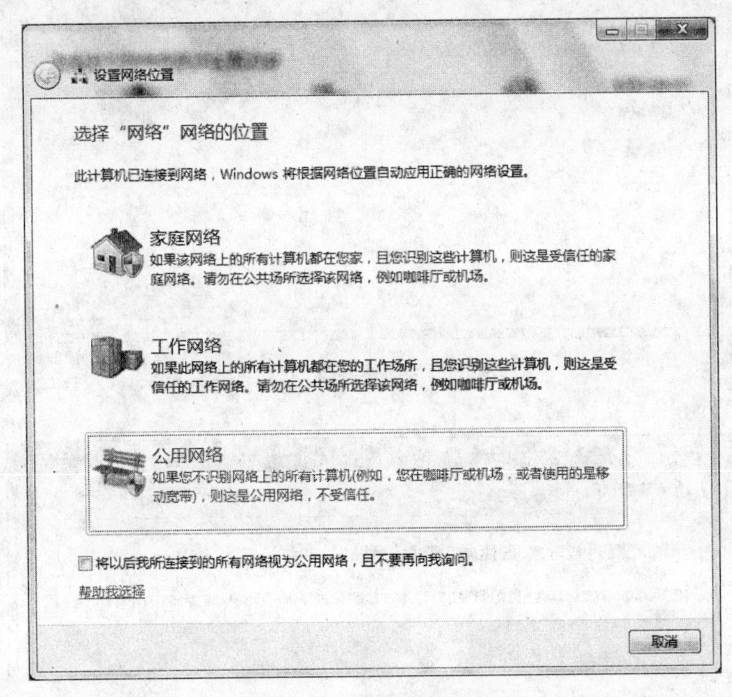

图 9.49 设置网络位置

(2) 选择“家庭网络”项,在弹出的窗口中选择需要设置为共享的内容,如图 9.50 所示。

(3) 单击“下一步”按钮,出现如图 9.51 所示的窗口。

(4) Windows 会自动生成一串密码,当家庭网络中的其它计算机加入此家庭组时,需要输入此密码。单击“完成”按钮。

当家庭网络中的计算机创建家庭组后,家庭网络中的其它计算机便可加入这个组,以实现“库”和打印机的共享。加入家庭组的步骤是:

(1) 设置网络位置为家庭网络。在图 9.49 所示的窗口中设置网络位置为“家庭网络”,出现类似图 9.50 中的对话框。如果原来的网络位置已经为“家庭网络”,则单击“网络和共享中心”窗口的“选择家庭组和共享选项”链接,出现如图 9.52 所示的窗口。单击“立即加入”按钮,就会出现类似图 9.50 的窗口。

(2) 设置当前计算机需要与其它计算机进行共享的内容,单击“下一步”按钮,出现要

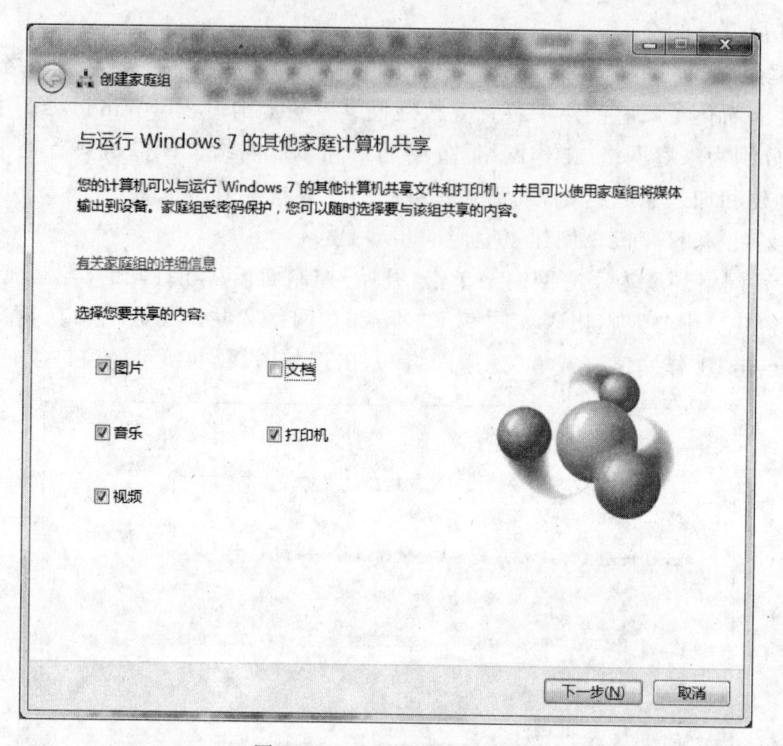

图 9.50　选择共享的内容

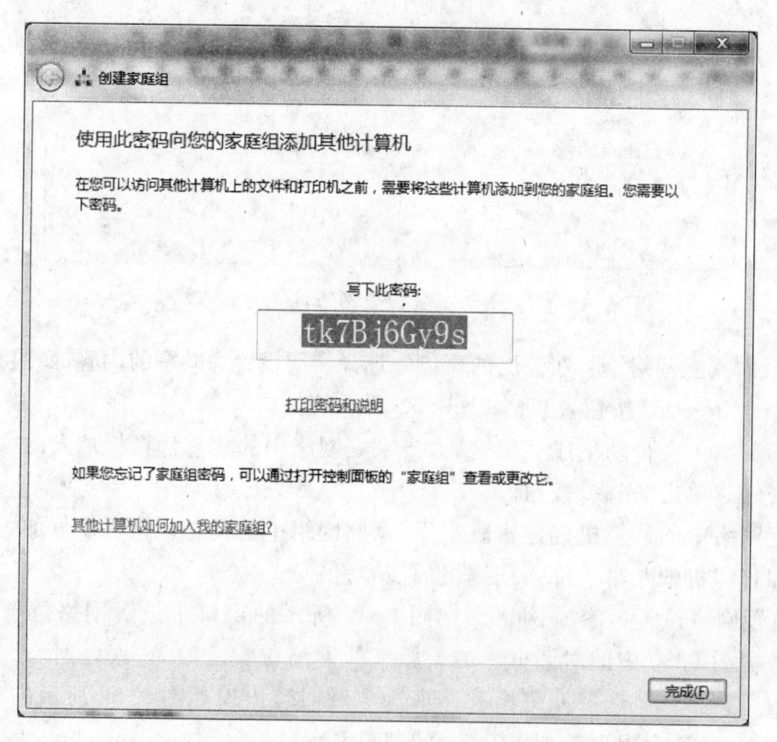

图 9.51　输入加入家庭组的验证密码

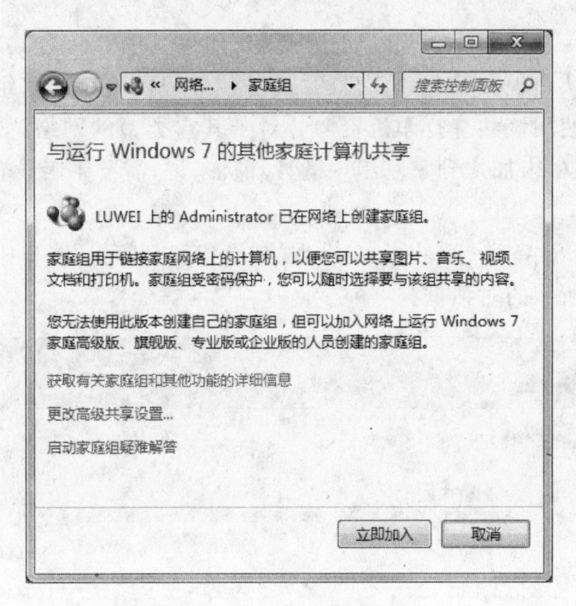

图 9.52　加入家庭组

求用户输入加入家庭组密码的窗口。

(3) 输入先前创建家庭组的加入密码，单击“下一步”按钮，在出现的对话框中单击“确定”按钮即可加入到该家庭组中。

(4) 加入成功后，即可访问家庭组中其它计算机中的共享资源。右击“开始|打开 Windows 资源管理器”，出现“资源管理器”窗口。在左侧的导航窗格中，可以看到新出现的“家庭组”项。单击“家庭组”项，即可看到家庭组中的其它计算机及其共享资源，如图 9.53 所示。

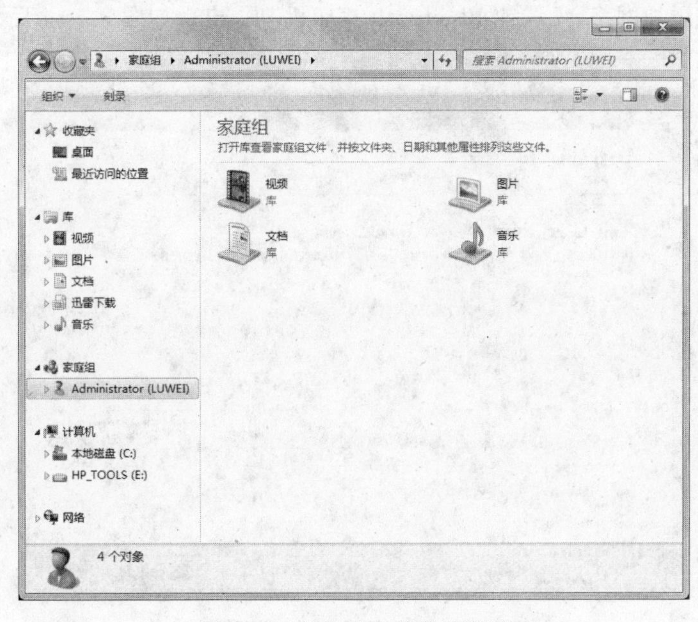

图 9.53　家庭组中共享的资源

6. 使用打印机 加入到家庭组中的计算机，如果其中有一台共享了打印机资源，则该打印机资源会默认出现在其它计算机的“设备和打印机”中，家庭组中的用户可以像使用本地打印机一样使用该共享打印机资源。对于其它类型的网络，如“工作网络”、“公共网络”以及家庭网络中未加入到家庭组中的计算机来说，需要手工设置来访问该共享打印机。其操作步骤是：

(1) 单击“开始|设备和打印机”，在出现的“设备和打印机”窗口中选择“添加打印机”项，出现如图 9.54 所示的对话框。

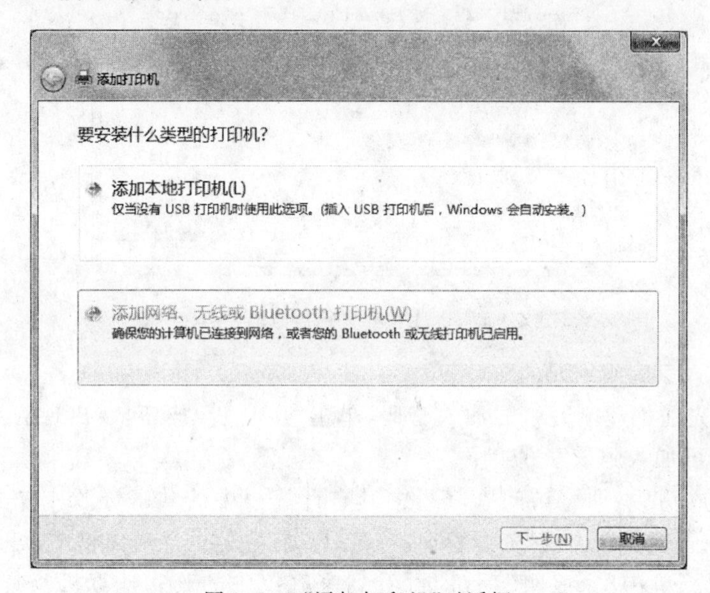

图 9.54 “添加打印机”对话框

(2) 单击“添加网络、无线或 Bluetooth 打印机”项，出现如图 9.55 所示的对话框。

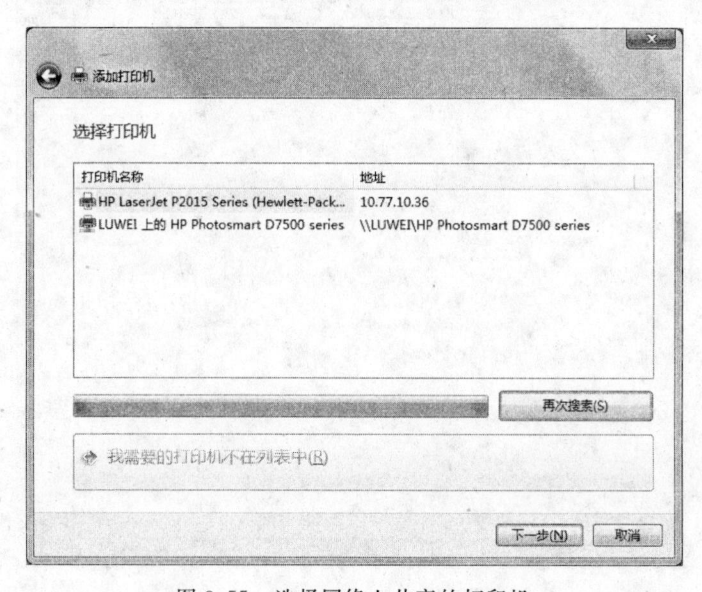

图 9.55 选择网络上共享的打印机

(3) 在列表中选择目标打印机，单击“下一步”按钮。按照系统的提示一步步地操作直至完成。添加成功后，“设备和打印机”窗口中就会显示新添加的打印机项。

习　题　9

9.1　思考题

1. 什么是计算机网络？举例说明计算机网络有什么用处。
2. 计算机网络由哪几部分组成？各部分都有什么作用？
3. 什么是局域网？它是由哪几部分组成的？
4. 什么是广域网络？什么是 Internet 互联网？
5. 通信子网中常用的通信介质有哪几种？
6. 简述路由器、网关、交换机、集线器的功能。
7. 什么是网络的拓扑结构？常见的微机局域网的基本拓扑结构有哪几种？
8. 调制解调器和网卡分别用在什么地方？在功能上有什么区别？
9. 如何安装网卡并设置其参数？
10. 因特网接入技术都有哪些？它们的优缺点是什么？
11. 在一个有 5 台微机的办公室里，若组装一个局域网，需要什么软、硬件？
12. 如何组建一个家长式管理的环境？
13. 如何在 Windows 7 中设置磁盘或文件夹共享？
14. 简述在局域网中访问共享文件夹都有哪几种方式。

9.2　选择题

1. Windows 7 是一种(　　)。

   (A) 网络操作系统　　(B) 单用户、单任务操作系统
   (C) 文字处理程序　　(D) 应用程序

2. 通过电话线拨号上网需要配备(　　)。

   (A) 调制解调器　　(B) 网卡　　(C) 集线器　　(D) 打印机

3. 目前使用的 IP 地址为(　　)位二进制数。

   (A) 8　　(B) 128　　(C) 4　　(D) 32

4. IP 地址格式写成十进制时有(　　)组十进制数。

   (A) 8　　(B) 128　　(C) 4　　(D) 32

5. 连接到 Internet 上的机器的 IP 地址是(　　)。

   (A) 可以重复的　　(B) 唯一的
   (C) 可以没有地址　　(D) 地址可以是任意长度

6. 计算机网络的主要功能是(　　)。

   (A) 分布处理　　(B) 将多台计算机连接起来
   (C) 提高计算机可靠性　　(D) 共享软件、硬件和数据资源

7. 用户通过拨号接入因特网时，拨号器是通过电话线连到(　　)。

   (A) 本地电信局　　(B) 本地主机　　(C) 网关　　(D) 集线器

8. 下面因特网接入技术不需要向电信局申请的是(　　)。

   (A) PSTN 拨号　　(B) ISDN　　(C) ADSL 拨号　　(D) DDN

9. 拨号接入因特网时，以下各项中不是必需的是(　　)。

(A) 浏览器　　　　　　(B) 电话线　　　　　(C) 调制解调器　　　　(D) ISP 提供的电话线

9.3　填空题

1. 计算机网络的主要功能是________和________。

2. 计算机网络按照计算机硬件的覆盖范围可分为________、________和________。

3. 常见的计算机局域网的拓扑结构有________、________和________。

4. 用 ISDN 上网要比用普通电话线上网快得多,而且还可以同时打电话,ISDN 又叫做________。

5. 普通家庭使用的电视机通过________设备可以实现上网。

6. IP 地址是由________个用小圆点隔开的数字组成的。

7. 为了书写方便,IP 地址写成以圆点隔开的 4 组十进制数,它的统一格式是 AAA. BBB. CCC. DDD,圆点之间每组的取值范围在________之间。

9.4　上机练习题

1. 网卡相关的练习。

练习目的: 掌握网卡的相关操作。

练习内容:

(1) 能独立地安装网卡及其驱动程序。

(2) 设置本地计算机的 IP 地址、子网掩码、网关和域名服务器。

2. 局域网的组建。

练习目的: 掌握组建一个小型的局域网。

练习内容:

(1) 两台计算机使用直连线互联及其连通性测试。

(2) 多台计算机使用单个集线器连接组网及其连通性测试。

(3) 多台计算机使用多个集线器连接组网及其连通性测试。

3. 在自己的机器上为别人设置账号,实验能否在其它计算机上以此账号登录;在本地计算机上建立一个共享文件夹,并设置允许上述账号访问该共享文件夹,试验在其它计算机上以如下方式访问本地计算机上的共享文件夹。

练习目的: 掌握账号的设置与登录。

练习内容:

(1) 使用资源管理器的"网络"方式。

(2) 使用资源管理器的"地址栏"方式。

(3) 映射网络驱动器方式。

(4) 使用远程桌面连接方式。

(5) 使用家庭组方式。

4. 设 A、B 两机都在局域网中。A 机上安装了打印机,而 B 机未安装打印机,但可以通过安装网络打印机后,使用 A 机的打印机。

练习目的: 掌握局域网中打印机的共享操作。

练习内容:

(1) 在 A 机中设置打印机的共享。

(2) 在 B 机中安装网络打印机。

(3) 利用网络打印机进行打印。

第 10 章　Internet 的使用

10.1　Internet 概述

10.1.1　Internet 简介

Internet(音译因特网或意译国际互联网等)是 20 世纪末期发展最快、规模最大、涉及面最广的科技成果之一。Internet 源于美国,最初为了实现科研和军事部门里不同结构的计算机网络之间互联而设计的。随着通信线路的不断改进,计算机技术的不断提高以及微机的普及,特别是商家的参与,Internet 几乎无所不在、无所不为。目前世界上大多数国家都建有自己的 Internet 骨干网并相互连接。中国的 Internet 从 20 世纪 80 年代末开始,已经建成了 4 个骨干网,即中国科学技术网(CSTNET 中国科学院主管)、中国公用计算机互联网(CHINANET 工业和信息化部主管)、中国教育科研网(CERNET 教育部主管) 和中国金桥互联网(GBNET 工业和信息化部主管)。它们下面连接着数以千计的接入网,骨干网内部既互联又各自具有独立的国际出口,分别与美、英、德、日等国家以及中国香港、澳门地区互联,形成了真正的国际互联网络。Internet 之所以能在人类进入信息化社会的进程中起到不可估量的作用,其主要原因就是它具有极高的工作效率和丰富的资源。普通的用户通过骨干网或它们的接入网就能真正做到足不出门便知天下事。利用 Internet 可以周游世界,获取最新信息,从事教育和受教育,甚至可以开展商业和金融活动。Internet 改变了人们的工作和生活方式,它为信息时代带来一场新的革命。各国都在制定以计算机网络为主要内容的信息产业发展规划,以期在 21 世纪在政治、经济和技术竞争中处于有利地位。

10.1.2　Internet 的主要功能

1. 漫游世界——WWW　WWW(World Wide Web,译作万维网或环球信息网等,也有不少人直接读作 3W) 最早由欧洲核子物理研究中心(CERN) 研制,是 Internet 上的一个非常重要的信息资源。它使用超文本技术,把许多专用计算机(WWW 服务器) 组成计算机网络。WWW 的每个服务器除了有许多信息供 Internet 用户浏览、查询外,还包括有指向其它 WWW 服务器的链接信息,通过这些信息用户可以自动转向其它 WWW 服务器,因此用户面对的是一个环球信息网。现在 WWW 已发展到包括数不清的文本和多媒体信息,可以说它是一个信息的海洋。

2. 电子邮件——E-mail　电子邮件(Electronic Mail,E-mail)是最常用的 Internet 资源之一。

用户可以使用 Internet 上的某台计算机(E-mail 服务器)收发电子邮件,该计算机上专门为用户收发电子邮件的地方叫电子信箱,每个用户的电子信箱都有一个 E-mail 地址。E-mail 地址由：＜用户名＞@＜计算机域名＞组成，如美国总统的 E-mail 地址是：president@whitehouse.gov。用户名中不能有空格。

E-mail 可以实现非文本邮件的数字化信息传送，不管是声音还是图像，甚至是电影电视节目，都可以数字化后用 E-mail 传送。

3. 搜索信息——搜索引擎　搜索引擎也是专用计算机，可以理解为存在于网上的一个非常大的数据库，库里收集了大量的信息，通过输入关键字（词）等方式，可为用户查找出相关的资料或链接信息。通过链接，形成一个全球性的信息查询网络。较著名的免费搜索引擎有百度、雅虎、Google 等。

4. 文件传输协议——FTP　文件传输协议（File Transfer Protocol，FTP）用在计算机之间传输各种格式的计算机文档。使用 FTP 可以交互式查看网上远程计算机上的文件目录，并与远程计算机交换文件。这些远程计算机通常称为 FTP 服务器，在 FTP 服务器上存有供复制（或叫下载）的应用程序或资料，也有一些 FTP 服务器还提供一定的磁盘空间供存储（或叫上传）程序或资料。FTP 方便了网络用户，促进了 Internet 的发展。

5. 网上交流——BBS、QQ 和博客　电子公告栏（Bulletin Board System，BBS）最早是运行 UNIX 操作系统的主机和主机终端组成的计算机系统，可以通过 Internet 仿真成 BBS 系统的一个终端从而读写 BBS 系统上的信息。最近建立在 WWW 服务器上的 BBS 发展很快，已发展为 BBS 的主流形式。每个 BBS 系统在管理员的组织下都有自己的特色，讨论某些方面的问题。

QQ 是深圳腾讯计算机系统有限公司开发的一款基于 Internet 的即时通信（IM）的聊天软件。腾讯 QQ 支持在线聊天、视频电话、点对点断点续传文件、共享文件、网络硬盘、自定义面板、QQ 邮箱等多种功能，并可与移动通信终端等多种通信方式相连。

博客（Blog，又译为网络日志、部落格或部落阁等）是一种通常由个人管理、不定期张贴新的文章的网站。博客上的文章通常根据张贴时间，以倒序方式由新到旧排列。许多博客专注在特定的课题上提供评论或新闻，其它则被作为比较个人的日记。一个典型的博客结合了文字、图像、其它博客或网站的链接及其它与主题相关的媒体。能够让读者以互动的方式留下意见，是许多博客的重要要素。大部分的博客内容以文字为主，仍有一些博客专注于艺术、摄影、视频、音乐、播客等各种主题。博客是社会媒体网络的一部分。

6. 资源共享——Telnet　Telnet（远程登录）是 Internet 上除了电子邮件和文件传输外提供的又一个基本服务。在 UNIX 操作系统中使用 telnet 或 rlogin 命令，只要对方允许，就可以登录到另一台 Internet 的计算机上，使用那台计算机的资源。这种服务像租赁服务一样，多数是有偿的，必须通过一定的手续取得对方同意才能登录。

7. 电子商务——E-Business　企业可以在 Internet 上设置自己的 Web 页面，通过页面，企业向客户、供应商、开发商和自己的雇员提供有价值的业务信息，从事买卖交易或各种服务，这就是所谓的电子商务。Internet 的可靠性和保密性是电子商务发展的前提，现在许多有实力的软件开发商正在积极开拓这方面市场，不久的将来 Internet 会成为全球经济一体化的主要技术支柱，成为经济交流的重要途径。

8. 电子政务　电子政务主要用于国家机关发布消息、政策，反馈公民意见，网上办公等，由于方便、快捷、高效，会很快地得到普及。

10.1.3 如何上网

上网要登记(注册),下网要注销。专门从事各种 Internet 服务代理工作的机构 ISP,有多台被称作服务器的计算机日夜为用户提供各种上网服务。对于一般用户,最简便的方式是利用微机通过普通电话线,使用调制解调器,采用拨号方式登录到 ISP 的服务器,再经过 ISP 的计算机入网或直接通过局域网的代理服务器入网。

1. PPP 方式电话拨号入网 点对点协议(Point To Point Protocol, PPP) 方式可以实现在串行线路上使用的 TCP/IP 协议的所有功能。用这种方法能把用户的微机赋予临时 IP 地址,临时变成连在 Internet 上的一台计算机。这样,既能使用自己微机上的软硬件,又可以直接使用 Internet 资源。

如果有了一台装有 Windows 2000/XP/Vista/7 等版本的操作系统的微机,在微机上加装了调制解调器,有一条可打外线的电话线并且在某 ISP 取得入网权,就可以随时拨号入网了。

2. 利用局域网代理服务器入网 在已建立校园网的大学里或内部网较大的单位,可以通过专门的高速通信线路进入 Internet。网上的某个服务器(计算机) 自动代理客户端用户与 Internet 打交道,通过代理服务器实现客户端用户与 Internet 互访。此种方式比拨号入网方式的工作效率高得多。在 Windows7 上可安装 Proxy 软件实现代理网上其他用户访问 Internet。目前发展迅速的无线上网方式就属于这种方式。

无线上网方式是近年来新兴起的一种互联网接入方式,由于其摆脱有线的束缚,使人们可在任何地点以任何方式移动上网,因此受到越来越多人的青睐,大有赶超有线上网之势头。目前国内应用比较成熟的无线上网技术主要有宽带无线接入系统、无线局域网。

10.2 如何使用 Internet Explorer 浏览器

通常把 Internet 提供服务的一端称为服务器,把访问 Internet 的一端称为客户端。客户端通过自己计算机上的应用程序访问 Internet 的各种服务器。现在有许多能在微机上使用的 Internet 客户端应用程序,浏览器程序以 Microsoft 公司的 Internet Explorer 6.0 (简称 IE8) 和 Netscape 公司的 Netscape Navigator 较为常用。利用它们可以在图形界面下进行网上世界漫游。下面以 IE8 为主介绍浏览器的使用方法。

Windows 7 桌面上有一个 Internet Explorer 图标,双击此图标可以启动 IE8 程序,如出现如图 10.1 所示的窗口。

10.2.1 IE8 工作窗口介绍

IE8 窗口具有 Windows 窗口的风格,它包括许多栏目,如图 10.2 所示。

1. 标题栏 在窗口的最上方显示当前正在使用的文档标题。

2. 菜单栏 以菜单方式提供所有可使用的 IE8 命令。

3. 工具栏 提供了对频繁使用菜单中的一些功能的快速访问。可以用“查看”菜单中的“工具”项把“标准按钮”、“地址栏”、“链接”等工具隐藏起来。

图 10.1　IE8 工作窗口

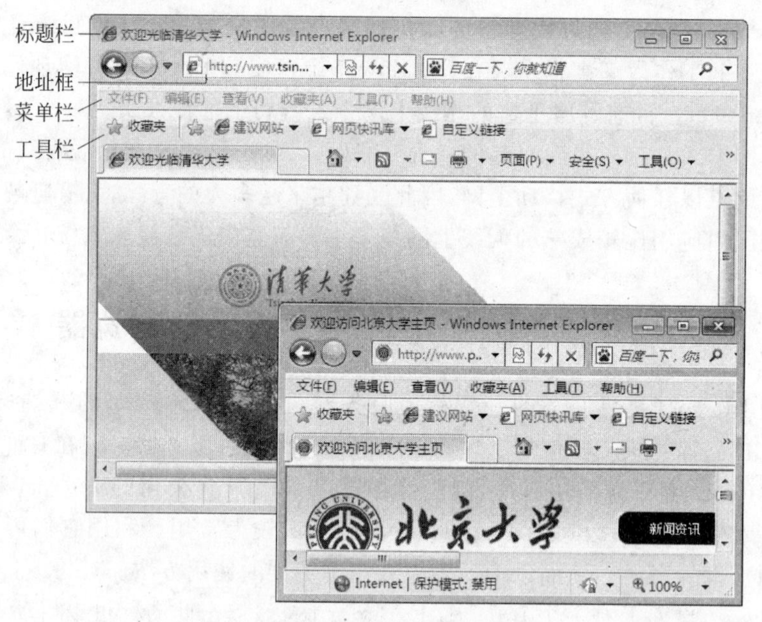

图 10.2　打开多个 IE8 窗口

4. 地址框　Internet 上的每一个信息页都有它自己的地址，称为统一资源定位符(Uniform Resource Locator，URL)。可以在地址框中输入某已知地址，然后按 Enter 键就可以显示该地址对应的页面。使用上一页或下一页按钮，可以在已查看过的页之间前后切换。要阅览最近查看过的部分页的记录，可显示历史记录表。要再次查看其中的某一页，可以从列表中选择该页。可以把感兴趣的页添加到个人收藏夹列表中，以便日后能再次查阅。URL 的一般形式是：

<URL 的访问方式>://<主机>:<端口>/<路径>。

其中，＜URL 的访问方式＞最常用的有三种方式：ftp(文件传送协议)、http(超文本传送协议)和 news(USENET 新闻)。＜主机＞是必需的，＜端口＞和＜路径＞有时可以省略。

当在地址框中输入 IP 地址并按 Enter 键后，IE8 将根据地址访问指定的 WWW 服务器。

5. 文档显示窗口 它是 IE8 用来显示文档或称 Web 页的窗口。单击"文件"菜单里的"新建|窗口"项可以打开新的窗口(参见图 10.2)。可同时打开多个文档窗口并在每个窗口中独立操作。例如，可在一个窗口中阅读文档，而在其它窗口下载文件，这样能提高传输线路的利用率。

某 WWW 服务器提供的第一个信息页面称为主页，其它页面称为一般的 Web 页面。图 10.2 中显示的是清华大学和北京大学的主页。

6. 状态栏 在窗口的左下角是状态栏，显示文件载入时的状态信息。鼠标指针放在某个链接上时，状态栏上将显示与此链接相关联的地址。鼠标指针放在工具栏中的某个按钮上时，按钮的功能会显示在状态栏上。

10.2.2 浏览网页

1. 什么是超级链接 超级链接是"超文本链接"的缩略语，通过单击超级链接点，可以迅速从服务器的某一页转到另一页也可以转到其它服务器页。表示超级链接点的信息可以是带有下划线的文字或图像，甚至是动画。由于页面上的内容经常更新，实际看到的画面与本书中的画面可能有所不同。

利用 IE8 软件浏览 Web 页面非常简单，只要知道要浏览的网页地址，通过在地址框中输入 http 协议和域名地址或输入 IP 地址，然后按回车键即可。另一种方法是：单击文件菜单上的打开命令，输入地址后再单击"确定"按钮也可以显示页面内容。

2. 利用超级链接浏览 WWW 在 IE8 的地址框里输入地址，如北京大学网址：http://www.pku.edu.cn，然后按 Enter 键，工作窗口中开始下载其主页，如图 10.3 所示。

图 10.3 北京大学主页

当移动鼠标指针到“新闻资讯”上，此时鼠标指针变成手掌形，单击后会显示更多的信息。也可继续单击其它超级链接。

从以上的操作可以体会到，在 Web 页面上除了有文字、图像外，还有许多链接到本 WWW 服务器或别的 WWW 服务器页面的信息点，这就是超级链接点。只要移动鼠标到某处，鼠标指针变成手掌形，此处就是超级链接点，单击就可以转移到新的页面。

10.2.3 收藏夹的使用和管理

如果想把页面文件保留到硬盘上以便日后阅读，可以利用个人收藏夹列表保留下来，以形成一份频繁使用的节点、网页等的清单。

1. 如何把整个页面保存到收藏夹 可以把“收藏夹”理解成 IE8 为用户准备的专门存放常用页面的文件夹，把当前浏览的页面保存到收藏夹后，脱机（未联网或称下网状态）状态，也可以重新显示这个页面。操作步骤：

（1）添加到个人收藏夹中的页 当浏览到某个需要的页面后，在“收藏”菜单中，单击“添加到收藏夹”命令，如图 10.4 所示，以默认的名称(或输入页的新名称）保存。

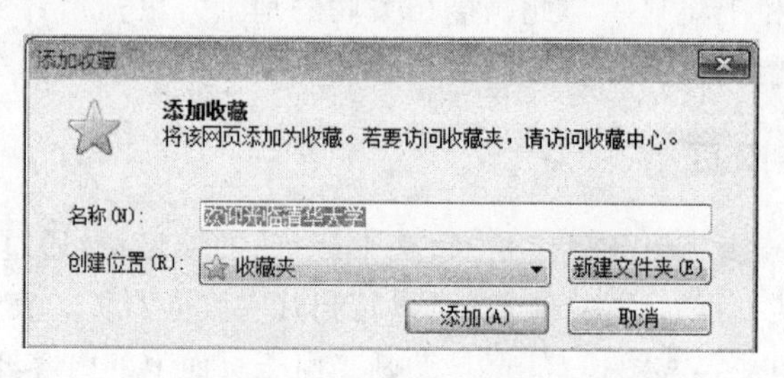

图 10.4 添加到个人收藏夹

（2）把某一页存储到指定的文件夹中 在“添加到收藏夹”对话框中单击“创建位置”，弹出如图 10.5 所示的对话框，选择已有文件夹。

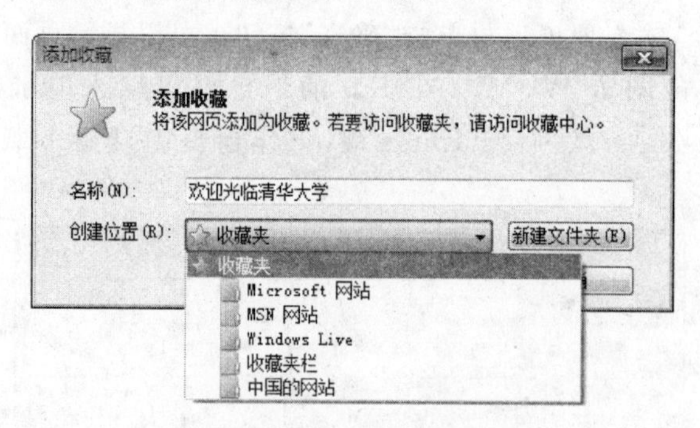

图 10.5 选择已有文件夹

如果要放在新建文件夹中，单击“新建文件夹”按钮，建立新文件夹。

2. 如何显示收藏夹中的页面 在联机(上网状态）或脱机(下网状态）时要打开个人收藏夹中的页面，可单击工具栏上的“收藏”按钮，在弹出的“收藏夹”窗口中，单击已被收藏页面文件名，如已收藏过的“欢迎光临清华大学”，即可在窗口里显示该页面。图 10.6 所示为被收藏的“欢迎光临清华大学”页面已。

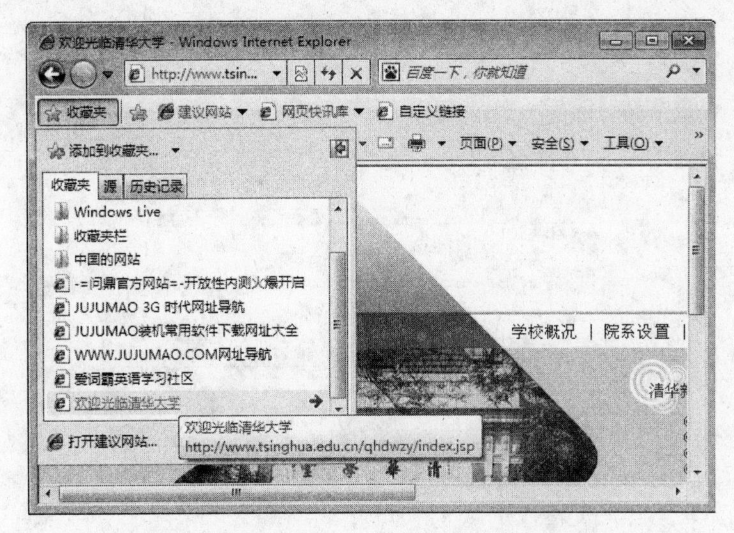

图 10.6　已被收藏了的“欢迎光临清华大学”页面

3. 如何整理个人收藏夹　可以按照自己的需要把收藏夹列表分类整理成一个个文件夹。操作步骤：

(1) 在“收藏夹”菜单上，单击“整理收藏夹”，弹出如图 10.7 所示的对话框。

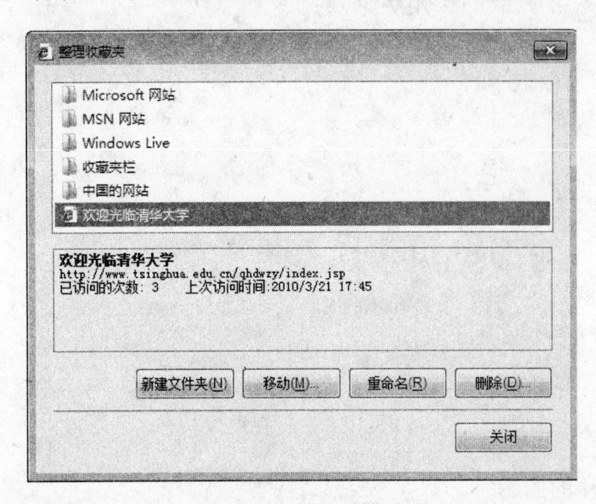

图 10.7　整理收藏夹

(2) 用鼠标拖动文件到已有的文件夹中。

(3) 或按照提示，单击“新建文件夹”按钮，在弹出的对话框(如图 10.8 所示) 中输入文件夹名称，然后按 Enter 键。

(4) 单击“关闭”按钮完成。

4. 如何复制保存网页中的文本　可以只把当前页中的文本(不是图形文字) 复制到 Windows 文档文件中。操作步骤：

(1) 用鼠标选择要复制的文字(呈高亮反白。若要复制网页上所有文字可单击“编辑|全选”或使用 Ctrl ＋ A 键。)

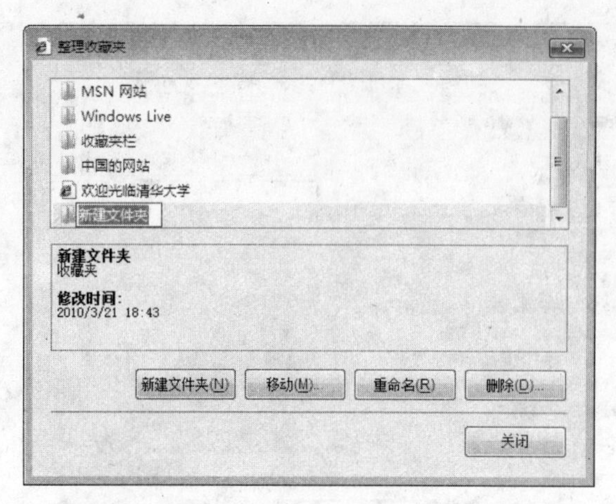

图 10.8　建立新文件夹

(2) 单击“编辑|复制”。

(3) 利用 Windows 文字编辑软件记事本或 Office 的 Word,单击“编辑|粘贴”,再保存文件(也可以在“文件”菜单上单击“另存为”,指定所保存文件的名称和位置)。

5. 如何保存网页中的内嵌图片　可用以下方法只保存页面上的某个图片,如图 10.9 所示的北京大学图片。一般的操作步骤是:

图 10.9　保存图像

(1) 右击要保存的图像。

(2) 从弹出的菜单中,单击“图片另存为”按钮。

(3) 在弹出的“另存为”对话框中,输入或选定文件名和位置后单击“保存”按钮。

10.3　文件的下载和上传

利用搜索引擎可以找到需要的文本、程序或声音、图像等信息,并能把这些信息复制到自己的计算机上。有时并不能直接通过链接得到所需的信息,因为这些链接仅仅表明在某 FTP 服务器上存在相关的软件,并且这些链接信息可能已经过时(如该 FTP 服务器已经删除了该软件,而该链接信息却没有及时更新)。这时就要用另一种办法下载文件,这就是文件传输协议 FTP。

在 Internet 上有许多专门提供文件服务的计算机叫 FTP 文件服务器。其磁盘上装有大量有偿或无偿使用的软件或文件供用户下载(Download)。无偿使用的软件有两种，一种叫共享软件(Shareware)，一般有一定的使用期限，作者保留版权；另一种叫自由软件(Freeware)，作者无条件奉献给大家作为非商业目的使用。用户利用 ftp 协议可以从某 FTP 服务器下载需要的文件。如果对方允许，也可以利用 ftp 协议把自己计算机上的程序或文件上传(Upload) 到某服务器上。在 FTP 服务器上，免费软件经常放在 pub 目录中，可上载文件的目录名一般叫做 incoming。

10.3.1 下载文件的方法

上网后，可以利用浏览器软件下载文件，也可以利用专门的下载软件下载文件。

1. 利用浏览器 IE8 下载 如果已经执行了 IE8 程序，由于 IE8 支持 FTP 协议，只要在地址框里输入 ftp://＜FTP 服务器域名＞＜回车＞即可。

【例 10.1】 下载北京大学 FTP 文件服务器上的软件。一般的操作步骤是：

① 在 IE8 的地址框里输入要下载文件所在的服务器名称 ftp://ftp. pku. edu. cn/，按回车键后，程序开始查找要访问的文件服务器。

② 当正确连接到要访问的文件服务器后，屏幕出现此服务器的根目录(如图 10.10 所示)，不同服务器根目录不一定相同。

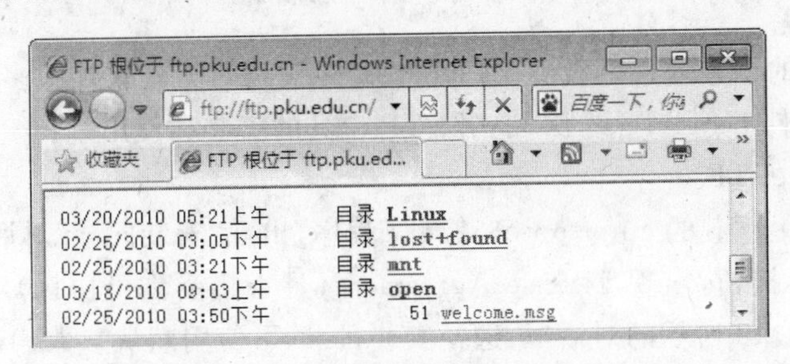

图 10.10 北京大学文件服务器根目录

③ 一般在 open 子目录中存有可免费下载的常用软件，单击 pub 子目录显示该目录(如图 10.11 所示)。

【例 10.2】 许多网站在自己的浏览页面上链接一些常用的程序或文件供用户下载。直接从页面下载的操作步骤是：

① 在 IE8 地址框中输入网站地址，如 http://dl. pconline. com. cn/，按回车键后，会出现太平洋电脑网的下载页面，如图 10.12 所示，找到要下载的文件名称，如“迅雷”，右击文件名，在弹出的快捷菜单中，单击“目标另存为”。

② 稍候继续弹出“另存为”窗口，选择本地磁盘上保存下载文件的目录和文件名，然后单击“保存”按钮，完成文件下载。

③ 如果网站提供的不是程序，则可能需要多次单击相应的链接。例如，本例中需要先后点击“本地高速下载”和“本地网通” 两个链接，才可下载文件 Thunder5. 9. 17. 1334. exe(迅雷)。

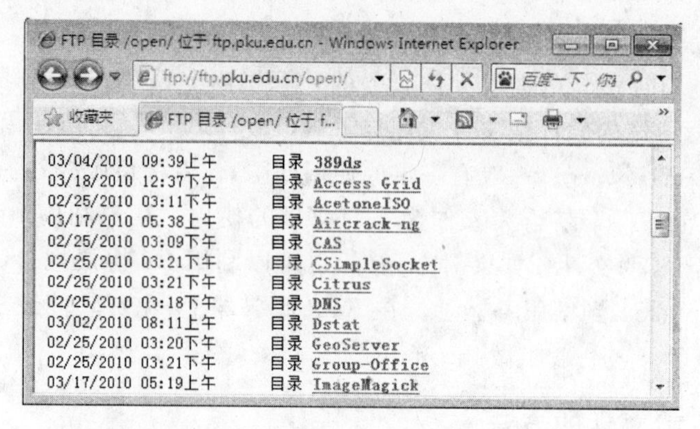

图 10.11　open 子目录

图 10.12　文件下载窗口

2. 利用专门的工具软件下载　专门用作文件下载的工具软件很多。下面以上面下载的 FTP 工具软件 CuteFTP 为例，说明 FTP 工具的安装和使用过程。

(1) 安装 CuteFTP。

① 双击磁盘上下载的 cuteftppro832. exe 程序，出现"安装向导"对话框。

② 单击 next 按钮，出现 License Agreement(是否接受许可协议)对话框，单击 Yes 按钮，弹出如图 10.13 所示的对话框，选择安装目录，可使用默认参数。

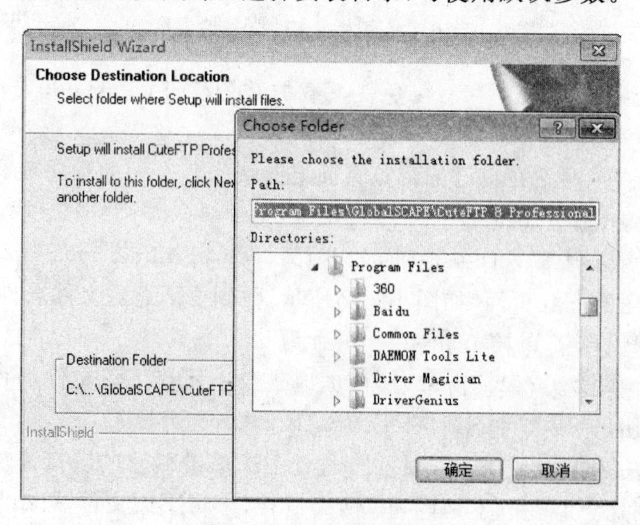

图 10.13　选择安装目录

③ 单击 Next 按钮，弹出如图 10.14 所示的对话框，选择“Custom”(用户自定义安装)选项。

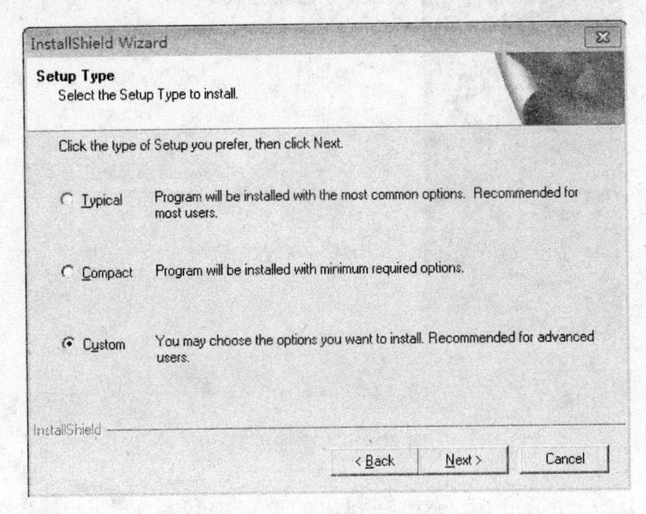

图 10.14 选择安装类型

④ 单击 Next 按钮，弹出如图 10.15 所示的对话框开始安装。

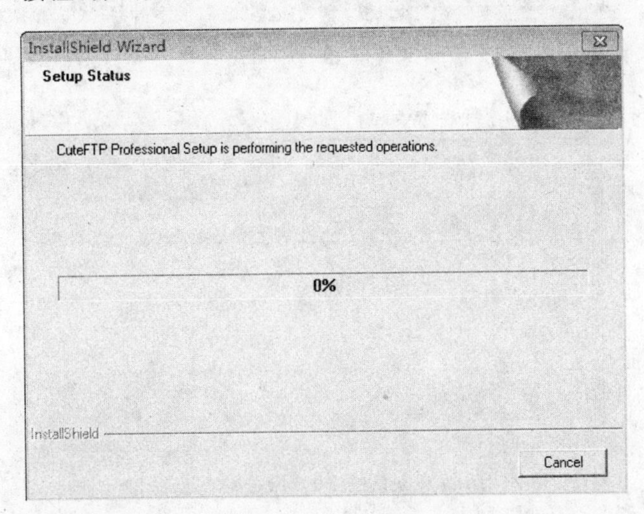

图 10.15 安装过程

⑤ 安装完毕后弹出如图 10.16 所示的对话框，单击 Finish 按钮，完成全部安装过程。

(2) 使用 CuteFTP 下载文件。

【例 10.3】 利用 CuteFTP 从北京大学 FTP 站点下载文件。

① 选择“开始|所有程序|GlobalSCAPE|CuteFTP 8 Professional”命令或进入 CuteFTP 安装的目录，默认为“C:\Program Files\GlobalSCAPE”，该目录下有一个名为 cuteftppro.exe 的可执行文件，右击文件名，在弹出的快捷菜单中选择“发送到|桌面快捷方式”命令。

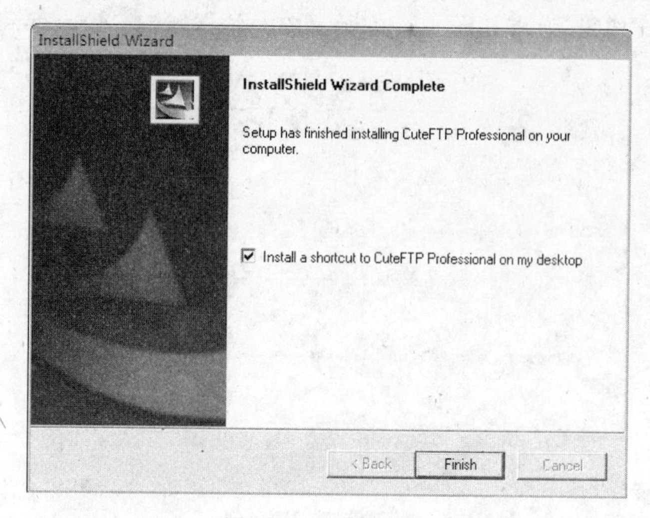

图 10.16 完成安装

② 双击桌面上的 cuteftppro. exe,在弹出的窗口中包括了默认的 FTP 服务器站点和 FTP 窗口,如图 10.17 所示。

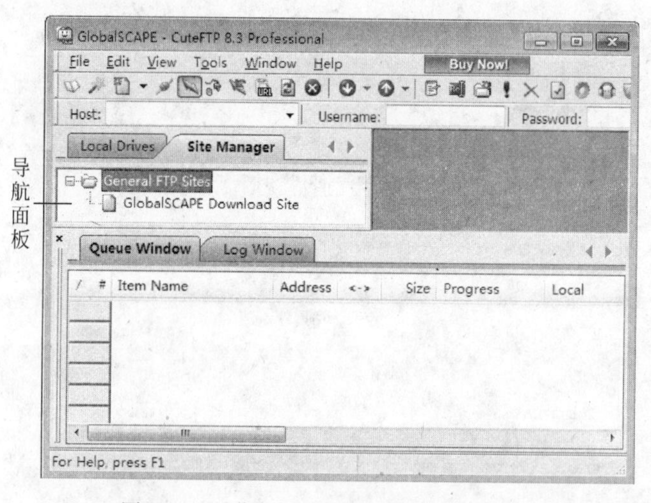

图 10.17 默认的 FTP 服务器站点窗口

③ 选择 Navigation Pane(导航面板)中的 Site Manager,右击 General FTP Sites 文件夹,选择"New|FTP Site"命令,弹出 Site Properties for 对话框,如图 10.18 所示。

④ 在弹出的对话框中,Label(标号)处可输入任意代号,如用 PKU 代表北京大学。Host Address(主机地址)处可输入该 FTP 服务器地址,如北京大学 FTP 服务器地址"ftp. pku. edu. cn"。其它选项参考图 10.18。

⑤ 单击 Connect(连接)按钮进行连接。

⑥ 开始自动登录,显示如图 10.19 所示的文件传输窗口。

在这个窗口里分为 4 个小窗口,左侧的窗口是 Navigation Pane(导航面板),用来显示本地机磁盘目录和管理 FTP 站点;右上的窗口是已登录的远程服务器磁盘目录;右下

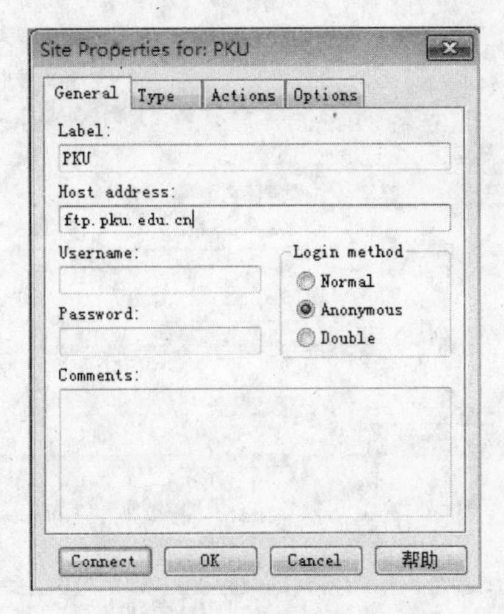

图 10.18　增加新站点

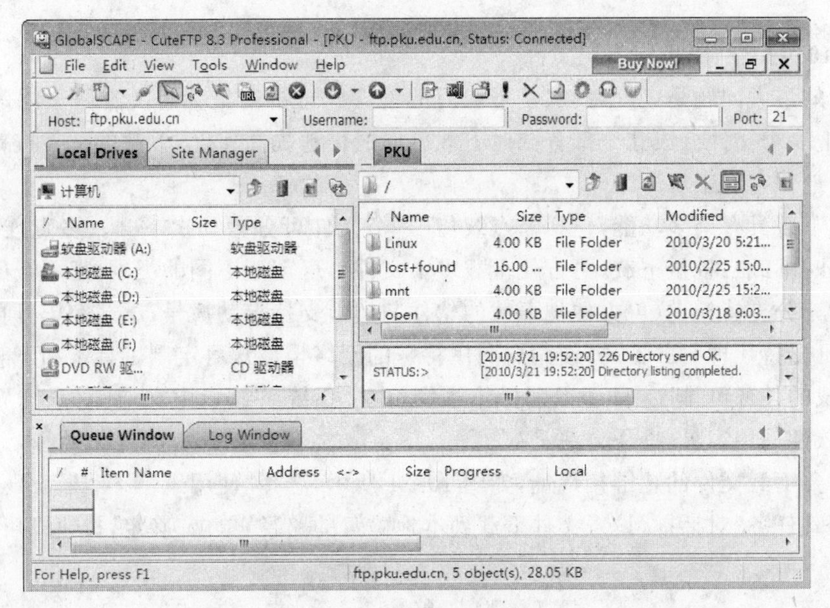

图 10.19　文件传输窗口

的窗口是 Log View，不断显示工作命令；下面的窗口是 Queue Pane（队列面板），用来显示文件下载的进度信息和文件的详细情况。

单击导航面板下的 Local Drivers，选择下载文件的本地存放目录。右击要下载的文件名，如“open|ftp|vsftpd-2.2.2.tar.gz”，选择 Download 命令（或类似使用 Windows 资源管理器，从右边窗口的文件目录中拖动文件到左边窗口目录中），开始下载。下载完成后，左边本地磁盘目录中增加了该文件名，如图 10.20 所示。

3. 使用其它搜索、下载工具　常见的有迅雷、网际快车，许多网站上都有共享版本的搜索、下载工具软件，可下载安装后使用。

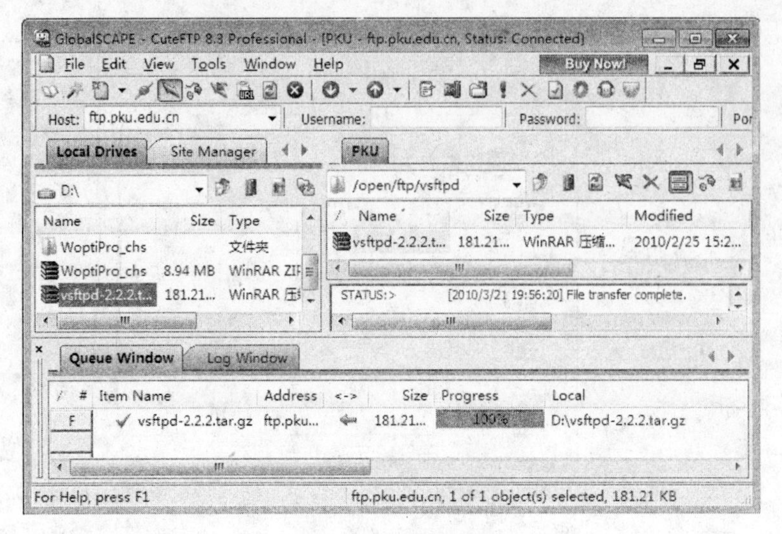

图 10.20　下载文件

【例 10.4】 利用迅雷下载文件。

下载的最大问题是速度,其次是下载后的管理。迅雷就是为解决这两个问题所编写的,通过把一个文件分成几个部分同时下载可以成倍地提高速度,下载的文件按树状结构分门别类地保存起来。

迅雷下载具有诸多功能,包括断点续传(一个文件可分为几次下载)、多点连接(将文件分块同时下载)、批量下载(可方便下载多个文件),可创建不同的类别(把下载的软件分类存放),充分支持拖曳(可方便把下载的软件归类),支持自动拨号,下载完毕可自动挂断和关机,可支持代理服务器(方便用户利用特殊的网络渠道),可定制工具条和下载信息的显示,下载的任务可排序,自动识别操作系统(中文系统下显示中文,其它系统界面为英文)。该软件使用容易,操作方法是:

右击要下载文件的超链接地址,如图 10.21 所示,选择“使用迅雷下载”命令,弹出“添加新的下载任务”对话框,设置文件下载到本地磁盘的路径,单击“确定”按钮即可。

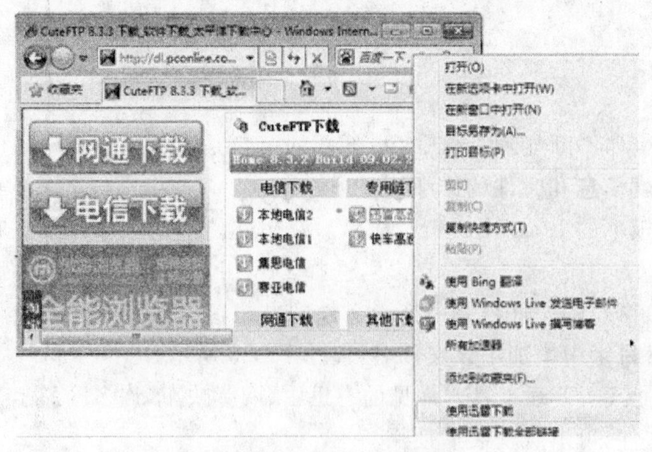

图 10.21　迅雷下载页面

10.3.2 文件的上传

许多 FTP 站点还允许用户把文件上传到它的服务器上，特别是在学校或企业内部局域网内，经常设有公共的网络存储空间。利用 CuteFTP 就可以把文件上传。一般的操作步骤是：

打开 ftp.pku.edu.cn 站点，选择本机磁盘目录下的任一文件，右击 Upload 按钮，如图 10.22 所示。如果用户具有上传权限，则上传成功，否则会提示失败。

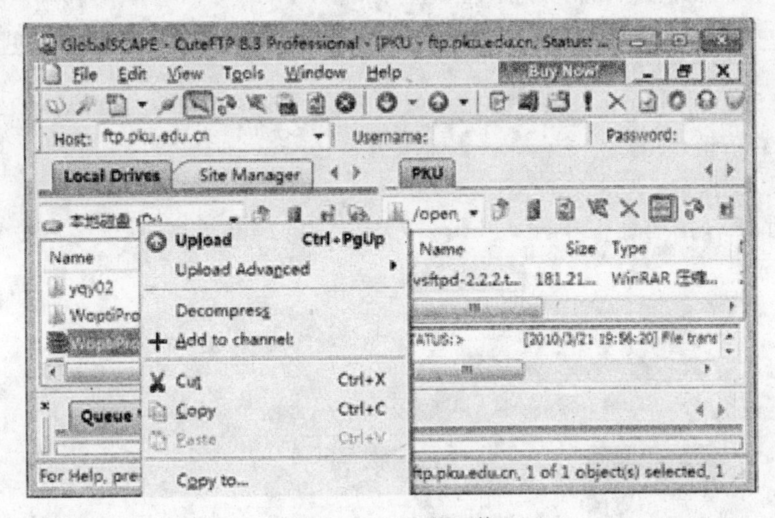

图 10.22　文件上传

10.4 电子邮件 E-mail

收发电子邮件是 Internet 提供的最普通、最常用的服务之一。通过 Internet 可以和网上的任何人交换电子邮件。

目前，用户可在网易、新浪、搜狐等门户网站申请到免费电子邮箱。当用户申请到电子邮箱之后，可通过设置 Windows Live Mail 或其它电子邮件程序完成收发电子邮件工作，以提高工作效率。

10.4.1 申请和使用免费电子信箱

电子邮箱有收费和免费两种服务方式。目前国内外仍有很多站点提供免费的电子信箱服务。不管从哪个 ISP 上网，只要能访问这些站点的免费电子信箱服务网页，用户就可以免费建立并使用自己的电子信箱。要使用这些站点上的电子信箱时，首先使用浏览器进入主页，登录后，在 Web 页上收发电子邮件，也即所谓的在线电子邮件收发。

1. 部分免费电子信箱服务站点　表 10.1 所示是部分提供免费电子邮件的服务站点。

2. 建立信箱的方法　不同的服务器，建信箱的方法也略有不同。

表 10.1 部分中文免费电子邮件服务站点

地址	名称
http://www.126.com/	网易免费邮箱
http://mail.163.com/	网易免费邮箱
http://mail.sohu.com/	搜狐免费邮箱
http://mail.sina.com.cn/	新浪免费邮箱
http://cn.mail.yahoo.com/	雅虎免费邮箱
http://freemail.china.com/extend/gb/default.htm	中华网免费邮箱
http://mail.21cn.com/	21cn 免费邮箱

【例 10.5】 利用 http 协议访问搜狐免费邮箱，在域名为 http://www.126.com/的服务器上建立信箱。

① 连接入网。

② 启动 IE8，在地址框中输入 http://www.126.com/，按回车键后进入主页，如图 10.23 所示。

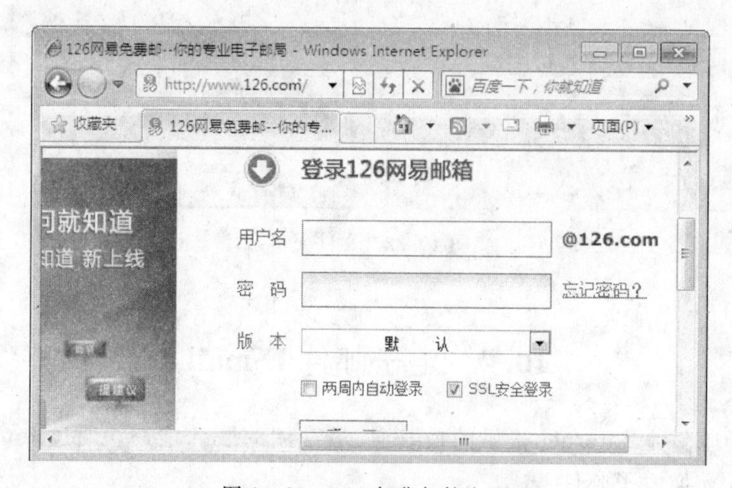

图 10.23 126 免费邮箱主页

③ 申请免费 E-mail 信箱。单击页面中的“立即注册”按钮，出现如图 10.24 所示的页面，要求用户输入注册邮箱的用户名。

④ 在文本框中输入一个用户名，单击“检测”按钮，出现如图 10.25 所示的注册页面。

如果没出现上述页面，右边出现“用户名已经存在”的提示，很可能出现重名，此时，需要再换个用户名。

⑤ 按说明填表单，带“*”的都是必填项，最后输入验证码后单击“创建账号”按钮，再次输入验证码后单击“确认”，显示图 10.26 所示的注册成功页面。用户也可以直接单击“进入邮箱”按钮进入邮箱。

3. 免费电子信箱的使用

(1) 进入在线邮箱。

① 返回到图 10.23 所示的页面，输入邮件账号和密码之后，单击“登录”按钮，会出现

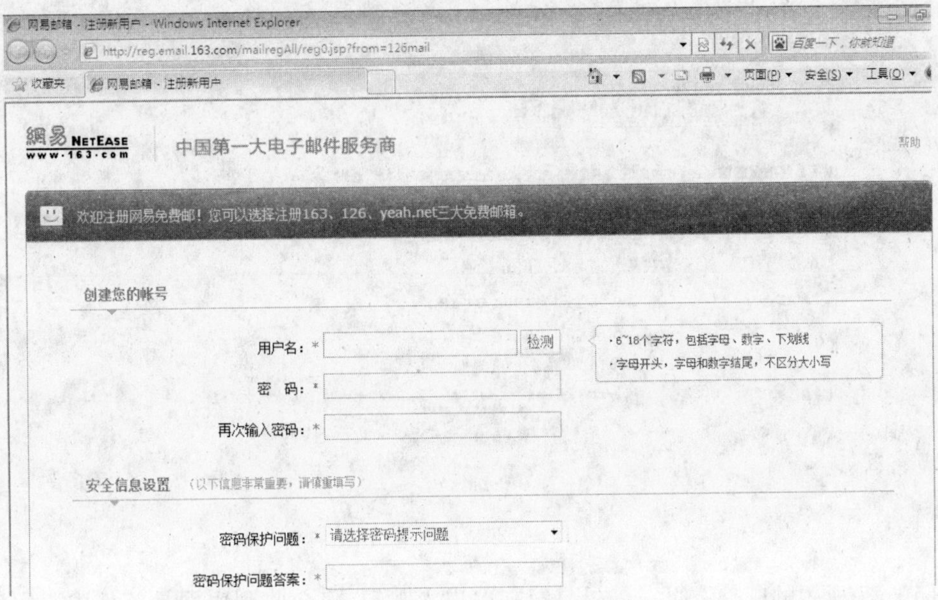

网易邮箱 - 注册新用户 - Windows Internet Explorer

http://reg.email.163.com/mailregAll/reg0.jsp?from=126mail

百度一下，你就知道

收藏夹　网易邮箱 - 注册新用户

页面(P)　安全(S)　工具(O)

网易 NETEASE www.163.com 中国第一大电子邮件服务商 帮助

欢迎注册网易免费邮！您可以选择注册163、126、yeah.net三大免费邮箱。

创建您的帐号

用户名：* 检测

·6~18个字符，包括字母、数字、下划线
·字母开头，字母和数字结尾，不区分大小写

密　码：*

再次输入密码：*

安全信息设置 （以下信息非常重要，请慎重填写）

密码保护问题：* 请选择密码提示问题

密码保护问题答案：*

图 10.24　输入注册邮箱的用户名

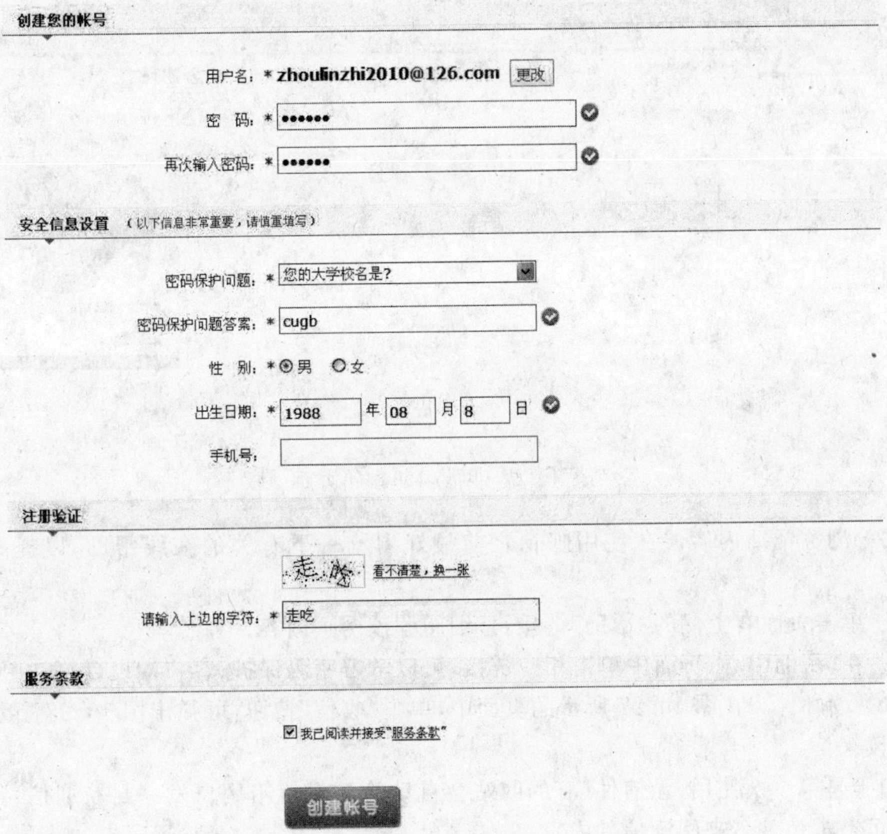

创建您的帐号

用户名：* zhoulinzhi2010@126.com 更改

密　码：* ••••••

再次输入密码：* ••••••

安全信息设置 （以下信息非常重要，请慎重填写）

密码保护问题：* 您的大学校名是?

密码保护问题答案：* cugb

性　别：* ⊙男 ○女

出生日期：* 1988 年 08 月 8 日

手机号：

注册验证

看不清楚，换一张

请输入上边的字符：* 走吃

服务条款

☑我已阅读并接受"服务条款"

创建帐号

图 10.25　注册主页面

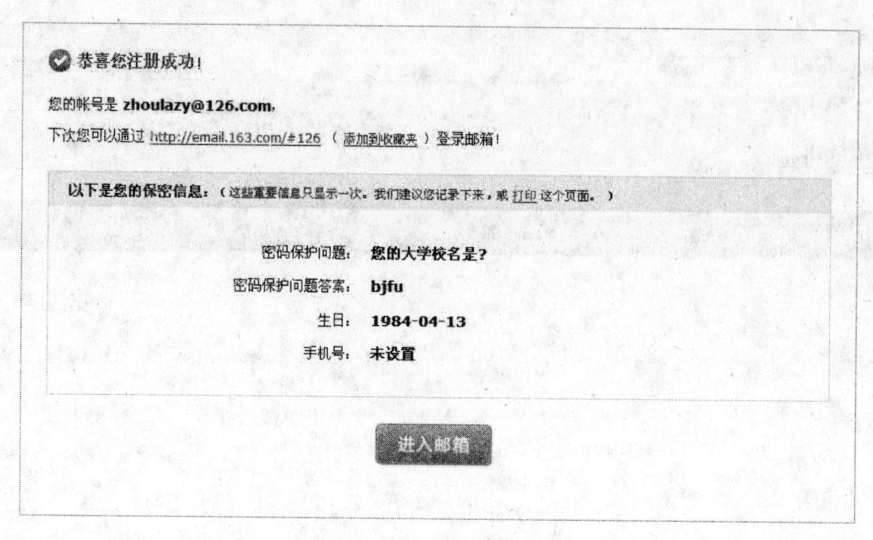

图 10.26　注册成功

如图 10.27 所示的邮件主页。如果是第一次进入邮箱，将会收到由网易邮件中心发送的邮件“网易邮箱最新功能使用指引”。

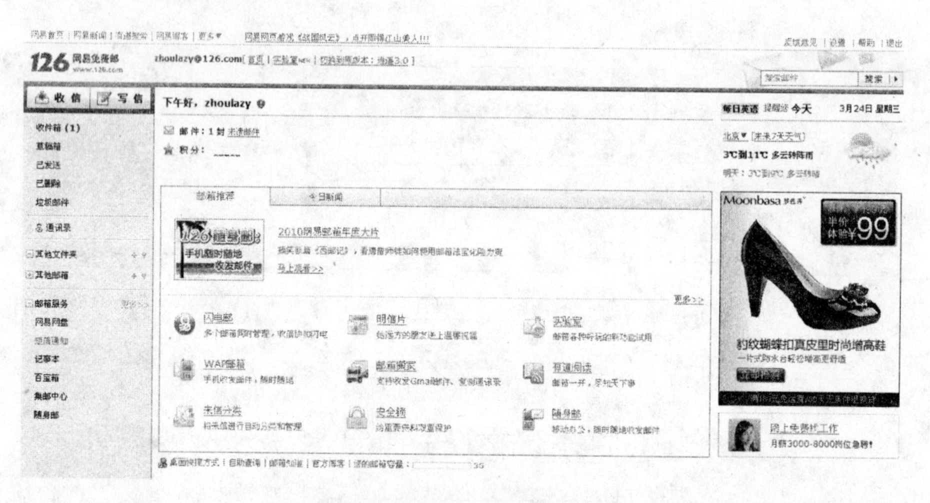

图 10.27　网易 126 邮箱页面

(2) 浏览帮助内容。在使用邮箱之前最好浏览一下有关的在线帮助，以提高使用水平。

① 单击页面右上侧的“帮助”链接，仔细阅读该网页内容。

② 在“帮助中心”页面中单击相应链接，可以学习密码保护、客户端设置等常用功能。

(3) 读邮件。在图 10.27 所示的页面中，单击“收信”按钮，可弹出图 10.28 所示的页面，阅读来信。

由于是第一次使用，无信件(有的网站会自动给新建信箱用户发一封欢迎信)。若有信件，可点击信件名来阅读信件内容。

(4) 发信。单击“写信” 按钮，可弹出如图 10.29 所示的写信发信页面。单击页面上

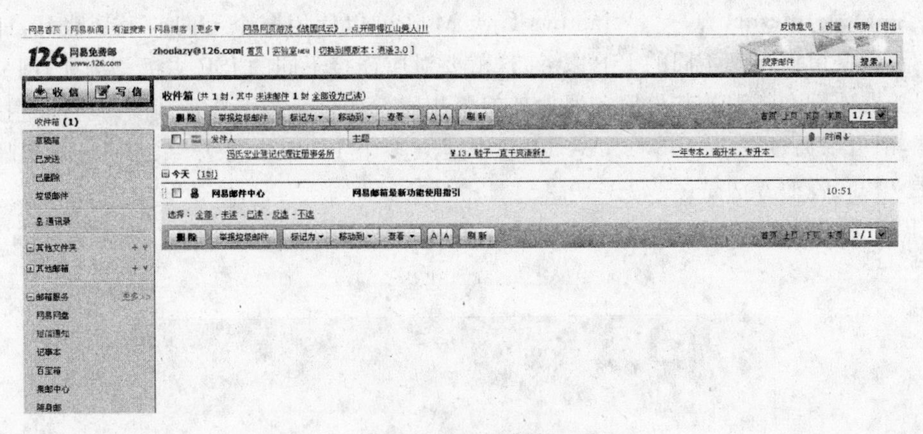

图 10.28 读邮件

各种工具按钮可执行各种功能。可利用此免费的电子信箱给自己发一封信,检查能否收到信件。

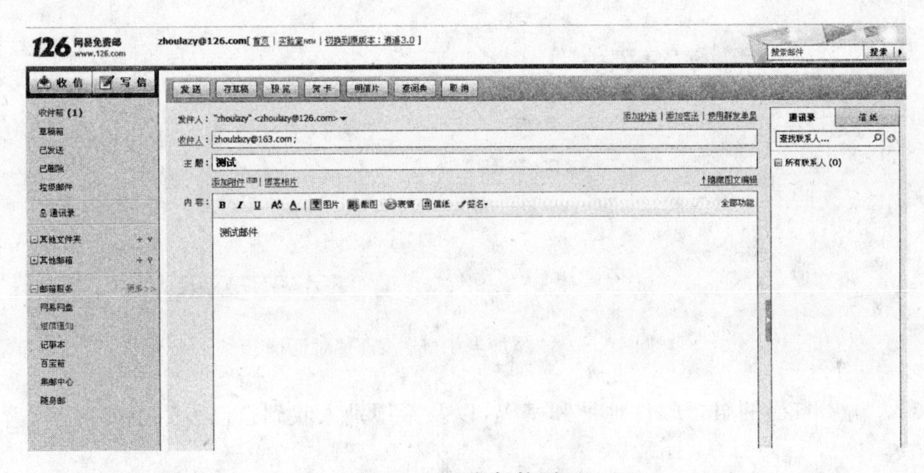

图 10.29 发邮件页面

注意:*此时收件人地址应为“用户名@域名”,如 zhoulzlazy@163.com。则表示给 zhoulzlazy@163.com 发信。同时可以在右侧通讯录中选择收件人。*

单击“发送”按钮发出。

(5) 邮箱配置。如果不满意默认的邮箱配置,可以单击“设置”超级链接,根据该页面的说明进行相应的设置。

10.4.2 电子邮件软件 Windows Live Mail 的使用

邮件客户端软件使得用户收发电子邮件时不必进入在线邮箱。通过对 Windows Live Mail 进行适当的配置,可方便地完成电子邮件的收发工作,从而大大地提高工作效率。

Windows 7 中常用的电子邮件软件是 Windows Live Mail,其它电子邮件软件的使用方法与它有许多类似之处。

1. 建立 Internet 账户　Windows Live Mail 可以使用多个不同的 ISP 账号，即利用同一台微机可以得到不同的 ISP 服务，这就要对应连接不同的 ISP 主机。例如，网易的邮件服务器地址和新浪的邮件服务器地址就不相同。如果要想不登录其网站就能直接收发信件，则可以通过在 Windows Live Mail 中建立多个 Internet 账户来对应不同的邮件服务器。其配置的方法是：

(1) 在首次启动 Windows Live Mail 程序时，需要配置电子邮件账户，如图 10.30 所示。

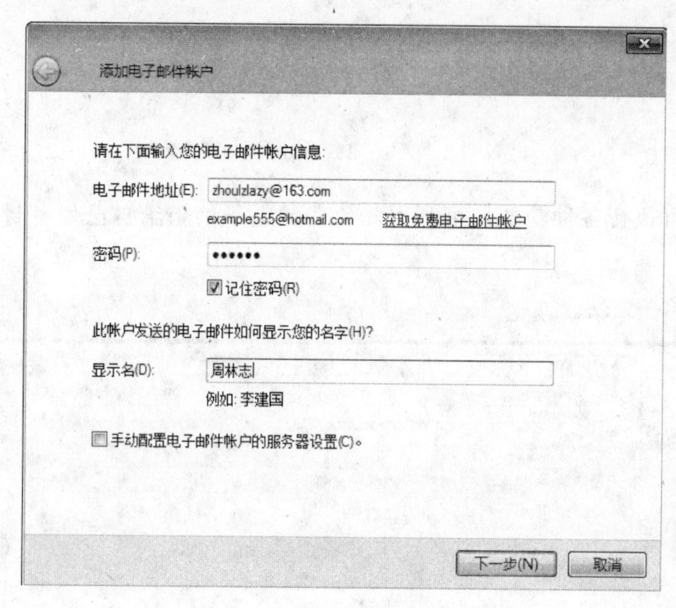

图 10.30　"添加电子邮件账户"对话框

(2) 输入自己的电子邮件地址和密码，以及希望别人收到自己发送的邮件后，看到自己的"姓名"。

(3) 通常情况下，软件可以自动检测出几乎所有邮箱地址对应的配置信息，并自动完成配置工作。但是如果由于某些原因没能正常检测，则选中"手动配置电子邮件账户的服务器设置"复选项，单击"下一步"按钮。

(4) 随后只需要单击"完成"按钮，即可完成账户的创建工作。

2. 阅读邮件

(1) 进入 Windows Live Mail 窗口　在"开始|所有程序|Windows Live"目录下找到 Windows Live Mail 菜单并单击，则可以看到 Mail 程序的主界面(参见图 10.31)。供收发电子邮件使用的文件夹有"收件箱"、"草稿"、"已发送邮件"、"垃圾邮件"和"已删除邮件"。

(2) 设置窗口风格　可以通过"查看|布局"菜单的设置改变显示窗口的风格。图 10.31 所示是"阅读窗格"风格。这是一个观察收到来信的窗口，除了有菜单栏、工具栏外，它还包括三个可改变大小的窗口。左侧是导航窗口，中间是邮件列表窗口，右侧是邮件内容窗口。

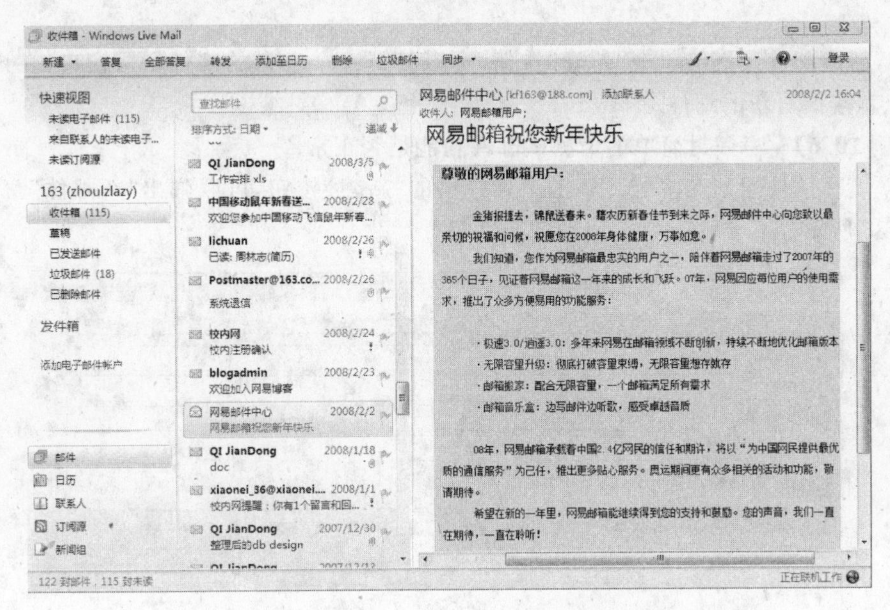

图 10.31　Windows Live Mail 程序的主界面

(3) 发送/接收邮件　单击工具栏中的“同步”按钮，则邮件列表窗口会添加显示所有账户新收到的邮件信息，或单击工具栏中“同步”右侧的下三角按钮，选择接收邮件账户，如图 10.32 所示，则文件目录窗口会添加显示当前账户新收到的邮件信息。

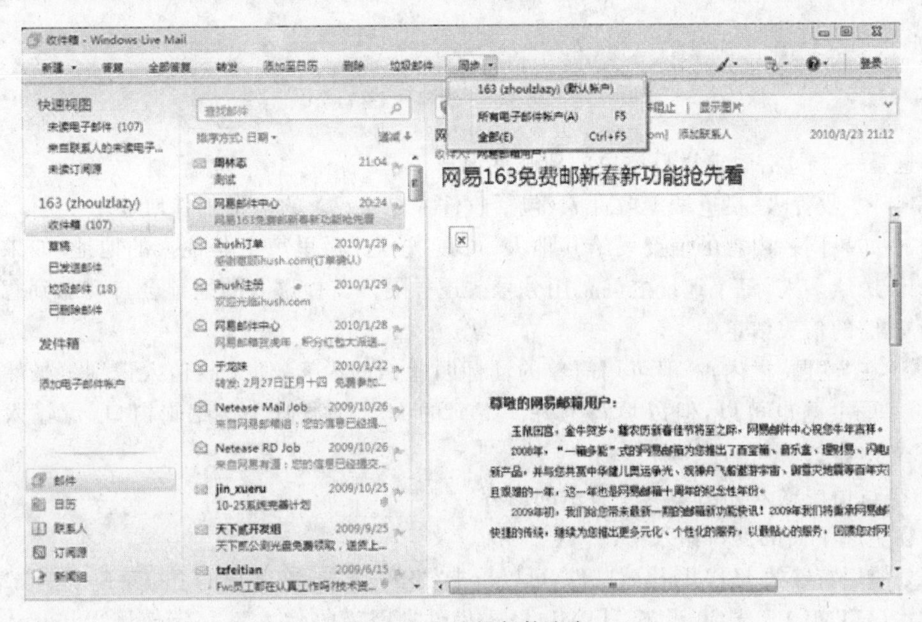

图 10.32　选择邮件账户

(4) 阅读来信内容　单击“收件箱”，再单击某一封邮件，则在右侧窗口显示来信内容。可移动滚动条或扩大窗口观察全文。

注意：若未入网，此时看到的只是以前收到的信，不包括尚未下载的服务器信箱中的信。

3. 新建邮件 直接单击“新建”按钮,可以打开一个空白的邮件撰写窗口,在该窗口中可以直接撰写新的邮件。

【例 10.6】 写一封简单的信测试邮件功能是否正常。

① 填写信件地址及主题。单击工具栏里的“新建”按钮,可以弹出“新邮件”窗口,如图 10.33 所示。

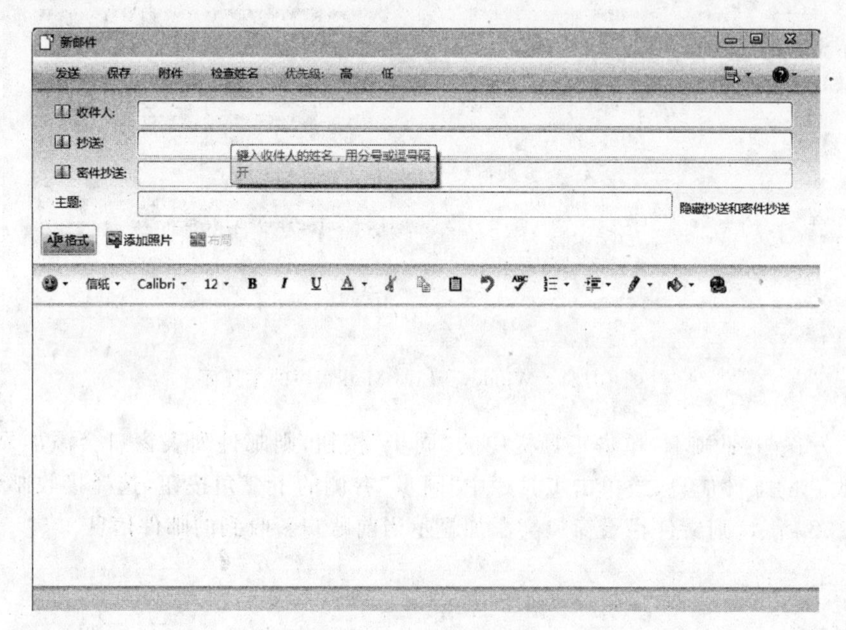

图 10.33 “新邮件”窗口

这是一个包括固定栏目空白的新邮件窗口。

- 在“收件人”栏里填上收件人(包括收件人是自己)的电子邮件地址。
- 如果同一内容的信要发给其他人,可在“抄送”栏里填上其他人的地址,如果是抄送给多人,每个地址之间要用分号或逗号隔开。抄送人的地址会自动加到每一封信的信头信息中。
- 在“主题”栏内,一般可用简单的词标明此信的内容,便于收信人识别。虽然不填写主题也可以,但以填写为好。下面的大空框类似文字编辑窗口,可输入信件内容。

② 写信。输入如图 10.34 所示的内容。

在主题下面的窗口输入信件内容。

要使用特殊的 HTML 格式邮件,可以单击“格式”菜单,在弹出的下拉菜单中单击“多信息文本(HTML)”选项,设置 HTML 格式信件。因为收信人不一定使用 Windows Live Mail,所以在其它邮件软件下可能无法正确显示你发送的 HTML 格式信件。

③ 发信。信写好后,单击工具里的“发送”按钮,如果已上网则会立刻发送,如未上网则自动把信先存到待发的文件夹“发件箱”中,用户可继续写其它信。直到把所有要发的信都存到发件箱里,如图 10.35 所示,待上网后再一起发送。

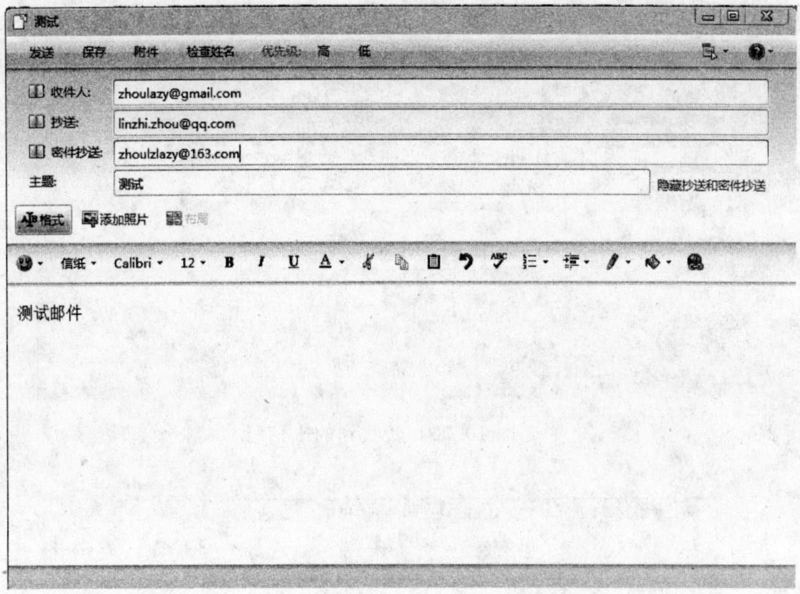

图 10.34　在文字编辑窗口中输入信件内容

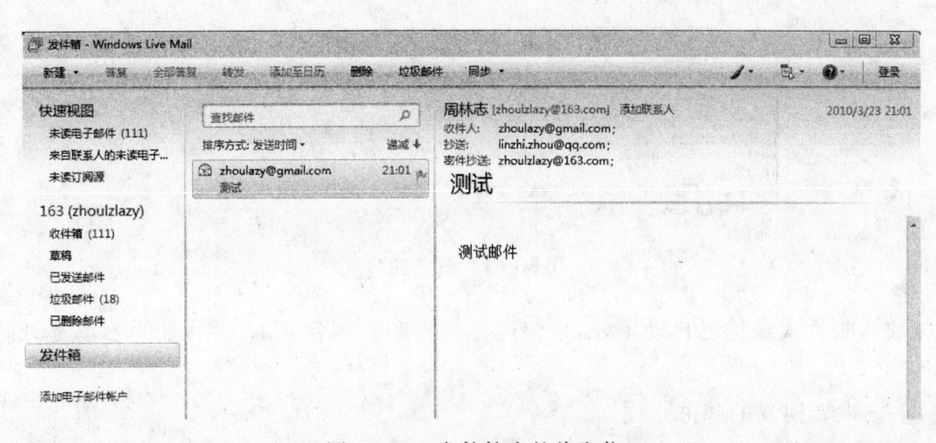

图 10.35　发件箱中的待发信

如果上网后出现发不出信，收到的是退信或收到一封包括乱码的信，可能在软硬件设置上出了问题，应仔细查找一下（在以后的几节里，将详细介绍软件参数设置方法）。

注意：工作结束后宜及时退出 IE 程序。如果是拨号上网，应及时断开电话、下网。

4. 处理来信　应该养成定时打开信箱的习惯，如每天打开一次。因为别人发给你的信件都随时存在为你服务的 ISP 主机上，若想阅读信件，只有主动与主机联网后，才可以下载到你的微机上。入网后，执行邮件服务程序，如果有新邮件，会自动传送到你的微机上。图 10.36 所示为接收到的新邮件，其中包括给自己发的测试信。

(1) 回信

① 在“收件箱”的邮件列表中，单击要回复的邮件，使其呈反白显示，然后单击“答复”按钮，屏幕弹出如图 10.37 所示的窗口。

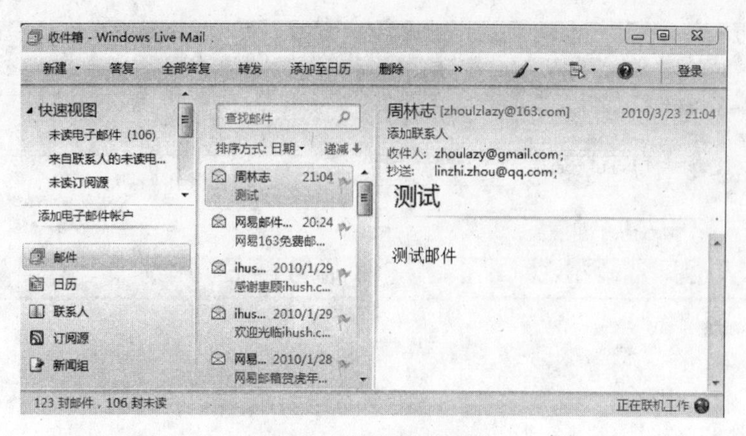

图 10.36 新收到的来信

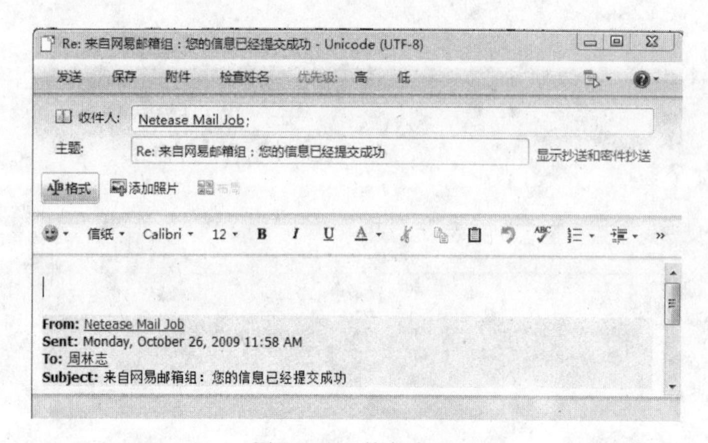

图 10.37 答复窗口

此时，收件人地址已自动填好，来信内容也自动复制到文本区中，如果不需要，则可以删掉。

② 输入要回复的邮件正文。

③ 单击“发送”按钮，完成。

(2) 全部回复　在收件箱的邮件列表中，单击要回复的邮件，使其呈反白显示，然后单击“全部答复”按钮，回复给作者及作者抄送的人。这时，收件人框里自动输入了使用分号或逗号隔开的许多人的名字(或地址)。其它操作与“回复作者”一样。

(3) 转发邮件　在收件箱的邮件列表中，单击要转发的邮件，使其呈反白显示，然后单击“转发”按钮，把选中的来信转发给其他人。

(4) 发送和接收　单击“发送和接收” 按钮，立即发送存在发件箱中未发出的信。如果没有入网，会自动执行转入网操作，入网成功后发送信件，同时也检查主机上有没有新的邮件。

(5) 删除文件夹中的信件　在邮件列表中，单击要删除的邮件。这时，单击“删除”按钮，选定的文件被删除。不过此信件并未真的被删除，可以在“已删除邮件”文件夹中找到它。

5. 邮寄附件 E-mail也可以随信邮寄附件——计算机文件。附件的文件类型可以是可执行文件、数据文件、图像文件和声音文件等。如果要发送的附件比较多，则可以用压缩软件先把它们压缩成一个文件包再插入到邮件中。

【例10.7】 在已写好的信中插入一个程序附件。

① 单击菜单“插入”中的“文件附件”项，如图10.38所示，或单击工具栏中的“附件”工具按钮，就会弹出“插入附件”对话窗口，如图10.39所示。

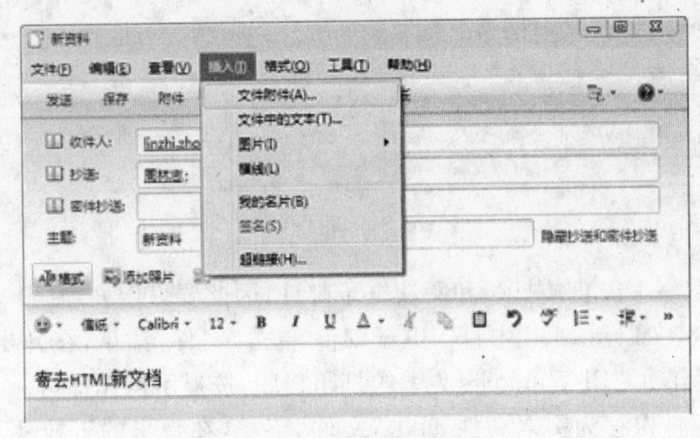

图10.38 “文件附件”项

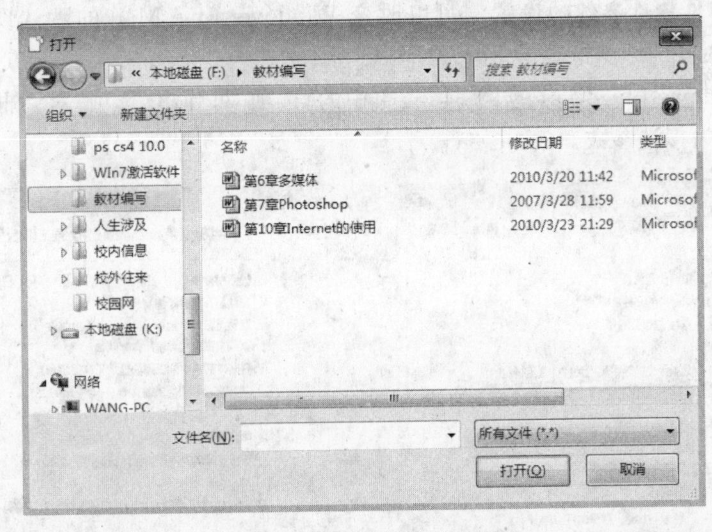

图10.39 “插入附件”对话框

② 选择要插入的文件，单击“打开”按钮。

③ 在邮件的正文上方增加了一个新的附件区，里面显示所加附件的图标，如图10.40所示。

注意：由于用户的电子信箱“容积”和网速有限，所以附件不能太大，否则对方无法接收。不同的电子邮件所提供的附件容量也不一样。一般的图像或声音文件都比较大，因此发送或接收带有附件的信件要花费较多的传送时间，故附件一般应经压缩后再发送。

6. 打印和复制电子邮件 电子邮件文件格式是特殊格式的文件。用一般的打印或

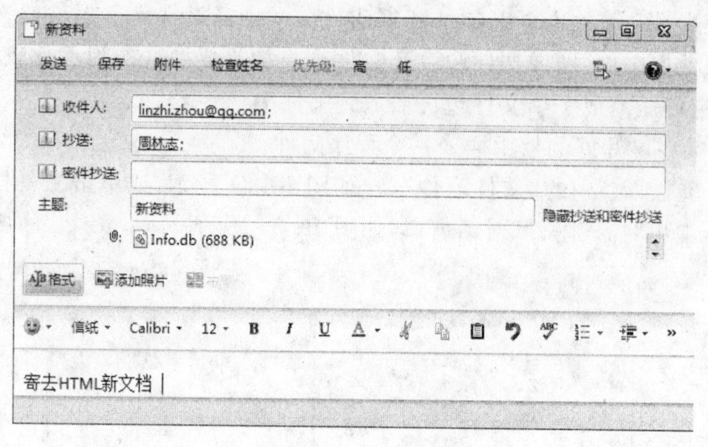

图 10.40　附件区

阅读文本文件的程序不能直接打印和阅读电子邮件,因此要另做处理。

(1) 在 Windows Live Mail 中打印电子邮件 单击“文件”菜单,在弹出的下拉菜单中单击“打印”项,则自动调用 Windows 7 中的打印程序,按提示操作即可。

(2) 把电子邮件保存为文本文件 单击“文件”菜单,在弹出的下拉菜单中单击“另存为”项,选择保存类型为“文本文件”,单击“保存”按钮。

7. 电子邮件软件参数的设置 可以改变 Windows Live Mail 的默认设置参数值以适合用户自己的习惯。

单击 Windows Live Mail 的“工具”菜单中的“选项”可弹出“选项”对话框,图 10.41～图 10.49 所示为拟选参数。

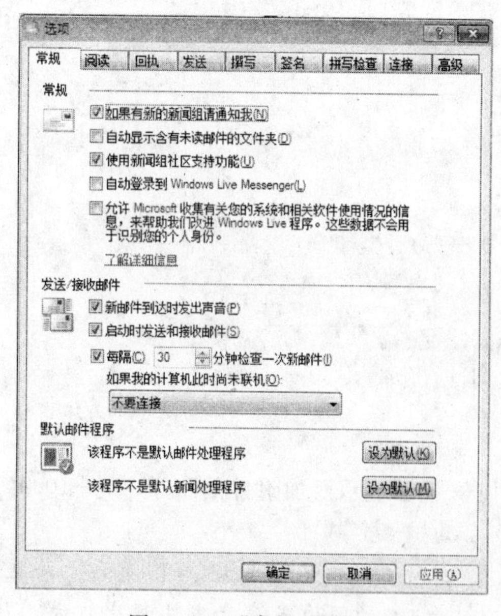

图 10.41　“常规”选项卡

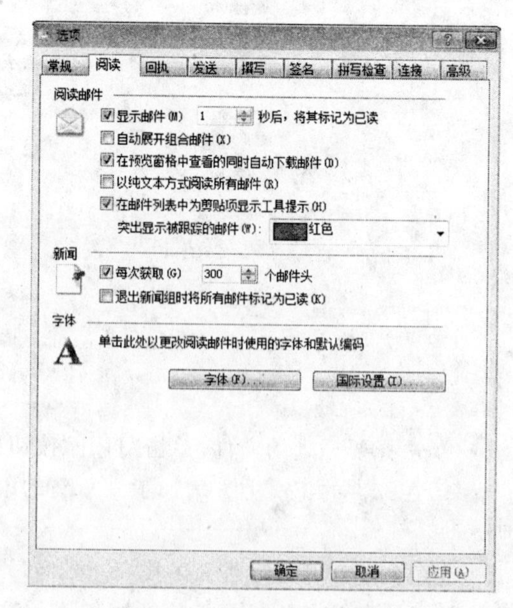

图 10.42　“阅读”选项卡

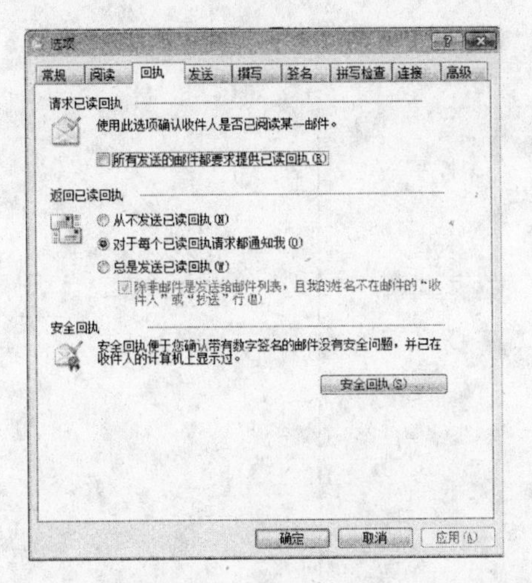

图 10.43 “回执”选项卡

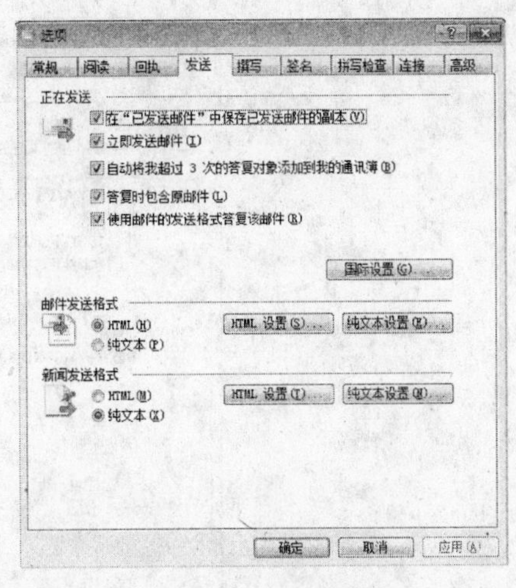

图 10.44 “发送”选项卡

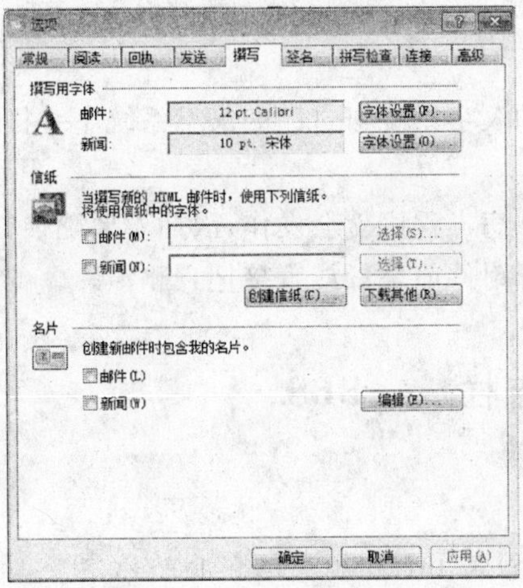

图 10.45 “撰写”选项卡

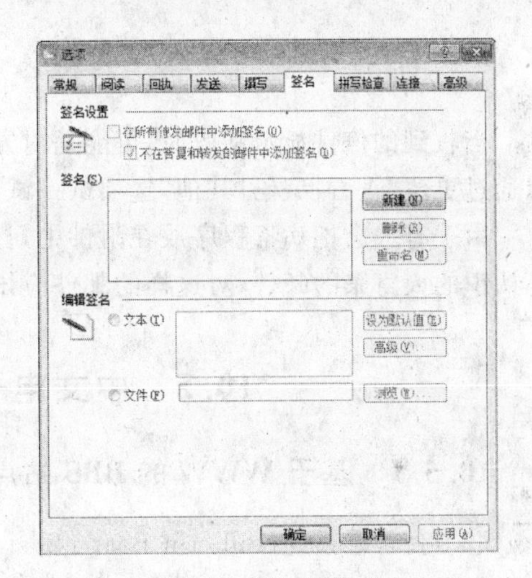

图 10.46 “签名”选项卡

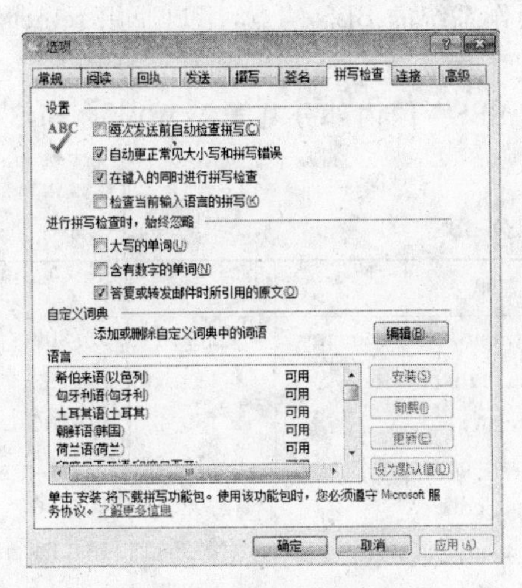

图 10.47 “拼写检查”选项卡

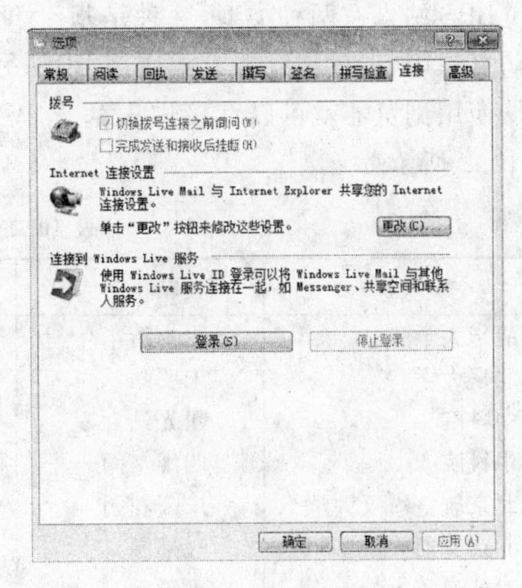

图 10.48 “连接”选项卡

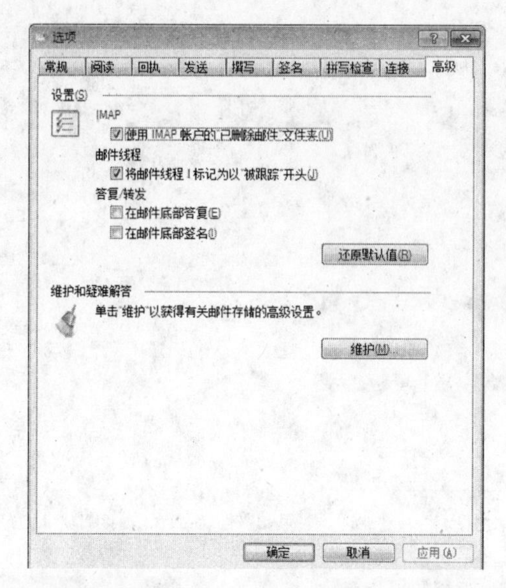

图 10.49 “高级”选项卡

当收到的信件显示乱码时，可能是对方使用的汉字系统与自己的汉字系统不一样，可以通过更改“查看|编码|其他”选项试一试。

由于有人会把病毒程序放在附件中，打开附件病毒程序就会发作，因此不要随便打开不认识的人寄来的邮件，对这样的邮件应该在打开附件前杀毒或直接把它删掉。

10.5 中文电子公告栏——BBS

10.5.1 基于 WWW 的 BBS 站点

电子公告栏系统(Bulletin Board System，BBS)是 Internet 上的热心站点之一，每个站点都贴近百姓生活，在那里可以交友，讨论感兴趣的问题。

BBS 站点有两种类型，一种是基于 UNIX 操作系统的 BBS 站点，用户使用 telnet 终端仿真程序，以远程终端方式使用 BBS；另一种是下面要介绍的基于 WWW 的 BBS。

使用浏览器就可以直接进入基于 WWW 的 BBS。国内部分基于 WWW 的 BBS 如表 10.2 所示。

表 10.2 国内部分 BBS

学 校	站 名	域 名	IP
清华大学	水木清华	bbs. net. tsinghua. edu. cn	202. 112. 58. 200
北京大学	未明站	bbs. pku. edu. cn	124. 205. 79. 153
中科院	曙光站	bbs. ncic. ac. cn	159. 226. 41. 166
中科院	四维空间	cl. cryo. ac. cn	210. 72. 154. 152
北京航空航天大学	未来花园	bbs. buaa. edu. cn	202. 112. 137. 56
北京交通大学	红果园	bbs. bjtu. edu. cn	202. 112. 154. 61
对外经贸大学	小天鹅	bbs. uibe. edu. cn	202. 204. 175. 11

续表

学 校	站 名	域 名	IP
北京语言大学		bbs. blcu. edu. cn	202.112.194.123
北京师范大学	木铎金声	bbs. mdjs. org	202.112.85.98
北京电影学院		bbs. bfa. edu. cn	123.127.174.69
复旦大学	日月光华	bbs. fudan. edu. cn	202.120.225.9
上海交通大学	饮水思源	bbs. sjtu. edu. cn	202.120.58.161
浙江大学	西子浣纱城	bbs. zju. edu. cn	210.32.0.10
南京大学	小百合	bbs. nju. edu. cn	219.219.114.4
东南大学	虎踞龙盘	cag. seu. edu. cn	202.119.9.128
河海大学	水上明珠	bbs. hhu. edu. cn	58.192.114.8
中国科技大学	瀚海星云	bbs. ustc. edu. cn	218.104.71.174
安徽大学	逍遥津	bbs. ahu. edu. cn	210.45.215.202
厦门大学	鼓浪听涛	bbs. xmu. edu. cn	210.34.0.13
福州大学	庭芳苑	bbs. fzu. edu. cn	219.229.132.57
南开大学	我爱南开	bbs. nankai. edu. cn	202.113.16.117
电子科技大学	一网情深	bbs. uestc. edu. cn	202.112.14.174
四川大学	竹林幽趣	bbs. scu. edu. cn	125.69.85.16
西南交通大学	锦城驿站	bbs. swjtu. edu. cn	202.115.74.3
西南财经大学	草堂茗香	bbs. swufe. edu. cn	192.168.98.21
重庆大学	三峡情	bbs. cqu. edu. cn	202.202.0.3
广西大学	青山灵水	bbs. gxu. edu. cn	210.36.16.45
华中科技大学	白云黄鹤	bbs. whnet. edu. cn	202.114.0.248
武汉大学	珞珈山水	bbs. whu. edu. cn	218.197.148.41
中山大学	逸仙时空	bbs. zsu. edu. cn	202.106.199.36
华南理工大学	木棉站	bbs. gznet. edu. cn	202.112.17.137
深圳大学	荔园站	bbs. szu. edu. cn	210.39.3.50
东北大学	白山黑水	bbs. neu. edu. cn	202.118.1.82
哈工大	紫丁香	bbs. hit. edu. cn	61.167.60.1
大连理工大学	碧海青天	bbs. dlut. edu. cn	202.118.66.5
西安交通大学	兵马俑站	bbs. xanet. edu. cn	202.112.11.199
香港科技大学		engbbs. ust. hk	202.106.199.39
香港大学		compsoc. hku. hk	147.8.85.7
香港浸会大学		bbs. comp. hkbu. edu. hk	158.182.7.147

10.5.2 访问 BBS

用 IE8 登录到 BBS 的方法是在地址框里输入 http 协议及域名(或主机 IP 地址),然后按回车键即可。

【例 10.8】 登录到上海交通大学的饮水思源站(bbs. sjtu. edu. cn),浏览讨论主题。

① 入网后在地址框中输入 http://bbs. sjtu. edu. cn,按回车键。屏幕会显示它的主页面,如图 10.50 所示。

图 10.50　饮水思源站主页

② 单击“匿名登录”链接可进入“分类讨论区”、“精华公布栏”等链接点，显示某讨论区页面，例如单击“分类讨论区”下面的“电脑技术”子菜单，会出现如图 10.51 所示的页面。要想在 BBS 论坛上发表或回复文章，必须是注册用户才可以。通过单击图 10.50 所示的“新用户注册”超链接，按照页面提示输入注册信息，等待管理员批准后才可成为注册用户。匿名用户只有浏览的权利。

饮水思源 - 分类讨论区 [电脑技术区]

序号	未	讨论区名称	更新时间	类别	中文描述	板主	文章数
1	◇	AI	Mar 24 14:00	[电脑]	○ 人工智能	诚征板主中	8468
2	◇	Algorithm	Mar 24 14:00	[电脑]	○ 算法与数据结构	starhder	6443
3	◇	Apple	Mar 24 14:14	[电脑]	○ 苹果夹客	zweifeng	19802
4	◇	BMTraining3	Mar 24 14:17	[管理]	○ 3区板务培训	aptx	3430
5	◇	C	Mar 24 14:15	[电脑]	○ C/C++	gaobo	11795
6	◇	CAD	Mar 24 14:00	[电脑]	○ CAD/CAM	chibang	6564
7	◇	CDR	Mar 24 14:00	[电脑]	○ 刻录专区	TaiyoYuden	10651
8	◇	Crack	Mar 24 14:00	[电脑]	○ 软件加密与解密	Romangol	4071
9	◇	database	Mar 24 14:00	[电脑]	• 数据库	Goliath	12575
10	◇	District3	Mar 24 14:05	[管理]	○ 3区讨论	eaufavor	3928
11	◇	DotNET	Mar 24 14:00	[电脑]	• Microsoft.NET技术	诚征板主中	8067
12	◇	Embedded	Mar 24 14:00	[电脑]	○ 嵌入式系统	诚征板主中	13152
13	◇	FlashZone	Mar 24 14:00	[电脑]	• 闪客地带	youak	19041
14	◇	GameDesign	Mar 24 14:00	[电脑]	○ 游戏设计	tim	3530
15	◇	GNULinux	Mar 24 14:10	[电脑]	○ 自由软件和linux	TombDigger	11368
16	◇	Google	Mar 24 14:16	[电脑]	○ Google	areyoulookon	12723
17	◇	graphics	Mar 24 14:00	[电脑]	○ 计算机图形图像学	foreverBME	4086
18	◇	Hack	Mar 24 14:00	[电脑]	○ 黑客技术与系统安全	JackieChan	3927
19	◇	Hardware	Mar 24 14:11	[电脑]	○ 硬件乐园	fuyan	9876
20	◇	ITCareer	Mar 24 14:08	[电脑]	○ IT职场	gaobo	4764

时间[Wed Mar 24 14:17] 在线[5472] 帐号[guest] 板面[Hubei] TIP[惟楚有才，于斯为盛]　本次停留[0小时0分]

图 10.51　分类讨论区

③ 单击列表中的某一个讨论区名称，如“AI(人工智能)”就可以看到有关该主题的文章列表。

④ 在出现的页面中继续单击链接点，可查看具体内容，也可在页面提示下，给作者回复信件或发布自己的信息(注册用户才有此权利)。

注意：在 BBS 上应讨论大家关心的问题，BBS 站长(BBS 管理员)有权取消违反规则的人的入站资格。

10.5.3 使用“网上聊天”笔谈

BBS提供了一种观看或发表消息的地方，而“网上聊天”提供了一种实时笔谈的机会。要求参加笔谈的人要在同一时间，登录到同一站点。几乎所有较大的门户网站都开设了聊天室。

操作方法是：入网后在地址框中输入网站域名，如 http://chat.qq.com/，并按 Enter 键。屏幕会显示它的主页面，如图10.52所示。再根据页面提示，进入各个专题聊天室即可，但是第一次使用聊天室时，会需要安装由该网站提供的插件。在商业性质的网站中会有各种新闻和广告。

图 10.52 QQ聊天室

10.6 网上虚拟空间——个人信息网上的展示与交流

伴随着宽带互联网和移动网络在中国的迅速普及，博客、微博、网络聊天、网络游戏、网络文学、网络论坛等新的人际沟通、娱乐等方式已构成了人们生活中重要的组成部分。这些内容丰富并改变了人与人之间传统的交往方式，使得人们的生活空间无限延展，这就是相对独立于现实世界的网上虚拟空间。它是由Internet信息服务商推出的一种网络产品服务。

10.6.1 个人空间——博客与微博客

互联网上的个人空间，是以个人为主导，有着共同爱好和兴趣的人群通过阅读该人留下的各种信息并参与讨论而形成的具有显著个性化特征的网上虚拟空间。在个人空间里可以书写日志、上传图片、发布文件、交友等。博客或微博是个人空间的一种形式，目前许多人喜欢通过它展示自己。

1. 博客

(1) 概述　“博客”一词是从英文单词 Blog 翻译而来的。Blog 是 Weblog 的简称，而 Weblog 则是由 Web 和 Log 两个英文单词组成的。Weblog 就是在网络上发布和阅读的流水记录，通常称为“网络日志”，简称为“网志”。中文“博客”一词，既可作为名词，指 Blog(网志)和 Blogger(撰写网志的人)，也可作为动词，指撰写网志的行为。简言之，“博客”(Blog)就是以网络作为载体，简易、迅速、便捷地发表自己的心得，及时、有效、轻松地与他人进行交流，是集丰富多彩的个性化展示于一体的综合性平台，是继 E-mail、BBS、ICQ 之后出现的一种新的工作、生活、学习和交流方式，是“互联网的第四块里程碑”。

目前国内比较大的博客网站有新浪博客、网易博客、百度空间、搜狐博客、天涯博客等。

(2) 博客的主要特点和功能

① “博客”就是一个网页，通常由简短且经常更新的帖子构成，这些帖子一般是按照年份和日期倒序排列的。

② “博客”是一个自我个性展示的平台，是通过互联网发表各种思想的虚拟场所。

③ “博客”的内容，可以是纯粹个人的想法和心得，如对时事新闻、国家大事的个人看法等，也可以是基于某一主题或某一共同领域内由一群人集体创作的内容。

④ “博客”不等同于“网络日记”。作为网络日记是带有很明显的私人性质的，而 Blog 则是私人性和公共性的有效结合，它绝不仅仅是纯粹个人思想的表达和日常琐事的记录，它所提供的内容可以用来进行交流和为他人提供帮助，是可以包容整个互联网的，具有极高的共享精神和价值。

(3) 博客的使用方法

新浪博客(http://blog.sina.com.cn)是中国主流的博客之一。现以新浪博客为例，介绍博客的基本使用。在开始使用新浪博客之前，必须注册为新浪会员。

① 开通博客

第 1 步：登录新浪博客页面，单击导航条下面的“开通新博客”按钮，在弹出的页面(如图 10.53 所示)上按照要求填写邮箱名称、会员信息等个人信息即可完成个人博客页面的注册。其中博客名称必须在 24 个字符以内，博客地址必须是 3～24 位小写字母和数字的组合，不支持纯数字。地址确认后不可修改，如果没想好，可以先不填，进入博客后再填写。

第 2 步：注册成功后，单击“完成开通”按钮后，会出现“恭喜您，已成功开通新浪博客”的欢迎页面，在此页面上，可以快速设置博客，可以下载博客的链接到桌面，还可以将 MSN、搜狐、博客大巴的博客内容转移到新浪博客上。

第 3 步：单击“快速设置我的博客”按钮，为博客设置整体风格，可依据个人喜好进行设置，整体风格主要分为大方简洁、图片展示、心情日记等，选定其中的一种风格，单击“确定，并继续下一步”按钮，设置关注哪些人的博客，也可以跳过此步骤直接进入博客页面，如图 10.53 所示。

② 博客页面设置

单击博客主页面(如图 10.54 所示)右上角的“页面设置”按钮，在页面的顶端出现页

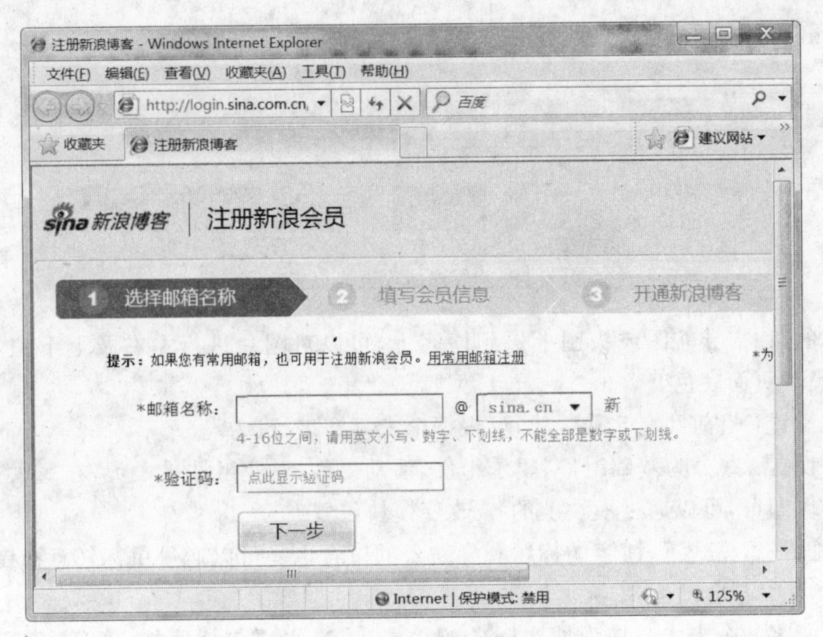

图 10.53　新浪博客开通页面

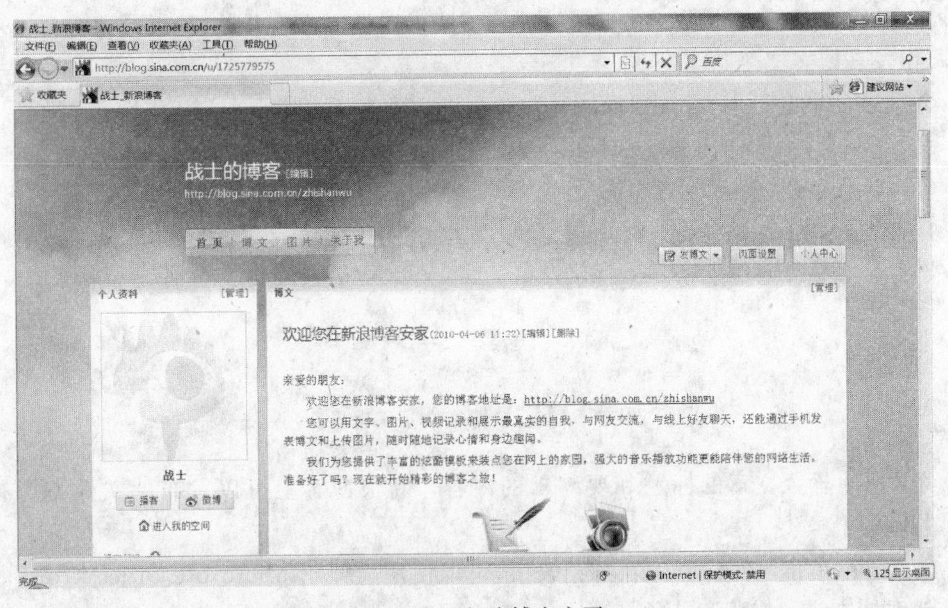

图 10.54　新浪博客主页

面设置操作区(如图 10.55 所示),为了满足个性需求,除了使用标准的风格模板设置页面风格外,还可以设置自定义的风格。

风格设置：新浪博客提供了最新、人文、娱乐、情感、青春等 11 种风格迥异的模板类型,每一个模板类型下面有多种不同模板文件。

自定义风格：可进行配色方案、大背景图、导航图、头图的自定义。可将喜欢的图片

图 10.55　新浪博客页面设置页面

作为博客的背景、导航图或头图上传到博客上，可以对图片进行左右及上下位置等的设置，还能设置页面底色。

版式设置：目前共有 5 种版式，可根据个人喜好进行选择。

组件设置：共分为基础组件、娱乐组件、活动组件、专业组件 4 大类，在每大类中勾选相应的模块即可，可以通过模块上的↑↓改变模块位置。

在页面设置模式下，博客的标题和导航条的位置也是可以通过鼠标任意拖曳的。

③ 个人中心设置

新浪博客的个人中心是为博主服务的功能入口，主要包括通知、评论、我的关注、收藏、修改个人资料、权限管理等设置。其中，在修改个人资料选项区可以修改个人信息、上传个人头像、修改登录密码。在权限管理选项区可以设置评论开关、垃圾过滤等。

④ 发表博客文章

第 1 步：单击图 10.54 中"发博文"按钮，进入到文章编辑页面，如图 10.56 所示。

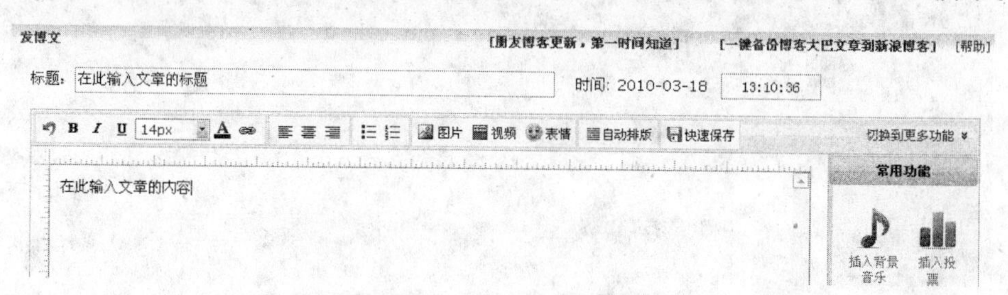

图 10.56　新浪博客文章编辑界面

第 2 步：输入文章的标题和要编辑的内容。新浪博客上可以发布的文件类型有文本、图片和视频。

第 3 步：单击"切换到更多功能"按钮，可以使用类似于 Microsoft Office Word 的编辑按钮对博文进行排版和美化。

第 4 步：单击图 10.56 中的"图片"或"视频"按钮，可向博文中插入图片文件或视频文件。

第 5 步：编辑完成后，可进行博文发表前的预览，然后单击"发博文"即可。如果博文还没有写完，可以将它保存在草稿箱里留待以后继续编辑。

在常用功能中，还可以向博文中插入背景音乐、投票调查、股票走势图等。

为了使博客页面中的文章分类更准确和具体，可以为文章加入标签(标签是概括文章主要内容的关键词)。通过为文章定制标签,博主可以让更多人方便准确地找到自己的文章。每篇文章可以添加一个或多个标签。发表成功后,打开文章内的标签,就能够看到新浪博客内所有使用了此标签的文章。不仅如此,如果文章内使用的某个标签恰巧在首页上推荐,用户打开这个标签时,就会在结果页面上看到这篇文章。

有两种填写标签的方法:在标签栏里手动填写标签或单击标签栏右侧的"自动匹配标签"按钮,系统可以根据此文章内容自动提取标签。

2. 微博客

(1) 概述　微博客(简称微博)是一种非正式的迷你型博客,也称为"一句话博客",它是一种可以即时发布消息的系统,其最大的特点就是集成化和 API 开放化。用户可以通过移动设备、IM 软件(MSN、QQ、Skype 等)和外部 API 接口等途径,随时随地把文本以及多媒体信息向微博发布,供他人分享。与博客的区别是,博客比较正式一些,只支持计算机联网发布信息。2006 年 6 月第一个微博网站 Twitter 在美国成立。

(2) 微博的主要特点和功能

① 单篇博文长短有限制,一般限定在 140 个汉字。

② 发布形式灵活、时效性强。用户可以不必借助接入互联网的计算机,随时随地地通过手机等移动设备发布博文。

③ 用户跨设备互动性强。Web 终端用户可以方便地同手机终端用户进行互动,交流思想。

(3) 微博的使用方法

现仍以新浪微博(http://t.sina.com.cn)为例,介绍微博的使用方法:

① 开通微博　使用新浪博客账号可以直接开通新浪微博。

第 1 步:单击图 10.54 中左侧的"微博"按钮,弹出新浪微博开通设置页面,如图 10.57 所示。

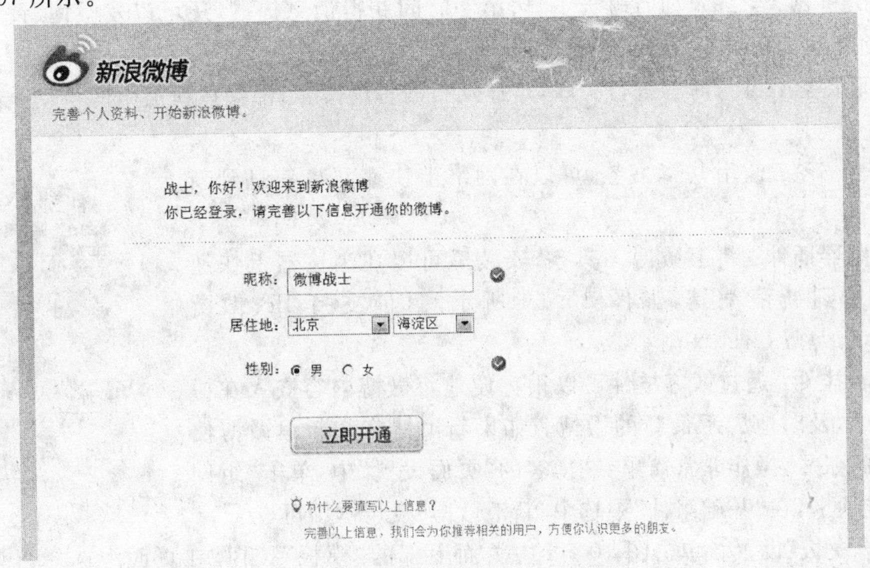

图 10.57　新浪微博开通设置页面

第 2 步：输入“昵称”、“居住地”、“性别”信息并单击“立即开通”按钮，弹出新浪微博主页面，如图 10.57 所示，即完成微博开通。

除了使用新浪博客的账号登录新浪微博外，也可以使用“新浪 UC 号”或“新浪邮箱”登录新浪微博。

② 系统设置、工具及模板

- 系统设置。单击图 10.58 页面上部的“设置”按钮，进入新浪微博的设置页面，在此可以对个人信息（如个人资料、头像、密码、个性化域名、个人标签等）进行修改设置；在“提醒设置”选项卡中可设定通过“微博小黄签”或邮件接收微博的更新通知；在“防打扰”选项卡中可以对评论、私信进行相关设定；在“黑名单”选项卡中设置的黑名单用户，不能发起关注、评论、私信和@通知，如果要把某人加入黑名单，只需单击他微博首页右下角 加他进黑名单 按钮。

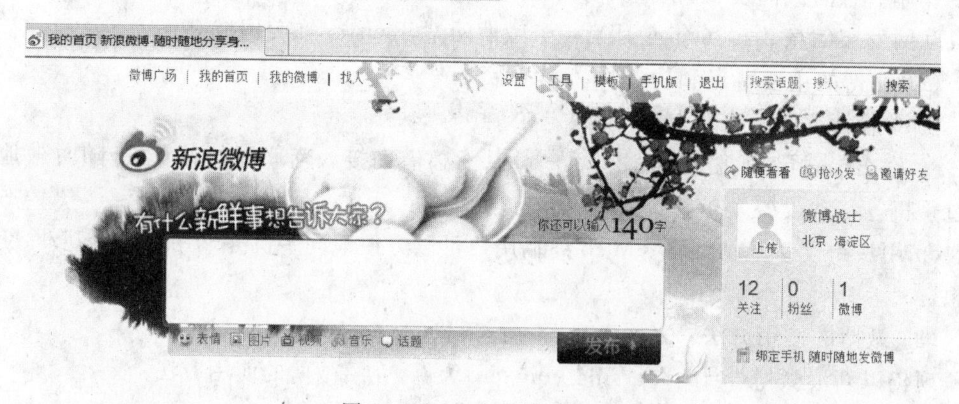

图 10.58　新浪微博主页面

- “工具”设置。单击图 10.58 中页面上部的“工具”按钮，共分为 5 个选项：

聊天机器人：绑定即时聊天工具，第一时间获得消息提醒，还可以发微博、评论和私信，目前新浪微博可与 MSN 绑定。

关联博客：可与博客进行关联，这样发布的每篇博客，都会在新浪微博自动生成一条微博。

共享书签：使用共享书签，可以在网络上快速共享信息到新浪微博。

浏览器插件：新浪微博工具条，安装后可以在浏览器上快速自动登录到新浪微博，如图 10.59 所示，目前支持 IE、傲游 Maxthon、火狐 Firefox 浏览器。

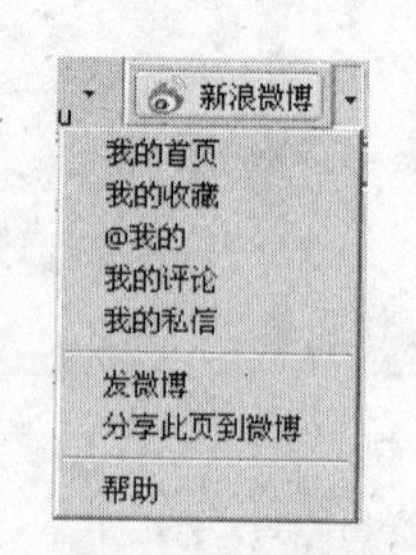

图 10.59　新浪微博浏览器插件

博客挂件：通过博客挂件可以很方便地将微博内容嵌入在博客页面中，及时地展示最新的微博。如果新浪博客和新浪微博使用相同的账号，操作非常简单，在博客的“页面设置”中，单击“组件设置”选项卡，在“基础组件”中选中“新浪微博”复选框即可。

- “模板”设置。单击图 10.58 中页面上部的“模板”按钮，在页面中选择喜爱的模板。单击“确定”按钮即可生效。

③ 发表博文　可以使用计算机或手机(彩信、短信、WAP)发表新浪微博博文。

• 使用计算机：在图 10.58 页面上方的微博编辑框中输入内容，单击“发布”按钮即可完成微博文的发布。

由于微博是供大家随时记录生活点滴的平台，不会是长篇大论的文章，每一条微博最多可以发布 140 个汉字。除了可发表文本外，新浪微博还可以发布表情、图片、视频、音乐和话题。

• 使用手机：主要分为“手机版”、“短信/彩信版”、“客户端版”三部分。现以手机版和短信/彩信版为例，介绍如何使用手机发布微博。

手机版：即在手机上使用的新浪微博，微博用户可以用与网页版一样的账号和密码登录，享受与网页版同样的内容和服务。手机登录微博的方式有两种，一种是直接用手机输入网址 t.sina.cn 或短信发送 t 到 106688881088，单击短信内的网址即可进入。为方便下次登录，可在登录时选中“记住登录状态”复选框，并在登录后将“新浪微博”存为书签，登录后的操作同使用计算机登录微博相同。

目前新浪微博手机版是免服务费的，但在浏览过程中产生的 GPRS 流量费，由所使用的电信运营商(中国移动、中国联通、中国电信)收取。

短信/彩信版：在如图 10.60 所示的输入栏中输入用来更新微博的手机号，单击“确定”按钮后，按照系统提示，完成绑定操作。绑定成功后，就可以通过手机短信写微博了。根据手机的运营商不同，所对应的发送方式和号码也有所不同，资费标准也不一样。

图 10.60　新浪微博短信/彩信版页面

④ 其它功能——@通知

@这个符号在微博里的意思是“向某某人说”，只要在微博用户昵称前加上一个“@”，并在昵称后加空格或标点，再写上要跟对方说的话，如“@微博小秘书 你好啊”。对方就能看到。需要注意的是，@昵称的时候，昵称后一定要加上空格或标点符号，以此进行断句。否则系统默认@后所有字为昵称。

10.6.2 共享空间——Windows Live Space 与腾讯 QQ 空间

共享空间是指人们彼此之间交流、娱乐的场所。互联网上的共享空间就如同城市广场、公园以及所有公众共用的建筑空间一样,为人们提供包括信息交流、娱乐、学习以及自我展示的空间。在这个虚拟的网络共享空间里,人们共同分享知识、分享快乐。现以 Windows Live Space 空间、QQ 空间为例,介绍如下。

1. Windows Live Space

(1) 概述　微软公司的 Windows Live 是集即时通信工具(Windows Live Messenger)、邮件(Homail)、共享空间(Windows Live Space)、搜索、资讯、影视、娱乐、学习等内容于一身的综合性网络互动平台。在 Windows Live Space 空间里,可以创建个人网站、随时随地撰写文章抒发感受;可以制作自己的网络相册、自定义自己的空间,充分地展现自我,让朋友、家人了解自己的心情和想法,可以说 Windows Live Space 就是一个网上交流中心。

(2) Windows Live Space 主要特点和功能

① Windows Live Spaces 是汇集全球范围内一亿多名用户的互动社区。通过这个社区,可以方便、有效、快速地建立一个实时平台。

② Windows Live Spaces 使用方便,与微软其它产品完美集成。可与 Windows Live Hotmail、Windows Live Messenger 使用同一 Windows Live ID 登录。

③ 高度定制化,丰富的功能、选项可供选择。

④ 综合性社区功能。方便、快速地添加影集、视频播放器、更新提醒以及数百种其它小工具。

⑤ 方便地上传文件。无需了解超文本语言(HTML)也可以操作 Spaces 主页。

⑥ 每个空间提供 25GB 的超大容量。

(3) 使用方法

① 创建共享空间　Windows Live Space 的登录网址为 http://spaces.live.com。必须使用 Windows Live ID 才能登录创建 Windows Live Space 共享空间。Windows Live ID 可以通过注册免费的 MSN Hotmail 账户获得,也可以使用已有的电子邮件地址注册。使用移动设备访问 Windows Live Space 的网址是 http://mobile.spaces.live.com。

登录 Windows Live Space 后,单击"创建共享空间"按钮,进入"欢迎进入您的共享空间"页面,如图 10.61 所示,可将感兴趣的项目添加至共享空间。

图 10.61　Windows Live Space 欢迎界面

为了便于记住共享空间的网址,可单击"选择网址"按钮,在地址栏中输入共享空间的网址,然后单击"检查可用性"按钮查看该网址是否可用,如可用,单击"保存"按钮即可。

但需注意，网址一旦保存就不能更改。

② 自定义设置　Windows Live Space 自定义设置可以对共享空间的模块、主题、版式和高级功能进行设计，充分显示个性。单击 Windows Live 主页面导航条上“更多|共享空间|自定义共享空间”，即可弹出如图 10.62 所示的选项卡。其中，通过“模块”选项卡，可以将留言簿、个人资料、照片等模块添加到共享空间的页面上。通过“主题”选项卡，可以为共享空间页面设置相应的主题背景。通过“版式”选项卡，可以设置共享空间页面的框架。此外，还可以在“高级”选项卡自定义共享空间的颜色、背景和字体等。设置完成后单击页面上方的“保存”按钮，系统自动刷新页面并显示设置后的共享空间页面，如图 10.63 所示。

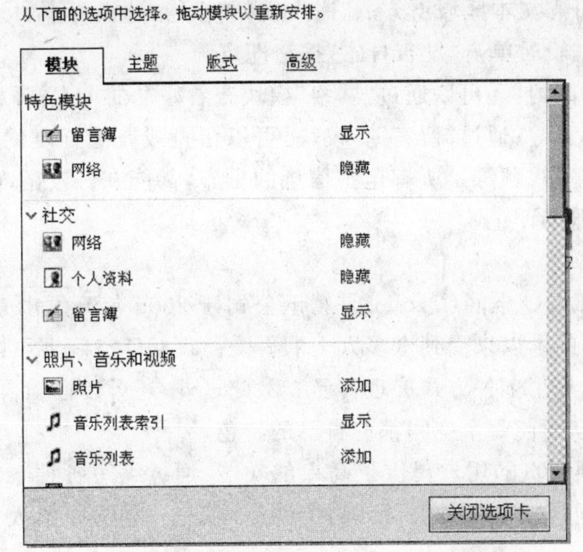

图 10.62　Windows Live Space 自定义模块列表

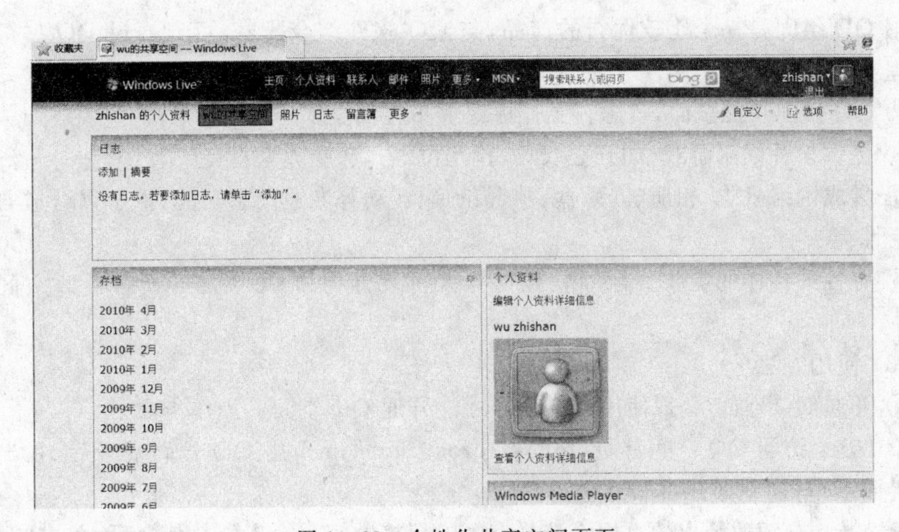

图 10.63　个性化共享空间页面

更多有关系统方面的设置可以通过单击 Windows Live 主页面上的“选项”按钮进行设定。

③ 发表日志　日志是 Windows Live 共享空间用于展示自我的一种方式。在这里可以讲述想说的或者想与他人共享的内容。经常撰写日志会增加共享空间的访问量。如果在“自定义设置”中添加了“日志”模块，则在图 10.63 中的个人共享空间页面可以完成日志的添加，操作步骤：

第 1 步：单击日志模块内的“添加”按钮，在弹出的日志编辑界面上输入日志标题和日志内容，在此可以设置日志内容的文本格式(此操作类似于 Microsoft Word)。

第 2 步：为了让日志更精彩，可以在日志中添加图片或嵌入视频。单击日志文本区域下方的“添加照片”按钮，选择要添加到日志中的照片。

第 3 步：单击日志文本区域下方的“嵌入视频”按钮，选择要添加到日志中的视频。

第 4 步：完成编辑后单击“发布日志”按钮即可。

此外，在共享空间内，还可以通过“网络”模块查看好友的个人资料、照片，或给好友发送电子邮件、个人消息等；通过“留言簿”模块，可以留言或查看好友的留言信息；通过“视频”模块可以发布共享视频等。所有这些信息的发布，都能在好友的 Windows Live 主页上及时显示以供阅览和评论。

2. 腾讯 QQ 空间

(1) 概述　腾讯 QQ 空间(Qzone)是腾讯公司于 2005 年开发出来的一个个性空间，具有博客的功能，自问世以来受到众多人士的喜爱。在 QQ 空间上可以书写日记、上传图片、链接动听的音乐等用多种方式展现自己。除此之外，还可以根据自己的喜爱设定空间的背景、小挂件等，从而使每个空间都有自己的特色。

QQ 空间为精通网页的用户提供了高级的功能，通过编写各种各样的代码来打造自己的空间。QQ 空间是一个专属于自己的个性空间，是一种为新新人类提供的全新的网络生活、交友方式。

(2) 腾讯 QQ 主要特点和功能

① QQ 空间是一个比较优秀的产品，与 QQ 软件结合紧密，可以通过 QQ 一键进入并管理空间。

② QQ 空间功能全面，日志、相册、评论等一应俱全。

③ 提供多种娱乐游戏(如开心农场、抢车位等)，深受大家喜爱。

④ 集成网络日志、相册、音乐盒、神奇花藤、互动等专业动态功能，更可以合成自己喜欢的个性大头贴。

⑤ 有各式各样的皮肤、漂浮物、挂件等大量装饰物品，可以随心所欲更改空间装饰风格。

(3) 使用方法

① 开通 QQ 空间 必须使用 QQ 账号才能开通 QQ 空间。操作步骤：

第 1 步：访问 QQ 空间首页(http://qzone.qq.com)，用 QQ 号码登录后，在出现的欢迎界面上单击“立即开通 QQ 空间”。

第 2 步：在随后弹出的页面上选择空间的风格并完善个人资料信息后，单击“开通并进入我的 QQ 空间”按钮即可开通 QQ 空间。

也可以通过登录腾讯 QQ 客户端(2009 版)，选择 QQ 空间按钮，开通或进入自己的 QQ 空间。进入到 QQ 空间页面后，可以修改个人信息、发表日志、建立相册等。

② 自定义设置　登录 QQ 空间后，单击屏幕右上角的“自定义”按钮，在页面上方出现设置页面，如图 10.64 所示，在此页面可进行版式布局、风格、模块等设定。

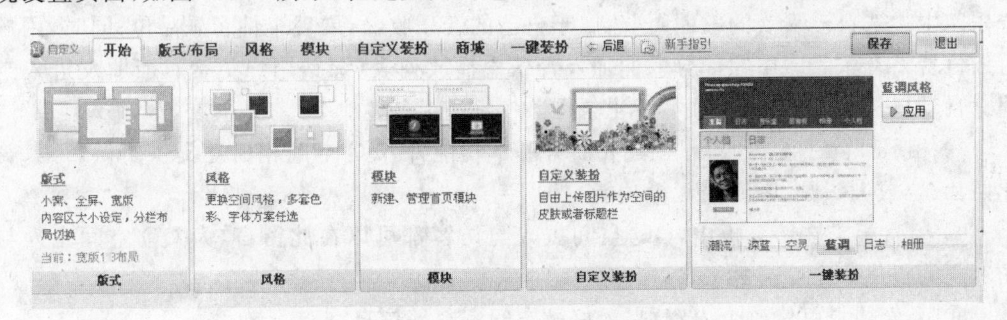

图 10.64　腾讯 QQ2009 自定义设置页面

版式/布局：设置整体版式的大小、布局形式和位置。

风格：按类型和颜色进行风格设置，还可进行首页模块透明度和皮肤效果的设置。

模块：分为系统模块和自定义模块，对于系统模块只需勾选即可，也可以在自定义模块下添加个性化模块。个性化模块共分为 4 种：图文模块、大图模块、Flash 模块和视频模块。个性化模块添加时需要给出所添加的模块标题和图片(或 Flash 动画、视频)等文件的链接。

一键装扮：QQ 空间定义了多种类型的空间模板，操作简单，只需用鼠标选中喜爱的空间模板类型后，单击“保存”即可按模板更改 Qzone 页面。

③ 设置　单击空间右上角的“设置”按钮，可以进行空间的访问权限、回复权限、黑名单管理、其它设置及浏览设置等。

④ 写日志

第 1 步：单击屏幕导航条上的“日志”，弹出日志编辑界面。

第 2 步：单击“我的日志”下面的“写日志”，在弹出的页面中输入日志的标题和内容，设定日志内容的文本格式(图 10.65)。也可在日志中插入表情、图片、音乐、视频和 Flash 等文件。对于普通用户来说，可以直接上传本地图片，也可以插入图片链接到日志中，而音乐、视频和 Flash 等文件只能使用插入链接方式。为了让日志看起来更美观，可以选择漂亮的信纸。

图 10.65　腾讯 QQ 写日志工具栏

第 3 步：在日志内容框下面，设置日志分类和对此篇日志的访问权限后，单击“发表日志”按钮即可将所写日志发布到网络共享空间上。

QQ空间提供了批量管理日志和设置功能。批量管理即一次可以对多篇日志进行权限和分类等的设置；设置页面分为日志评论设置、主页模块篇数设置、日志列表模式设置、日志编辑默认模式设置等。

⑤ 音乐盒　QQ空间音乐盒主要服务于空间用户的音乐需求，用户可以从QQ空间音乐库中挑选自己喜欢的歌曲，创建属于自己的音乐收藏，展现个性音乐品位；同时，用户可以付费将音乐收藏中的部分歌曲加入音乐盒播放列表(绿钻用户免费)，当朋友进入空间时自动播放，营造空间的独特音乐氛围。

⑥ 相册　除了上传照片、创建相册等基本功能外，QQ空间相册还提供了做影集、美化照片、合成大头贴、圈圈照片等功能。

⑦ 留言板　在留言板中，QQ空间主人与访客都可以在此留言，为QQ空间主人与访客之间提供一个交流的平台。

⑧ 个人档　可修改个人资料、爱好及空间资料等信息。

⑨ 个人中心　“个人中心”是QQ空间最重要的信息和功能平台，是空间主人登录时的默认首页，里面包含了各种与主人相关、主人好友相关的信息和空间各应用的入口。以空间主人为中心，所有信息、操作都围绕空间主人提供。其中“应用列表”是“个人中心”提供空间主人切换到空间各种应用的入口，随着后期应用的添加，可以在这里找到越来越多的感兴趣的功能或应用。豆瓣读书、听音乐、抢车位、QQ农场等都可以在“应用列表”中找到。

⑩ 手机QQ空间　可以使用手机或其它移动设备登录网址：http://3gqq.qq.com，访问自己或他人的QQ空间。目前手机QQ空间提供的主要功能有：

- 在自己的空间浏览和书写网络日志，写心情。
- 在自己的空间留言板浏览和书写留言。
- 查看自己的个人档资料和所关注的好友空间。
- 手机进入的自己QQ相册。
- 进入他人的QQ空间查看网络日志并可发表评论。
- 浏览别人的Qzone留言板，并可书写留言等。

10.6.3　网络社区——豆瓣网与开心网

网络社区是指包括BBS/论坛、贴吧、公告栏、群组讨论、在线聊天、交友、个人空间、无线增值服务等形式在内的网上交流空间，是人类社会性交往在网络空间的延伸和体现。它真正拓展了人们生活和交往的时空范围，也是年轻一族至中青年一族的网上聚居地。通过在网上发布个人的各种信息，使得或许久已失去联系的同学、朋友在不经意间又重逢了。在这类社区上，可以模拟日常生活，如种菜、收割庄稼、购买物品等活动。人们之间也可以通过网上的生活痕迹，了解彼此的生活状况等。

同一主题的网络社区集中了具有共同兴趣的访问者。由于有众多用户参与，网络社区不仅具备交流的功能，还是一个个人自我展示平台。随着近年来互联网的迅猛发展，涌现许多优秀的网络社区网站，现以豆瓣网和开心网为例，做简单介绍。

1. 豆瓣网

(1) 概述　在 Web2.0 的浪潮里,有一个网站从一出现就得到业内的关注,并且被越来越多的网友所喜爱,它就是"豆瓣网"。豆瓣网表面上看是一个评论(书评、影评、乐评)网站,实际上它也提供了书目推荐和以共同兴趣交友等多种服务功能。它更像一个集博客、交友、小组、收藏于一体的新型社区网络。豆瓣网主要通过用户点击或购买电子商务网站的相关产品来获得收入,网址为 http://www.douban.com,首页如图 10.66 所示。

图 10.66　豆瓣网首页

在豆瓣网上,可以自由发表有关书籍、电影、音乐的评论,可以搜索别人的推荐,所有的内容、分类、筛选、排序都由用户产生和决定,甚至在豆瓣网主页出现的内容也取决用户个人的选择。从 2005 年 3 月至今,豆瓣网的注册用户已经超过一百万。

(2) 豆瓣网主要特点和功能

① 综合了评论、小组、交友、收藏等多种功能。

② 可用性、操作性、人性化,是豆瓣网坚持的三大原则。

③ 用户以受过高等教育的青年为主。

④ 通过用户的收藏和评价来"推测"用户的喜好并提供类似的产品推荐。

⑤ 豆瓣网不针对任何特定的人群,力图包纳百味。豆瓣网帮助用户通过自己喜爱的东西找到志同道合者,然后通过他们找到更多的好东西。

(3) 使用方法

必须注册为豆瓣的用户才能访问豆瓣网。单击如图 10.66 所示的"加入我们 注册"按钮,在豆瓣快速注册页面填写 E-mail 地址、密码、名字等即可完成注册。登录豆瓣网,在页面顶部显示了 5 个功能区:豆瓣社区、豆瓣读书、豆瓣电影、豆瓣音乐、九点。

① 豆瓣社区　这里的功能类似于共享空间,此处不再赘述。

② 豆瓣读书　其栏目分为首页、豆瓣猜、排行榜、分类浏览、书评等。在此功能区可以查看以社区内用户评论多少为排序依据的书目排行榜；可以分类浏览书目简介并查看书评。此外，系统还可根据用户过去在网站内的收藏和评价等行为，向用户推荐相关书目。随着用户的收藏和评价的增多，系统给出的推荐会越准确和丰富。

③ 豆瓣电影　其栏目功能与豆瓣读书相似。在此功能区可记录用户想看的、在看的和看过的电影、电视剧，同时也能对其打分、添加标签和写评论。系统也可以根据用户在网站留下的兴趣痕迹，推荐类似的电影。

④ 豆瓣音乐　其功能与“豆瓣读书”和“豆瓣电影”两者类似。其中的豆瓣电台(如图10.67所示)类似于一个简易的收音机，它是用户的私人电台，后台机器人会不断模仿和学习听众的口味，判断听众真正想听的音乐。新听众用最喜欢的歌手启动电台，即可享受24小时的私人音乐服务。它区别于“在线随机播放器”，不可暂停，不可回放，更不可预期。目前使用iPhone(iPod Touch)可通过WiFi或3G网络随时随地收听豆瓣电台。

图10.67　豆瓣电台

⑤ 九点　豆瓣九点是对博客的记录、分享和评价。这是豆瓣除了传统的电影、音乐、读书以外，又探索的一个新的领域。“九点”一直秉承着“物以类聚，人以群分”的理念，依照阅读的偏好和兴趣帮助用户从纷繁复杂的数据中过滤出适合的信息。

此外，在豆瓣网的任何地方看到别的用户，都可以单击名字或头像，去查看她(他)的简单介绍、收藏、推荐和发表过的评论，单击“加为朋友”按钮，可以使其成为自己的友邻。

2. 开心网

(1) 概述　开心网创建于2008年3月，是目前中国最大、最具影响力的社交网站(Social Network Site)之一。它以实名制为基础，为用户提供日志、群、即时通信、相册、集市等丰富强大的互联网功能体验，满足用户对社交、资讯、娱乐、交易等多方面的需求。截止到2009年9月底，开心网注册用户已经超过5400万，页面浏览量超过10亿，每天登录用户超过1200万。Alexa全球网站排名中，开心网位居中国网站第十位，居中国SNS网站第一名。网址为http://www.kaixin001.com，登录后的首页如图10.68所示。

(2) 开心网主要特点和功能

① 产品设计简单，凸显用户的使用价值。跟朋友在轻松状态下互动交流，是开心网的最大价值。

② 开心网的知名度与美誉度靠好友之间口口相传，不依赖于商业广告。

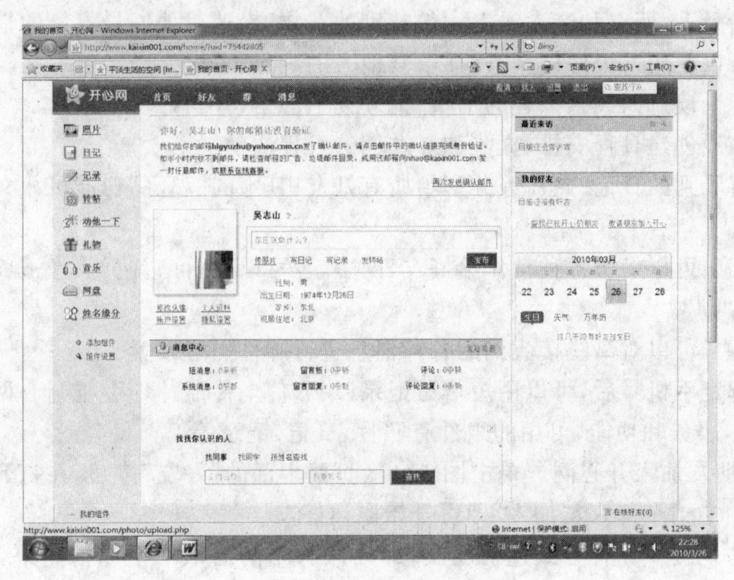

图 10.68 开心网登录后首页

③ 目标人群是都市的青年白领。

④ 产品组件不断推陈出新，增加了用户黏度。

⑤ 开心网的定位也非常明确，就是帮助更多人开心一点。

(3) 使用方法

① 开通开心网账户 登录开心网首页面，单击左侧的“立即注册”按钮，在弹出的页面中输入邮箱、密码等信息后，即可注册。注册成功后，可以继续以下操作：

第 1 步：在注册邮箱通讯录或 MSN 的联系人中寻找朋友。

第 2 步：设置个人资料，找到熟人。

第 3 步：设置个人真实的头像照片，让朋友认出你。

② 系统设置 单击如图 10.68 所示页面屏幕右上角的“设置”按钮，可以进行账户及组件等方面的设置。

账户设置：可填写或修改个人信息，如基本资料、个人情况、联系方式、教育情况、工作情况、修改密码、账户安全设置等。

隐私设置：可以对基本选项(“我的首页”、“留言”、“评论”等)、访问限制、黑名单等进行设置。

组件设置：可根据用户使用喜好，自由选择可添加功能/组件，目前系统里共有 45 个组件。现就其中几个组件进行介绍。

音乐：与朋友分享自己喜爱的音乐，功能强大的开心音乐播放器便于在线欣赏高品质的音乐。还可以给好友们点歌，无论相隔多远，都能通过开心网同时在线聆听点播的歌曲。

网络硬盘：提供 1GB 免费网络存储空间，可以永久保留文件，也是中转、发送、共享文件的最佳选择。

记录：用一句话记录生活中的点点滴滴，与朋友分享心情。

电影：评价看过的或感兴趣的电影，并与好友分享。

礼物：给爱人、朋友和亲人送上一份特别的礼物，表达对他们最真挚的情感。

投票：可以使用本组件做调查，征求其他人的观点。

读书：评论读过的或感兴趣的书籍，记录读书心得，并与好友分享。

日程：在线创建日程安排、提醒和好友们的日程活动。

转帖：将看到的日记、照片等分享给所有好友；其中的“私藏”功能可永久保存好友的日记和照片。

动他一下：可以发送各种动作给好友、同事，也可以在自己首页头像下面添加动作功能，让好友来“动”。

邮件提醒：可以对离线接收到的各种消息进行邮件提醒设置。

手机：绑定手机号后，可以用短信写记录、用彩信上传照片。手机开心网目前提供了开心网的基本服务和功能，可用的组件有照片、日记、记录等。

③ 邀请朋友加入开心网　单击图10.68页面上部的“好友”按钮，在打开的页面中选择“我的好友|邀请全部好友加入”即可开始邀请好友。

目前开心网提供4种方式邀请朋友，即导入邮箱的通讯录至邀请名单，可支持163，YAHOO，Gmail等9类免费邮箱；导入MSN联系人至邀请名单；用QQ、MSN等聊天工具发送邀请链接给朋友；通过向对方的邮箱发送E-mail邀请。

也可以单击“查找好友”，然后按同学、同事、姓名及账号等进行查找。此外，还可以对好友进行分类管理。

④ 群　开心网的群分为两种类型：公开和私密。其中公开又分为允许任何人加入和需经管理员批准才能加入。前者即任何人都能看到群里的内容，任何人都能自由加入，适合于公开的话题讨论；后者是经管理员批准加入后才能发言，适合于建立一般的网络人际圈。私密群有比较好的隐私保护，不会被他人搜索到或找到，只能通过邀请才能找到并加入，非群内成员查看不到群的内容。

⑤ 写日记　开心网是一个社交网络，通过它可以与朋友、同学、同事保持更紧密的联系，及时了解他们的动态，与他们共享生活和快乐。操作步骤：

第1步：单击如图10.69所示页面左侧的“日记”按钮，随后单击“写新日记”按钮。

图10.69　开心网日记页面

第 2 步：在打开的页面中，输入日记的标题、内容、分类并设置权限。然后单击“发表”按钮即完成日记编写和发布。

⑥ 照片　开心网支持上传 JPG、BMP、PNG、GIF(包括 GIF 动画)四种格式的图片格式文件。上传时，单个照片文件最大支持 5MB。目前开心网没有对照片空间进行容量限制，可以自由地在开心网存放自己的照片。

10.7　Windows 与 Internet 的安全维护

为了能更方便地使用 Internet，除了熟练掌握 Windows 7 及 IE8 的使用与参数设置外，还要根据微软提供的补丁程序，不断更新相关软件的版本、设计错误和安全漏洞。另外，通过网络下载、安装一些免费应用程序也可以提高 Internet 的应用质量。

10.7.1　利用微软网站升级软件

微软设有中英文网站提供在线服务，它的中文网址有：

1. 微软(中国)主页　地址为 http://www.microsoft.com/china/。

2. 微软下载中心　地址为 www.microsoft.com/china/msdownload/default.asp。

也可通过选择“开始|所有程序|Windows Update”命令，会出现 Microsoft Windows Update 的网页窗口。用户可以在“更改设置”中选择“自动安装更新(推荐)”选项以保证系统安全。这样，操作系统就会自动地完成更新操作。

通过及时地安装操作系统补丁，可以比较有效地防止病毒、木马等对系统的入侵，从而提高了系统的安全性和抗病毒攻击的能力。

10.7.2　Internet 的安全维护

1. 应用 Windows 7 自身带有的防火墙　应把它设置成默认启动状态，拦截一些非法入侵，当然其功能有限。

2. 使用网络安全软件　由于 Internet 最初是为科研设计，强调“开放”、“共享”、“自由”，当把它推向社会时，这个无人能全面控制的网络的负面作用就显现出来了。各国都在制定有关互联网的法令，弘扬高尚的网络道德，建立互联网督察队伍。但是为了用户计算机及信息的安全，应在用户机上安装诺顿、天网防火墙等软件。

3. 安装防病毒软件　病毒程序都是伪装成合法程序进入用户计算机的，只能通过杀毒软件发现并清除。可使用 360 安全卫士(详见 12.6 节)等软件。

防火墙及杀毒软件一般都提供在线升级或免费下载升级程序。

习　题　10

10.1　思考题

1. 什么叫上网？你是通过哪种方式上网的？

2. 什么是 Internet 服务器？Internet 可提供哪些服务？

3. 拨号上网与通过代理服务器上网有什么区别?

4. 什么是超级链接?鼠标指到超级链接后指针是什么形状?

5. 总结网页的基本形式,以某网页为例评述它的优缺点。

6. 总结快速浏览网页的方法,你平时用了哪些方法?

7. 用什么办法可迅速找到已浏览过的某网页?

8. 注意观察每个页面的地址,试总结一下它的书写格式有什么规律。

9. 什么是电子邮件地址?除了收发电子邮件外还可以用它做什么事情?

10. 说出域名、电子邮件地址、用户账号的用途。

11. 你知道自己使用的电子邮箱在哪个服务器上吗?

12. 利用某搜索引擎查找出5个发表有关Internet教材的站点。

13. 在某个免费电子邮箱建立一个账号,订阅某个免费电子杂志。

14. 在哪些领域里可以开展电子商务?现在还有哪些不足?

15. 什么是URL地址?怎样正确书写URL?它有缩略形式吗?

16. 网页打印与文本打印有什么不同?

17. 激活窗口与利用"前进"、"后退"按钮翻动页面有何不同?

18. 比较"历史记录"与"收藏夹"的区别。

19. 什么是FTP协议?它与http协议功能上有何区别?

20. 通过什么方法可找到某文件所在的FTP服务器地址?

21. 简述BBS的基本功能及使用方法。

22. 网上虚拟空间指的是什么?

23. 在个人博客上都能做哪些事情?

24. 在新浪网上查找排名前十位的博客,思考它们的排名为何靠前。

25. 什么是微博?其主要特点是什么?

26. 比较博客与微博的异同点。

27. 在Windows Live Space上能做哪些事情?

28. Windows Live Space共享空间通过哪些设置体现个性化理念?

29. 说出QQ空间的主要特点和功能。

30. 在目前版本的豆瓣网上有几个功能区?列举各功能区的主要功能。

31. 开心网的目标定位是什么?

10.2 选择题

1. 下列协议用于传输文件的是( )。

(A) FTP (B) Gopher (C) PPP (D) HTTP

2. 下列服务器用于信息浏览的是( )。

(A) FTP (B) WWW (C) BBS (D) TCP

3. 下列电子邮件地址正确的是( )。

(A) http://www.126.com (B) 202.204.120.22

(C) luxh339@126.com (D) 北京大学123信箱

4. 电子公告栏的缩写是( )。

(A) FTP (B) WWW (C) BBS (D) TCP

5. ( )被称为是"互联网的第四块里程碑"。

(A) E-mail (B) BBS (C) ICQ (D) Blog

6. "博客"一词是从英文单词( )翻译而来的。

(A) Log　　(B) Weblog　　(C) Blog　　(D) Boke

7. 单篇新浪微博博文一般限定在(　　)个汉字。

(A) 50　　(B) 140　　(C) 130　　(D) 100

8. @这个符号在微博里的意思是(　　)

(A) 向某某人说　　(B) 在某某地方　　(C) 和某某在一起　　(D) 无特殊含义

9. 注册用户以实名制为基础的网站是(　　)

(A) 开心网　　(B) 新浪博客　　(C) 豆瓣网　　(D) QQ

10.3　填空题

1. 通常把 Internet 提供服务的一端称为________,把访问 Internet 的一端称为________。

2. 在客户端进行浏览要安装________软件。

3. 上传表示________,下载表示________。

4. 要发电子邮件给别人,首先应该知道他的________。

5. ISP 的含义是________。

6. URL 的含义是________。

7. WWW 服务器提供的第一个信息页面称为________。

8. 脱机状态表示________。

9. IE 浏览器中的收藏夹表示________。

10. ________网具有通过用户的收藏和评价来“推测”用户的喜好并提供类似的产品推荐的功能。

11. 豆瓣网的网址是________,开心网的网址是________。

12. 博客就是一个________,通常由简短且经常更新的帖子构成,这些帖子一般是按照年份和日期倒序排列的。中文“博客”一词,作为名词指________和________,也可作为动词,指________。

13. ________被称为“一句话博客”。

14. 截止到 2009 年 9 月底,________居中国社交网站(SNS)网站第一名。

10.4　上机练习题

1. 初识 Internet 的操作步骤。

练习目的: 掌握上、下 Internet 的初步操作。

练习内容:

(1) 上网前已做好各种软硬件配置,在已上网情况下启动浏览器 IE8 软件。

(2) 在地址框里输入下面地址:http://www.163.com,按回车后观察屏幕变化。

(3) 仔细观察,当移动鼠标时,鼠标指针何时会变成手掌形状。

(4) 正确下网。

2. 浏览器软件 Internet Explorer 的操作步骤。

练习目的: 掌握对 Internet Explorer 的基本操作。

练习内容:

(1) 先在脱机状态下,单击“查看 | Internet 选项”查看各选项卡的设置与书中的参考值有何不同,用笔记下原始参数。

(2) 浏览网易主页,查看关于新闻、教育及出国等方面的内容。

(3) 浏览北京大学和清华大学主页,比较风格的异同。

(4) 利用历史按钮,找一个你喜欢的页面并把它设置成默认的主页。

(5) 整理以前收藏过的文件,把它们分别移动到“新闻”、“教育”和“出国”文件夹中。

3. 浏览万维网——WWW 的操作步骤。

练习目的：掌握的浏览 WWW 的基本操作。

练习内容：

(1) 直接访问 http://www.edu.cn 页面。

(2) 单击“查看 | Internet 选项”，在弹出的“常规”选项卡中把当前页设置成主页。

(3) 新开 3 个窗口。

(4) 在一个窗口，显示“中国日报”主页。

(5) 在另一个窗口，显示“人民日报”主页。

(6) 在第三个窗口，显示“国务院新闻”，比较各网页的风格。

(7) 把从中国日报中看到的一段新闻以 TXT 文本形式保存到磁盘上。

4. 查找信息的操作练习。

练习目的：掌握信息查找的基本操作。

练习内容：

(1) 利用“百度”搜索引擎的关键字查找包括“太阳”的资料。

(2) 检索何处有 WinRAR 程序，并下载它。

5. 下载和上传文件的操作练习。

练习目的：掌握文件的下载和上传。

练习内容：

(1) 比较不同 FTP 软件的差别。

① 利用 IE8 观察太平洋电脑网的文件下载服务内容。

② 试把迅雷用 IE8 和 FlashGet 同时下载，比较下载过程有何异同。

(2) 查找并下载 CuteFtp 文件。

① 登录到北大天网服务器，利用文件查询查找 CuteFtp 文件所在服务器地址。

② 下载这两个程序。

③ 安装所下载的程序。

6. 使用电子邮件的操作步骤。

练习目的：初步掌握建立并使用免费电子信箱的能力。

练习内容：

(1) 在网易网站上建立自己的电子信箱。

(2) 配置 Windows Live Mail 参数，利用它给自己和同学同时发一封带有附件的邮件。

7. 网上交流的操作练习。

练习目的：初步掌握网上交流的能力。

练习内容：

(1) 选择一个 BBS，浏览它的精华区。

(2) 选择一个聊天室，观看人们在讨论什么事情，如果有兴趣自己也可以加入讨论。

8. 在新浪博客和微博上发表一篇博文，将它推荐给自己的好友，同时查看好友的博客留言。

练习目的：掌握博客和微博的基本使用方法。

练习内容：

(1) 在新浪博客注册一个账号。

(2) 登录后，进行博客页面的简单设置。

(3) 通过新浪博客账号开通新浪微博。

(4) 尝试使用手机发送一条消息到自己的微博上。

9. 开通 Windows Live 共享空间或 QQ 空间，展示自己。

练习目的： 掌握 Windows Live 共享空间或 QQ 空间的基本使用方法。

练习内容：

(1) 注册 Windows Live 共享空间或 QQ 账号。

(2) 根据自己的喜好设置空间的布局、呈现模块和主题。

(3) 熟悉网站的基本操作方式。

(4) 向空间上传照片。

(5) 发表一篇日志，日志中包括表情、图片、音乐、视频和 Flash 等文件。

10. 体验豆瓣网。

练习目的： 熟悉豆瓣网的基本使用方法。

练习内容：

(1) 在豆瓣网上注册用户。

(2) 使用“豆瓣社区”的搜索引擎搜索自己喜爱的一本书名，撰写书评并发表到豆瓣网上。

(3) 回忆自己喜欢读的书目，在“豆瓣读书”功能区发表书评，体验“豆瓣猜”能否正确判断并按照自己的兴趣推荐书目。

第 11 章　信息检索与利用

信息素养是一个人在信息社会中综合能力的重要组成部分，它不仅是每个社会成员的一种基本生存能力，更是“学习型社会”及终身学习的必备素养。信息素养教育作为人才培养的重要内容，其目的是培养其信息意识、信息检索能力、信息吸收能力和信息整合能力，最终提高其信息利用能力和知识创新能力。本章在介绍信息检索基本理论的基础上，以提高学生的信息获取能力为出发点，致力于掌握信息检索的方法、技巧以及社会科学各类信息检索系统和工具的使用，进而培养学生自主学习的能力和提高他们的信息素养。

11.1　信息检索系统

11.1.1　信息检索原理

1. 信息　信息的概念是十分广泛的。世间万物的运动，人间万象的更迭，都离不开信息的作用。信息是事物本质、特征和运动规律的反映，是物质的一种存在方式或状态，以及这种方式、状态的直接或间接的显示和表征。

信息是一种资源，它具有区别于其它事物的许多特性。信息的特性包括客观性、时效性、可存储性、可传递性、可扩散性、可继承性和可共享性等。信息可重复使用，诸多的原始信息经提炼与组合，可显现出巨大的效应。

2. 信息检索　信息检索(Information Retrieval)是指将信息按照一定的方式组织和贮存起来，并根据信息用户的需要找出有关信息的过程。所以，它的全称又叫信息存储与检索(Information Storage and Retrieval)，这是广义的信息检索。狭义的信息检索则仅指该过程的后半部分，即根据课题的需要，主要借助于检索工具，从信息集合中找出所需信息的过程，相当于人们所说的信息查询(Information Search)。信息检索的过程往往需要一个评价反馈途径，多次比较匹配，以获得最终的检索结果。

3. 信息检索的类型　根据不同的标准，信息检索可分为不同的类型。

(1) 按检索对象的内容划分，信息检索可分为文献检索、数据检索和事实检索。

① 文献检索：是指查找用户关于某一主题所需文献的线索或原文的检索。它通常通过目录、索引、文摘等二次文献，以原始文献的出处为检索目的，可以向用户提供原文献的信息。如查找有关“食品安全与人类健康”方面的国内外信息。

② 数据检索：是将经过选择、整理、鉴定的数值数据存入数据库中，根据需要查出可回答某一问题的数据的检索。这些数据包括物理性能常数、统计国民生产总值、外汇收支等，如“今日全球各大股市股票行情的涨跌”。这类检索不仅查询数据，还可以提供一定的推导、运算的能力。

③ 事实检索：是将存储于数据库中的关于某一事件发生的时间、地点、经过等情况查找出来的检索。它既包含数值数据库的检索、运算、推导，也包括事实、概念等的检索、比较、逻辑判断，如“我国第一颗人造卫星是什么时候升空的”。

(2) 按检索对象的信息组织方式划分，信息检索可分为全文检索、超文本检索和超媒体检索。

① 全文检索：是将存储在数据库中的整本书、整篇文章中的任意内容信息查找出来的检索。可以根据需要获得全文中的有关章、节、段、句、词等的信息，也可进行各种统计和分析。

② 超文本检索：是对每个节点中所存的信息以及信息链构成的网络中信息的检索。强调中心节点之间的语义联结结构，靠系统提供的工具进行图示穿行和节点展示，提供浏览式查询，可进行跨库检索。

③ 超媒体检索：是对存储的文本、图像、声音等多种媒体信息的检索。它是多维存储结构，与超文本检索一样，可提供浏览式查询和跨库检索。

(3) 按信息检索方式划分，信息检索可分为手工检索和计算机检索。

① 手工检索：是人直接用手、眼、脑组织、查找印刷型文献的检索。具有直观、灵活、无需各种设备和上机费用的优点。

② 计算机检索：是通过计算机对已数字化的信息，按照设计好的程序进行查找和输出的过程。按照计算机检索的处理方式分，有脱机检索和联机检索；按照存储方式分，有光盘检索和网络检索。随着互联网的普及，计算机检索是人们获取信息主要利用的检索方式。

11.1.2 文献分类法

1. 文献 文献是用文字、图形、符号、音频、视频等技术手段记录人类知识的一种载体，或可理解为固化在一定物质载体上的知识，知识信息必须通过物质载体进行存储和传递。文献的基本功能是存储信息与传播信息。如果把存储看作沿时间轴上的传播，那么，文献就是在人类生产和社会生活的实践活动中产生的一种信息传播工具。文献是社会信息交流系统中最重要的成分之一。它是社会文明发展历史的客观记录，是人类思想成果的存在形式，也是科学与文化传播的主要手段。正是借助于文献，科学研究才能得以继承和发展，社会文明才能得以发扬和光大，个人知识才能变成社会知识。

2. 文献的类型 文献的类型大致可以分为图书、期刊、研究报告、专利文献、科技报告、学位论文、会议文献、标准文献、科技档案、产品技术资料、政府出版物、报纸、声像资料、电子出版物、网络出版物等。

(1) 图书 是以印刷方式单本刊行的，内容比较成熟、资料比较系统、有完整定型的装帧形式的出版物。图书可分教科书、科普读物、辞典、手册、百科全书等工具书。图书的特点是内容较系统、全面、成熟、可靠，但出版周期较长，报道速度相对较慢。图书的重要特征之一是国际标准书号(ISBN)。

(2) 期刊 是指名称固定、开本一致，汇集了多位著者论文，定期或不定期出版的连续出版物。期刊内容新颖，报道速度快，信息含量大，是传递科技情报、交流学术思想最基本的文献形式。期刊情报占整个情报源的60%～70%，它与专利文献、科技图书三者被视为科技文献的三大支柱，也是检索工作中利用率最高的文献源。大多数检索工具也以期刊论文作为报道的主要对象。对某一问题需要深入了解时，较普遍的办法是查阅期刊论文。期刊论文的重要特征之一是国际标准刊号(ISSN)。

(3) 专利文献　主要指专利说明书，即专利申请人为取得专利权，向专利主管机关提供的该发明的详细说明书。广义的专利文献还包括专利公报(摘要)及专利的各种检索工具。专利文献的特点是：数量庞大、报道快、学科领域广阔、内容新颖、具有实用性和可靠性。由于专利文献的这些特点，它的科技情报价值越来越大，使用率也日益提高，对于工程技术人员，特别是产品工艺设计人员来说，是一种切合实际、启迪思维的重要情报源。

(4) 科技报告　又称研究报告或技术报告，是指国家政府部门或科研生产单位关于某项研究成果的总结报告，或是研究过程中的阶段进展报告。报告的特点是各篇单独成册，统一编号，由主管机构连续出版。在内容方面，报告比期刊论文等更专深、详尽、可靠，是一种不可多得的获取最新信息的重要文献信息源。

(5) 学位论文　是指为申请硕士、博士等学位而提交的学术论文。学位论文是就某一专题进行研究而做的总结，多数有一定的独创性。学位论文是非卖品，除极少数以科技报告、期刊论文的形式发表外，一般不出版，目前国内已有中国知识资源总库(CNKI)的中国博士学位论文全文数据库、中国优秀硕士学位论文全文数据库、万方数据公司的学位论文数据库等，可供查找学位论文使用。

(6) 会议文献　指各种科学技术会议上所发表的论文、报告稿、讲演稿等与会议有关的文献。会议文献学术性强，往往代表着某一领域内的最新成就，反映了国内外科技发展水平和趋势，其常用的名称有大会、小型会议、讨论会、会议录、单篇论文、汇报等。其主要特点是：传播信息及时、论题集中、内容新颖、专业性强、质量较高，但其内容与期刊相比可能不太成熟。

(7) 标准文献　指标准化工作的文件，是技术标准、技术规格和技术规则等文献的总称。一个国家的标准文献反映着该国的生产工艺水平和技术经济政策，而国际现行标准则代表了当前世界水平。国际标准和工业先进国家的标准常是科研生产活动的重要依据和情报来源。作为一种规章性文献，标准文献具有一定的法律约束力。国际上最重要的两个标准化组织是国际标准化组织(ISO)和国际电工委员会(IEC)。

(8) 科技档案　指单位在技术活动中所形成的技术文件、图纸、图片、原始技术记录等资料，包括任务书、协议书、技术指标、审批文件、研究计划、方案、大纲、技术措施、调研材料、技术合同等，是生产建设和科研活动中的重要文献。科技档案具有保密和内部使用的特点，一般不公开，有些有密级限制，因此在参考文献和检索工具中极少引用。

(9) 产品技术资料　包括产品目录、产品样本和产品说明书。用来介绍产品的品种、特点、性能、结构、原理、用途和维修方法、价格等。

(10) 政府出版物　指各国政府部门及其设立的专门机构发表、出版的文件，可分为行政性文件(如法令、方针政策、统计资料等)和科技文献(包括政府所属各部门的科技研究报告、科技成果公布、科普资料及技术政策文件等)。政府出版物的特点是，内容可靠，与其它信息源有一定的重复。借助于政府出版物，可以了解某一国家的科技政策、经济政策等，而且对于了解其科技活动、科技成果等有一定的参考作用。

(11) 报纸　是有固定名称、以刊载各类最新消息为主的出版周期短的定期连续出版物。报纸具有内容新颖、报道速度快、出版发行量大、影响面宽等特点。阅读报纸，是收集最新科技信息的有效途径。

(12) 声像资料　是一种非文字形式的文献，包括录像资料和录音资料。常见的有各种视听资料，如唱片、录音带、电影胶片、激光声视盘(CD-ROM)、幻灯片等。它的特点是能给人以直接的感觉，在帮助人们观察科技现象、学习各种语言、传播科技知识等方面有独特的作用。

(13) 电子出版物　指以数字代码方式将图、文、声、像等信息存储在磁光点介质上，通过计算机或具有类似功能的设备阅读使用的文献。常见的介质有磁带、磁盘和光盘。这种文献的存储、阅读和查找利用都需通过计算机或专用设备才能进行，其优点是信息量大、查找迅速。

(14) 网络出版物　随着网络技术的迅猛发展和普及，近年出现的超文本、超媒体，集文字、声音、图像于一体的网络出版物是通过计算机网络出版发行的正式出版物。通过互联网，检索者可以从任一节点开始，检索、阅读到各种数据库、联机杂志、电子杂志、电子版工具书、报纸、专利信息等相关信息。

3. 文献的等级　按对文献的加工层次，人们习惯将文献分为一次文献、二次文献、三次文献。

(1) 一次文献　是人们直接从生产、科研、社会活动等实践中产生出来的原始文献，是获取文献信息的主要来源。一次文献包括期刊论文、专利文献、科技报告、会议录、学位论文、档案资料等，具有创新性、实用性和学术性等特征。

(2) 二次文献　是在一次文献的基础上加工后产生的产品，是检索文献时所利用的主要工具。它是将大量分散、凌乱、无序的一次文献进行整理、浓缩、提炼，并按照一定的逻辑顺序和科学体系加以编排存储，使之系统化形成的。二次文献具有明显的汇集性、系统性和可检索性，它的重要性在于使查找一次文献所花费的时间大大减少。其主要类型有题录、目录、文摘、索引等。

(3) 三次文献　是对现有成果加以评论、综述并预测其发展趋势的文献。通常是围绕某个专题，利用二次文献检索搜集的大量相关文献，对其内容进行深度加工而成，具有较高的实用价值。属于这类文献的有综述、评论、评述、进展、动态等。

4. 文献分类法　指根据文献内容和形式的异向，按照一定的体系有系统地组织和区分文献。为便于文献检索，文献分类方法必须做到科学合理。文献分类方法是由许多类目根据一定的原则组织起来的分类体系，并用标记符号来代表各级类目和固定其先后次序。它是情报图书部门日常用以分类文献、组织藏书的工具。文献分类法的表现形式是分类表。

世界上有代表性的分类法有：《杜威十进制分类法》(Dewey Decimal Classification and Relative Index，DDC)、《国际十进制法》(Universal Decimal Classification，UDC)、《美国国会图书馆图书分类法》(Library of Congress Classification，LC，简称《国会法》)、《中国图书馆分类法》(简称《中图法》)。《中图法》已普遍应用于全国各类型的图书馆，国内主要大型书目、检索刊物、机读数据库,以及《中国国家标准书号》等都著录《中图法》分类号。

《中图法》分为5大部类、22个大类,如表11.1所示。大类下再按照图书的不同属性划分为若干基本类目,然后继续逐级划分为若干个小类。

表11.1 《中国图书馆分类法》简表

5大部类	22个大类
马列主义、毛泽东思想	A. 马克思主义、列宁主义、毛泽东思想、邓小平理论
哲学	B. 哲学、宗教
社会科学	C. 社会科学总论 D. 政治法律 E. 军事 F. 经济 G. 文化、科学、教育、体育 H. 语言、文字 I. 文学 J. 艺术 K. 历史、地理
自然科学	N. 自然科学总论 O. 数理科学和化学 P. 天文学、地球科学 Q. 生物科学 R. 医药、卫生 S. 农业科学 T. 工业技术 U. 交通运输 V. 航空、航天 X 环境科学安全科学
综合性图书	Z. 综合性图书

11.1.3 信息检索方法、途径和步骤

信息检索,是为实现检索目标所制定的对检索过程具有指导作用的整体计划、方案和安排,其检索的过程可分为以下5个步骤。

1. 分析研究课题明确检索要求 分析研究课题是实施检索中最重要的一个环节,也是影响检索效果和效率的关键因素。课题分析是一项较为专深的逻辑推理过程,既要充分了解用户的信息需求,明确检索的主题、目的和学科性质、内容,还要明确对检索的各项要求,包括文献的类型、语种等。

2. 选择检索系统或检索工具 进行信息检索必然要利用检索系统或检索工具。由于任何一种检索系统或工具都不可能包含所有需要的信息,因此,在进行信息检索之前,必须先了解各类检索系统的特点、功能以及收录范围,系统的质量、性能、使用的方法等,然后针对不同的检索课题,选择相应的检索系统或工具进行检索。在多种检索系统或工具可用的情况下,要注意选择最权威、最全面、最方便的检索系统或工具。

3. 确定检索途径和选择检索方法 检索途径选择取决于两个方面：一是检索课题的已知条件和课题的范围及检索效率的要求；二是检索系统所能够提供的检索途径。

信息检索途径与文献信息的特征和检索标识相关。根据文献的外部特征和文献内容，信息检索途径分为两大类。

(1) 以文献的外部特征为检索途径

① 题名途径 可查找图书、期刊、单篇文献。检索工具中的书名索引、会议名称索引、书目索引、刊名索引等都提供了从题名进行文献检索的途径。

② 责任者途径 包含个人责任者、团体责任者、专利发明人、专利权人、合同户、学术会议主办单位等。

③ 号码途径 据文献信息出版时所编的号码顺序来检索文献信息的途径。特定编号如技术标准的标准号、专利说明书的专利号、科技报告的报告号、合同号、任务号、馆藏单位编的馆藏号、索取号、排架号等。

(2) 以文献内容为检索特征 文献的内容特征指从文献所载的知识信息中隐含的、潜在的特征，如分类、主题等，此类检索途径更适宜检索未知线索的文献。

① 分类途径 分类途径是以课题的学科属性为出发点，按学科分类体系来查找文献信息，以分类作为检索点，利用学科分类表、分类目录、分类索引等按学科体系编排的检索工具来查找有关某一学科或相关学科领域的文献信息。

② 主题检索 以课题的主题内容为出发点，按主题词、关键词、叙词、标题词等查找文献。以主题作为检索点，利用主题词表、主题目录、主题索引等按主题词的字顺编排的检索工具来查找有关某一主题或某一事物的文献信息，能满足特性检索的需求。

③ 分类主题索引 是分类途径与主题途径的结合。

检索方法的选择需要根据检索目的、条件、检索要求和检索课题的特点。信息检索的常用方法包括常用法(分顺查、倒查、抽查 3 种方式)、回溯法和综合法。

4. 查找文献线索整理检索结果 在检索课题、检索途径和检索方法确定以后，即可进入相关检索系统进行具体信息查找的阶段，以获得相关的信息或文献线索，并对查找出的文献线索进行及时整理、筛选出与检索课题相关的、确定需要的部分加以记录，以获取满意检索结果。

5. 索取原始文献 在实际检索时，除了按照上述几个基本步骤进行外，在初步获得检索成果后，尚需再次根据课题要求进行复查、检验，直到取得理想的检索效果。检索是一个反复的过程，在检索过程中需要不断核准和校正，以便进一步获取原始文献。

11.2 信息检索工具的使用

11.2.1 计算机信息检索系统基本知识

计算机信息检索系统是把信息及其检索标识转换成计算机可阅读的二进制代码，存储在磁盘、磁带等载体上，由计算机根据程序进行查找并输出查找结果的系统。计算机信息检索系统包含计算机设备、终端、通信设备、数据库和各类检索应用软件等，信息检索的对象是数据库,信息检索过程是在人机的协同作用下完成的。

根据检索者和计算机之间进行的电子信息资源的通信方式的不同,计算机信息检索系统又具体分为脱机检索系统、联机检索系统、光盘检索系统和网络检索系统。

1. 脱机检索系统 脱机检索系统是直接在单独的计算机上执行检索任务,不需要远程终端设备和通信网络。这类系统通常会使用单台计算机的输入输出装置,把检索提问集中起来,定期成批地上机检索,所以又称脱机批处理检索系统。

2. 联机检索系统 联机检索系统是指使用终端设备,按规定的指令输入检索词,借助通信网络,同计算机数据库系统进行问答式及时互动的检索系统。联机检索系统采用实时操作技术,克服了脱机检索存在的时空限制,检索者可以随时调整检索策略,从而提高检索效果。

3. 光盘检索系统 光盘检索系统是采用计算机作为手段,以光盘作为信息存储载体进行信息检索形成的一类信息检索系统。光盘检索作为联机检索、网络检索的有效补充手段,特别适用于开展专题检索、定题检索服务。

4. 网络信息检索系统 网络信息检索系统是以国际互联网的出现为标志的,它通过TCP/IP协议将世界各地的计算机连接起来,形成一个基于客户端/服务器结构的网络分布式数据结构。网络信息检索主要由网络数据库检索和Web资源检索两部分构成。

11.2.2 计算机信息检索技术

手工检索采用的是人工匹配的方式,由检索人员对检索提问和表征文献信息特征的检索标识是否相符进行比较并作出选择。而计算机检索则是由计算机将输入的检索提问与检索系统中存储的检索标识及其逻辑组配关系进行类比、匹配。信息检索技术主要是指计算机检索采用的技术,常用的有布尔逻辑检索、截词检索、字段限制检索等。

1. 布尔逻辑检索 布尔逻辑检索是现代信息检索系统中最常采用的一项技术。它是采用布尔代数中的逻辑"与"、逻辑"或"、逻辑"非"等运算符,将检索提问转换成逻辑表达式,计算机根据逻辑表达式查找符合限定条件的文献的一种方法。

布尔逻辑算符用来表示两个检索词之间的逻辑关系,用以形成一个新的概念。常用的布尔逻辑算符有3种,分别是逻辑"或"、逻辑"与"、逻辑"非"。

(1) 逻辑"或" 逻辑"或"是用于表示并列关系的一种组配,用来表示相同概念的词之间的关系,用OR或"+"算符表示。例如,"汽车 OR 轿车"表示检索出含有词"汽车"或含有词"轿车"的全部记录。这种组配可以扩大检索范围,有利于提高查全率。

(2) 逻辑"与" 逻辑"与"是用于表示交叉关系或限定关系的一种组配,用AND或"*"算符表示。例如,"水果 AND 销售"表示只检索出在同一记录中既包含有词"水果",又包含词"销售"的那些记录。这种组配可以缩小检索范围,有利于提高查准率。

(3) 逻辑"非" 逻辑"非"是用于在检索范围中排除不需要的概念,或排除影响检索结果的概念,用NOT或"—"算符表示。例如,"教育心理学 NOT 心理学"能检索出教育心理学中排除与心理学相关的信息。这种组配能够缩小命中文献的范围,增强检索的准确性。

2. 截词检索　截词是指检索者将检索词在他认为合适的地方截断。而截词检索，则是用截断的词的一个局部进行的检索，并认为凡满足这个词局部中的所有字符的文献，都为命中的文献。

截词的方式有多种。按截断的位置来分，可分为后截断、中截断和前截断；按截断的字符数量来分，可分为有限截断和无限截断。有限截断是指说明具体截去字符的数量，通常用"?"表示；而无限截断是指不说明具体截去字符的数量，通常用"*"表示。

(1) 后截断　后截断是最常用的截词检索技术。将截词符号放置在一个字符串右方，以表示其右的有限或无限个字符将不影响该字符串的检索。例如，dis* 能够检索出含有 disarm、disaster、discharge 等前三个字符为 dis 的所有词的所有记录。

(2) 前截断　前截断是将截词符号放置在一个字符串左方，以表示其左方的有限或无限个字符不影响该字符串检索。在检索复合词较多的文献时，使用前截断较为多见。例如，* sive 能够检索出含有 abrasive、compulsive、comprehensive 等词的记录。

(3) 中截断　中截断是把截断符号放置在一个检索词的中间。一般地，中截断只允许有限截断。中截断主要解决一些英文单词拼写不同，单复数形式不同的词的输入。如："f?? t"可以检索出含有 foot、feet 等词的记录。

3. 字段限制检索　字段限制检索是限定检索词在数据库记录中出现的字段范围的检索方法。当前流行的联机检索系统均支持字段限制检索。如在美国 Dialog 联机检索系统中，数据库提供的可供检索的字段通常分为基本索引字段和辅助索引字段两大类。基本索引字段表示文献的内容特征，有 TI(篇名、题目)、AB(摘要)、DE(叙词)、ID(自由标引词)等；辅助索引字段表示文献的外部特征，有 AU(作者)、CS(作者单位)、JN(刊物名称)、PY(出版年份)、LA(语言)等。在检索提问式中，可以利用后缀符"/"对基本索引字段进行限制，利用前缀符"＝"对辅助索引字段加以限制。例如，"(information retrieval/TI OR digital library/DE) AND PY＝2010"能检索出 2010 年出版的关于信息检索或数字图书馆方面的文献，并要求 information retrieval 一词在命中文献的 TI(篇名)字段中出现，或 digital library 一词在 DE(叙词)字段中出现。

需要注意的是，不同的计算机信息检索系统采用不同的检索技术来支持检索。用户在使用具体的检索系统时，需要对其采用的检索技术情况有所了解，然后才能有针对性地采用具体的技术进行检索。

11.2.3　网络信息检索工具

网络信息检索工具是 Internet 上提供信息检索服务的计算机系统，其检索对象是各种类型的网络信息资源，目前已经成为检索工具的主流。尽管划分网络检索工具的角度和标准有很多，但根据网络检索工具收录的信息资源类型来划分，网络检索工具可分为非 Web 资源检索工具和 Web 资源检索工具两大类。

1. 非 Web 资源检索工具　非 Web 检索工具是指主要以非 Web 资源(如 FTP、Gopher、Telnet、Usenet 等)为检索对象的检索工具，随着万维网的发展，这一类检索工具的作用有所减弱。常见的非 Web 检索工具主要有以下几种：

(1) Archie　FTP资源检索工具。

(2) Veronica　Gopher资源检索工具。

(3) WAIS　全文信息检索工具。

(4) Deja News　新闻组资源检索工具。

(5) Hytelnet　Telnet资源检索工具。

2. Web资源检索工具　Web资源检索工具是以Web资源为主要检索对象，又以Web形式提供服务的检索工具。它是以超文本技术在因特网上建立的一种提供网上信息资源导航、检索服务的专门的Web服务器或网站。搜索引擎是Web资源检索工具的典型代表。现在，越来越多的Web资源搜索引擎具备了检索非Web资源的功能，成为能够检索多种类型网络信息资源的集成化工具。

广义的搜索引擎泛指网络上提供信息检索服务的工具和系统，是Web网络资源检索工具的总称。广义的搜索引擎包括目录式搜索引擎、索引式搜索引擎和元搜索引擎。狭义的搜索引擎主要指利用自动搜索技术软件，对因特网资源进行搜集、组织并提供检索的信息服务系统，即专指索引式搜索引擎。

(1) 目录式搜索引擎　目录式搜索引擎也被称为网络资源指南，主要通过人工方式或半自动方式发现信息，依靠专业信息人员的知识进行搜集、分类，并置于目录体系中，用户在分类体系中进行逐层浏览、逐步细化来寻找合适的类别直至具体的资源。常见的目录式搜索引擎有：

① Yahoo!(http://www.yahoo.com/)

② Dmoz Open Directory Project(http://www.dmoz.org/)

③ Galaxy(http://www.galaxy.com)

④ 搜狐(http://www.sohu.com/)

(2) 索引式搜索引擎　基于机器人技术的索引式搜索引擎，主要采用自动搜索和标引方式来建立和维护其索引数据库，用户查询时可以用逻辑组配方式输入各种关键词，搜索软件通过特定的检索软件，查找索引数据库，给出与检索式相匹配的检索结果，供用户浏览和利用。常见的索引式搜索引擎有：

① 百度(http://www.baidu.com/)

② AltaVista(http://www.altavista.com/)

③ Google(http://www.google.com/)

④ 必应 Bing(http://cn.bing.com/)

(3) 元搜索引擎　元搜索引擎被称为搜索引擎之上的搜索引擎。用户只需递交一次检索请求，由元搜索引擎负责转换处理后提交给多个预先选定的独立搜索引擎，并将所有查询结果集中起来以整体统一的格式呈现到用户面前。常见的元搜索引擎有：

① Dogpile(http://www.dogpile.com)

② Vivisimo(http://www.vivisimo.com)

③ ProFusion(http://www.profusion.com)

④ Ixquick(http://www.ixquick.com)

11.3　常用的信息检索资源

11.3.1　中文数据库

1. 中国期刊全文数据库　中国期刊全文数据库是在《中国学术期刊(光盘版)》的基础上开发的基于因特网的一种大规模集成化、多功能、连续动态更新的期刊全文检索系统。该数据库全文收录了我国正式出版的期刊 8200 种,内容覆盖自然科学、工程技术、农业、哲学、医学、人文社会科学等各个领域。该数据库将收录的论文按学科分为 A～J 共 10 个专辑,168 个专题数据库,近 3600 个子栏目。

可以通过中国知识基础设施工程(CNKI)的网址 http://www.edu.cnik.net/,或相应的镜像网址登录中国期刊全文数据库。首次使用时,须下载并安装"全文浏览器"CAJViewer。数据库主页及初级检索网页如图 11.1 所示。

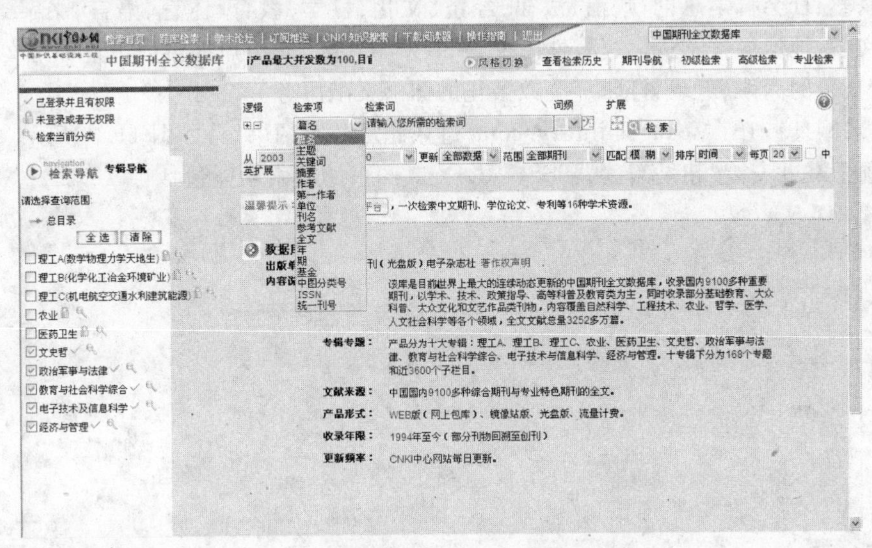

图 11.1　中国期刊全文数据库检索主页

(1) 初级检索　进入初级检索页面,左侧为导航区,用来帮助确定检索的专辑范围。初级检索提供篇名、关键词、摘要、作者、单位、刊名等 16 个检索项可供选择。选择检索项,输入检索词后,确定检索年代和排序,即可进行检索。

【例 11.1】　检索 2008 年以来信息技术领域"信息检索"方面的论文。

① 检索方法:在初级检索页面左侧的导航区,确定检索的专辑范围为"电子技术与信息科学";在右侧检索项下拉列表中选择关键词,检索词文本框中输入"信息检索";确定检索年代和排序,起始时间是 2008 年,单击"检索"按钮,进入检索结果页面。

② 检索结果的显示与阅读:在检索结果页面中,单击"上页"、"下页"或通过输入页码后单击 go 按钮,可转到相应的页面。若单击所选论文的篇名链接,可得到该论文的摘要、参考文献等其它信息。单击"下载"按钮可直接得到原文。

(2) 高级检索　单击图 11.1 页面中的"高级检索"按钮,进入高级检索页面如

图 11.2 所示。高级检索可以在检索词和检索字段之间进行布尔逻辑组配，以实现复杂概念的检索，提高检索的效率。系统默认的逻辑关系是逻辑“与”。

图 11.2 中国期刊全文数据库高级检索

(3) 分类检索 分类检索是直接双击展开图 11.1 所示的总目录下的某专辑目录，并层层展开，同时通过右侧的检索结果显示区查看相应专辑目录下的检索结果，直到获得需要的检索结果。

2. 超星数字图书馆 目前世界上最大的中文在线数字图书馆，其电子图书资源包括哲学、宗教、社会科学总论、政治、法律、经济、文化、科学、教育、体育、语言、文字、工业技术、天文学、地球科学、艺术、综合性图书等 50 多个大类，向用户提供数十万种中文电子书免费和收费的阅读、下载、打印等全数字化的图书文献服务。

登录网址 http://edu.sslibrary.com/进入超星数字图书馆，如图 11.3 所示。首次使用时，须下载并安装“超星阅读器”SSreader。其图书的检索功能包括：

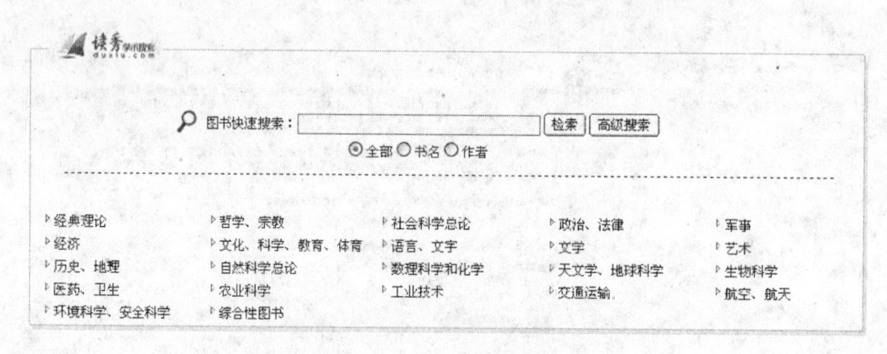

图 11.3 超星数字图书馆

(1) 分类检索。超星数字图书馆的电子图书是根据《中图法》进行归类的。连续点击类目，由大类到小类，便可查询到与类目相关的所有图书。在每一级类目下都设有查询框，也可在查询框内输入书名或书名中的关键词，便可查到关于该书名的图书或是关于该关键词的所有图书。

(2) 书名、作者、全文检索。在搜索框内输入检索项，然后选择检索类别是书名或是作者或是全部，单击“检索”按钮即可得到检索结果。

(3) 高级搜索。在高级搜索页面上(如图 11.4 所示)选择并输入多个条件(如分类、书名、作者、出版社等)进行检索，可得出精确的检索结果。

【例 11.2】 查询 2009 年以来，中国人民大学出版社出版的有关证券投资方面的书籍。

利用超星数字图书馆的高级搜索，在“主题词”框中输入“证券投资”，在“出版社”框中

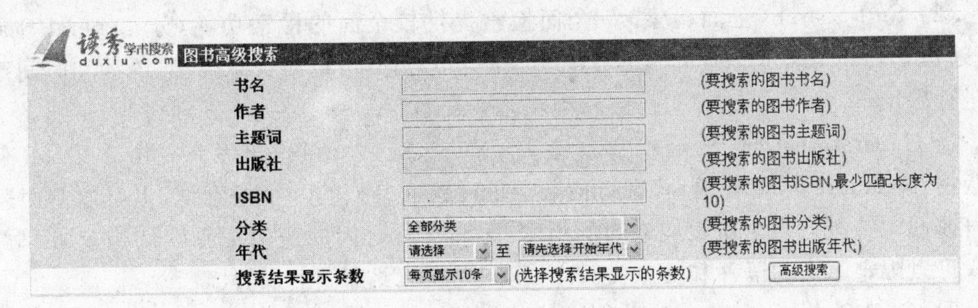

图 11.4 超星数字图书馆高级搜索

输入“中国人民大学出版社”,在“年代”起始处的下拉菜单中选中 2009,单击“高级搜索”按钮,就可以查看到相关的书籍名称,再单击“电子全文”按钮,便可阅读该书。

其它常用的中文数据库还有:万方数据知识服务平台(http://www.wanfangdata.com.cn)、维普中文科技期刊数据库(http://www.cqvip.com/)、书生之家数字图书馆(http://www.21dmedia.com/)、全国报刊索引数据库、中国人民大学复印报刊资料全文数据库等。

11.3.2 西文数据库

1. Social Science Citation Index(社会科学引文索引) 引文索引是指从文献之间的引证关系着手,揭示文献之间内在联系的检索系统。SSCI 是美国科技信息所(Institute for Scientific Information,ISI)的 3 大核心引文索引数据库之一(另外两个著名的引文索引是 SCI(Science Citation Index)和 A&HCI(Art & Humanities Citation Index))。

SSCI 属多学科综合性社会科学引文索引,收录了社会科学领域内 1800 多种最具影响力的学术刊物,覆盖 60 个学科,兼收 3200 种与社会科学有关的自然科学期刊,以及若干系列性专著。

SSCI 的网络数据库在 ISI 网络数据库检索系统(http://www.isiknowledge.com/)的 Web of Science 中提供服务。SSCI 提供简单检索和全面检索两种方式。

(1) Easy Search 简单检索提供 Topic Search、Person Search、Place Search3 种检索途径。通过主题、人物、单位、城市名或国别检索相关文献,在进行检索之前允许用户选择数据库。

① Topic Search 主题检索是用于在文献篇名、文摘及关键词中出现的主题词或词组的检索。可使用逻辑算符和截词符。

② Person Search 人名检索是按论文作者、引文作者以及文献中涉及的人物进行检索,其中,按论文作者和引文作者进行人物检索时,允许使用截词符,可输入人物姓的全称、空格及人物名字的首字母,也可只输入姓,在姓的后面加截词符;按主题人物查找时,可输入人物姓氏的全称及(或)名字的全称,并允许使用逻辑算符。

③ Place Search 地址检索是按作者所在机构或地理位置进行检索,检索词可以是国家、州/省的缩写,公司或学校名称,系或部门名等,机构名称和地名通常采用缩写的形式,具体规定可参考相关帮助信息。

(2) Full Search(全面检索)　全面检索提供较全面的检索功能，分 General Search(普通检索)和 Cited Reference Search(引文检索)两种，可以对文献类型、语种和时间范围等进行限定。

① General Search　普通检索通过 Topic(主题)、Author(著者)、Source Title(来源出版物)或 Address(著者地址)进行检索。可以输入单独的一个检索词，也可以使用逻辑算符或截词符进行多个检索词之间的组配，不同字段之间的逻辑关系默认为逻辑“与”关系。可以限定原文的语种和文献类型，并可以对检索结果进行排序。

② Cited Reference Search　引文检索提供 Cited Author(被引著者)、Cited Work(被引著作)及 Cited Year(被引文献发表年代)3 个检索字段，用户可在一个或多个字段中输入信息进行检索。

2. EBSCO(BSP，ASP)　EBSCOhost 是美国 EBSCO 公司的大型文献检索系统，其中学术期刊全文数据库(Academic Search Premier，ASP)和商业资源集成数据库(Business Source Premier，BSP)是其重要组成部分。ASP 是世界上最大的学术性、跨学科期刊全文数据库之一，几乎覆盖了所有的学术研究领域，包括社会科学、人文科学、教育学、计算机科学、工程学、物理学、化学、语言学、艺术、文学、医学、种族研究等。BSP 是世界上最大的商务期刊全文数据库之一，涉及的主题范围有国际商务、经济学、经济管理、金融、会计、劳动人事、银行等。

登录网址 http://search. ebscohost. com/，首先选择数据库，如选择单一数据库，直接单击该数据库的链接即可进入，如需同时检索多个数据库，请在各库前的方框中选中该库，然后单击“继续”进入检索页面。EBSCOhost 提供三大类检索方式：基本检索、高级检索和视觉搜索。基本检索包括一个点和其它限制条件；高级检索可使用逻辑算符进行逻辑组配，并包括出版物、文献类型、参考文献、索引、图像查看等多种限制条件，充分利用检索框下的各项选择使检索更精确；视觉搜索将返回结果的视觉导航图，并按主题进行排列，在导航图里可查看并点击文章进行阅读、下载、打印等。

其它常用的西文数据库还有：美国 Dialog 联机信息检索系统(http://www. dialog. com/)、荷兰 Elsevier 数据库(http://www. siciencedirect. com/)、IEEE 美国电气与电子工程师协会数字图书馆、德国 Springer Link 全文电子期刊等。

11.3.3　特种文献检索

特种文献信息一般是指图书和期刊以外的各种信息资源，包括专利文献、技术标准、会议文献、学位论文、科技报告、政府出版物、技术档案、产品资料等。特种文献信息的网络检索主要通过数据库检索方式和专门网站的检索方式来实现。下面通过学位论文的检索和会议文献的检索来说明这两种方式的工作过程。

1. 学位论文检索

(1) 国外 PQDD 博士、硕士学位论文数据库的检索　PQDD(ProQuest Digital Dissertations)博士、硕士论文数据库是美国 ProQuest Information and Learning 公司提供的国际学位论文文摘数据库的 Web 版，是国际上最具权威性的博士、硕士学位论文数据库，网址是 http://proquest. umi. com/pqdweb。PQDD 有人文社科版和科学与工程版，收录了欧美 1000 余所高校文、理、工、农、医等领域的 160 万篇博士、硕士论文的题录和文摘，其中 1977 年以后的博士论文有前 24 页全文，同时提供大部分论文的全文订购服务。该数据库每年大约新增 47 000 篇博士论文和 12 000 篇硕士论文。

2003 年，中国高等教育文献保障系统（CALIS）组织国内多所高校引进了 ProQuest 的博士论文 PDF 全文，并在 CALIS 上建立了 PQDD 本地服务器，网址是 http://proquest.calis.edu.cn/，为国内读者使用博士论文全文提供了方便。

PQDD 提供了基本检索、高级检索和浏览 3 种检索方式。

① 基本检索。基本检索较简单，在输入框中输入关键词和检索字段即可。

② 高级检索。高级检索分检索式输入框和检索式构造辅助表两部分。辅助表包括 4 种方式：

- Keywords＋Fields——关键词和检索字段，提供基本检索界面。
- Search History——检索历史，帮助选择检索历史的某一步。
- Subject Tree——学科结构，帮助选择学科。
- School Index——学校索引，帮助选择学校。

4 种方式都是通过单击 ADD 按钮将检索条件加入检索式输入框，来辅助构成检索式。

检索式构成：字段名（检索词），如 title(biology)。还可以进行不同字段之间的逻辑组配，如 title(biology)and school(chicago university)。

PQDD 提供 12 个检索字段：Keyword（关键词）、Title（篇名）、Author（作者）、School（学校）、Subject（主题）、Abstract（文摘）、Adviser（导师）、Degree（学位级别）、DIV（论文卷期次）、ISBN（国际标准图书代码）、Language（语种）、Pub Number（出版日期）。

③ 浏览检索。浏览按论文学科进行，先点击大类进入该类各主题，然后点击所选主题右边的数字进入基本检索页面，检索格式与基本检索相同，只是范围较小。

④ 检索结果。无论是基本检索、高级检索或浏览检索，其结果均为目录格式，再点击篇名即得到文摘格式，这两种格式都提供全文链接。

CALIS 建立的 PQDD 本地服务器，其检索方法与 PQDD 英文界面基本相同。

(2) 国内博士、硕士学位论文数据库的检索　国内有关学位论文的数据库主要有：

① CNKI 中国知网（http://www.edu.cnki.net/）的中国博士、优秀硕士学位论文全文数据库。

② 万方数据资源系统（http://www.wanfangdata.com.cn/） 的中国学位论文全文数据库。

③ CALIS（http://www.calis.edu.cn/）的学位论文库。

④ 国家科技图书文献中心（http://www.nstl.gov.cn/）的中文、外文学位论文数据库。

2. 会议文献检索　会议文献检索主要通过会议文献相关数据库和提供会议文献相关服务的网站两种方式实现。

(1) 会议文献相关数据库

① 科技会议录索引（Index to Scientific & Technical Proceedings，ISTP）与社会科学

及人文科学会议录索引数据库(Index to Social Science & Humanities Proceedings, ISSHP)(http://isiknowledge.com/)。

② 中国知网(http://www.edu.cnki.net/)的中国重要会议论文全文数据库。

③ 万方数据资源系统(http://www.wanfangdata.com.cn/)的中国学术会议论文库。

④ 国家科技图书文献中心(http://www.nstl.gov.cn/)的中文、外文会议论文数据库。

(2) 提供会议文献的相关服务的网站

① Conference Announcement Lists(http://www.lib.uwaterloo.ca/society/meetings.html)。

② 中国会议网(http://www.chinameeting.com/)。

③ 中国会议展览信息网(http://www.sinoec.com.cn/)。

11.3.4 Internet 信息查询

Internet 已经成为全球最大的信息资源宝库。遍布世界各地的 Web 服务器,使 Internet 用户可以有效地交流信息,如新闻、教育、科技、艺术、金融、生活等,几乎无所不包。面对网络上纷繁复杂、浩如烟海的信息量,如何有效利用这些信息资源正日益成为人们关注的焦点。

毋庸置疑,搜索引擎是获取 Internet 上信息搜索的最重要的工具。除此之外,以下再分门别类地列出常用网址,供使用时参考。

1. 大型门户网站

(1) 新浪网(http://www.sina.com.cn/)

(2) 搜狐网(http://www.sohu.com/)

(3) 网易(http://www.163.com/)

2. 实用信息查询

(1) 万年历查询(http://www.wzzchao.com/mysite/wannli.htm)

(2) 邮政编码查询(http://www.youbianku.com/)

(3) 火车时刻表查询(http://www.huoche.com.cn/)

(4) 飞机时刻表查询(http://www.feeyo.com/)

(5) 天气预报查询(http://www.weather.com.cn/)

(6) 地图查询(http://www.51ditu.com/)

(7) 中国统计信息查询(http://www.stats.gov.cn/)

(8) 旅游信息查询(http://www.cthy.com/)

3. IT 资源

(1) 华军软件园(http://www.newhua.com/)

(2) IT 主流资讯平台(http://www.it168.com/)

(3) 计算机世界(http://www.ccw.com.cn/)

(4) 中国 IT 培训网(http://www.chinaitpx.com/)

4. 百科全书类

(1) 大英百科全书(http://www.britannica.com/)

(2) 简明哥伦比亚电子百科全书(http://www.encyclopedia.com/)

(3) 中国大百科全书(http://202.112.118.40:918/web/index.htm)

5. 字典、词典类

(1) Your Dictionary(http://www.yourdictionary.com/)

(2) One Look Search(http://www.onelook.com/)

(3) Allwords.com 多语种检索(http://www.allwords.com/)

(4) Merriam-Webster Online Dictionary 网上语言中心(http://www.allwords.com/)

(5) Dictionary.com(http://dictionary.reference.com/)

(6) 在线英汉、汉英词典(http://dict.cn/)

6. 培训与求职类

(1) 中国人力资源网(http://www.hr.com.cn/)

(2) 中华英才网(http://www.chinahr.com/)

(3) 我的工作网(http://www.myjob.com.cn/)

7. 影视与音乐类

(1) 中国网络电视台(http://www.cntv.cn/)

(2) 土豆网(http://www.tudou.com/)

(3) 好好电影(http://www.haohao99.com/)

(4) 酷我音乐盒(http://mbox.kuwo.cn/)

8. 网上购物类

(1) 卓越亚马逊(http://www.amazon.cn/)

(2) 当当网(http://www.dangdang.com/)

(3) 京东商城(http://www.360buy.com/)

(4) 淘宝网(http://www.taobao.com/)

11.3.5 信息资源的综合利用

信息社会，信息资源数量激增并且呈现出载体多样化、网络化的趋势，如何能够有效获取资源，科学评价信息资源的质量，以及正确使用所需要的信息资源，成为每一个人应该具备的独立学习和研究的重要能力和信息素养。尤其是在科学研究活动中，无论是研究课题的选择、科学研究的过程、科研成果的查新还是学术论文的撰写，都离不开信息资源的综合利用，信息资源的综合利用贯穿于整个科学研究活动的始终。

信息资源的综合利用主要体现在科研工作的以下 4 个方面。

1. 信息资源的搜集、整理和分析 科学研究活动中需要有针对性地运用科学的方法对信息资源进行搜集、整理和分析利用。应依据研究课题的学科专业性质和与其它相邻学科的关系、信息需求的目的来确定信息资源收集的深度和广度，资源的类型主要依据研究课题的特征来确定。一般而言，基础研究侧重于利用各种著作、学术论文、技术报告等提供的信息，应用研究侧重于利用学术论文、参考工具书等提供的信息资源。同时，应根据不同的信息载体和不同的信息需求，采取不同的搜集方法。

信息资源的整理主要是对搜集来的大量的信息，从信息资源来源、时间、理论技术水平及适用价值等方面进行评价、判别和选择，优选出可靠性高、新颖性强、有价值并适用的信息资源；信息资源的分析是在充分占有信息资源的基础上，把分散的信息进行综合、分析、对比、推理，重新组织成一个有机整体的过程。它通常需要利用各种信息分析研究方法，如对比分析法、相关分析法等，进行信息资源的全面分析和研究。

2. 课题查询和论文资料搜集 课题查询是课题研究和论文写作的第一步。课题查询一般分课题分析、检索系统和数据库的选择、检索词的选择和检索式的制定、检索策略调整、原文获取等步骤。不同的课题需要获得的信息类型和信息量都不一样，检索的难度和检索采用的方法、策略也不同；搜集资料是论文写作的基础，也是课题研究的重要来源和依据，但是并非所有资料都可信，都适合需要，因此有必要对所搜集的资料加以科学的分析、比较、归纳和综合研究，从中筛选出可作为学术论文依据的材料。

3. 学位论文的开题与写作 学位论文指申请者为申请学位而提交的论文，包括学士、硕士和博士学位论文。学位论文是检验学生的学习效果、考察其学习能力、科学研究能力及论文写作能力的重要参照，它的写作要求更高、更严谨。学位论文的写作已经形成了一套完整规范的操作程序，通常包括以下几个步骤。

(1) 选题和资料搜集。选题是论文写作的第一步，对论文的成功与否具有决定性作用。只有明确选题，才能有针对性、科学地进行资料搜集工作。资料搜集尽可能采用计算机方法，利用综合性或专业性数据库进行检索。

(2) 论文开题。开题报告是学位论文和一般论文的重大差别，是对论文选题进行检验和评估认定的过程，是判定论文选题是否具有新颖性、学术价值和写作者科研水平的依据。

(3) 编写提纲。论文提纲反映了论文的整体构思和框架布局。既要使提纲在整体上体现论文的目的性，又要突出重点和主要内容，从各方面围绕主题来编写提纲。

(4) 撰写论文修改定稿。学位论文写作进行的不同阶段对信息检索的要求不同，开题阶段主要需要确定论文选题的新颖性和学术价值，检索的信息资源多以文摘为主；论文正式写作过程中要检索的信息资源要求翔实，多以全文文献为主。同时，学位论文对学术性要求较高，检索时要尽量选择学术性和专业性强的高质量数据库，尽量采用一次文献信息。对于应用研究领域的论文，要尽量检索专门的事实和数值型数据库，以保证数据信息来源的准确和可靠。

4. 科技查新 科技查新指查新机构根据查新委托人提供需要查证其新颖性的科学技术内容，规范操作并做出结论。查新的关键就是用信息检索的方法和技术查证项目内容的新颖之处，为科研立项和科研成果的处理提供科学依据。查新的程序如下。

(1) 查新委托。

(2) 受理委托，签订合同。

(3) 检索准备。查新人员对需要查新的课题进行分析研究，选择检索主题。

(4) 选择检索工具，规范检索词。尽量选择一些能够全面覆盖查新项目的范围，收录的学科范围广、文献回溯年限长的综合性、大型权威数据库和专业数据库进行信息检索。检索词的全面和准确对检索结果的查全率和查准率有重要影响，必须认真选择检索词。

(5) 确认检索方法和途径，实施检索。检索时要注意各个检索工具的特点和差异。

(6) 完成查新报告，提交查新报告。

习　题　11

11.1　思考题

1. 广义的信息检索和狭义的信息检索的概念的差别是什么？

2. 一次文献、二次文献、三次文献有何区别？

3. 按检索对象的信息组织方式划分，信息检索的类型有哪些？

4. 信息检索途径有哪些？

5. 国内、外常用的学位论文数据库有哪些？各自的主要功能是什么？

6. 特种文献有哪几种类型？在哪些方面具有特殊性？采用的主要检索方式有哪些？

11.2　选择题

1. 在网站百度中输入“音乐 美术”进行搜索，则表示(　　)。

(A) 返回的搜索结果同时含有这两个词的优先

(B) 返回的搜索结果含有这两个词之一的优先

(C) 返回的搜索结果含有第一个词的优先，含有第二个词的其次

(D) 上面的说法都不对

2. 要搜索经典英文歌曲 Yesterday Once More，访问百度 baidu 网站，输入关键词(　　)，搜索范围更为有效。

(A) Yesterday Once More　　(B) “Yesterday Once More”

(C) 'Yesterday Once More'　　(D) 'Yesterday'+'Once'+'More'

3. 若要查询有关手机的信息，但不希望找到同名《手机》电影的信息，应选用(　　)搜索方式更合适。

(A) 手机-电影　　(B) 手机　电影　　(C) 手机+电影　　(D) 手机电影

4. 小王有一个旧的 MP3 音乐播放器想卖掉，于是想到了到现在流行的网上购物进行交易，你建议他到(　　)网站出售。

(A) Google　　(B) 百度　　(C) 淘宝网　　(D) 必应 Bing

5. 特种文献包括会议文献、(　　)、专利文献、标准文献、科技报告、政府出版物、产品样本和产品目录以及档案。

(A) 图书　　(B) 期刊　　(C) 报纸　　(D) 学位论文

6. 在非常了解文献的主要内容的情况下，最好选择(　　)检索途径进行检索。

(A) 题名　　(B) 主题　　(C) 作者　　(D) 出版单位

11.3　填空题

1. 根据《中图法》选取你所学的专业课程的教材，确定其对应的最小的类别是________。

2. 计算机信息检索系统可以分为脱机检索系统、________、光盘检索系统和________。

3. 计算机信息检索的常用技术有________、截词检索、字段限制检索等。

4. 以文献内容为检索特征，信息检索途径可分为分类途径、________、分类主题索引。

5. 搜索引擎包括目录式搜索引擎、索引式搜索引擎和________3 种。

11.4 上机练习题

1. 利用自己喜欢的搜索引擎搜索自己的名字。

2. 采用地图搜索自己正在就读的大学地址。

3. 请搜索一些主题为“秋天”的桌面图片。

4. 利用搜索引擎，查找《文后参考文献著录格式》。

5. 利用中国期刊全文数据库(CNKI)，查找 2008 年以来有关“大学生素质教育”方面的论文。

6. 利用搜索引擎必应 Bing，查询“所在年(如 2010 年)国家公派留学外语考试时间安排”方面的信息，记录下报名时间安排、考试时间安排、报名手续等信息。

7. 利用 PQDD 检索北卡罗来纳州立大学(North Carolina State University)Helen 同学的博士学位论文题目，及其论文的主要内容(文摘)。

第 12 章　常用工具软件

12.1　压缩和解压缩软件 WinRAR 3.9

12.1.1　软件信息

本节介绍汉化版压缩解压缩软件 WinRAR 3.9。这是在 Windows XP/2003/Vista/7 平台应用的商业软件。由 http://www.winrar.com.cn 发布。

12.1.2　软件简介

1. 概述　压缩和解压缩软件是计算机使用中经常用到的。WinRAR 是其中应用广泛的一个。它界面友好、操作简便、压缩运行速度快，几乎支持目前所有常见的压缩文件格式。用户可在 http://www.winrar.com.cn 网站上下载此软件的最新版本。

2. WinRAR 的主要特点和功能

(1) 可支持 64 位 Windows 操作系统。改进了 RAR 在多核、多 CPU 系统下的压缩速度，提供了更好的性能。

(2) 支持 RAR 和 ZIP 压缩文件格式。

(3) 支持 ARJ、CAB、LZH、ACE、TAR、GZ、UUE、BZ2、JAR、ISO 等类型文件的解压缩。

(4) 创建自解压文件，可制作简单的安装程序，支持多卷压缩功能。

(5) 强大的压缩文件修复功能，最大限度恢复损坏的 RAR 和 ZIP 压缩文件中的数据。

(6) 强大简易的备份功能。

12.1.3　WinRAR 的应用方法

1. 压缩文件　双击 WinRAR 图标或在"开始"菜单中打开 WinRAR 时，可看到窗口上面的工具栏，包括 WinRAR 的主要功能按钮，将鼠标放到各按钮上，即会出现相应的说明文字。

文件压缩的操作步骤是：

(1) 在图 12.1 中，找到需要压缩的文件夹或文件，单击主操作界面工具栏上的"添加"按钮。

(2) 在弹出的"常规"对话框中单击"浏览"按钮可选择目标磁盘及文件夹。

(3) 在"压缩文件名"文本框中输入目标压缩文件名，这就是将要建立的压缩文件的文件名，若不输入，WinRAR 会自动按原文件名生成。

(4) 如果要将被压缩的文件分割成几个部分，在"压缩分卷大小，字节(V)"对话框下

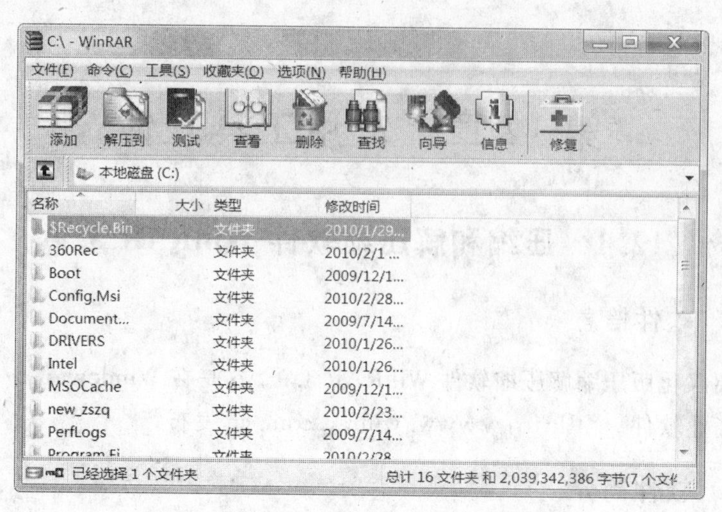

图 12.1 Win RAR3.9 中文版主操作界面

输入以字节为单位单个部分的大小即可，这个操作只适用于新建压缩文件。

(5) 单击“确定”按钮，屏幕上会出现压缩进度状态条。

这样，一个以扩展名为.RAR 的压缩文件包就建好了。如果要对某个文件夹下的数个文件进行压缩打包，则进入该文件夹，按住 Ctrl 键的同时，选定文件，随后再进行以上操作。

在上述步骤(1)单击“添加”按钮弹出的对话框中也可设置一些其它的选项，如可选择压缩文件的格式和压缩方式，在“高级”设置对话框中可设置压缩参数，若单击底端的“设置密码”按钮，还可为 RAR 文件加上一个口令，用户只有输入了这个口令才能为该 RAR 文件解压缩，这为用户提供了一种文件加密的方法。

当然，新建一个压缩文件包，也有其它的方法，即在资源管理器中选择好要压缩的文件(或文件夹)，然后在文件名(或文件夹)上右击，选择菜单中的“添加到压缩文件”选项，WinRAR 弹出压缩窗口，然后按照上面所述文件压缩的操作步骤执行即可。

2. 解压缩文件 文件或文件夹的解压缩是压缩的逆操作。操作步骤：

(1) 双击使用 WinRAR 压缩的 *.RAR 文件，就可使用 WinRAR 进入压缩文件内部，其界面与压缩文件基本相同。

(2) 单击“解压到”按钮，弹出“解压路径和选项”窗口，选择要保存到的目录即可完成解压。

WinRAR 也提供了更简单的解压缩方法：

在资源管理器中右击 *.RAR 压缩文件，在系统右键菜单中出现了 3 个 WinRAR 提供的命令，“解压文件”可选择将该压缩文件解压到指定路径，“解压到当前文件夹”表示将该压缩文件解压到当前的文件夹中，“解压到×××”表示在当前路径下创建与压缩包名字相同的文件夹，然后将压缩包文件解压到这个文件夹下。

3. 创建自解压文件 自解压文件是压缩文件的一种，它结合了可执行文件模块，这样的压缩文件不需要外部程序来解压，它自己便可运行解压操作。自解压文件通常与其它的可执行文件一样都有.EXE的扩展名，也可使用自解压发布软件。创建自解压文件操作步骤：

(1) 在图12.1中，选择"工具|向导"命令，在弹出的"向导：选出择操作"窗口中选中"创建新的压缩文件"命令，单击"下一步"按钮。

(2) 选中要压缩的文件，输入要创建的压缩文件名后，再单击"下一步"按钮。

(3) 在弹出的窗口中选择"创建自解压(.EXE)压缩文件"，单击"完成"按钮。即可生成一个.EXE的自解压文件。

12.2 看图工具软件ACDSee 2009

12.2.1 软件信息

本节介绍ACD公司汉化版看图工具软件ACDSee 2009。这是在Windows 2000/XP/ 2003/ Vista/7平台应用的商业软件。由http://www.acdsee.com发布。

12.2.2 软件简介

1. 概述 ACDSee是目前最流行的数字图像处理软件之一，具有操作简单、显示图形速度快和支持的图形格式多等优秀特性，被广泛地应用于图片的获取、管理、浏览、优化。用户可在http://cn.acdsee.com/zh-cn/网站上下载此软件的中文最新版本。

2. ACDSee版本的主要特点和功能

(1) 快速查看图片。通过适合屏幕尺寸、缩略图或全屏的方式迅速查看图片，另外，通过Quick View功能，还可快速查看电子邮件附件或桌面文件。

(2) 管理图片。ACDSee可从数码相机和扫描仪高效获取图片，快速地查看和寻找相片，修正不足，并通过电子邮件，打印和免费在线相册来分享收藏。

(3) ACDSee具有图片编辑工具功能，可轻松处理数码影像，如去除红眼、剪切图像、锐化、浮雕特效、曝光调整、旋转、镜像等，还能对图片进行批量重命名，旋转和调整大小。

(4) 创建PDF文件、幻灯片放映、演示文稿、CD、DVD等。

(5) 可查看、浏览和管理超过100种文件类型，其中包括一些格式的视频文件。

12.2.3 ACDSee的使用方法

首次启动ACDSee，弹出"快速入门指南"窗口，该窗口也可通过"帮助|快速入门指南"打开。通过该窗口引导，用户可了解这一版本的主要功能。

1. 浏览和查看图片 启动ACDSee，如图12.2所示。在主程序界面的文件夹列表窗口中选中要显示的图形文件所在文件夹，此时程序会自动扫描该路径下的图形文件，并显示在主程序窗口中。如果选择文件夹旁边的白色方框，可同时查看多个文件夹的内容。

通过单击"过滤方式"、"组合方式"、"排序方式"和"查看"下拉列表，可重新排列和排序缩略图，双击缩略图，可按实际大小查看图片，按Ctrl+S键可按照幻灯片方式查看。

2. 图像编辑 在图12.2的ACDSee主界面中选中需要编辑修改的图片，右击，在弹

图 12.2 ACDSee 2009 主界面

出的菜单中选择“编辑”命令，便可进入图像处理程序，它提供了图形文件的显示编辑功能。在照片拍摄中，经常会遇到由于拍摄方法不对、不熟悉照片拍摄技巧等原因造成失败照片的拍摄，如红眼、照片颜色偏暗等问题，使用 ACDSee 即可解决。在这还可对图像进行调整大小、剪裁、旋转等操作。

3. 将图像输出为 PDF 文件 ACDSee 可方便地将选中图像输出为 PDF 文件。单击工具栏“创建|创建 PDF”，将弹出创建 PDF 向导窗口。通过向导可将图像创建一个或多个 PDF 文件，也可将图像添加到 PDF 幻灯放映。

(1) 创建 PDF 幻灯放映　将所有的图像合并到可当作幻灯放映来查看的单个 PDF 文件。

(2) 创建一个包含所有图像的 PDF 文件　将所选的全部图像合并到包含多个页面的单个 PDF 文件。

(3) 为每个图像创建一个 PDF 文件　将每个图像转换成单独的 PDF 文件。

选择要建立的 PDF 类型，默认为“创建 PDF 幻灯放映”，单击“下一步”按钮，在窗口中添加或删除图像，然后可设置图像的转场效果，这样就可将全部选中图像生成一个单独的 PDF 文件。打开时，将以全屏幻灯片方式显示。

4. 图片安全加密与便捷的打印设置 ACDSee 具有“加密照片夹”功能，可安全地为照片进行加密。在 ACDSee 的图片列表区，选中照片或文件夹，右击，选择“添加到隐私文件夹”命令，将出现一个将图片转移到“加密照片夹”的安全提示。在弹出的密码设置窗口中设置密码，单击“创建私有文件夹”按钮即可完成访问口令的设置，这样被选择的图片也会被马上转移进去。

ACDSee 在打印方面也特别出色。它提供了一套完整的版面模板，并且操作非常简单。在其打印界面中，单击“版面”进入版面设计面板，便可看到几组预设版面模板，单击后在窗口右侧即可看到预览图。此外，还可在安装 CD 或 DVD 刻录机的微机上，使用 ACDSee 将选中的图像刻录到 CD 或 DVD。

12.3 下载工具“迅雷”

12.3.1 软件信息

本节介绍下载工具迅雷(V5.9.16.1306)软件。这是在Windows2000/XP/2003/Vista/7应用平台的免费软件。由深圳市迅雷网络技术有限公司(http://www.xunlei.com)发布。

12.3.2 软件简介

1. 概述 为了提高网络资料的下载速度,用户大都需要使用下载工具。这些下载工具软件,利用各种技术手段,如多点连接、断点续传、计划下载等,使之在现有的网络环境下,大大加快了下载速度。“迅雷”即是这样一款下载软件,它使用的多资源超线程技术基于网格原理,能够将网络上存在的服务器和计算机资源进行有效的整合,构成迅雷网络,使各种数据文件能够以较快的速度进行传递。多资源超线程技术还具有互联网下载负载均衡功能,在不降低用户体验的前提下,迅雷网络可对服务器资源进行均衡,有效降低了服务器负载。

2. 迅雷的主要特点和功能

(1) 全新的多资源超线程技术,显著提升下载速度。

(2) 智能磁盘缓存技术,有效防止高速下载时对硬盘的损伤。

(3) 智能的信息提示系统,根据用户的操作提供相关的提示和操作建议。

(4) 具有错误诊断功能,帮助用户解决下载失败的问题。

(5) 病毒防护功能,可和杀毒软件配合保证下载文件的安全性。

(6) 功能强大的任务管理功能,可选择不同的任务管理模式。

12.3.3 迅雷的使用方法

1. 系统设置 迅雷安装完成后,在“桌面”或“开始”菜单中启动程序,单击主菜单中的“工具”|“配置”,弹出如图12.3所示的参数设置窗口。该窗口含有10个选项卡。在这里只对其中几个选项卡进行介绍。

(1) 常规设置:可选择是否开机自动启动迅雷、是否在迅雷启动后即开始下载未完成的任务以及对设置同时运行的最大任务数等。

(2) 任务默认属性:可更改下载文件的默认存放目录、任务开始方式等。

(3) 网络设置:可对下载模式进行设置——高速下载模式、智能限速模式、自定义模式。其中智能限速是针对下载速度过高时,上网速度和网络游戏速度可能受到影响的情况下开发的,通过智能控制下载速度,保障其它网络应用所需带宽。

(4) 下载安全:为减少病毒文件对计算机的侵害,可在此设置下载完成后杀毒。

2. 文件下载 对于单个文件的下载,迅雷提供了以下方法:

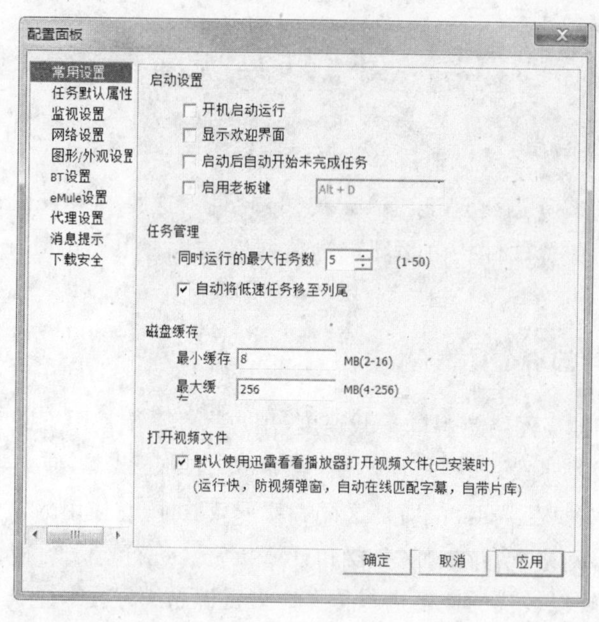

图 12.3　迅雷软件参数配置界面

(1) 在浏览器中直接单击需下载的文件。此操作的前提是该文件的类型要符合与浏览器整合的捕获文件类型。

(2) 右击待下载的文件链接，在弹出的快捷菜单中选择“使用迅雷下载”命令。

(3) 直接拖动 URL 到拖放窗口中。

(4) 在迅雷中直接选择“文件|新建”菜单命令或工具条按钮。

若一次需要下载多个文件时，可用如下几种方法来实现：

(1) 右击待下载的文件链接，在弹出的快捷菜单中选择“使用迅雷下载全部连接”命令，迅雷从网页上寻找所有的链接，并显示在弹出的窗口中。默认为选中状态。如不需要下载某些链接，在列表中去掉选定即可。

(2) 使用“新建批量任务”，选择“文件|新建|批量任务”命令，用户可在该面板批量建立有共同特征的下载任务。批量下载功能可方便地创建多个包含共同特征的下载任务。例如，某网站提供了 10 个这样的文件地址，www.a.com/1.zip，…，www.a.com/10.zip，这 10 个地址只有数字部分不同，如果用 * 表示不同的部分，这些地址可在 URL 中写成：www.a.com/(*).zip，通配符长度为 2，从 1～10。

在使用迅雷时，默认在桌面右上角显示悬浮窗。通过悬浮窗口，不必打开迅雷界面，就可查看到简单的下载任务信息，随时了解下载过程。

3. 计划任务和自动关机　当需要对一个任务进行下载完成后进行关机操作，可选中这个任务后，单击窗口左下角按钮「计划关机」。当任务下载完成了以后，会出现关机提示窗口，提示还有××秒后关机，此时单击“确定”按钮，将马上关闭你的微机。否则，微机将在倒计时时间后，自动关闭。

12.4 机器翻译软件金山词霸 2009 牛津版

12.4.1 软件信息

本节介绍机器翻译软件金山词霸 2009。这是在 Windows2000/XP/2003/Vista/7 平台应用的商业软件。由金山软件公司 http://www.iciba.net 发布。

12.4.2 软件简介

1. 概述 金山词霸 2009 牛津版,总计收纳 151 本词典,收词总量 5 000 000,句子及短语 2 000 000 余条,以及国家名词委员会 98 个学科及专业方向权威词库,涉及语种包括中、英、法、俄、德、日、韩。不仅完善了网络在翻译软件中的各种应用,还新增韩语、成语等 12 本经典词典,并且增加了 32 万纯正真人语音(含英式美式)以及方便大家日常写作、聊天使用的 200 万实用例句,支持中英日语言网页、文本快速一键翻译。金山词霸的主界面如图 12.4 所示。

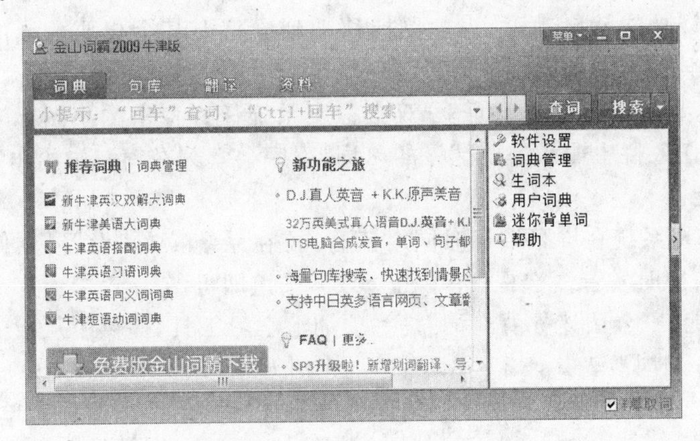

图 12.4 金山词霸 2009 主界面

2. 金山词霸的主要特点和功能

(1) 屏幕取词全面增强。全新内置了光学字符识别技术(Optical Character Recognition,OCR),对于只读或加密 PDF 文档,也可屏幕取词。

(2) 新增译中译取词功能,在取词窗口中二次取词。

(3) 可在线自动更新系统,实时扩充修补词库。

(4) 集成中文普通话、英文 TTS 电脑合成发音,单词、句子都可朗读。

(5) 本地、网络两种词典使用模式,软件大小灵活可调。

12.4.3 金山词霸的使用方法

1. 系统主界面及功能介绍 主程序窗口有 4 个选项卡,分别是词典、句库、翻译和资料。

(1) 词典 词典查词是金山词霸最核心的功能,具有智能索引、查词条词组、模糊查词等功能。单击该选项卡界面右侧“软件设置”,可对软件的阅读样式、屏幕取词的风格、语音等进行相应的设置。单击“词典管理”选项卡,用户可自行选择、添加、删除查词、取词、查句词典。

(2) 句库(新增)　内置国内领先的“模糊匹配查句引擎”和 200 万网络中英句库,覆盖多个专业学科和日常用语、新闻报道、文学作品、成语俚语等生活相关表达句子。查句引擎按照句子与搜索词的匹配度进行结果排序,默认包含 10 对例句,排序越靠前的例句匹配度越好。

(3) 翻译(新增)　翻译功能包括翻译文字和翻译网页。翻译文字时可使用 Google 在线翻译、金山快译两种翻译引擎。“Google 在线翻译”需要在联网状态下使用,提供了简中、繁中、日、英多语言翻译。“金山快译”选项是在金山词霸主界面调用“金山快译”翻译引擎。翻译网页时使用的是 Google 在线翻译,提供简中、繁中、日、英多语言网页翻译。

(4) 资料　该选项卡包含多项常用资源,如不规则动词表、专有名词对照表、趣味英语、唐诗宋词等,单击这些选项可查阅相应的内容。

2. 翻译功能的使用

(1) 使用翻译功能。当程序启动后会驻留系统内存并在系统任务栏中添加一个小图标,此时在线翻译功能就启动了,当把鼠标移动到屏幕上某个想要翻译的单词并稍作停留,翻译功能即会在该词上显示翻译的结果。

(2) 如果需要翻译特定的单词,可双击程序系统任务栏中的小图标来激活程序主界面,在主界面的任务栏中输入需要翻译的单词,程序会立刻在窗口中给出翻译的结果并提供一些辅助功能。

(3) 如果需要系统在屏幕取词时同时读音,可在系统菜单“设置|软件设置|语音”命令中选中相应的即时发音复选框,并单击“确定”按钮即可。

3. 其它功能　“金山迷你背单词”是一项词汇学习工具,提供了从大学英语四级词汇到研究生入学考试词汇表共计 17 种词库。操作步骤:

(1) 在图 12.4 中,选择“菜单|工具|迷你背单词”命令,弹出迷你背单词操作窗口,如图 12.5 所示。

图 12.5　迷你背单词操作窗口

(2) 单击操作窗中的“ ”(设置)按钮,在“背诵设置”选项卡中选择想要学习的词库及背诵范围;在“显示设置”选项卡中可对界面、颜色、滚动方式进行设置;在“声音设置”选项卡中可对语音进行设置。

设置完毕后,在迷你背单词操作窗口中即可显示相应的词汇。

12.5　数据恢复工具 EasyRecovery

12.5.1　软件信息

本节介绍数据恢复工具 EasyRecovery 6.21,它是世界著名数据恢复公司 Ontrack

的技术杰作，是一个威力非常强大的硬盘数据恢复工具。可运行于 Windows2000/XP/2003/Vista/7 操作系统上。

12.5.2 软件介绍

EasyRecovery Professional（如图 12.6 所示）包括了磁盘诊断、数据恢复、文件修复、E-mail 修复 4 类共 15 个项目的各种数据文件修复和磁盘诊断方案，并且它还包括一个实用程序用来创建紧急启动软盘，以便在不能启动进入 Windows 的时候在 DOS 下修复数据。Easy Recovery 恢复数据的速度快，并且恢复后的可用性高。EasyRecovery 在修复过程中不对原数据进行改动，是以“只读”的形式处理要修复的分区，因此，它不会将任何数据写入它正在处理的分区。

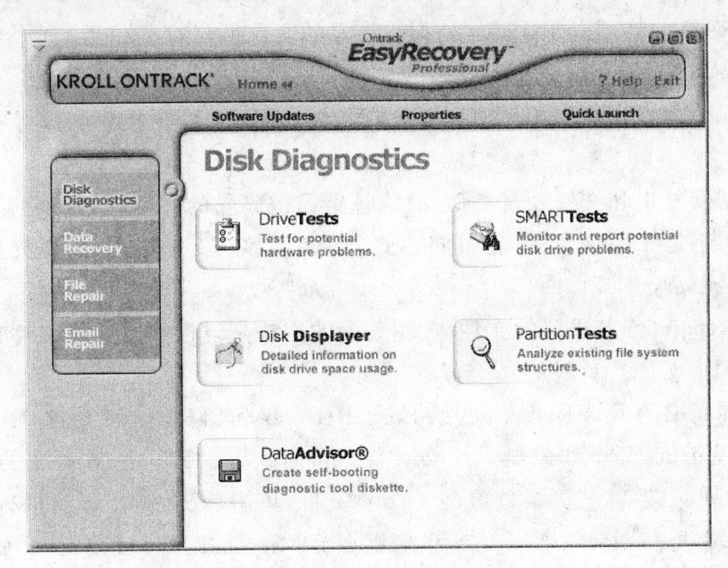

图 12.6 EasyRecovery 6.21 程序主界面

使用 EasyRecovery 修复的数据文件类型有：主引导扇区（MBR）、BIOS 参数块（BPB）、分区表、文件分配表（FAT）或主文件表（MFT）、根目录、受病毒影响及误删除的文件、由于断电或程序的非正常操作造成的数据毁坏。

12.5.3 EasyRecovery 6.21 的使用方法

1. Disk Diagnostics（磁盘诊断） Easy Recovery 磁盘诊断功能主要分为：

（1）Drive tests：用来检测潜在的硬件问题。

（2）Smart tests：用来检测、监视并且报告磁盘数据方面的问题。

（3）Disk Displayer：用来记录磁盘驱动器空间使用情况的详细信息。

（4）Partition tests：用来分析检测文件系统结构。

（5）Data Advisor：用向导的方式来创建启动软盘。

2. Data Recovery（数据恢复） Easy Recovery 最核心的功能就是数据恢复，可对损坏的 FAT 和 NTFS 分区文件进行恢复。如果误删除文件或误格式化硬盘后，不能再对要修复的分区或硬盘进行新的读写操作，因为这样数据很有可能被覆盖，导致数据恢复难度增加或者数据恢复不完全。下面介绍一下恢复被删除的文件(*.doc)过程。

(1) 在 Easy Recovery 主界面中选择“Data Recovery | Deleted Recovery”命令，弹出修复删除文件向导窗口，为了提高查找速度，可定义所要修复文件类型及名称的关键字，默认情况下会查找所有已删除的文件。

(2) 选择被删除文件所在分区，单击 Next 按钮。

(3) Easy Recovery 会对该分区进行扫描，之后会在窗口左边显示出该分区的所有文件夹(包括已删除的文件夹)，窗口右边显示已经删除的文件，先浏览到被删除文件所在文件夹，就可在右边的文件栏中看到该文件夹下已经删除的文件列表，选定要恢复的文件，可使用 View File 来查看该文件的内容。单击 Next 按钮。

(4) 在 Recover to Local Drive 处指定恢复的文件所保存的位置，这个位置必须是另外一个分区。单击 Next 按钮即开始恢复文件。

之后会显示文件恢复的相关信息，单击 Done 按钮，就可在相应的位置找到被恢复的文件。

文件夹的恢复也和文件恢复类似，只需选定已被删除的文件夹，其下的文件也会被一并选定，步骤与文件的恢复完全相同。此外，文件恢复功能也可由“数据修复”中的 Advanced Recovery 实现。

3. File Repair(修复损坏的文件) 用上面的方法恢复过来的数据文件有时可能已经损坏了，可用 Easy Recovery 进行修复。

选择主界面中的 File Repair，显示 Easy Recovery 可修复 5 种文件：Access、Excel、PowerPoint、Word、ZIP。如修复 *.doc 文件，可选择 WordRepair，在弹出的窗口中，单击 Browse for file(s)按钮，找到要修复的 *.doc 文件，单击 Next 按钮即可进行文件修复。

注意：在修复 *.doc 文件的过程中不能启动 Microsoft Word 应用程序；否则修复程序将不能继续。上述这样的修复方法也可用于修复在传输和存储过程中损坏的文件。

4. E-mail Repair(电子邮件修复) 除对 Microsoft Office 文档和 ZIP 文档的恢复之外，Easy Recovery 还提供对 Microsoft Office 组件之一的 Outlook(*.pst 文件)和 IE 组件的 Outlook Express(*.dbx)文件的修复功能。修复的操作与修复文件的操作类似，此处就不叙述。

12.6 杀毒软件 360 安全卫士

12.6.1 软件信息

本节介绍 360 安全卫士 V6.2 版本，由奇虎公司开发的免费杀毒软件，是目前最受用户欢迎的上网必备安全软件，可运行于 Windows 2000/XP/2003/Vista/7 等操作系统上。

12.6.2 软件介绍

1. 概述 360 安全卫士是当前非常受用户欢迎的上网必备安全软件之一，不但免费，还独家提供多款著名杀毒软件的免费版。由于使用方便，口碑好，目前多数中国网民首选安装 360 安全卫士。

2. 360 安全卫士的主要特点和功能

(1) 查杀速度快：云查杀引擎、智能加速技术，比普通杀毒软件快。

(2) 查杀能力强：与 5000 台服务器无缝连接，实时更新，通杀各种木马。

(3) 内存占用小：取消特征库升级，内存占用仅为同类软件的 1/5。

(4) 查杀更精准：使用新的木马评估技术，更精确地识别和查杀木马、病毒。

(5) 侦测未知木马：安全专家潜心研制的木马特征识别技术，大幅提升侦测未知木马的能力。

(6) 威胁感知技术：特有的威胁感知技术，能有效解决木马绕开传统扫描引擎侵害系统的问题。

12.6.3 360 安全卫士的使用方法

选择"开始|360 安全卫士"命令，或双击 Windows 桌面任务栏右端的"十字盾牌"图标，打开系统主界面，如图 12.7 所示。在该界面的最上层有一排大图标对应 360 安全卫士的主要功能。其部分功能操作如下：

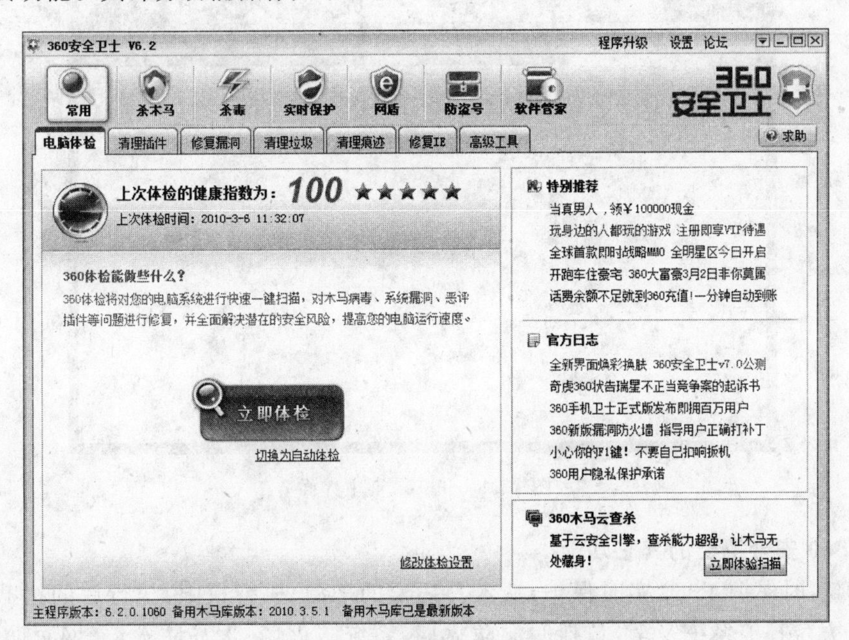

图 12.7　360 安全卫士主界面

1. 常用功能

(1) 电脑体检：在如图 12.7 所示的窗口中单击"立即体检"即可开始检查，检查完毕后会给出系统的健康指数值，并可在此对存在的问题进行修复。通过体检能够及时发现并解决系统存在的安全问题，如检查是否有软件更新、系统是否存在垃圾文件、是否有系统漏洞和是否有可疑的开机自动运行程序等，这些问题也可通过"电脑体检"选项卡后面同排的功能项进行单独的检查。

(2) 清理插件：单击"清理插件"标签，在出现的窗口中单击"开始扫描" 即可开始检查，检查完毕后程序列出系统中所有安装的插件，在此可对不安全的插件进行清理。

(3) 修复漏洞：单击"修复漏洞"标签，系统自动检测微机中需要升级的补丁和存在的漏洞并在窗口中列出，选中需要更新的补丁并单击"修复"按钮，即可完成操作。

此外，"清理垃圾"、"清理痕迹"、"修复 IE"等常用功能对维护操作系统的稳定和高效也是很有益的。

2. 查木马 在 360 安全卫士主界面窗口中单击"杀木马"大图标，在弹出的"360 木马云查杀"窗口中可进行"快速扫描"、"全盘扫描"和"自定义扫描"三种形式的木马查杀。

3. 杀病毒 在 360 安全卫士主界面窗口中单击"杀毒"大图标，弹出 360 杀毒窗口如图 12.8 所示。该窗口包括三个选项卡，即"病毒查杀"、"实时防护"、"产品升级"三项。切换至"病毒查杀"选项卡，可选择"快速扫描"、"全盘扫描"、"指定位置扫描"三种杀毒方式。单击"实时防护"选项卡，可设置系统的防护级别。

图 12.8 360 杀毒主界面

4. 360 安全卫士的其它功能

(1) 实时保护。360 实时保护，从木马病毒的来源、执行权限、执行后的拦截等各个层次，全方位捍卫系统安全，包括漏洞防火墙、系统防火墙、木马防火墙、网页防火墙、U 盘防火墙、ARP 防火墙 6 大防火墙。

漏洞防火墙 自动监视 Windows 系统补丁、第三方程序漏洞，及时提醒修复。

系统防火墙 对容易被恶意程序、木马利用的系统关键位置进行实时保护。

木马防火墙 对木马行为进行智能分析，及时阻止木马在系统中的运行。

网页防火墙 保护上网安全，拦截钓鱼、挂马、欺诈等恶意网站。

U 盘防火墙 阻止 U 盘等移动存储内的病毒和木马的感染，保护电脑安全。

ARP 防火墙　确保局域网内的连接不受 ARP 欺骗攻击的侵扰，打造干净的局域网。

(2) 软件管家。主要功能：

软件宝库：收录的每款软件都经过人工安装验证，通过卡巴斯基、NOD32 等国内外知名杀毒软件的联合查杀，确保无毒、无木马，用户尽可放心下载。

软件升级：能第一时间提醒用户下载升级软件新版本，大大节省寻找和下载软件新版本的时间。

强力卸载：能协助用户彻底清扫软件安装后在注册表及相关文件夹里产生的残留信息。

开机加速：不仅为用户清晰展现出全部开机启动程序，而且对于是否开机启动都给出专业建议，用户可自行设置加快开机速度。

12.7　多媒体格式转换软件格式工厂

12.7.1　软件信息

本节介绍多媒体格式转换软件格式工厂 V2.20，是由陈俊豪开发的免费软件，可运行于 Windows2000/XP/2003/Vista/7 等操作系统上。

12.7.2　软件介绍

1. 概述　当前，在手机、iPod、MP4 等很多移动设备上都可听音乐、看视频，但由于文件格式兼容的问题，使得一些共享或下载的资源无法播放和使用，这引发一些软件厂商或个人开发了一些多媒体格式转换工具。格式工厂就是这样一款免费的多媒体格式转换软件。它支持几乎所有类型多媒体格式转换到常用的几种格式。在转换过程中，可修复某些损坏的视频文件、对多媒体文件进行减肥。该软件还支持 iPhone/iPod/PSP 等多媒体指定格式的转换、DVD 视频抓取等功能。

2. 格式工厂的主要特点和功能

(1) 所有类型视频转到 MP4、3GP、MPG、AVI、WMV、FLV、SWF。

(2) 所有类型音频转到 MP3、WMA、AMR、OGG、AAC、WAV。

(3) 所有类型图片转到 JPG、BMP、PNG、TIF、ICO、GIF、TGA。

(4) 抓取 DVD 到视频文件，抓取音乐 CD 到音频文件。

(5) MP4 文件支持 iPod、iPhone、PSP、黑莓等指定格式。

(6) 支持 RMVB、水印、音视频混流。

12.7.3　格式工厂的使用方法

选择“开始|FormatFactory”命令，打开程序主界面，如图 12.9 所示，以部分功能操作为例，介绍一下这款软件的使用方法。

1. 将 DVD 中的视频文件转换为 MP4(AVI)文件

(1) 单击如图 12.9 中左边的“光驱设备\DVD\CD\ISO”按钮，在其下面选择“DVD

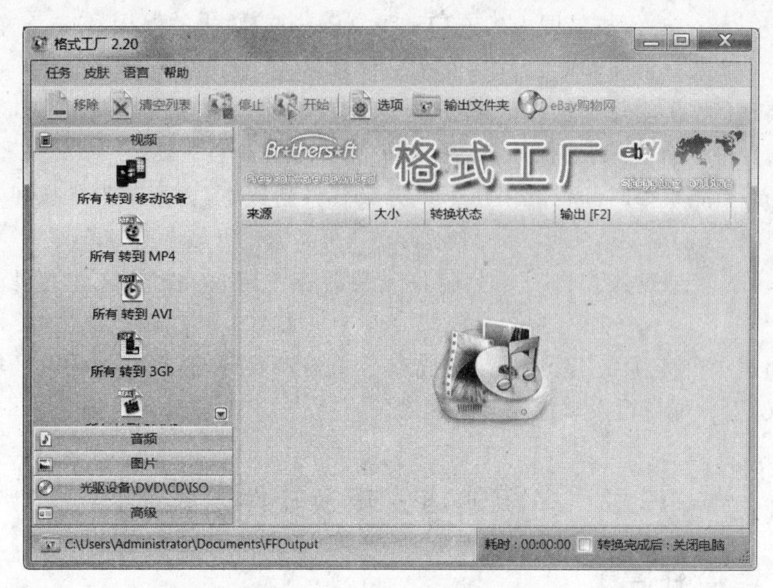

图 12.9 格式工厂主界面

转换视频文件”。

(2) 在弹出的窗口中选择 DVD 文件所在驱动器或文件夹，在输出设置栏下就会出现相应的 DVD 文件。如需要截取 DVD 文件中的部分片段，可单击“截取片段”按钮，在弹出的窗口中输入截取片段的开始和结束时间，单击“确定”按钮。

(3) 选择输出的文件类型后，单击“转换”按钮，重新回到图 12.9 所示的程序主界面。文件显示栏中出现相应的文件列表。

(4) 单击“开始”按钮，开始进行转换。一张 DVD 光盘文件需要半小时左右进行转换。

如需改变默认转换文件的位置，可在“选项”菜单中设置。

2. 将视频或音频文件从微机转换到移动设备

(1) 单击图 12.9 中左边的“视频”按钮，在其下面选择“所有 转到 移动设备”命令。

(2) 在弹出的“更多设备”窗口中，选择所要转到移动设备的厂商和对应的型号，如果列表里找不到所对应的设备，可选择几类通用的配置。

(3) 选择好移动设备型号后，单击“确定”按钮，在弹出的窗口中单击“添加文件”命令，将所要转换的视频或音频文件添加进来，再单击“确定”按钮。

(4) 单击“开始”按钮，开始进行转换。

12.8 互联网实时通信工具 TOM-Skype

12.8.1 软件信息

本节介绍互联网语音沟通软件 TOM-Skype 4.0，它运行于 Windows2000/XP/2003/Vista/7 等操作系统上。由 http://skype.tom.com 发布，可以从此网站下载 Skype 的最

新版本。

12.8.2 软件介绍

1. 概述 TOM-Skype是一款通过互联网进行实时语音、视频通信的软件。可在两台或多台运行在互联网上的微机之间进行语音通信，还可通过安装Skype软件的微机与手机、固定电话进行通话。它采用先进的P2P技术，提供超清晰的语音通话效果，同时，使用端对端的加密技术，保证通信的安全可靠。

2. TOM-Skype的主要特点和功能

(1) 超清晰语音质量，极强的穿透防火墙能力。

(2) 免费多方通话，无延迟即时消息。

(3) 快速传送超大文件，全球通用。

(4) 可跨平台使用，拨打普通电话。

12.8.3 TOM-Skype的使用方法

选择"开始|Skype"命令，打开程序登录(注册)界面(在开始使用Skype之前必须进行用户注册)，输入用户名和密码，即进入程序主界面，如图12.10所示。

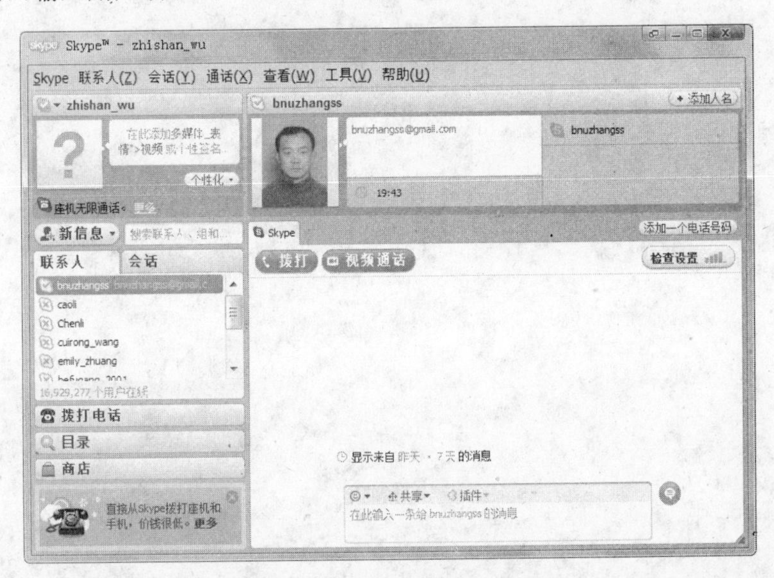

图12.10 Skype登录后主界面

Skype的使用与其它"即时消息"应用程序类似，其主界面被分成若干个选项卡，每个选项卡都具有特定的用途。下面以部分功能操作为例，介绍一下这款软件的使用方法：

1. 语音、视频通信

(1) 在图12.10中，单击处于在线状态的某个待通话的联系人，或按住Ctrl键选中多个其他的联系人。

(2) 选择之后，单击右侧窗口中的"通话"或"视频通话"按钮，系统出现拨号音，一旦连接成功，即可进行语音或视频通信。

在连通状态时，如想在会议中添加其他参与者，可单击主界面右上角“添加人名”按钮，从联系人列表中选择要添加的人即可。

2. 拨打国内、国际长途电话，发送短信 在图 12.10 中，单击窗口左侧“拨打电话”按钮，在右侧出现的窗口中输入电话号码即可完成该操作。使用 Skype 可方便地拨打国内和国际长途，但该功能属收费项目。

此外，也可用 Skype 绑定手机号，这样就可通过 Skype 客户端快速给对方发送 SMS 短信，还可给手机上的联系人群发 SMS 短信。

参 考 文 献

卢湘鸿.计算机应用教程(第 6 版)(Windows 7 与 Office 2003 环境).北京：清华大学出版社，2010.